STATISTICS

5판

MACHINE LEARNING
(기계학습) 포함

EXCEL, R, PYTHON 사용

통계학
이해와 응용

유극렬 · 박주헌 지음

교문사

머리말

대부분의 독자는 통계학을 접하면서 "통계학을 왜 공부해야 하지?", "통계학을 어떻게 공부해야 하지?" 하는 질문을 한다. "통계학을 왜 공부해야 하지?"는 "통계학을 배워서 어디다 써먹지?"와 동일한 질문이다. 이런 질문에 그리 어렵지 않게 대답해 줄 수 있다. 의사결정을 하거나 자신의 주장을 입증하는 데 필요한 객관적인 근거자료를 마련하는 데 통계학은 필수이다. 다른 사람이 우리를 호도하기 위해 통계 자료를 제시할 때, 이의 진위 여부를 파악하기 위해서도 통계학 공부는 필요하다. 또한 PC, SNS, 스마트폰의 사용이 늘어나면서 천문학적인 데이터가 실시간으로 쌓이는데, 이 데이터에 숨겨진 의미 있는 패턴을 찾아내어 활용하려는 시도가 많아지고 있다. 이는 경제, 경영뿐 아니라 거의 모든 학문 분야에서 광범위하게 진행되고 있어 이와 관련된 빅데이터산업은 첨단학문으로 각광받고 있다. 5판에 이 분야를 대폭 확대하였다. 두 번째 질문인 "통계학을 어떻게 공부해야 하지?"는 '통계학은 어렵다', '통계학은 지겹다'처럼 통계학에 대한 일반인의 불만과 일맥상통한다. 저자들이 처음 통계학을 접했던 고등학교 때도 통계학은 가장 지겹고 짜증나는 과목이었으며, 대학시절에도 가장 가까이하고 싶지 않았던 과목이었다. 지금도 학생들이나 일반인들은 하나같이 통계학은 짜증나는 분야로 인식하고 있다. 그러나 통계학의 필요성을 알고 있기에 어떻게 공부해야 비교적 쉽게 할 수 있을까 하는 고민에 빠지곤 한다.

저자들은 통계학을 20년 이상 가르친 경험을 활용하여 독자에게 이에 대한 해법을 전해 주고 싶어 책을 집필하게 되었다. 이 책은 지겹고 짜증나는 통계학을 학생들이 쉽게 접근하는 데 초점을 맞추었다. 저자들은 오랫동안 통계학을 가르치면서 어떻게 접근해야 이해시킬 수 있을까에 대해 많이 고민해 왔고, 다양한 강의방법을 통해 나름 터득해 왔다. 또한 학생들이 던지는 엉뚱하고 때로는 비논리적인 질문을 접하면서, 이들이 겪는 시행착오를 이해하고 강의의 접근법을 개선시켜 왔다. 통계학을 쉽고 친근하게 설명하다 보면, 엄격한 논리적 설명이 취약해질 수 있다. 이 책에서는 이론적이고 엄격한 증명 등은 과감히 생략하였고, 통계학 이론 자체의 깊이 있는 이해보다는 이론이 갖는 실용적 의미에 좀 더 주안점을 두고 설명하였다. 그렇다고 하여 통계학의 이론적인 부분과 통계공식을 완전히 배제한다는 뜻은 아니다. 이런 부분을 배제하지 않고도 이들의 개념과 의미를 충분히 이해할 수 있도록 노력하였다.

저자들이 이 책을 집필하면서 중점을 둔 사항을 요약하면 다음과 같다.

(1) 개념을 이해시키기 위해 수식의 나열에서 벗어나 기초 개념을 알기 쉽고 친절하게 설명하려고 노력하였다. 예제와 시뮬레이션을 통해 통계이론에 접근하려고 하였다. 물론 수식에 대한 상세한 설명이 도리어 복잡성을 야기할 수도 있다. 또한 핵심사항을 빨리 알려고 하는 독자들에게는 거부감을 가져다줄 수도 있다. 그러나 다른 방식으로 접근한 통계학 교과서가 많으므로 이 책마저 유사한 방법을 취하기보다는 우리의 방법으로 집필하여 나름의 역할을 하기를 기대한다.

(2) 중요한 새로운 이론이 전개되거나 중요한 공식이 제시될 때, 그 근거를 이해시키기 위해 토의예제, 예제가 제시되었다. 이들은 이론이나 공식의 배경을 이해하는 데 도움을 줄 뿐만 아니라 이론이 어떻게 실제로 활용되는지를 생동감 있게 알려 줄 것이다.

(3) 데이터를 이용하여 통계이론을 설명하고자 할 때, 실제 자료를 사용할 수도 있고 가상 자료를 사용할 수도 있다. 실제 자료는 현실감이 있어 좋으나, 설명하려는 이론에 정확히 부합되지 않는 경우가 대부분이어서 도리어 이해를 어렵게 하는 경향이 있다. 이와는 대조적으로 가상 자료는 당연히 현실성은 없지만, 설명하고자 하는 이론을 극적으로 나타낼 수 있다는 장점이 있다. 따라서 이 책의 목적이 통계학 이론을 쉽게 이해시키는 데 있으므로, 실제 자료보다는 가상적으로 만들어진 자료를 주로 활용하면서 설명한다.

(4) 통계분석 소프트웨어는 엑셀(Excel), SAS, SPSS, R 등 다양한 소프트웨어가 있다. SAS, SPSS 등은 좋은 소프트웨어임에는 틀림없으나 독자들이 개인적으로 구입하기에 너무 비싸서 집이나 사무실에서 쉽게 활용할 수 없어 바람직하지 않다. 반면에 엑셀은 대부분의 사무실이나 가정집에서 사용할 수 있는 소프트웨어이므로 접근성이 용이하여 엑셀을 활용하여 통계분석을 수행하였다. 다만 엑셀은 전문 통계분석 소프트웨어가 아니므로 간단한 통계분석도구로는 사용할 수 있으나, 전문성이 요구되는 통계분석에는 적당치 않다. 따라서 엑셀을 이용하여 해결할 수 없는 통계분석에는 프로그램 R과 Python을 사용한다. 이 둘은 상당히 전문성이 요구되는 통계분석에도 사용할 수 있을 뿐만 아니라 무료 소프트웨어로 누구나 내려받아 사용할 수 있다는 장점이 있다.

(5) 통계학을 공부하려는 독자들이 자주 하는 질문 중 하나는 "통계학을 공부하려면 어느 정도의 수학이 필요합니까?"이다. 이 책을 공부하기 위해 전제되는 수학의 수준은 고등학교 수학이면 충분하다. 이 책에서 다루는 통계이론은 간혹 깊은 추상 수학

을 필요로 하지만 그런 부분에 대해서는 수학적 과정을 생략하고 간단한 토의예제나 사례를 통해 이해할 수 있게 하였다. 물론 예제나 사례를 통한 이해는 엄격한 증명을 통한 이해와는 절대 같지 않다. 사실 예제를 이용한 이해는 수박 겉핥는 격이다. 하지만 통계학을 막 시작했고, 목표가 통계학자가 아닌 일반 통계 이용자가 고도의 수학적 증명까지 이해할 필요는 없다고 본다. 이론의 실체는 정확히 모르더라도 이론의 응용사례를 통해 활용할 수 있는 능력을 갖는 것이 더욱 중요하다고 생각한다.

(6) 기계학습(Machine Learning)의 부각으로 통계학의 역할도 증대하고 있다. 이에 제12장 전체를 기계학습 분야에 할애했다. 기초 통계학으로도 학습할 수 있도록 쉽게 풀어 작성하였다. 경영·경제, 통계 분야의 사람들에게 높은 문턱으로 여겨졌던 기계학습의 이해도를 높일 수 있는 기회를 제공할 것이다.

저자들은 이 책 집필에 도움을 준 많은 분께 감사를 표하고자 한다. 특히 저자들의 다양한 강의방식이나 접근방식에 다양한 의견을 제시해 주었던 많은 학생과 외부강의 수강생에게 고마움을 표한다. 엉뚱한 질문, 말도 안 된다고 생각되었던 질문을 접하면 순간적으로 짜증도 났지만, 이런 질문을 왜 했을까를 곰곰이 생각하면서 이 책을 쓰게 되었고 내용을 개선하는 데 큰 도움이 되었다. 저희가 대학이나 대학원 과정에서 통계학적 사고방식을 습득하게 한 교수님들의 강의와 도움은 말할 것도 없이 이 책의 피와 살이 되었다. 또한 통계학적 의문이 있을 때마다 가이드가 되어준 wikipedia.org와 google.com의 도움이 컸으며, http://www.stat.wisc.edu/~yandell (Brian S. Yandell이 운영), http://www.onlinestatbook.com/ (David M. Lane이 운영), http://vassarstats.net/textbook (Richard Lowry이 운영) 등의 사이트가 큰 도움이 되었다. 시각적인 applet과 예시를 제공한 https://homepage.divms.uiowa.edu/~mbognar와 https://www.geogebra.org도 큰 도움이 되었다. 원고의 출판을 흔쾌히 맡아 주신 교문사와 박현수 부장, 조한욱 차장, 꼼꼼히 편집해 주신 심승화 대리 등께 감사드린다.

이 책에 대한 문의가 있으면 이메일 kryoo@naver.com으로 보내주기 바란다. 또한 http://blog.naver.com/kryoo에서 연습문제의 답을 내려받을 수 있다.

2022년 2월
유극렬, 박주헌

차례

CHAPTER 4 확률분포

CHAPTER 5 대표적인 확률분포 유형

CHAPTER 1

통계학은?

I 통계학은 필요한가?

통계학은 자료를 떼어놓고는 생각할 수 없다. 통계학은 자료를 모으고, 정리한 다음, 이를 분석하고 해석하는 학문이다.

통계학에서 다루는 자료는 주로 숫자로 표현되어 있다. 수치로 표현하는 것이 왜 좋은지 알아보기 위해 "어제 낮에 더웠냐"는 질문을 던져보자. 다음 중 어떻게 답변하는 것이 가장 좋을까?

① 매우 더웠다.
② 생각보다 더 더웠다.
③ 길을 걷기만 해도 셔츠가 땀에 완전 젖었다.
④ 낮의 최고기온이 33°C였다.
⑤ 낮의 최고기온이 91°F였다.

①, ②, ③도 아주 덥다는 상황을 표현하고 있으나, 답변자의 주관적인 생각이 들어 있다는 점에서 객관적이지 못하다. 즉 답을 듣는 사람이 얼마나 더웠는지를 정확하게 알 수 없다. 반면에 ④, ⑤는 수치로 온도를 표현하였기 때문에 의사전달에 주관적인 요소가 개입될 여지가 없어 좋다. ⑤보다는 ④가 더 바람직한 방법인데, 이는 우리가 섭씨에 대해서는 잘 알고 있으나, 화씨에 대해서는 잘 모르기 때문이다.

15

이 내용으로부터 문장보다는 수치로 표현하는 것이 바람직하다는 것을 알 수 있다. 또한 수치로 표현할 때도 많은 사람이 이해하고 있는 방법인 섭씨로 표현해주는 것이 좋다는 점도 알 수 있다. 물론 수치가 이 세상의 모든 것을 표현하지는 못한다. 사랑이라는 감정은 사모, 우애, 경애, 연민, 그리움, 애정, 연정으로도 표현되나, 의미는 조금씩 다르다. 이런 감정을 숫자로 구분하여 표현하는 것은 불가능하다. 생텍쥐페리의《어린왕자(Le Petit Prince)》의 글귀를 보자.

어른들은 숫자를 좋아한다.

어른들에게 새로 사귄 친구에 대해 이야기하면 정작 중요한 것은 묻지 않는다. "그 애 목소리는 어때? 그 앤 무슨 놀이를 좋아하니? 나비를 채집하는 걸 좋아하니?"라는 질문은 절대로 하지 않는다. "그 앤 몇 살이니? 형제는 몇 명이야? 몸무게는? 아버지 수입은 얼마야?"라고 그들은 묻는다. 그리고서야 그 친구가 어떤 사람인지 알게 된 줄로 생각하는 것이다.

만약 어른들에게 "창가에 예쁘게 핀 제라늄 화분이 놓였고, 지붕에는 비둘기가 있는 장밋빛 벽돌집을 보았어요."라고 말하면 어른들은 그 집이 어떤 집인지 상상하지 못한다. 어른들에게는 "10만 프랑짜리 집을 봤어요."라고 말해야만 한다. 그러면 그들은 "야, 근사하겠구나!"라고 탄성을 지른다.

세상을 제대로 표현하지 못하는 숫자에 어른들은 왜 집착하는 걸까? 숫자는 객관성을 유지할 수 있는 최고의 수단이기 때문이다. 마크 트웨인(Mark Twain, 1835~1910)은 자서전에서 숫자에 대해 다음과 같이 말했다.

잎, 물감은 시간이 지나면 색이 바랜다. 글은 그 의미가 바랜다. 첫 번째 읽을 때의 의미와 여러 번 다시 읽은 후의 색은 달라져 있다. 그러나 숫자는 시간이 흘러도 항상 변함이 없다.

숫자의 객관성은 시대를 초월하여 유지된다는 뜻이다. 그뿐 아니다. 객관성이 공간적으로도 유지된다. 아랍 국가에서는 글자를 오른쪽에서 왼쪽으로 써 내려가지만, 숫자는 다른 세계의 방식대로 왼쪽에서 오른쪽으로 써 내려간다. 이처럼 숫자는 언어와 국경을 초월한다. 요약하면 숫자는 시대적·공간적 객관성을 유지할 수 있는 최고의 수단임에 틀림없다.

문장보다는 수치로 표현하는 것이 더 좋다고 하였는데, 통계 자료까지 필요할까? 이에 답하기 위해 호주 여행을 계획하고 있는 홍길동을 보자. 홍길동은 우기를 피해 건기에 여행하고 싶고, 옷을 준비하기 위해 호주의 기온을 알고 싶어 한다. 이를 위해 네이버와 다음에서 '호주', '기온', '온도', '날씨', '우기'라는 단어 등을 번갈아 입력하며 검색했다. 그 결과 다양한 답변이 제시되었다. 그중 몇 가지를 추려 보니 다음과 같다.

① 안녕하세요. 호주는 한국이랑 날씨가 반대입니다. 호주는 지금은 겨울이겠죠? 하지만 그리 춥지는 않습니다.

② 호주는 한 나라이기보다는 대륙이라서 열대에서 온대까지 여러 가지 기후대가 같이 존재합니다. 시드니의 경우에는 2007년 연평균 최저기온이 섭씨 15.2도이고 연평균 최대기온이 섭씨 22.7도입니다.

……

그런데 브리즈번에 살고 있는 분들의 말로는 겨울이 나름 춥다고 하는군요. 아마도 이곳 기후에 너무 적응되어서 그런 것 같습니다.

③ 계절은 한국과는 완전히 반대라고 보시면 되며, 한국의 여름이 6, 7, 8월이면 호주는 그 기간이 겨울이구여. …한국의 겨울인 12, 1, 2월은 호주의 여름이구여. 사계절이 있기는 하지만 우리나라처럼 뚜렷한 사계가 없어.

……

3, 4월은 여름이 지나고 가을철이니 약간 스산합니다. 하지만 금년은 여름이 여름 같지 않아여. 춥기도 하고 바람도 불고 비도 많이 오고… 혹시 여름이 뒤로 밀려진 것 같기도 하고….

④ 북쪽 열대지방을 제외하고는 대부분 사계절이 있습니다. 열대지방은 건기/우기로만 나누어집니다.

⑤

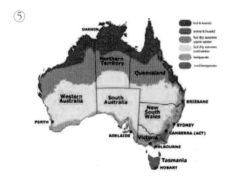

①~④의 답변에 문장이 많이 섞여 있어 의사전달에 객관성이 크게 떨어진다. 사계절이 있는가에 대해서는 ③에서 뚜렷이 없다 하고 ④에서 있다고 하였다. 글쓴이들이 거짓말 없이 작성한 것이 틀림없지만 주관적인 판단이 개입하다 보니 어쩔 수 없이 모순된 표현이 나오게 된다. ⑤는 시각적인 표현으로 한눈에 기온의 전국적인 분포를 알 수 있다는 장점이 있으나, 구체적으로 기온이나 일교차 등을 파악하기 힘들다. 이런 문제를 해결한 답변으로 ⑥을 꼽을 수 있다.

⑥ 지역별 날씨(기온 및 강수량: 파란색=평균온도, 빨간색=강수량)

국가/월	1월	2월	3월	4월	5월	6월	7월	8월	9월	10월	11월	12월	비고
호주	22	22	21	18	16	13	12	13	15	18	19	21	1~5월 우기(폭우)
	104	125	128	100	115	141	94	83	72	80	11	66	

이 표가 ①~⑤보다 좋은 것은 호주의 온도와 강수량이 한눈에 들어온다는 점이다. 이 처럼 통계자료를 보여주면 읽기 힘든 긴 문장을 작성할 필요 없이 상황을 잘 설명해 줄 수 있다.

그러나 이 통계자료도 완전하지 못하다. 호주는 국토가 넓어(대한민국 면적의 약 78배) 지역별로 온도와 강수량의 차이가 크게 나타날 수 있다는 점을 전혀 반영하고 있지 못하다. 이런 문제를 해결하는 가장 좋은 방법은 지역별로 월별 최고온도, 최저온도, 강수량을 제 시하는 것이다. 다음의 표를 보자.

	Jan	Feb	Mar	Apr	May	Jun	Jul	
	AVERAGE DAILY MAXIMUM TEMPERATURE(℃)							
Sydney	26.1	26.4	25.2	23.1	20.4	17.7	17.2	
Melbourne	25.8	26.5	24.0	20.5	17.3	14.4	13.9	
Brisbane	29.2	28.8	28.0	26.1	23.5	21.1	20.6	
Adelaide	28.7	29.3	26.1	22.2	18.8	16.0	15.2	
Perth	31.9	32.2	29.8	25.9	21.8	18.9	17.9	⋯
Hobart	21.8	22.0	20.2	17.9	15.1	12.3	12.2	
Darwin	31.8	31.4	31.8	32.8	32.2	30.7	30.7	
Canberra	27.7	27.3	24.5	20.0	15.9	12.3	11.5	
Alice Springs	36.4	35.1	32.8	27.8	23.2	19.7	20.0	
	AVERAGE DAILY MINIMUM TEMPERATURE(℃)							
Sydney	19.4	19.6	18.1	15.2	12.5	9.6	8.6	
Melbourne	15.4	15.8	14.3	11.7	9.8	7.6	6.8	
Brisbane	21.2	20.9	19.5	16.8	14.2	10.8	9.5	
Adelaide	16.8	17.1	15.2	12.1	10.2	8.1	7.4	
Perth	17.2	17.8	16.3	13.4	10.8	9.1	8.4	⋯
Hobart	12.5	12.7	11.4	9.6	7.6	5.2	4.7	
Darwin	24.8	24.9	24.6	24.2	22.4	20.1	19.4	
Canberra	13.3	13.3	10.9	6.7	3.7	0.8	−0.1	
Alice Springs	21.3	20.7	17.4	12.3	8.2	4.8	3.8	
	AVERAGE RAINFALL(mm)							
Sydney	136.3	130.9	151.2	127.7	110.0	126.8	69.6	
Melbourne	52.4	49.0	40.0	52.1	58.8	48.6	45.1	
Brisbane	158.6	174.3	125.3	108.7	115.7	53.1	60.1	
Adelaide	19.4	12.7	26.6	42.0	61.2	79.7	79.9	
Perth	12.7	18.2	15.9	36.5	92.8	145.5	154.1	⋯
Hobart	47.3	40.0	41.9	44.2	38.6	37.5	53.7	
Darwin	499.8	336.2	376.3	104.4	23.2	1.6	0.5	
Canberra	66.3	52.7	50.3	49.3	44.6	38.4	46.4	
Alice Springs	41.3	48.5	47.9	24.1	20.6	15.2	14.3	

자료: Australian Bureau of Meteorology

이 통계자료는 지역별·월별로 최고기온, 최저기온, 강수량을 보여주고 있다. 이 표 하나로 홍길동이 여행하려는 지역의 온도와 강수량을 파악할 수 있다, 네이버 지식검색에서의 멋지고 성실한 답변도 이 통계자료 하나보다 못하다. 특히 이 자료는 전달자의 주관적인 생각이 내재되지 않고 객관적인 사실을 전달할 수 있어 더욱 좋다.

지금까지의 내용을 종합해 보자. 문장보다는 수치로 표현하는 것이 좋다. 이에 곁들여 통계자료를 제시해 준다면 더욱 좋다. 또한 통계자료를 상황에 따라 잘 정리하여 (여기서는 지역별·월별로) 제시하는 것이 더 좋다. 그러면 통계자료를 제시하거나 또는 통계기법으로 처리된 결과를 제시하는 것이 무조건 최선일까?

통계학은 모든 분야에 다양하게 응용되고 있음에도 불구하고 통계학을 좋지 않게 보는 견해도 많다. 마크 트웨인이 자서전에서 통계에 대해 언급한 내용을 보자.[1]

> *There are three kinds of lies: lies, damned lies, and statistics.*
> (거짓말에는 세 종류가 있다. 거짓말, 그럴듯한 거짓말 그리고 통계다.)

'lies'는 가장 낮은 단수의 거짓말, 'damned lies'는 중간 단수의 거짓말, 'statistics'는 가장 고단수의 사악한 거짓말이라고 해석할 수 있다. 첫 번째 유형의 거짓말인 'lies'는 누구나 쉽게 거짓말인지 아닌지를 알 수 있는 거짓말이다. 예를 들어 60대 어른이 면전에서 "나는 15살이다."라고 말하면 누구나 거짓말인지 파악할 수 있다. 두 번째 유형인 'damned lies'는 그럴듯한 거짓말이다. 나름 논리적이어서 사실인 것처럼 들리지만 곰곰이 따져 보면 거짓말인 것을 파악할 수 있다. 세 번째 유형의 거짓말인 'statistics'는 그럴듯한 통계자료를 제시하며 논리를 펴기 때문에 설득당하기 쉽고, 설혹 거짓인 것으로 생각되어도 이를 반박할 충분한 증거를 제시하지 못해 반증하기가 어렵다. 예를 들어, 정부가 국민을 호도하기 위해 특정한 통계자료만 제시하고 이를 근거로 주장을 펼쳤다 하자. 국민은 통계학이라는 학문에 근거하여 나온 숫자이므로 정부의 주장에 설득당하기 쉽다. 설혹 거짓이라는 생각이 들어도 관련 자료에 접근할 수 없어 반대 논리를 펼 방법도 없다. 그러므로 마크 트웨인은 통계분석을 이용한 숫자의 함정이야말로 가장 지능적이고 사악한 거짓말이라고 보고 있는 것이다. 이런 견해에 많은 사람이 동감하는 이유는 (1) 정확하게 자료를 처리했음에도 불구하고 통계가 지닌 속성 때문에 사실을 왜곡시키는 경우가 있으며, (2) 누군가를 호도하고 자신의 주장을 뒷받침하기 위해 통계를 악용하는 경우가 주변에 널려 있기 때문이다. 다음의 사례를 보자.

---

1 마크 트웨인은 이 문장은 영국수상 벤저민 디즈레일리(Benjamin Disraeli, 1804~1881)가 최초로 사용했다고 주장했으나, 그 출처는 아직 명확하게 밝혀지지 않았다.

사례 1.1	2012년 9월의 보도에 의하면, 제19대 국회의원 299명이 등록한 재산의 평균이 95억 6천만 원이다. 2012년 국회의원들은 엄청난 부자일까?

국회의원 중 정몽준 의원의 재산이 2조 227억 6천만 원이라는 점에 유의할 필요가 있다. 나머지 국회의원 298명이 소득이 0이라 가정해도 산술평균은 약 68억 원이나 나온다. 결국 정몽준 국회의원 1인이 평균재산을 68억 원이나 끌어올린 셈이다. 정몽준 의원 1인을 제외하면 국회의원의 평균재산은 27억 원이다. 또한 500억 원 이상의 재산가 4인을 제외하면 평균재산은 18억 원 정도로 드러났다. 평균재산이 96억 원이라고 보도할 때와 18억 원이라고 보도할 때 국민이 느끼는 감정은 어떻게 다를까? 국회의원들의 재산은 변함이 없는데도….

사례 1.2	2015년 3월에는 국회의원의 평균재산이 28억 5천만 원으로 보도되었다. 그렇다면 2012년에 비해 국회의원의 재산이 평균 약 67억 원이 줄어들었는데, 국회의원들이 가난해진 것일까?

재산의 평균이 96억 원에서 29억 원으로 숫자상 축소되었지만, 실제 가난해진 것은 아니다. 국회의원 평균재산을 68억 원으로 끌어올릴 수 있는 정몽준 씨가 2014년 사임했기 때문에 평균 수치가 대폭 줄어들었다. 그러나 실제 일반 국회의원의 재산은 증가한 것으로 알려졌다. 2015년 3월의 보도자료에 따르면, 500억 원 이상의 재산가 3인을 제외한 국회의원의 평균재산은 19억 2천만 원으로 증가되었다고 발표되었다. 결국, 겉으로 드러난 평균값은 축소되었으나 대부분의 국회의원 재산은 실제 증가하였다.

사례 2	초등학교 1~3학년을 대상으로 충치 수와 단어 능력을 조사하였다. 조사한 결과 충치가 많은 학생의 단어 능력이 높게 나타났다. 그러면 충치 수는 단어 능력에 영향을 준다고 말할 수 있는가?

답부터 말하면 '아니다'이다. 학년이 높아질수록, 즉 나이가 많아질수록 충치가 많아지고 단어 능력이 좋아진다. 다시 말해 충치 수와 단어 능력의 관계가 존재하는 것이 아니라, 나이가 많아질수록 충치 수와 단어 능력이 동시에 높아져 마치 충치 수와 단어 능력 간에 관계가 있는 것처럼 보일 뿐이다.

사례 3 자동차 면허시험이 2011년 6월부터 간소화되어 응시자가 그 전보다 쉽게 합격할 수 있게 되었다. 훈련이 덜 된 응시자가 면허시험에 합격하여 이들에 의한 자동차 사고가 증가했다고 주장하는 사람들이 있다. 면허시험의 간소화로 자동차 사고가 증가했을까? 다음의 두 표를 보고 답변해 보자. [표 1.1]은 도로교통공단의 교통사고 통합 DB 에서 나온 자료이고, [표 1.2]는 도로교통공단 교통사고 경찰 DB에서 나온 자료이다.

표 1.1   도로교통공단의 교통사고 통합 DB에서 나온 자료

기준연도	발생건수	사망자 수	부상자 수	중상자 수	경상자 수	부상신고자 수
2012년	1,133,145	5,392	1,777,604	166,956	1,053,932	556,716
2011년	897,271	5,229	1,434,786	173,809	935,449	325,528
2010년	979,307	5,505	1,533,609	181,974	1,041,158	310,477
2009년	977,535	5,838	1,498,344	188,049	1,030,350	279,945
2008년	953,482	5,870	1,452,921	184,620	1,013,192	255,109
2007년	970,068	6,166	1,508,864	220,734	1,077,599	210,531

표 1.2   도로교통공단의 교통사고 경찰 DB에서 나온 자료

기준연도	발생건수	사망자 수	부상자 수	중상자 수	경상자 수	부상신고자 수
2012년	223,656	5,392	344,565	101,703	227,590	15,272
2011년	221,711	5,229	341,391	105,873	222,476	13,042
2010년	226,878	5,505	352,458	116,902	223,665	11,891
2009년	231,990	5,838	361,875	126,378	223,992	11,505
2008년	215,822	5,870	338,962	124,182	205,322	9,458
2007년	211,662	6,166	335,906	127,643	200,861	7,402

자동차 면허시험 요건을 강화하고 싶은 사람은 [표 1.1]만을 제시할 것이다. 이 표를 보여주며 2010년에 비해 2012년의 교통사고 발생건수가 급격히 증가했다고 주장할 것이다. 교통사고 발생건수가 2010년 979,307건에서 2012년 1,133,145건으로 약 16% 증가했는데 그 이유는 자동차 면허시험 요건이 완화되어 미숙한 운전자가 주행하게 되었기 때문이라고 말할 것이다. 반면에, 자동차 면허시험 요건 완화에 찬성하는 사람은 [표 1.2]만을 제시하면서 2012년 교통사고 발생건수가 2010년 이전에 비해 별 차이가 없고 도리어 줄었다고 주장할 것이다. 이 표에 따르면 교통사고 발생건수가 2010년 226,878건에서 2012년 223,656건으로 약 1% 하락하였다. 두 자료에 차이가 있는 것은, [표 1.1]은 경찰뿐 아니라 보험사에 접수된 사고를 집계한 반면 [표 1.2]는 경찰에 접수된 사고만을 집계했기 때문이다. 실은 이 두 표만으로 자동차 면허시험 간소화의 효과를 분석하는 데 부족하다. 왜냐하면 어떤 정책이 바뀌었을 때 그 효과를 파악하려면 상당 기간 동안의 변화를 조사해야 하

기 때문이다. 즉 2012년뿐 아니라 그 이후 2, 3년 동안의 교통사고 발생건수 추이를 파악해서 그 이전과 비교하는 것이 바람직하다.

그러면 통계학은 이 사회를 나쁘게 만드는 학문일까? 그렇지 않다는 견해도 많다. 하버드대학의 통계학과 교수인 프레데릭 모스텔러(Frederick Mosteller, 1916~2006)는 2005년에 다음과 같은 말을 남겼다.

While it is easy to lie with statistics, it is even easier to lie without them.
(통계를 이용하여 거짓말하기 쉽다. 그러나 통계 없이 거짓말하기가 더 쉽다.)

이 말을 해석해 보자. 내가 어떤 주장을 펼칠 때 상대방을 설득시키려면 근거를 제시해야 한다. 그 근거로 통계가 활용된다면, 통계분석의 결과를 벗어난 심한 거짓말을 하기 힘들다. 반면에 통계를 활용하지 않는다면 진실과 동떨어진 주장을 쉽게 펼칠 수 있다. 예를들어, [사례 1.1]과 [사례 1.2]에서 통계를 사용한다면 국회의원의 평균재산이 18억 원과 95억 원 사이를 벗어난다고 주장할 수 없다. 반면에 통계를 활용하지 않는다면 평균재산이 200억 원을 상회한다는 거짓 주장을 펼칠 수 있다. 그러므로 통계는 악용될 여지는 있으나 그 한계가 있다.

스웨덴의 수학자이자 저술가인 안드레예스 둥켈스(Andrejs Dunkels, 1939~1998)는 다음과 같은 말을 남겼다.

It is easy to lie with statistics. it is hard to tell the truth without it.
(통계로 거짓말하기는 쉽다. 그러나 통계 없이 진실을 말하기는 어렵다.)

진실을 왜곡하고 상대방을 호도하기 위해 통계를 악용하는 경우도 있다. 그러면 진실을 밝히고자 할 때는 어떤 방법을 써야 할까? 그것도 통계이다. 아무리 진실이라도 일반 대중을 설득시키려면 그에 대한 충분한 근거가 있어야 하는데, 그런 근거를 제시할 수 있는 방법으로 가장 많이 사용되는 게 통계이다. 즉 통계분석의 결과를 제시하지 않고 진실을 밝히는 것은 불가능하다.

트웨인, 모스텔러, 둥켈스의 글을 종합해 보면, 상대방을 호도하기 위해 통계가 악용되고 있다. 그러나 통계는 어떤 견해나 주장을 입증하기 위해 꼭 필요한 수단인 것도 사실이다. 그러므로 통계는 선한 면과 악한 면의 두 개의 얼굴을 가지고 있다. 이를 인식하고, 통계분석에서 나타난 숫자의 함정에 빠지지 않고 숫자 뒤에 숨은 진실을 파악하는 노력이 필요하다.

통계학이 적용되는 분야는 전 분야에 걸쳐 있다. 한 예로 회계 분야를 보면, 회계법인에서 회계감사를 실시할 때 모든 전표를 확인하는 것이 아니라 일부 전표만을 뽑아 확인한 후 계정이 적정하게 기재되어 있는지 통계기법을 이용하여 판정한다. 재무 분야에서는 주당 이익, 유사한 기업의 주가 등과 주가의 통계적 관계를 분석한 후 주가의 타당성 여부를 판단한다. 이와 같은 사례는 모두 나열하기 불가능하여 더 이상 언급하지 않겠다.

Ⅱ 척도

척도(尺度, scale)란 측정하거나 평가할 때 의거할 기준이다. 주로 숫자나 기호로 표시하는 데, 통계학에서 수집되는 자료는 주로 숫자이다. 숫자를 어떤 척도로 측정했는가에 따라 이 숫자가 지닌 의미가 다를 수 있다. 다음의 예제를 보자.

● 예제 1.1

① 2명이 보유한 현금(단위: 만 원)을 조사해 보니 {10, 5}가 나왔다.

② 10명의 학생에게 무작위로 번호를 부여한 후, 2명을 선택해 보니 {10, 5}가 나왔다.

①과 ②의 두 조사에서 나온 숫자는 {10, 5}로 동일하다. 숫자상으로 10은 5보다 크고 10은 5의 두 배인데, 각 숫자가 지닌 의미도 동일하게 10이 5보다 크고 두 배일까? 산술평균을 계산하면 7.5가 나오는데 이 의미는 있을까?

풀이

보유 현금을 조사한 ①에서 수집된 숫자 10(만 원)은 5(만 원)보다 크고 보유 현금이 두 배임을 뜻한다. 산술평균 7.5는 보유 현금이 평균 7.5만 원이라는 의미이다. 반면에, ②에서 수집된 숫자 10은 숫자상으로 5보다 크고 두 배이나, 10번이 배정된 학생이 5가 배정된 학생보다 특성이 크거나 두 배인 것은 아니다. 또한 산술평균 7.5도 아무런 의미를 지니고 있지 않다.

예제에서 보듯이 숫자 {10, 5}가 수집되었다 할지라도 숫자가 어떤 의미를 지니고 있느냐에 따라 분석이 달라져야 한다. 예를 들어 ①에서 산술평균이 통계적 가치가 있으나 ②에서 산술평균은 아무런 가치가 없다. 측정된 수치가 지닌 의미가 어느 정도이냐에 따라 명목척도, 서열척도, 구간척도, 비율척도로 나뉜다.

명목척도

고등학교 3학년 학생 20명을 대상으로 한 다음의 설문을 보자.

다음 중 당신이 가장 선호하는 학과는 어느 학과입니까?

❶ 컴퓨터공학과   ❷ 경영학과   ❸ 화학과   ❹ 영문학과   ❺ 방송학과

이때 수집된 자료는 20개로 구성된다. 예를 들어 3, 3, 4, 5, 1, 2, 1, 1, …와 같이 수집되었다고 하자. 4는 2보다 숫자상으로 크고 두 배이지만, 수반된 특성이 크거나 두 배인 것은 아니다. 이와 같이 숫자의 크고 작음에 따라 아무런 의미가 수반되지 않는 척도를 **명목척도**(nominal scale)라 부른다. 이 경우 평균이나 분산 등의 통계분석은 아무런 의미가 없으며, 최빈값(mode) 등의 분석만 역할을 수행한다.

서열척도

직장인을 대상으로 소유 차량의 엔진 크기를 문의하였다.

당신이 소유한 차량의 엔진 크기는 얼마입니까?

❶ 1,000 cc 미만   ❷ 1,000 cc 이상~2,000 cc 미만

❸ 2,000 cc 이상~2,500 cc 미만   ❹ 2,500 cc 이상~3,000 cc 미만

❺ 3,000 cc 이상

이때 수집된 자료에서 4는 2보다 숫자상으로 클 뿐만 아니라, 좀 더 큰 엔진이라는 의미를 지니고 있다. 1 → 2 → 3 → 4 → 5로 바뀜에 따라 엔진의 크기가 커지므로 이들 숫자는 순위의 의미를 지니고 있다. 이와 같이 숫자가 순위의 의미를 지는 척도를 **서열척도**(ordinal scale)라 한다.

등간척도

섭씨 온도는 1기압에서 물이 어는 온도를 0, 끓는 온도를 100으로 정한 온도 체계이다. 섭씨 체계하에서 일정한 간격은 일정한 온도 차이를 나타낸다. 즉 10℃와 17℃는 7℃의 차이를 보이고 있고, 45℃와 52℃도 7℃의 차이를 보이고 있으므로 이들의 온도 차이는 동일하다. 이와 같이 간격이 일정한 경우 동일한 차이를 나타내는 척도를 **등간척도**(interval scale)라 한다. 서열척도의 특성을 지닌 엔진 크기의 설문에서 수집된 자료는 등간척도의 특성을 지니고 있지 않다. 1과 3, 2와 4의 차이가 모두 2로 동일하나 엔진 크기의 차이는 동일하지 않기 때문이다.

비율척도

앞 예제 1.1의 ①을 보자. 여기서 10은 5의 숫자상 2배로 현금 보유액이 2배라는 의미를 지니고 있다. 이와 같이 숫자의 비율이 동일한 비율의 의미를 지니고 있고, 0이 '없다'는 의미

를 갖는 척도를 **비율척도**(ratio scale)라 부른다. 등간척도의 특성을 지닌 섭씨 체계는 비율척도의 의미를 지니고 있지 않다. 예를 들어 20℃는 10℃의 숫자상 두 배이나 두 배로 덥다는 의미는 아니다. 섭씨를 화씨로 변환하면 쉽게 이해할 수 있다. 20℃는 68°F이고 10℃는 50°F이기 때문에 섭씨로 측정하면 숫자상 두 배이나 화씨로 측정하면 두 배가 아니다.

척도의 비교

비율척도로 측정된 자료는 등간척도와 서열척도의 특성을 모두 지니고 있다. 등간척도로 측정된 자료는 서열척도의 특성을 지니고 있다. 이들 네 척도를 비교하면 다음 [표 1.3]과 같다.

표 1.3 네 척도의 비교

	명목척도	서열척도	등간척도	비율척도
숫자의 크기가 순위의 의미를 지니고 있는가?	×	○	○	○
숫자의 동일한 간격은 동일한 차이를 나타내는가?	×	×	○	○
숫자의 비율이 동일한 비율의 의미를 지니고 있는가?	×	×	×	○

● **예제 1.2**

다음은 각각 명목척도, 서열척도, 등간척도, 비율척도 중 어디에 해당되는가?

① 학생들의 키를 cm 단위로 측정하였다.

② 어느 지역의 아파트 전용면적을 m²으로 측정하였다.

③ 지역별 온도를 ℃로 측정하였다.

④ 현 정권의 경제정책을 지지하느냐는 다음의 질문에 수집된 자료

　　1. 지지하지 않음　　　2. 지지함

풀이

① 비율척도, ② 비율척도, ③ 등간척도, ④ 서열척도

유의점: ④는 명목척도가 아니다. 숫자가 클수록 지지의 정도가 크므로 순위의 의미를 지닌다. 평균이 1.9라면 대부분의 응답자가 지지한다는 뜻이며, 평균이 1.1이라면 대부분의 응답자가 지지하지 않는다는 뜻이다. 즉 산술평균이 통계적 의미를 지니고 있다.

여담: 측우기와 통계분석

농업국가에서 내리는 비의 양은 농사에 절대적인 영향을 미치기 때문에, 강우량 측정은 매우 중요한 일이었다. 비가 오면 땅 속에 스며든 빗물의 깊이를 측정하여 강우량의 정도를 짐작했었다. 그러나 땅의 메마름 정도에 따라 빗물이 스며드는 깊이가 달라 정확하지 못했다. 이를 해결하기 위해 1441년(세종 23년) 세종의 지시에 의해 세계 최초의 측우기가 발명되었다. 이탈리아인 카스텔리가 제작한 측우기는 1639년이었으니 약 200년 정도 앞선 셈이다.

지금처럼 매 시간마다 측정하는 것이 아니라 비가 그쳤을 때마다 비가 그친 일시와 수심의 척(尺), 촌(寸), 분(分)을 정확히 기록했다. 필자가 궁금한 점은 "기록에 그쳤을까? 아니면 통계분석까지 했을까?"이다. 임진왜란 이전의 기록은 모두 소실되었으므로 아무 것도 알 수 없다. 다행이 영조 때부터 다시 관측이 시작되었다. 정조 시절, 전년 5월의 강우량과 금년 5월의 강우량을 비교하는 등 어느 정도의 통계분석을 한 것으로 보인다. 그러나 거기까지 였다.

자료를 수집하는 목적은 기록 자체가 아니다. 수집된 자료를 이용하여 미래를 예측하거나 다른 자료와 비교하기 위해서이다. 세계 최초의 근대적 통계분석으로 알려진 그란트(Graunt, 1620~1674)의 사례를 보자. 당시 영국 런던 전역에서 교회마다 일주일 단위로 사망자수를 집계하여 〈사망표〉라는 이름으로 발표했었다. 이 표는 페스트를 두려워하던 많은 사람들의 관심을 끌었다. 그러나 아무도 이를 분석할 생각을 하지 않았었다. 그러나 그란트는 달랐다. 그는 남녀의 매장(埋葬)된 수, 남녀의 세례자 수를 근거로 약 40여년의 자료를 분석하고《사망표에 관한 자연적 내지 정치적 제관찰》이라는 책을 발간했다. 현대 통계학의 기초가 되는 책이다.

조선시대 강수량 기록은 국가가 보유하고 있었으나 이를 공개하지 않았다. 백성은 접할 수가 없었다. 만약 공개했다면 '괴팍한' 백성의 손에 들어가 분석했을지도 모른다. 아쉽다. 그러나 다행이 선조가 이룩하지 못한 통계분석을 후세의 학자들이 했다. 몇몇의 학자들이 1871년 자료를 이용하여 한양과 공주의 월별 강우량을 비교하였다. 그 결과는 다음 그림으로 나타나 있다. 이 그래프를 보면, 공주와 서울의 월별 강우량을 비교할 수 있고, 우기와 건기를 파악할 수 있다.

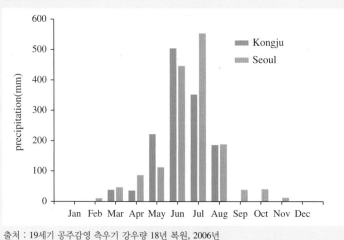

출처 : 19세기 공주감영 측우기 강우량 18년 복원, 2006년

여담: 골든타임

심장 정지 환자의 골든타임은 4분이라고 한다. 그렇다면 4분 안에 치료하면 생존이 가능하다는 뜻일까? 만약 3분 또는 5분 안에 치료하면 생존율은 얼마일까? 골든타임이 '4분'이라는 숫자만으로는 이에 대한 답을 할 수 없다. 답을 하려면 통계자료가 있어야 한다. 다음 그림은 심장 정지, 호흡 정지, 심한 출혈의 경과시간과 사망률을 보여준다.

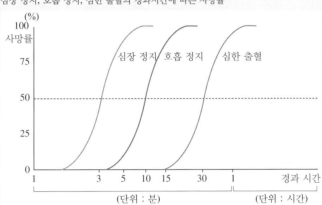

심장 정지, 호흡 정지, 심한 출혈의 경과시간에 따른 사망률

출처: 위키백과

심장 정지의 경우, 사망률은 3분이 지나면 50%, 4분이 지나면 75%나 된다. '골든타임이 4분'이라고 해서 4분 안에 치료하면 생존할 가능성이 높은 게 아니다. 생존율은 25% 정도밖에 되지 않는다. 우리가 생각하는 '골든타임'이 아니다. 그럼에도 불구하고 4분으로 잡은 것은 실현 가능한 범위 내에서 가장 짧은 시간이 4분이라고 판단한 것으로 보인다. 호흡 정지의 경우에는 10분이 지나야 생존율이 50%로 낮아진다. 그러므로 호흡이 정지된 환자에 대한 골든타임은 4분보다 길다. 심한 출혈의 경우에는 30분이 지나야 생존율이 50%로 낮아지므로, 이에 대한 골든타임은 더 길다.

결론적으로 말하면, 골든타임이 단순히 4분이라고만 발표하는 것은 충분하지 않다. 앞의 통계자료를 함께 보여주는 것이 더 좋다. 골든타임은 환자의 유형, 경과된 시간에 따라 생존율이 다르기 때문이다.

연습문제   문제에 대한 답은 http://blog.naver.com/kryoo에 있습니다.

복습 문제

1.1 외국인 친구가 서울을 방문할 예정이다. 방문 시점을 정하기 위해 날씨 정보를 알려 달라고 해서, 다음과 같이 답변했다. 적절한 답일까?

겨울(12월~2월)엔 춥고, 여름(6월~8월)엔 덥고, 봄과 가을엔 춥지도 않고 덥지도 않아 좋다.

7월엔 장마시즌이라 비가 많이 온다. 겨울과 봄에는 미세먼지가 많다.

1.2 숫자는 스냅샷이라면 통계는 동영상이다. 이 뜻을 다음 문제를 통해 설명해 보시오.

2017년 8월 22일, 영화 '덩케르크'와 '내사랑(원제목: Maudie)'의 관객수는 다음과 같다. '내사랑'은 어릴 적부터 앓아온 류마티스성 관절염으로 죽은 순간까지 고통을 받아온 화가 Maudi Lewis에 대한 영화이다.

영화명	덩케르크	내사랑
관객수(단위: 명)	1,533	1,505

이 숫자들로부터 어떤 이야깃거리가 나올 수 있을까?

'내사랑'은 2017년 5월 20일, '덩케르크'는 동년 7월 18일에 개봉했다. 개봉일 이후 8월 22일경까지의 관객수, 좌석점유율에 대한 통계자료로부터 어떤 이야깃거리가 나올 수 있을까?

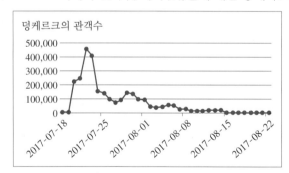

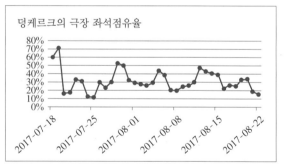

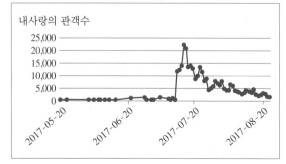

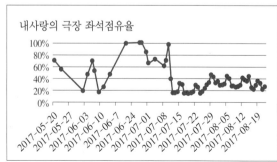

1.3 다음은 영국의 월간 소매판매량의 추이다. 매년 12월의 판매량이 가장 높다.

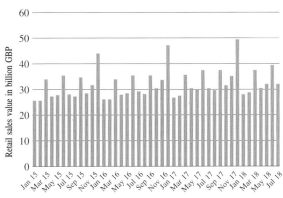

출처: Statista.com

이 그래프로 2018년 8월 이후의 소매판매량을 대략적으로 유추할 수 있을까?

1.4 다음 그래프는 1990년 말에 주식과 채권에 각각 $100을 투자하면 2016년 말 가치가 얼마나 되는가를 보여준다. 미국의 사례이다.

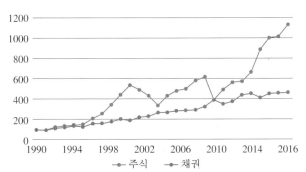

출처: http://pages.stern.nyu.edu/~adamodar/New_Home_Page/datafile/histretSP.html

이 그래프에 의하면, 2016년 말 주식의 가치는 $1,137가 되고 채권의 가치는 $468이 된다.
그렇다면 다음과 같이 주장할 수 있을까?

주식의 투자수익률이 채권에 비해 항상 높다.

1.5 우리나라는 통계청에서 매년 생명표를 작성하고 있다. 다음은 1970년과 2017년의 생명표이다. 2017년, 30세 남성은 50.4년을 더 살 수 있고, 30세 여성은 56.2년을 더 살 수 있다.

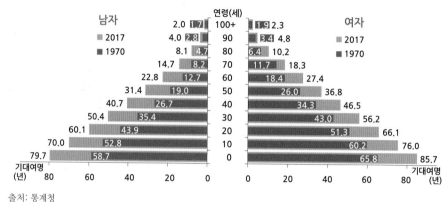

출처: 통계청

이 생명표를 보고 분석하시오. 어떤 곳에 활용할 수 있을까?

1.6 제1차 세계대전 당시, 심한 부상을 입은 시점부터 치료를 받는 시점까지의 시간과 사망률을 분석했다. 그 결과가 다음과 같다. 이 표로부터 얻을 수 있는 것은 무엇인가?

부상 후 경과 시간에 따른 사망률(1918년)

부상 후 경과 시간	사망률	부상 후 경과 시간	사망률
1시간	10%	5시간	36%
2시간	11%	6시간	41%
3시간	12%	8시간	75%
4시간	33%	10시간	75%

출처: trauma.org

참고로, 외상 트라우마의 아버지로 불리는 외과의사인 카울리(A. Cowley)가 이 표를 근거로 '골든 아워'라는 개념을 세계 최초로 도입하였다. 인명을 구조할 수 있는 금쪽같은 시간이란 의미에서 '골든'이란 단어를 사용했다. 그는 골든 아워를 1시간으로 보았다. 이 시간을 맞출 수 있도록 병원은 의료시스템을 갖추고, 소방청도 환자 수송시스템을 갖추고 있다.

CHAPTER 2

자료의 요약

통계분석은 주어진 자료를 체계적으로 정리하여 일정한 패턴을 발견하고 기본적인 특성을 밝히는 단계에서부터 출발한다. 그러나 체계적으로 정리되지 않은 자료는 한낱 한 무더기의 숫자 더미에 불과하다. 수만 개의 자료가 단순히 나열되어 있다면 그로부터 자료의 특성을 파악할 수 없다. 자료의 특성을 파악하고 의사결정자에게 의미 있는 통계정보를 제공하기 위해서는 자료를 적절한 방법으로 일목요연하게 정리해야 한다.

Excel에서 통계분석을 하려면 '데이터' 메뉴에서 '데이터 분석'이라는 소메뉴가 있어야 한다. 이것이 없으면 파일＞옵션＞추가 기능＞'분석 도구' 클릭＞이동 하면, 작은 창에서 '분석 도구' 클릭＞확인하여 생성한다.[1]

I 모집단과 표본

통계학의 첫 단계는 자료를 수집하고 이를 분석하는 것이다. 이때 구한 자료가 관심의 대상 전체인지 아니면 일부인지를 구분한다. 관심의 대상이 되는 모든 개체의 집단을 **모집단** (population)이라 하고, 관심 대상의 전체 중 일부를 **표본**(sample)이라 한다. 인구 상태 등을 파악하기 위해 전 국민을 대상으로 5년마다 하는 인구 조사(census)가 모집단 조사의 사례이다. 반면에 대상자 전체 중에서 일부에게만 전화로 설문 조사하는 경우가 표본조사의 사례이다. 제6장에서 다시 설명한다.

---

1 이를 시각적으로 보려면 http://blog.naver.com/kryoo에서 본 책의 첨부파일을 보시오.

표본에서 얻은 결과는 모집단과 차이가 날 수 있기 때문에 표본에서 나온 것과 모집단에서 나온 것을 구분하여 표기한다. 예를 들어 표본에서 얻은 평균(분산)은 표본평균(표본분산)으로, 모집단에서 얻은 평균(분산)은 모평균(모분산)으로 표현한다.

● 예제 2.1

여성복을 전문으로 생산하던 업체가 남성복 업계에 진입하기 위해 우리나라 성인 남성의 키를 알고 싶어 성인 남성 10,000명을 대상으로 키를 조사하였다. 이때 모집단과 표본은 무엇인가?

풀이

모집단은 우리나라 전체 성인 남성의 키이고, 표본은 조사된 10,000명의 키이다. 성인 남성이 아니고 '키'라는 점에 유의하자.

Ⅱ 자료를 시각적으로 요약하기

▌토의예제

향후 철강산업이 활황을 맞이할 거라는 뉴스를 보고, 포스코 주식에 투자할까 생각하고 있다. 증권회사의 영업담당자에게 포스코의 과거 주식 수익률을 요청하자, 담당자가 일간수익률을 계산하여 알려 주었는데, 아래는 그중 일부이다.

−0.03136	0.01042	0.00881	0.03448	0.00858	0.02966	0.02679
−0.00360	0.03780	0.02183	−0.00833	−0.00426	0.02469	−0.02609
0.00361	0.01987	−0.02992	−0.00840	−0.00427	−0.01205	−0.00893
−0.02878	−0.02273	0.00441	−0.06780	−0.01288	0.00813	−0.01802
0.00358	−0.03333	−0.01351	0.00439	−0.01916	−0.01282	0.01413
0.01071	−0.03448	0.04110	−0.00873	−0.02344	0.00866	−0.01095
−0.01413	−0.03571	0.03070	0.01322	−0.01600	−0.01288	0.03622
0.01075	−0.02881	0.01277	−0.01304	−0.00813	−0.04348	0.03884
0.00709	−0.03814	−0.02521	0.02643	−0.03279	0.01818	−0.02804
0.01408						

이 자료를 보고 포스코의 일간수익률이 어떻다고 말할 수 있을까? 자료를 이보다 더 많이

수집한다면 좀 더 좋은 정보를 얻을 수 있을까?

풀이

자료가 나열되어 있을 뿐 이 자료로부터 아무런 정보를 얻을 수 없다. 자료가 이보다 더 많아지면 복잡만 해질 뿐 어떤 정보도 얻기 힘들다. 따라서 자료를 체계적으로 정리할 필요가 있다.

토의예제는 자료 수가 너무 많아 분석하기 곤란하므로 자료 수를 줄인 예를 들어 보자. 다음 [표 2.1]은 한 고객으로부터 식료품 업종의 지난해 연간수익률을 분석해 달라는 요청을 받고, 식료품 업종에 포함된 30개 종목 주식의 연간수익률을 조사하여 작성한 표이다.

표 2.1 30개 종목의 연간수익률(단위: %)

−3.3	−1.5	−13.4	12.9	−19.5	5.6
0.5	1.5	2.2	−3.2	−9.9	6.6
−2.1	5.5	4.5	−5.9	2.6	0.1
0.0	2.1	−6.3	6.6	5.6	4.5
−0.9	1.5	17.8	15.2	7.8	−4.5

고객에게 [표 2.1]을 그대로 보여주면 고객은 어떤 가치 있는 정보를 얻을 수 있을까? 이 질문에 대한 해답은 "별로 없다."이다. 왜냐하면 30개의 숫자가 단순히 나열되어 있기 때문이다. 만약 자료의 개수가 더욱 늘어나 수백, 수천 개 이상이 된다면 [표 2.1]과 같이 정리되지 않은 자료에서 의미 있는 정보를 얻을 가능성은 더욱 낮아진다.

[표 2.1]과 같이 정리되지 않은 채로 단순히 나열된 자료를 원자료(raw data) 혹은 미정리자료라 한다. 원자료 속에 숨어 있는 가치 있는 정보를 찾아내려면 원자료를 체계적으로 정리하는 것이 필요하다. 그 대표적인 수단으로는 표나 그림과 같이 시각적으로 요약하는 방법과 평균, 분산 등 자료의 특징을 수치로 표현하는 방법을 들 수 있다.

1. 도수분포표

[표 2.1]을 [표 2.2]와 같은 시각적인 표로 만들 수 있는데 이를 **도수분포표**(frequency distribution table)라 한다. 도수분포표란 자료를 적당한 구간으로 나누고, 각 구간에 포함된 자료의 수를 나타낸 표이다. [표 2.2]의 도수분포표는 수익률을 10% 크기의 구간으로 나누고 해당 구간에 포함되는 기업의 수를 나타내고 있다. 도수분포표에서 구간을 **계급**(class)이라 부르고 각 구간에서 관찰되는 자료의 수를 **도수**(frequency)라 부른다.

우리는 특정 계급에 몇 개의 자료가 관찰되는가에 관심을 갖기도 하지만, 특정 계급에

표 2.2 도수분포표

계급(수익률 구간)	도수
−25.0~−15.0%	1
−15.0~−5.0%	4
−5.0~5.0%	16
5.0~15.0%	7
15.0~25.0%	2
합계	30

관찰되는 자료 수가 전체 자료에서 차지하는 비율이 얼마인가 혹은 특정 계급 이하에 해당 되는 자료의 비율은 얼마나 되는가와 같은 사항에 관심을 갖기도 한다. 예를 들어 [표 2.2] 에서 수익률이 5~15% 사이에 있는 기업의 비율이라든가, 수익률이 −5%에도 미치지 못 하는 기업의 수 등에 관심을 가질 수도 있다. 따라서 전체에서 각 계급이 차지하는 비율이 나 각 계급까지 누적된 도수를 함께 표시하면 좀 더 편리하다. 이들을 각각 상대도수, 누적 도수라고 한다. **상대도수**(relative frequency)란 한 계급의 도수가 전체 도수 중에서 차지하 는 비율을 의미한다. [표 2.2]에서 도수는 각 계급에 포함된 자료의 절대 개수를 나타내므 로 상대도수와의 혼동을 피하기 위해 **절대도수**(absolute frequency)라 부르기도 한다. **누적 도수**(cumulative frequency)란 도수의 누적을 나타낸 것으로, 구체적으로 표현하면 '~이하 (미만)의 빈도'이다. 상대도수를 누적한 것을 **누적상대도수**(cumulative relative frequency)라 부르며, 혼동을 피하기 위해 누적도수를 **누적절대도수**(cumulative absolute frequency)라 부 르기도 한다.

[표 2.3]은 [표 2.2]에 상대도수, 누적(절대)도수, 누적상대도수를 추가하여 얻은 확장된 도수분포표이다. [표 2.3]으로 특정 계급의 발생비율을 단번에 파악할 수 있고 특정 자룟값 의 순위도 누적(절대)도수를 통해 어느 정도 파악할 수 있다. 예를 들어, 수익률이 −5~5% 의 계급에 속한 기업 수와 그 비율은 각각 16개와 53.3%라는 사실을 알 수 있고, 수익률이

표 2.3 확장된 도수분포표

계급(수익률 구간)	(절대)도수	상대도수	누적(절대)도수	누적상대도수
−25.0~−15.0%	1	3.3%	1	3.3%
−15.0~−5.0%	4	13.3%	5	16.7%
−5.0~5.0%	16	53.3%	21	70.0%
5.0~15.0%	7	23.3%	28	93.3%
15.0~25.0%	2	6.7%	30	100.0%
합계	30	100%		

−5%인 식품기업의 수익률 순위는 밑에서 약 5번째이고 약 16.7%에 해당된다는 사실을 파악할 수 있다.

계급의 수와 구간 크기를 바꿀 수 있다. 그 예가 [표 2.4]이다.

표 2.4 또 다른 방식의 확장된 도수분포표

계급(수익률 구간)	(절대)도수	상대도수	누적(절대)도수	누적상대도수
−20.0~−10.0%	2	6.7%	2	6.7%
−10.0~0.0%	10	33.3%	12	40.0%
0.0~10.0%	15	50.0%	27	90.0%
10.0~20.0%	3	10.0%	30	100.0%
합계	30	100%		

2. 히스토그램

도수분포표를 그림으로 표현하면 좀 더 시각적으로 보여줄 수 있다. 그중 가장 대표적인 것이 히스토그램이다. **히스토그램**(histogram)은 자료를 적당한 구간으로 나누고, 각 구간에 포함되는 자료의 수를 막대그래프의 형태로 나타낸다. [그림 2.1]은 [표 2.2]를 이용하여 작성한 히스토그램이다. 이 히스토그램을 보면 연간수익률의 분포와 평균 등을 어림잡을 수 있다. 예를 들어 이 업종의 연간수익률은 어떤 구간에 가장 빈도가 많을까? 평균수익률은 대략 얼마가 될까? 등의 질문에 대해 간략하게나마 답할 수 있다. 즉 막대의 높이를 비교해 보면, 수익률이 −5.0~5.0% 사이에 해당하는 도수가 가장 많고, 다음으로는 [5%, 15%], [−15%, −5%], [15%, 25%], [−25%, −15%] 구간 순으로 분포되어 있음을 한눈에 알 수 있다.

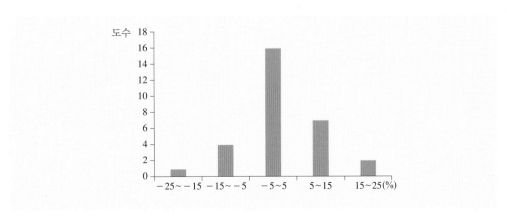

그림 2.1 히스토그램

Excel의 분석도구 중 히스토그램 메뉴(데이터 > 데이터 분석 > 히스토그램)를 이용하면 도수분포표와 히스토그램을 동시에 얻을 수 있다. 그 방법은 다음과 같다.

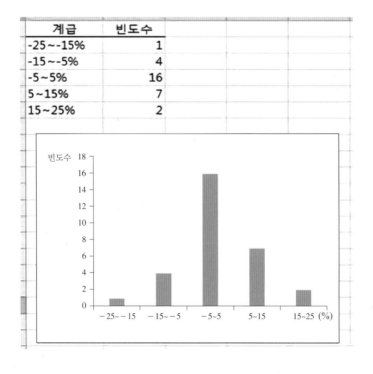

이에 대한 결과는 다음과 같다.

계급	빈도수
-25~-15%	1
-15~-5%	4
-5~5%	16
5~15%	7
15~25%	2

3. 여러 가지 형태의 그림

히스토그램 외에 분포를 시각적으로 나타내는 방안으로 **원형그래프**(pie graph)를 빼놓을 수 없다. 원형그래프는 도수를 막대가 아닌 파이 조각의 크기로 나타낸다. [그림 2.2]는 [그림 2.1]의 히스토그램을 원형그래프로 표현하였다. Excel에서 삽입＞차트＞원형의 메뉴를 이용하면 도수분포표로부터 원형차트로 쉽게 만들 수 있다.

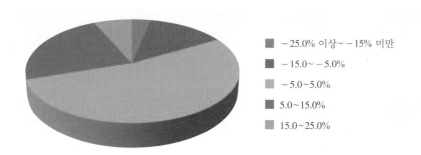

그림 2.2 원형그래프

자료의 분포를 시각적으로 표현할 때 자주 이용되는 방법으로 존 튜키(John Tukey, 1977)가 제안한 **줄기-잎 그래프**(stem-and-leaf graph)를 들 수 있다. 줄기-잎 그래프는 먼저 줄기를 찾고 이어서 잎을 찾아 그리는데, 줄기는 흔히 잎을 나타내는 단위보다 큰 단위를 나타낸다. 예를 들어 최고점이 99점인 성적자료를 분석하는 경우라면, 점수가 10단위의 숫자와 1단위의 숫자로 구성되므로 10단위의 숫자를 줄기에 표시하고 1단위의 숫자를 잎에 표시한다. 줄기에 표시된 숫자를 크기가 작은 순으로 나열하고, 잎에 있는 숫자를 크기가 작은 순으로 나열하면 줄기-잎 그래프가 완성된다.

[표 2.5]는 통계학 입문의 기말시험 성적을 보여주고 있다. 이를 줄기와 잎 그래프로 나타낸 결과는 [그림 2.3]과 같다.

표 2.5 통계학 입문 기말시험 성적 자료

76	48	49	41	68	68	60
50	75	20	12	57	39	34
71	74	64	87	86	59	46
33	83	23	66	63	56	32
20	82	48	56	91	7	72
69	43	60	36	55	34	20
81	96	94	35	63	28	40

0	7							
1	2							
2	0	0	0	3	8			
3	2	3	4	4	5	6	9	
4	0	1	3	6	8	8	9	
5	0	5	6	6	7	9		
6	0	0	3	3	4	6	8	8	9
7	1	2	4	5	6			
8	1	2	3	6	7			
9	1	4	6					

그림 2.3 줄기-잎 그래프

줄기-잎 그래프는 자료의 분포뿐 아니라 특정값의 빈도나 순위도 알려준다. 예를 들어 20점은 3명이며, 밑에서 3번째라는 사실도 알 수 있다. [그림 2.3]을 시계의 반대방향으로 90도 회전하면 막대그래프와 유사해 진다.

Ⅲ 자료를 수치로 요약하기

히스토그램이나 도수분포표는 분포의 대충적인 모습을 파악하는 데 유용하지만, 계급의 구간 크기에 따라 결과가 크게 달라질 수 있다는 단점이 있다. 다음 표를 보자.

표 2.6 22명 학생의 점수

35	41	43	45
51	51	51	57
61	64	64	66
67	69	71	79
79	79	86	86
87	92		

[그림 2.4]는 [표 2.6]의 자료를 사용한 히스토그램이다. 이 그림의 왼쪽에 있는 히스토그램은 계급의 구간 크기가 10인 반면, 오른쪽에 있는 히스토그램은 계급의 구간 크기가 13이다. [그림 2.4]의 두 히스토그램에서 보여주듯이 동일한 자료임에도 불구하고 분포 모양이 완전히 다르게 나온다. 따라서 히스토그램이나 도수분포표 등 시각적 표현만을 사용하면 분포의 특성을 와전시킬 소지가 있다.

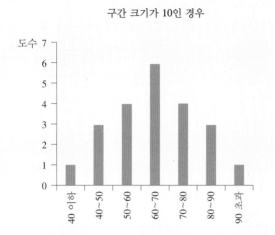

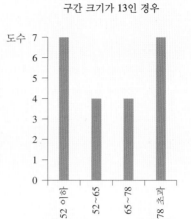

그림 2.4 동일한 자료로 도출된 히스토그램

● **예제 2.2**

[표 2.6]의 자료를 46 이하, 46 초과~57 이하, 57 초과~68 이하, 68 초과~79 이하, 79 초과의 5계급으로 나눠 히스토그램을 작성해 보시오. [그림 2.4]와 비교하고 자료의 특성을 시각적인 그래프로 작성할 때의 문제점을 언급하시오.

풀이

히스토그램은 다음과 같다. 이 그래프에서 보는 바와 같이 [그림 2.4]의 두 히스토그램과 전혀 다르게 나타났다. 이 점으로 미루어 보아 자료의 특성을 시각적으로 표현하는 경우, 계급의 구간 크기에 따라 결과가 달라질 수 있음을 확인할 수 있다.

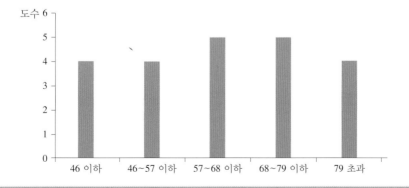

히스토그램과 도수분포표의 이런 약점은 분포의 특성을 수치로 제시할 경우 해결할 수 있다. "지금 밖이 얼마나 따뜻해요?"라는 질문에 '따뜻하다', '포근하다', '덥다', '춥지 않

다', '쌀쌀하지 않다' 등의 유사한 표현이 답변으로 나올 수 있다. 이 표현은 답변자의 주관적인 느낌이 포함되어 있고, 동일한 표현에 대해서도 듣는 이에 따라 다르게 해석될 수 있다. 그러나 이 질문에 "밖의 현재 온도가 27℃이다."라고 답변한다면 답변자나 질문자 모두 동일하게 해석한다. 즉 27℃라는 수치를 사용하면 의사전달에 오해의 소지가 없게 된다. 이와 동일한 논리로 통계자료의 생김새를 수치로 표시할 수 있다면 주관적인 판단을 배제하고, 객관적으로 표현할 수 있다.

그러나 이때 어떤 면을 수치로 표현해야 자료의 생김새를 잘 표현할 수 있는가 하는 문제가 남아 있다. 이해를 돕기 위해 "앙골라인(Angolan)의 생김새는 어떤가?"라는 질문을 보자. 이 질문에 답하려면 앙골라인의 생김새를 인종적인 면에서 잘 묘사할 수 있게 하는 요소를 찾아야 한다. 피부색, 키, 체격형태, 혈압수준, IQ, 재능 등 중에서 인종적 생김새를 잘 표현할 수 있는 요소는 피부색, 키, 체격형태이다. 피부색이 검고, 남성의 평균 키가 170 cm 정도, 체격은 마른 편이라고 하면 앙골라인의 생김새에 대해 잘 상상할 수 있기 때문이다. 반면에 혈압, IQ, 재능 등은 생김새를 표현하는 요소가 되지 못한다. 동일한 논리로, "통계자료의 생김새가 어떤가?"라는 질문에 이 생김새를 잘 표현할 수 있는 요소들을 우선 찾아야 한다. 이런 요소로는 분포를 대표하는 대푯값, 분포가 얼마나 흩어져 있는가를 나타내는 산포도, 분포의 대칭 정도를 나타내는 비대칭도 등을 꼽을 수 있다. 그러므로 이 요소들을 수치로 제시한다면 자료의 생김새를 객관적으로 표현할 수 있게 된다.

1. 대푯값

우리는 흔히 미국인이 우리보다 잘 산다고 이야기한다. 이는 양 국가의 개개인을 비교한 것이 아니라 양 국가의 소득을 대표할 만한 소득수준을 비교한 결과이다. 미국에 가난한 사람도 많고, 우리나라에 부자도 많기 때문에 양국의 개개인을 비교한다면 미국인이 잘 산다고 말하기 힘들어진다. 이와 같이 두 나라를 비교할 때 한 나라의 소득을 대표할 수 있는 소득수준이 필요한데 이를 **대푯값**(representative value)이라 부른다.

그러면 대푯값을 어떻게 측정할 수 있을까? 대푯값을 측정하는 방법은 크게 평균, 중앙값, 최빈값으로 나뉜다.

1.1 평균

평균에는 산술평균, 가중평균, 기하평균 등이 있다.

■ 산술평균

산술평균(arithmetic mean, average)은 관찰집단 내의 모든 자룟값을 합한 후 이를 자료의

그림 2.5 대푯값에 대한 이해

개수로 나누어 얻는다. 산술평균은 모집단과 표본에서 다른 기호인 μ와 $\bar{x}$로 표기한다. 표본 산술평균의 정의는 다음과 같고, 모집단 산술평균의 정의는 각주에 있다.[2] 일반적으로 평균(mean)이라 하면 산술평균을 뜻한다.

산술평균

$x_1, x_2, \cdots, x_n$로 구성된 표본의 산술평균 $\bar{x}$는 다음과 같다.

$$\bar{x} = \frac{x_1 + x_2 + \cdots + x_n}{n} = \frac{\sum_{j=1}^{n} x_j}{n}$$

● 예제 2.3

우리 전체 가족 중 일부인 4명을 대상으로 키를 측정한 결과는 다음과 같다.

$$170 \text{ cm}, \ 160 \text{ cm}, \ 165 \text{ cm}, \ 175 \text{ cm}$$

이들 4명 키의 산술평균을 구하시오.

---

2 모집단의 산술평균은 $\mu = \frac{\sum_{j=1}^{N} x_j}{N}$, 여기서 N은 모집단의 자료 수이다.

풀이

$$\bar{x} = \frac{\sum_{j=1}^{n} x_j}{n} = \frac{170 + 160 + 165 + 175}{4} = 167.5 \text{ cm}$$

〈Excel 이용〉 함수 'AVERAGE'를 사용한다.

	A	B	C	D	E
1	170	160	165	175	=AVERAGE(A1:D1)

산술평균은 물리학에서의 무게중심과 일치한다. 키가 160 cm와 170 cm인 두 사람 신장의 산술평균을 구하려면, 널빤지 위에 같은 무게의 나무토막을 160 cm, 170 cm에 해당하는 위치에 올려놓고 무게중심을 찾으면 된다. [그림 2.6]의 가운데 그림처럼 삼각받침대를 165 cm에 놓으면 널빤지가 기울어지지 않고 그대로 유지할 수 있으나, 왼쪽이나 오른쪽 그림처럼 162 cm나 166.7 cm에 놓으면 널빤지가 화살표의 방향으로 기울어진다. 즉 160 cm와 170 cm의 무게중심은 165 cm이며, 이 값이 바로 산술평균이다.

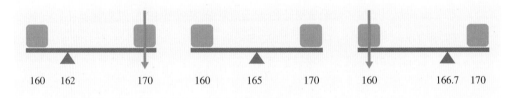

그림 2.6 산술평균의 이해

● 예제 2.4

다음의 세 그림을 보자. 1, 2, …, 6, 7이 관찰되었는데, 각 수치의 빈도는 Y축에 나타나 있다. 산술평균을 대략적으로 짚어 보시오.

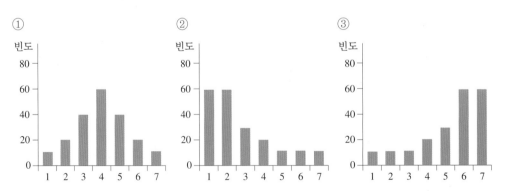

풀이

①은 좌우대칭이므로 무게중심을 쉽게 찾을 수 있다. 무게중심, 즉 산술평균은 4이다.

②는 작은 수치인 1과 2의 빈도가 높은 반면 큰 수치인 5, 6, 7의 빈도가 작다. 그러므로 무게중심, 즉 산술평균은 2와 3 사이일 것으로 추정된다. (정확하게는 2.65임)

③은 ②와 정반대이다. 무게중심, 즉 산술평균은 5와 6 사이일 것으로 추정된다. (정확하게는 5.35임)

■ 가중평균

한 학생의 통계학 과목 퀴즈 점수는 90점, 90점, 80점이고 중간시험과 기말시험 점수는 각각 60점, 80점일 때, 이 점수의 평균을 단순히 산술평균으로 구하면 80점[$=(90+90+80+60+80)/5$]이 된다. 그러나 이는 퀴즈와 정식 시험의 반영비율을 감안하지 않고 구한 평균이다. 만일 개별 퀴즈의 반영비율이 각각 10%씩이고, 중간시험과 기말시험의 반영비율이 각각 35%라면 이 학생의 최종 평균성적은 다음과 같이 75.0이다.

$$(0.1\times90)+(0.1\times90)+(0.1\times80)+(0.35\times60)+(0.35\times80)=75.0$$

이때 반영비율인 0.1, 0.1, 0.1, 0.35, 0.35를 **가중치**(weight)라 한다. 가중치를 반영한 평균을 **가중평균**(weighted mean)이라 하고 $\bar{x}_w$로 표기한다. 일반화하여 $x_1, x_2, \cdots, x_n$의 가중치가 각각 $w_1, w_2, \cdots, w_n$이라 하면 가중평균은 다음과 같다.

$$\bar{x}_w = w_1x_1 + w_2x_2 + \cdots + w_nx_n = \sum_{j=1}^{n}w_jx_j$$

사실 산술평균도 모든 데이터에 동일한 가중치인 $1/n$이 적용된 가중평균의 특별한 형태이다.

● 예제 2.5

어느 대학의 시간강사는 경력에 A급과 B급으로 구분되며 전자는 시간당 40,000원, 후자는 시간당 30,000원을 지급받는다. 시간강사는 총 200명인데 A급이 적용되는 시간강사가 150명이고 B급이 적용되는 시간강사가 50명이다. 이 대학 시간강사의 시간당 평균 강사료는 얼마인가? 평균 강사료를 $\dfrac{40,000+30,000}{2}$과 같이 풀면 무엇이 잘못인가?

풀이

시간당 평균 강사료는 $\left(\dfrac{150}{200}\right)40,000 + \left(\dfrac{50}{200}\right)30,000 = 37,500$이다. $\dfrac{40,000+30,000}{2}$과 같이 풀면 A급과 B급 강사의 비율이 고려되지 않는다.

● 예제 2.6

투자자 A는 500원을 주식에 투자하고 1,500원을 채권에 투자하였다. 1년 후 주식의 수익률은 10%이고, 채권의 수익률은 6%로 밝혀졌다. 이 투자자의 평균수익률은 얼마인가? 주식과 채권투자로 발생된 이익은 얼마인가?

풀이

$$\bar{x}_w = \left(\frac{500}{2,000}\right)10\% + \left(\frac{1,500}{2,000}\right)6\% = 7\%$$

총이익 = 주식투자로 발생된 이익 + 채권투자로 발생된 이익

$$= 0.1(500) + 0.06(1,500) = 140$$

총이익 = 총투자액 × 평균수익률의 공식을 이용해도 동일하게 140원이 나온다.

'주식시장', '채권시장', '물가', '소비자 심리'를 대표하는 값을 찾기는 쉽지 않다. 대푯값을 계산하는 대상이 지나치게 다양하거나, 측정하기 힘들기 때문이다. 이런 경우 대푯값을 대체하는 지수(index)를 활용한다. 예를 들어, KOSPI지수는 주식시장을 대표하는 값이다. KOSPI지수가 2,600이라 하여 주가의 평균이 2,600이란 뜻은 아니다. 이 지수가 어제 2,500이고 오늘 2,600이라면, 어제보다 오늘 주가가 평균적으로 상승했고, 상승률은 4% $\left(=\dfrac{2,600-2,500}{2,500}\right)$이란 뜻이다.

■ 기하평균과 기하평균수익률(성장률)

기하평균의 개념을 이해하기 위해 다음의 토의예제를 보자.

▎토의예제

투자액 10원이 1년 후에 2배가 되었다. 2배 된 돈이 1년 후 또 8배가 되었다. 2와 8의 산술평균을 구하면 5가 나온다. 매년 5배씩 증가한 셈일까?

풀이

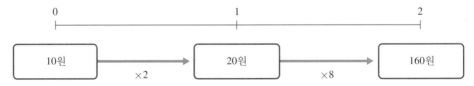

이 그림에서 0, 1, 2는 시점을 표시하는데 0은 투자시점을, 1은 1년 후, 2는 2년 후를 나타낸다.

투자액 10원이 첫해에 2배, 둘째 해에 8배가 되어, 결국 2년 후에 160원이 되었다. 2년 동안 총 16배가 된 것이며, 매년 평균 4배씩이 된 셈이다. 따라서 산술평균은 이 상황을 제대로 설명하지 못하고 있다.

이 **토의예제**를 정리해 보자. 투자액이 첫해에 x_1배가 되고, 둘째 해에 x_2배가 된다면 2년 후에 투자액의 $x_1 \cdot x_2$배가 된다. 매년 $\bar{x}_g$배가 된다면 2년 후에 투자액의 $\bar{x}_g^2$이 된다. 연평균 배수를 구하려면 다음 식을 만족하는 $\bar{x}_g$를 구하면 된다.

$$\bar{x}_g^2 = x_1 \cdot x_2, \quad 즉 \quad \bar{x}_g = (x_1 \cdot x_2)^{\frac{1}{2}}$$

이 연평균 배수 $\bar{x}_g$를 **기하평균**(geometric mean)이라 부른다.

경영학이나 경제학에서는 기하평균보다 기하평균수익률의 개념이 더 많이 사용된다. 첫해와 둘째 해의 수익률을 각각 r_1와 r_2라 하고, 평균 수익률을 $\bar{r}_g$라 하면, 앞의 식은 다음과 같이 바뀐다.

$$(1 + \bar{r}_g)^2 = (1 + r_1)(1 + r_2)$$

앞의 토의예제에서 첫해와 둘째 해의 수익률은 각각 100%와 700%이므로, $(1 + \bar{r}_g)^2 =$ $(1 + 1.0)(1 + 7.0)$이다. $\bar{r}_g$에 대해 풀면 300%가 나온다. 이 값을 **기하평균수익률**이라 한다.

● **예제 2.7**

주식을 매입한 후 2년 동안 보유했다. 첫해의 수익률은 +300%이고 둘째 해의 수익률은 −100%이다. 기하평균수익률과 수익률의 산술평균을 구하시오. 만약 1원을 투자했다면 2년 후에 얼마가 되는가?

풀이
$r_1 = 3.0$, $r_2 = -1.0$이다. $(1 + \bar{r}_g)^2 = (1 + 3.0)(1 + (-1.0))$의 식을 $\bar{r}_g$에 대해 풀면 −100%가 나온다. 산술평균 수익률은 +100%이다. 2년 후에 0원이 된다.

이 예제를 보면 투자액 1원이 1년 후에 4원[=1×(1+3.0)]이 되고, 2년 후에 0원[=4× (1−1.0)]이 된다. 결국 투자액 모두를 잃었음에도 불구하고 수익률의 산술평균이 100%로 계산되어 마치 큰 이득을 본 것으로 오해할 수 있다. 이 상황을 특징적으로 표현하면, 첫해의 수익률 '300%'는 1원에 대한 수익률인 반면에 둘째 해의 '−100%'는 4원에 대한 수익률로, 수익률이 적용되는 액수가 연도에 따라 1원과 4원으로 다르다는 점이다. 이와 같은

경우에 산술평균은 대푯값으로서의 기능을 하지 못한다.

투자기간을 n년으로 확대해 보기 위해 r_1, r_2, $\cdots$, r_n을 연도별 수익률이라 하자. 1원의 투자금은 n년 후에 $1 \cdot (1+r_1)(1+r_2)\cdots(1+r_n)$이 되고, 기하평균수익률이 $\bar{r}_g$라면 n년 후에 $1 \cdot (1+\bar{r}_g)^n$이 된다. $(1+\bar{r}_g)^n = (1+r_1)(1+r_2)\cdots(1+r_n)$을 만족하는 $\bar{r}_g$를 구하면 기하평균수익률을 구할 수 있다.

기하평균수익률

r_1, r_2, $\cdots$, r_n이 기간별 수익률이면 다음의 식을 만족하는 $\bar{r}_g$가 기하평균수익률이다.

$$(1+\bar{r}_g)^n = (1+r_1)(1+r_2)\cdots(1+r_n)$$

● 예제 2.8

우리나라의 3년 동안 경제 성장률은 첫해에 $+16\%$, 둘째 해에 $+15\%$, 셋째 해에 -30%를 기록하였다. 우리나라의 경제규모는 3년 후 증가하였는가? 연간성장률의 산술평균과 기하평균성장률을 구하시오. 어느 평균 개념이 상황을 더 잘 반영하고 있는가? 기하평균을 이용하여 기하평균성장률을 구하시오.

풀이

산술평균은 $\bar{x} = \left(\dfrac{16\% + 15\% - 30\%}{3}\right) = 0.333\%$이다. 최초 경제규모가 1원이라면 3년 후에는 $1(1+0.16)(1+0.15)(1-0.3) = 0.9338$이다. 결국 0.0662원만큼 경제규모가 준 셈이다. $(1+\bar{r}_g)^3 = 0.9338$을 만족하는 $\bar{r}_g$를 계산하여 기하평균성장률을 구할 수 있다. $\bar{r}_g = -2.257\%$이다. 산술평균은 양$(+)$의 값을 갖는 반면, 기하평균성장률은 음$(-)$의 값을 가지므로 경제규모가 축소된 실제 상황을 기하평균성장률이 잘 반영하고 있다. 기하평균성장률 대신 기하평균 개념을 도입하여 풀 수도 있다. $(\bar{x}_g)^3 = (1+0.16)(1+0.15)(1-0.3)$이다. 그러므로 $\bar{x}_g = 0.97743$이고 기하평균성장률은 $\bar{r}_g = \bar{x}_g - 1 = -2.257\%$이다.

⟨Excel 이용⟩ 함수 'GEOMEAN'을 사용한다.

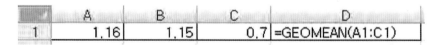

	A	B	C	D
1	1.16	1.15	0.7	=GEOMEAN(A1:C1)

이때 기하평균성장률 = GEOMEAN(A1:C1) - 1이다.

기하평균수익률은 기간별 수익률(또는 성장률)에 대한 평균을 구하고자 할 때 의미 있는 개념이나, 다음의 예에서 보는 바와 같이 특정한 시점에서의 수익률(또는 성장률)에 대한 평균 개념으로는 적절하지 않다.

● 예제 2.9

주식과 채권에 각각 1,000원씩 투자한 결과 수익률이 각각 −20%와 +20%로 나타났다. 수익률의 산술평균과 기하평균수익률을 구하시오. 어느 평균 개념이 실제 상황을 더 잘 반영하고 있는가?

풀이

산술평균은 $\bar{x} = \left(\dfrac{-20\% + 20\%}{2} \right) = 0.0\%$이다. 기하평균수익률을 구하려면, $(1 + \bar{r}_g)^2 = (1 - 0.2)(1 + 0.2)$를 이용하여 계산하면 $\bar{r}_g = -2.02\%$이다. 투자이익은 $1{,}000(1 - 0.2) + 1{,}000(1 + 0.2) - 2{,}000 = 0$이므로, 산술평균이 실제 상황을 잘 반영하고 있다.

■ 산술평균, 기하평균의 비교

두 관찰점 x_1과 x_2의 산술평균, 기하평균을 구하면 다음과 같다.

산술평균: $x_1 + x_2 = \bar{x} + \bar{x} \Rightarrow \bar{x} = \dfrac{x_1 + x_2}{2}$

기하평균: $x_1 \cdot x_2 = \bar{x}_g \cdot \bar{x}_g \Rightarrow \bar{x}_g = [x_1 \cdot x_2]^{\frac{1}{2}}$

여기에서 보는 바와 같이 산술평균은 관찰점의 중간 위치(무게중심)이고, 기하평균은 평균 배율(倍率)이다. 앞에서 x_1과 x_2의 두 관찰점에 한정하였으나, 이를 n개로 확대하면 다음과 같다.

산술평균: $x_1 + x_2 + \cdots = n \cdot \bar{x} \Rightarrow \bar{x} = \dfrac{\sum_{j=1}^{n} x_j}{n}$

기하평균: $x_1 \cdot x_2 \cdot \cdots = \left[\bar{x}_g \right]^n \Rightarrow \bar{x}_g = [x_1 \cdot x_2 \cdot \cdots \cdot x_n]^{\frac{1}{n}}$

1.2 중앙값

중앙값(median)이란 관찰값을 크기순으로 나열한 후 가운데 위치한 자료의 값이다. 예를 들어 성적의 경우, 중간석차의 점수가 중앙값이 된다. 자료의 수가 n일 때 가운데 위치는 $\dfrac{n+1}{2}$번째의 자료이다. n이 홀수이면 가운데 위치를 쉽게 찾을 수 있다. 그러나 n이 짝수이면 가운데 위치한 자료를 찾을 수 없는데, 이때에는 $\dfrac{n+1}{2}$번째에 인접한 두 자료의 산술평균을 중앙값으로 간주한다.

● 예제 2.10

4, 5, 2, 9, 9의 중앙값을 구하시오(관찰값의 수가 홀수인 경우).

풀이

위 자료를 크기가 작은 것부터 나열하면 2, 4, 5, 9, 9가 된다. 자료의 개수가 5이므로 가장 가운데에 위치한 자료는 $\frac{(5+1)}{2}=3$번째로 중앙값은 5이다.

〈Excel 이용〉 함수 'MEDIAN'을 사용한다.

	A	B	C	D	E	F
1	4	5	2	9	9	=MEDIAN(A1:E1)

● 예제 2.11

4, 5, 2, 9, 9, 7의 중앙값을 구하시오(관찰값의 수가 짝수인 경우).

풀이

크기순으로 나열하면 2, 4, 5, 7, 9, 9가 된다. 자료의 개수가 6이므로 가운데에 위치한 자료는 $\frac{(6+1)}{2}=3.5$번째이다. 중앙값은 3번째와 4번째의 자료인 5와 7의 평균인 6이다.

〈Excel 이용〉 자료의 개수가 짝수인 경우에도 함수 'MEDIAN'을 사용한다.

	A	B	C	D	E	F	G
1	4	5	2	9	9	7	=MEDIAN(A1:F1)

1.3 최빈값

도수가 가장 많은 자료의 값을 **최빈값**(mode)이라 한다. 최빈값의 영문 단어 mode는 유행이라는 뜻을 갖고 있다. 만일 검은색 옷을 가장 많은 사람이 입으면 검은색이 유행이고, 유행색 조사에서 검은색이 최빈값이 된다.

● **예제 2.12**

국회의원 후보자가 다음과 같이 5명이 있다.

① 후보 1   ② 후보 2   ③ 후보 3   ④ 후보 4   ⑤ 후보 5

주민 10,000명을 대상으로 설문조사한 결과, 2,100명이 후보 1에게 투표하고, 나머지 후보에게 각각 1,975명씩 투표할 예정이라고 답했다. 산술평균을 계산하니 2.975가 나왔다. 2.975의 의미는 무엇인가? 중앙값이 3이 나왔다. 3의 의미는 무엇인가? 산술평균이나 중앙값이 대푯값의 역할을 할 수 있을까? 이 자료의 대푯값으로 어떤 방법이 좋은가?

풀이

이들 숫자는 명목척도로 측정되었다. 명목척도에 대한 사항은 제1장을 참조한다. 명목척도로 측정된 숫자는 그 크기가 내포하는 의미가 없으므로 산술평균이나 중앙값이 아무런 역할을 하지 못한다. 이런 경우에는 최빈값만이 대푯값의 역할을 할 수 있다. 최빈값이 1이므로 후보 1의 당선이 가장 유력하다고 말할 수 있다.

1.4 산술평균, 중앙값, 최빈값의 비교

관찰된 모든 자료가 사용된다는 점이 산술평균의 장점이다. 관찰값 하나하나가 모집단을 추론할 때 필요한 정보인데, 산술평균 계산에 모든 관찰값이 사용되므로 모든 정보가 반영된 셈이다. 이런 점에서 자료의 대푯값을 측정하는 방법으로 산술평균이 가장 많이 사용된다. 그러나 이 장점은 극단값이 존재하는 경우에는 단점으로 바뀔 수 있다. 왜냐하면 극단값에 의해 산술평균의 값이 민감하게 변하기 때문이다. 다음 ①, ②, ③, ④의 산술평균과 중앙값을 구해보자.

① 10, 20, 30, 40, **50**

② 10, 20, 30, 40, **100**

③ 10, 20, 30, 40, **1,000**

④ 10, 20, 30, 40, **10,000**

①, ②, ③, ④를 비교하면, 제일 큰 값이 50, 100, 1,000, 10,000으로 다르고 나머지는 동일하다. ①, ②, ③, ④의 중앙값은 30으로 동일하다(다음 [그림 2.7]에서 ▢▢▢으로 표시). 그러나 산술평균의 값은 크게 변한다. 산술평균은 ①에서 30, ②에서 40, ③에서 220, ④에서 2,020으로 민감하게 바뀐다(⇩로 표시).

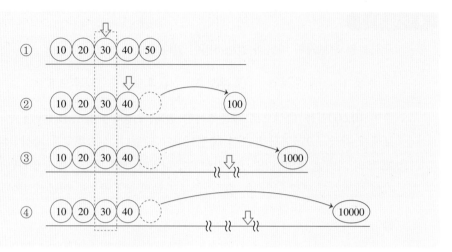

그림 2.7 극단값의 변화에 따른 산술평균의 변화

다음 예제를 보자.

● 예제 2.13

대양 한가운데 위치한 어떤 섬에 살고 있는 주민 1,000명에 대한 연간 소득을 조사하였다. 이중 999명의 연간 소득은 1달러인 반면, 1명의 소득은 1,000,000달러이다. 산술평균과 중앙값을 구하고, 이 둘 중 어느 개념이 주민의 소득 상황을 잘 반영하고 있는가? 부자의 소득이 10배가 되면 산술평균과 중앙값은 어떻게 변하는가?

풀이

산술평균은 $\dfrac{(1 + 1 + \cdots + 1) + 1,000,000}{1,000} = 1,000.999$이다. 이제 중앙값을 구해 보자. 소득수준을 크기 순서대로 나열해서 500번째 소득과 501번째 소득의 평균인 1달러가 중앙값이다. 산술평균에 따라 평균소득이 약 1,000달러라고 말한다면, 주민이 그리 어렵게 살고 있지 않은 것으로 오해될 수 있다. 그러나 실제로 대부분의 주민은 빈곤하기 때문에 산술평균은 주민의 소득 실상을 반영하고 있지 못하다. 반면에 중앙값은 1달러로 주민이 어렵게 살고 있다는 상황을 잘 반영해 주고 있다.

부자의 소득이 10배가 되면, 산술평균은 $\dfrac{(1 + 1 + \cdots + 1) + 10,000,000}{1,000} = 10,000.999$로 과거에 비해 10배가량 증가한 것으로 나타난다. 그러나 일반 주민들의 소득이 약 10배가량 향상되었다고 말할 수 없기 때문에 산술평균은 실상을 호도하고 있다. 반면에 중앙값은 여전히 1달러로 일반 주민들의 소득수준이 변함이 없다는 상황을 잘 반영해 주고 있다.

이 예제와 같이 극단값이 존재하는 경우 산술평균이 대푯값의 역할을 하지 못한다. 산술평균을 구할 때 1,000,000달러란 극단값이 큰 영향을 주어 산술평균의 값이 약 1,000달러가 나왔다. 더구나 이 극단값이 10,000,000달러로 10배가 되는 경우 그 영향으로 산술평균이 약 10배가 되는 것을 보았다. 이와는 대조적으로 중앙값은 극단값으로부터 영향을 거의 받지 않는다. 중앙값은 500번째와 501번째 값에 의해서만 영향을 받을 뿐, 다른 어떤 값에 의해서도 영향을 받지 않기 때문이다.

중앙값 대신에 '중위'라는 용어가 사용되곤 한다. 특히 소득수준의 경우 중앙값 대신에 중위소득이란 단어가 공식적으로 사용되고 있다. 중위소득이란 소득 순으로 순위를 매긴 다음, 정확히 가운데에 위치한 소득, 즉 소득의 중앙값을 말한다. 정부는 매년 중위소득을 발표하고 있는데, 다음 표는 정부가 발표한 2020년의 중위소득이다.

표 2.7 2020년의 월간 중위소득(단위: 원)

가구당 인원수	1인 가구	2인 가구	3인 가구	4인 가구	…
원/월	1,757,194	2,991,980	3,870,577	4,749,174	

경제협력개발기구(OECD)에서는 중위소득의 50% 미만을 빈곤층, 50~150%를 중산층, 150% 초과를 상류층으로 본다. 3인 가구의 경우, 중위소득인 3,870,577원의 50%와 150%는 각각 1,935,289원과 5,805,866원이다. 그러므로 중산층이란 월소득이 1,935,289~5,805,866원 사이를 말한다.

우리나라 정부는 각종 복지정책의 대상자를 정할 때 중위소득을 기준으로 적용한다. 예를 들어 중위소득의 50% 이하에는 교육급여를 지급하고 29% 이하에는 생계, 의료, 주거, 교육급여를 지급하고 있다.

앞의 예제에서 극단값에 의해 산술평균값이 민감하게 변할 수 있다는 것을 보았는데, 이 민감도는 자료의 수에 영향을 받는다. 그 수가 작으면 극단값의 영향력이 크지만 수가 크면 영향력이 작다. 왜냐하면 자료 수가 매우 크면 한두 개의 극단값이 산술평균값에 주는 효과는 그만큼 나뉘기 때문이다. 이런 측면에서 볼 때 자료 수가 작은 경우 산술평균은 대푯값으로서의 역할 수행이 어려울 수 있다. 이런 문제점을 해결하는 대안으로 **절사**(산술)**평균**(trimmed (arithmetic) mean)을 생각해 볼 수 있다. 절사평균은 자료 중 양쪽 극단값을 절삭한 후 나머지 자료만을 이용해 평균을 구하는 방법이다. 절사평균의 사례는 운동경기의 심사에서 찾을 수 있다. 피겨스케이팅의 경우, 심판의 수는 9명이나 최고점과 최저점을 제외(절삭)하고 나머지 7명의 점수만을 계산에 포함시킨다. 다이빙의 경우에도 비슷하다. 심판의 수가 5명일 때, 최고점과 최저점을 삭제하고 3명의 점수만을 계산에 포함시킨다. 심판의 수가 7명이면 최고점 2개와 최저점 2개를 삭제하고 3명의 점수만을 계산에 포함시킨다. 이런 방식

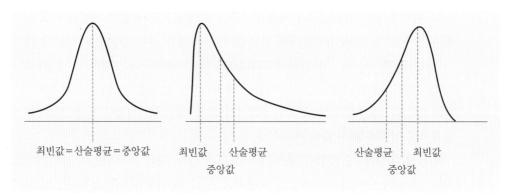

최빈값＝산술평균＝중앙값   최빈값   산술평균   산술평균   최빈값
                        중앙값   중앙값

그림 2.8 산술평균, 중앙값, 최빈값의 위치

은 한 심사위원의 극단적인 점수로 최종 점수에 결정적인 영향을 주는 것을 방지한다.

분포의 모양에 따라 산술평균, 중앙값, 최빈값의 상대적 위치가 달라진다. [그림 2.8]의 세 그림을 보자. [그림 2.8]의 왼쪽 그림에서 보듯이 분포가 좌우대칭이면 산술평균, 중앙 값, 최빈값이 일치한다. 분포가 비대칭인 경우에는 비대칭 방향에 따라 이들 값의 위치가 다르나, 일정한 관계를 유지하고 있다.

국회의원은 매년 재산을 등록하고, 국회는 이를 공개한다. 2013년, 국회의원 295명이 등 록한 재산의 산술평균은 95억 원이고 중앙값은 11억 원이다. [그림 2.8]의 가운데에 해당된 다. 두 값의 차이가 이처럼 큰 것은 극단값이 존재하기 때문이다. 필자가 자료를 수집하여 히스토그램으로 표현한 결과는 [그림 2.9]와 같다.

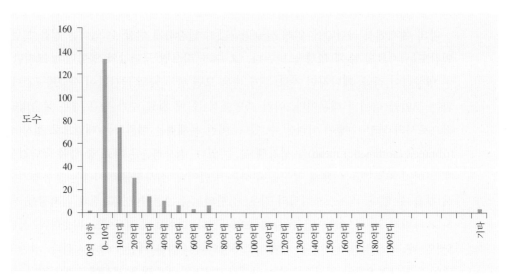

그림 2.9 국회의원 재산의 분포(2013년)

[그림 2.9]에서, 극단값은 기타로 표시되어 있다. 이 중 가장 극단적인 값은 정몽준 의원의 재산으로 1조 9,249억 원이다. 나머지 국회의원 294명의 소득이 모두 0원이라 해도 산술평균은 약 65억 원이 나올 정도로 영향력이 크다.

2015년 3월, 국회의원의 평균재산이 28억 원으로 보도되었다. 2013년에 비해 산술평균은 대폭 줄어 대부분 국회의원의 재산이 축소된 것처럼 보인다. 그러나 실상은 그렇지 않다. 2014년 정몽준의 사임으로 산술평균이 낮아졌을 뿐이다. 전체 중 82% 의원의 재산이 전년도에 비해 증가했다고 발표했다.

2. 산포도

골퍼는 골프공을 얼마나 멀리 보낼 수 있을까에 관심을 갖고 있을 뿐 아니라 얼마나 정확하게 공을 보낼 수 있는가에도 관심을 갖는다. 프로골프선수는 아마추어에 비해 비거리가 길고 더 정확하게 골프공을 보내지만, 프로골프선수 중에서 어느 선수가 더 좋은 선수인가는 비거리보다는 공을 얼마나 정확하게 보내느냐에 결정되는 경우가 많다. 리디아 고(Lydia Ko, 한국명 고보경)를 예로 들어보자. 2016년, 그녀의 드라이버 비거리 평균은 세계랭킹 126위에 그쳤지만, 정확성으로 LPGA 세계랭킹 1위를 차지했다.

[그림 2.10]을 보자. 두 골퍼는 모두 핀을 목표로 공을 보내고 있다. 위의 골퍼는 볼의 낙하지점이 핀 주변인 반면, 아래의 골퍼는 볼의 낙하지점이 넓게 분포되어 있다. 위와 아래의 두 상황은 산포도로 설명할 수 있다. 아래 골퍼의 볼 낙하지점이 더 넓게 퍼져 있으므로 산포도가 크다고 할 수 있으며, 일상적인 말로 정확도가 떨어진다고 표현할 수 있다.

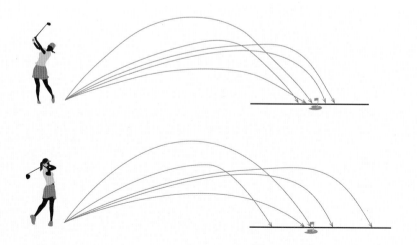

그림 2.10 정확도 비교

● 예제 2.14

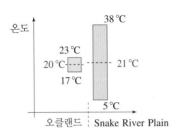

뉴질랜드에 오클랜드라는 도시가 있다. 이 도시는 1월의 평균기온이 20℃로 아주 살기 좋은 곳으로 손꼽힌다. 미국의 사막에 위치한 Snake River Plain이란 마을의 여름 평균기온이 21℃이다. 그러면 이 마을도 살기 좋은 곳일까? 온도 분포를 보고 설명하시오. 평균기온만을 고려한다면 어떤 문제점이 있는가?

오클랜드의 최저기온과 최고기온은 각각 17℃와 23℃이다. 반면에 Snake River Plain의 최저기온과 최고기온은 각각 5℃와 38℃이다.

풀이

Snake River Plain의 평균기온이 21℃라 하여 살기 좋은 곳은 아니다. 일교차가 매우 심하기 때문이다. 반면, 오클랜드는 일교차가 작아 살기 좋은 곳임에 틀림없다. 평균만을 고려한다면 살기 좋은 곳인가를 판단할 수 없다. 온도의 산포도도 함께 고려해야 한다.

산포도(dispersion)는 자료들이 흩어져 있는 정도를 나타낸다. 산포도를 측정하는 가장 간단한 방법부터 살펴보자. 다음 [그림 2.11]은 [그림 2.10]에서의 착지점만을 보여주고 있다. 착지점의 흩어진 정도는 화살표의 길이로 표현할 수 있다. 이 길이가 큰 오른쪽의 산포도가 크다고 말할 수 있다. 범위는 이런 방법을 사용한다.

그림 2.11 착지점의 비교

2.1 범위

범위(range)란 자료 중에서 가장 큰 값(최댓값)과 가장 작은 값(최솟값)의 차이로 나타낸다. 앞의 예제를 보면, 오클랜드의 일교차가 6℃이고 Snake River Plain의 일교차가 33℃이다. 6과 33이 두 도시 온도의 범위이다.

● **예제 2.15**

① 3, 7, 9, 4의 범위를 구하시오.

② 7, 8, 8, 9의 범위를 구하시오.

풀이

①의 범위는 6(=9−3)이고, ②의 범위는 2(=9−7)이다.

범위는 간단하게 측정할 수 있다는 장점이 있으나, 양극단의 값에 의해 결정되기 때문에 양극단 사이의 분포를 반영하지 못하는 단점이 있다. 다음 [예제 2.16]을 보자.

● **예제 2.16**

다음의 두 그림을 보자. 1, 2, …, 6, 7이 관찰되었는데, 각 수치의 빈도는 Y축에 나타나 있다. ①과 ②의 범위를 구하시오. 이 경우 범위는 산포도를 잘 측정하고 있는가?

①

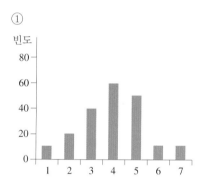

②

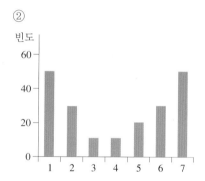

풀이

①과 ②의 범위는 6(=7−1)으로 동일하다. 산포도는, ①이 작고 ②가 크다. 이 경우 범위의 값은 산포도를 잘 측정하고 있지 못하다. 양극단 사이의 분포를 전혀 반영하지 못하기 때문이다.

범위가 지니고 있는 단점을 해결하려면 모든 관찰점을 계산에 포함하면 된다. [그림 2.12]와 같이 중심(수직점선)이 정해지면 각 착지점이 중심으로부터 얼마나 멀리 있는가? 즉 거리를 계산한 후 이를 산포도 계산에 포함시킨다. 이 그림에서 중심으로부터 착지점까지의 거리가 오른쪽이 크므로 오른쪽의 산포도가 크다고 말할 수 있다.

자료의 중심으로 (산술)평균이 주로 이용된다. 임의의 관찰값 x_i가 중심인 평균값 $\bar{x}$로부

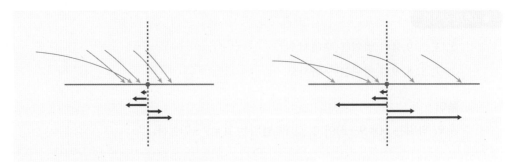

그림 2.12 **착지점과 중심과의 거리 비교**
주: ➡ 중심으로부터 착지점까지의 거리

터 얼마나 멀리 있는가는 $x_i - \bar{x}$로 표현할 수 있는데, 이를 **편차**(deviation from the mean)라 한다. 편차는 음의 값과 양의 값을 가질 수 있다. 특정 관찰값의 편차가 음의 값을 가지면 해당 자료가 평균보다 편차의 절댓값만큼 작다는 뜻이고, 양의 값을 가지면 반대로 평균보다 그만큼 크다는 뜻이다. 그런데 이 편차를 모두 더하면 항상 0이 된다. 왜냐하면 음의 편차 합은 양의 편차 합을 정확히 상쇄하기 때문이다. 앞의 [그림 2.6]에서 확인할 수 있다. 편차는 각각 −5와 +5로 합은 0이 된다.

이를 수학적으로 증명하면 다음과 같다.

$$\sum_{i=1}^{n}(x_i - \bar{x}) = \sum_{i=1}^{n} x_i - n\bar{x}$$
$$= n\left[\frac{1}{n}\sum_{i=1}^{n} x_i - \bar{x}\right]$$
$$= 0$$

음의 편차가 양의 편차를 상쇄하지 못하게 하기 위해서는 음의 편차를 양의 값으로 전환하면 되는데, 가장 쉬운 방법이 편차에 절댓값을 씌우거나 제곱하는 것이다.

2.2 평균절대편차

평균절대편차(mean absolute deviation, MAD)는 (산술)평균으로부터 관찰점까지의 평균거리를 측정한다.

평균절대편차(MAD): $\dfrac{\sum_{i=1}^{n}|x_i - \bar{x}|}{n}$

● 예제 2.17

표본의 자료가 10, 20, 30일 때 평균절대편차를 구하시오.

풀이

$\bar{x} = 20$이다. $\mathrm{MAD} = \dfrac{\sum_{i=1}^{n} |x_i - \bar{x}|}{n} = \dfrac{|10 - 20| + |20 - 20| + |30 - 20|}{3} = 6.67$

〈Excel 이용〉 함수 'AVEDEV'을 사용한다.

	A	B	C	D
1	10	20	30	=AVEDEV(A1:C1)

10, 20, 30은 중심(평균) 20으로부터 평균 6.67만큼의 거리에 있다는 의미이다.

2.3 분산

표본의 분산(sample variance)은 제곱된 편차의 평균이다. 분산은 모집단과 표본에서 다른 기호인 σ^2과 s^2으로 표기한다. 표본에서의 정의는 다음과 같고 모집단에서의 정의는 각주에 있다.[3]

표본의 분산(표본분산): $s^2 = \dfrac{\sum_{i=1}^{n} (x_i - \bar{x})^2}{(n-1)}$
여기서 n은 표본의 자료 개수이다.

표본분산의 분모는 n 대신에 $(n-1)$을 사용한다는 점을 유의해야 한다.[4] n이 아닌 $(n-1)$로 나누어야 하는 이유는 제7장에서 공부한다.

● 예제 2.18

표본이 10, 20, 30으로 구성되어 있다. 표본분산을 구하시오.

풀이

$$s^2 = \frac{\sum_{i=1}^{n} (x_i - \bar{x})^2}{(n-1)} = \frac{(10 - 20)^2 + (20 - 20)^2 + (30 - 20)^2}{(3 - 1)} = 100$$

---

3 모집단의 분산(모분산, population variance)은 $\sigma^2 = \dfrac{\sum_{i=1}^{N}(x_i - \mu)^2}{N}$, 여기서 N은 모집단의 자료 수이다.

4 이에 대해서는 제7장에서 자세히 설명할 것인데, 간단히 설명하면 $E\left[\dfrac{\sum_{i=1}^{n}(x_i - \bar{x})^2}{(n-1)}\right] = \sigma^2$, $E\left[\dfrac{\sum_{i=1}^{n}(x_i - \bar{x})^2}{n}\right] \neq \sigma^2$이기 때문이다.

〈Excel 이용〉 표본분산은 'VAR.S'라는 함수를 사용한다.

◢	A	B	C	D
1	10	20	30	=VAR.S(A1:C1)

2.4 표준편차

표본의 표준편차(sample standard deviation)는 표본분산의 제곱근이다. 표준편차는 모집단과 표본에서 다른 기호인 σ와 s로 표기한다. 표본에서의 정의는 다음과 같고 모집단에서의 정의는 각주에 있다.[5]

$$\text{표본의 표준편차(표본표준편차)}: s = \sqrt{\frac{\sum_{i=1}^{n}(x_i - \bar{x})^2}{(n-1)}}$$

● 예제 2.19

표본이 10, 20, 30으로 구성되어 있다. 표본표준편차를 구하시오.

풀이

$$s = \sqrt{\frac{\sum_{i=1}^{n}(x_i - \bar{x})^2}{(n-1)}} = \sqrt{\frac{(10-20)^2 + (20-20)^2 + (30-20)^2}{(3-1)}} = 10$$

〈Excel 이용〉 표본표준편차는 'STDEV.S'라는 함수를 사용한다.

◢	A	B	C	D
1	10	20	30	=STDEV.S(A1:C1)

2.5 평균절대편차, 분산과 표준편차의 비교

평균절대편차는 자료가 중심에서 얼마나 멀리 떨어져 있는가를 거리로 나타내므로 좋은 측정수단으로 보인다. 예를 들어 평균절대편차가 10이라면 관찰값이 중심으로부터 평균 10 정도의 거리만큼 떨어져 있다는 것을 알 수 있다. 그러나 평균절대편차는 특정한 점에서 미분이 불가능하다.[6] 이런 단점으로 수학적인 활용도가 떨어져 자주 사용하지 않으며,

---

5 모집단의 표준편차(모표준편차, population standard deviation)는 $\sigma = \sqrt{\frac{\sum_{i=1}^{N}(x_i - \mu)^2}{N}}$ 이다.

6 절댓값이 씌워진 함수는 특정한 점에서 미분이 불가능하다. 예를 들어, $y = |x - 5|$는 x가 5일 때 미분이 불가능하다.

미분이 가능한 분산이나 표준편차를 대신 사용한다.

분산은 산포도를 측정하는 수단 중 가장 빈번히 사용되고 있으나 다음의 두 가지 단점을 지니고 있다.

- 분산값의 의미를 파악할 수 없다.
- 원자료와 분산의 측정 단위가 달라 오해를 일으킬 수 있다.

분산은 편차를 제곱한 상태에서 평균을 낸 것이므로 분산값 자체가 아무런 설명을 하지 못한다. 예를 들어 분산이 25라고 할 때, 숫자 25의 의미를 찾기가 불가능하다. 제곱으로 인해 값이 상상의 한계를 뛰어넘는 경우도 흔하다. 52~53쪽에서 언급한 2013년 국회의원 295명의 등록재산에 대한 분산을 계산해보니, 무려 126×10^4경이나 된다. 또한 분산은 제곱한 것이므로 분산의 단위는 원자료의 측정 단위를 제곱한 것이 된다. 예를 들어 키를 cm로 측정할 때 분산의 단위는 cm²가 된다. 따라서 면적으로 오해할 소지가 있다. 그래서 분산은 일반적으로 단위를 표시하지 않는다. 이 문제를 해소할 수 있는 방안으로 등장한 것이 표준편차이다. 표준편차는 분산의 제곱근이므로 원자료의 측정 단위와 일치시킬 수 있다.[7] 다음의 예를 통해 이를 알아보자.

● 예제 2.20

표본이 10 cm, 20 cm, 30 cm으로 구성되어 있다. 단위를 명확히 하여 평균절대편차, 분산, 표준편차를 구하고 이들 값의 의미를 찾아보시오.

풀이

$$s^2 = \frac{\sum_{i=1}^{n}(x_i - \bar{x})^2}{n - 1} = \frac{(10\,\text{cm} - 20\,\text{cm})^2 + (20\,\text{cm} - 20\,\text{cm})^2 + (30\,\text{cm} - 20\,\text{cm})^2}{(3-1)} = \frac{200}{2}\,\text{cm}^2 = 100\,\text{cm}^2$$

$$s = \sqrt{\frac{\sum_{i=1}^{n}(x_i - \bar{x})^2}{(n-1)}} = \sqrt{\frac{(10\,\text{cm} - 20\,\text{cm})^2 + (20\,\text{cm} - 20\,\text{cm})^2 + (30\,\text{cm} - 20\,\text{cm})^2}{(3-1)}} = \sqrt{\frac{200}{2}\,\text{cm}^2} = 10\,\text{cm}$$

$$\text{MAD} = \frac{\sum_{i=1}^{n}|x_i - \bar{x}|}{n} = \frac{|10\,\text{cm} - 20\,\text{cm}| + |20\,\text{cm} - 20\,\text{cm}| + |30\,\text{cm} - 20\,\text{cm}|}{3} = 6.67\,\text{cm}$$

평균절대편차 6.67 cm은 자료중심으로부터 관찰점까지의 평균거리를 나타낸다. 분산 s^2과 표준편차 s의 값인 100과 10에 대한 해석은 불가능하다.

---

7 $E[s] \neq \sigma$이므로 s는 불편성을 만족하고 있지 않은 단점이 있다. 불편성에 대해서는 제7장에서 설명한다.

● **예제 2.21**

표본이 10 cm, 20 cm, 30 cm으로 구성되어 있다. 표준편차를 구하시오. 이 수치를 m로 환산한 0.1 m, 0.2 m, 0.3 m의 표준편차를 구하시오. 단위를 포함하여 이들을 비교하시오.

풀이

10 cm, 20 cm, 30 cm의 표준편차: $s = \sqrt{\dfrac{(10-20)^2 + (20-20)^2 + (30-20)^2}{(3-1)}} = 10\,\text{cm}$

0.1 m, 0.2 m, 0.3 m의 표준편차: $s = \sqrt{\dfrac{(0.1-0.2)^2 + (0.2-0.2)^2 + (0.3-0.2)^2}{(3-1)}} = 0.1\,\text{m}$

{10, 20, 30}과 {0.1, 0.2, 0.3}의 표준편차를 비교하면, 수치상으로 100배이다. 그러나 단위를 감안하면 10 cm, 0.1 m이므로 실제는 같다.

앞의 예제에서 {10, 20, 30}과 {0.1, 0.2, 0.3}의 표준편차는 각각 10과 0.1이다. cm로 측정한 수치를 m로 환산하면 $\dfrac{1}{100}$배가 되므로 표준편차도 $\dfrac{1}{100}$배가 된다. 그러나 단위를 감안한 표준편차는 전자가 10 cm이고 후자가 0.1 m로, 실제 의미는 동일하다. 그러므로 표준편차를 계산할 때 측정 단위와 함께 표기해 주는 것이 산포도를 정확하게 표현하는 방법이다.

2.6 분산과 표준편차의 활용

미국인 키를 조사한 후에 "미국인의 평균 키는 180 cm이고 키의 분산은 200이다."라는 결과가 나왔다고 가정해 보자. 미국인의 평균 키가 180 cm라는 발표에 대해서 대부분의 사람은 그 의미를 잘 이해하고 있다. 그러나 분산이 200이라는 발표에 대해 그 의미를 이해하고 있는 사람은 매우 드물다. 그 이유는 분산값 자체의 의미를 이해하기 불가능하기 때문이다. 그렇다면 분산은 별 의미가 없는 것일까? 그렇지는 않다. 분산은 타 집단과 비교할 때 그 의미를 찾을 수 있다. 한국인과 미국인의 키 자료가 다음과 같다고 가상해 보자.

	한국인	미국인
$\bar{x}$ (키의 평균)	170 cm	180 cm
s^2 (키의 분산)	80	200

미국인 키의 분산 200은 그 자체로서 의미는 없지만 한국인 키의 분산값인 80과 비교하면 그 의미를 찾을 수 있다. 미국인 키의 분산이 더 크므로 미국인은 키가 큰 사람도 많고 작은 사람도 많은 반면, 한국인은 키가 비슷비슷하다는 뜻을 알려주고 있다. 또 다른 예를 들어보자. '지하철 소요시간의 분산이 12'라고 하면 그 자체로 별 의미를 전달해 주고 있지

않다. 그러나 택시 소요시간의 분산이 90이라고 하면 지하철이 택시에 비해 더 정확한 시간에 목적지에 도착할 수 있다는 것을 뜻한다. 금융상품의 경우 수익률의 분산은 위험도를 나타내는데, 수익률의 분산이 큰 상품일수록 위험도가 높고 작은 상품일수록 안전한 상품이란 의미이다. 예를 들어서 세 가지 금융상품의 수익률 분산이 20, 40, 50이라고 하면 분산이 20인 금융상품이 가장 안전하고 분산이 50인 금융상품이 가장 위험도가 높다.

다른 방법으로 산포도를 측정하기도 한다. 골프선수의 정확도를 측정하는 방법은 비거리의 분산과 표준편차이나, 이를 계산할 방법이 없다. 이런 경우 퍼팅 수, 페어웨이 안착률, 그린 적중률 등으로 대체한다. 소득이나 자산의 불평등 정도를 분산과 표준편차로 계산할 수 있으나, 이를 통해 구체적인 상황을 파악할 수는 없다. 그래서 다음과 같이 10분위로 대체하기도 한다. 다음 표는 우리나라 전체 자산의 가구당 점유율이다. 여기서 1분위는 하위 10%, ⋯, 10분위는 상위 10%의 가구를 뜻한다.

표 2.8 가구당 순자산 점유율(2019년)

1분위	2분위	3분위	4분위	5분위	6분위	7분위	8분위	9분위	10분위
−0.3%	0.7%	1.9%	3.2%	4.8%	6.7%	9.0%	12.4%	18.2%	43.3%

출처: 통계청

그림 2.13 분산값에 대한 이해

2.7 분포에서 기준과 거리 표현

수량을 나타내는 자료는 모두 고유의 단위를 갖고 있다. 체중자료는 kg을, 소요시간 자료는 분 혹은 시간 등과 같은 고유 단위를 갖고 있다. 각 고유 단위는 서로 다른 의미를 갖고 있지만 공통된 특성이 있다. 어떤 단위를 사용하든 상관없이 0을 기준으로 고유 단위의 몇 배 위치에 있다는 형식으로 표시한다. 예를 들어, 170 cm는 기준 0으로부터 1 cm로 정해진 고유 단위 크기의 170배만큼 떨어져 있는 위치라는 의미이다. 1.70 m라면 0으로부터 1 m로 정한 단위 크기의 1.70배만큼 떨어져 있는 위치이다.

통계분석에서는 0을 기준으로 하지 않고, 자료의 평균을 기준으로 삼는다. 왜냐하면 통계자료는 다음 그림과 같이 평균 주변에 분포되는 경향이 있어, 평균이 '기준'의 역할을 하기 때문이다.

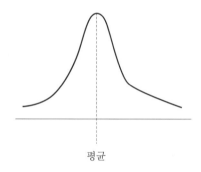

평균

고유 단위는 자료의 측정 단위 대신 표준편차로 표현하는 것이 편리하다. 예를 들어 여대생 평균신장이 162 cm이고 표준편차가 3 cm라면, 165 cm와 168 cm의 신장을 다음과 같이 평균과 표준편차로 표현할 수 있다.

$$165 = \mu + \sigma, \quad 168 = \mu + 2\sigma$$

여대생의 몸무게 평균이 50 kg이고, 표준편차가 2 kg이라면, 52 kg과 54 kg은 다음과 같이 평균과 표준편차로 표현할 수 있다.

$$52 = \mu + \sigma, \quad 54 = \mu + 2\sigma$$

μ와 σ를 사용하여 자료의 위치를 표현할 때의 장점은 다음 예제에서 알 수 있다.

● 예제 2.22

고3 학생의 영어와 수학의 평균점수는 모두 70점이다. 점수의 표준편차는 영어가 4점, 수학이 10점이다. 홍길동의 영어와 수학 점수는 모두 78점으로 동일하다. 홍길동의 점수를 μ

와 σ로 표현하시오. 영어와 수학 점수가 동일하게 78점이므로 상대적으로도 동일하다고 말할 수 있는가? 영어와 수학 중 상대적으로 홍길동이 잘한 과목은 무엇인가?

풀이

영어 점수: $78 = \mu + 2\sigma$, 수학 점수: $78 = \mu + 0.8\sigma$로 표현할 수 있다. 점수는 동일하게 78점이나, 영어 점수가 수학 점수보다 상대적으로 높다.

---

3. 기타 지표

3.1 변동계수

변동계수(coefficient of variation)의 정의는 다음과 같다.

표본의 변동계수: $CV = \dfrac{s}{\bar{x}}$

다음 예제를 통해 변동계수의 개념을 파악해 보자.

● **예제 2.23**

다음의 문제를 푸시오.

① 1년생 골든리트리버의 실태를 조사하기 위해 3마리의 길이를 재어보니 110 cm, 120 cm, 130 cm로 나타났다. 표준편차, 변동계수를 구하시오.

② 1년생 미니강아지의 실태를 조사하기 위해 3마리의 길이를 재어보니 10 cm, 20 cm, 30 cm로 나타났다. 표준편차, 변동계수를 구하고 ①의 결과와 비교하시오.

③ 골든리트리버의 길이를 m로 변환하니 1.1 m, 1.2 m, 1.3 m이다. 표준편차, 변동계수를 구하고 ①의 결과와 비교하시오.

풀이

① 표준편차 $s = \sqrt{\dfrac{(110-120)^2 + (120-120)^2 + (130-120)^2}{(3-1)}} = 10$

변동계수 $CV = \dfrac{10}{120} = 0.08$

② 표준편차 $s = \sqrt{\dfrac{(10-20)^2 + (20-20)^2 + (30-20)^2}{(3-1)}} = 10$

변동계수 $CV = \dfrac{10}{20} = 0.5$

①의 값과 비교하면, 표준편차의 값은 동일하나 변동계수의 값은 훨씬 크다.

③ 표준편차 $s = \sqrt{\dfrac{(1.1-1.2)^2 + (1.2-1.2)^2 + (1.3-1.2)^2}{(3-1)}} = 0.1$, 변동계수 $CV = \dfrac{0.1}{1.2} = 0.08$

①의 표준편차값이 10이고, ③의 표준편차 값이 0.1이므로 다른 상황으로 오해할 수 있다. 단위까지 감안하면 각각 10 cm와 0.1 m로 실제는 동일하다. 반면에 변동계수는 측정 단위에 관계없이 0.08로 동일하다.

앞의 예제에서 변동계수와 표준편차를 비교하였다. 이를 통해 다음과 같이 요약할 수 있다.

- 표준편차는 측정 단위에 따라 값이 바뀌는 반면에 변동계수는 측정 단위와 관계없이 일정하다. 또한 변동계수는 단위가 없다. 그 이유는 분자와 분모의 동일한 측정 단위가 상쇄되기 때문이다. 예를 들면 110 cm, 120 cm, 130 cm의 변동계수 $CV = \dfrac{10\text{cm}}{120\text{cm}} = 0.08$이다.
- 표준편차는 자료의 '변동폭'에 대한 산포도인 반면, 변동계수는 '변동비율'에 대한 산포도이다. 예를 들어, {110, 120, 130}과 {10, 20, 30}의 '변동폭'이 일정하다. 이 경우 표준편차는 동일하게 10이나 변동계수는 0.08과 0.5로 상이하다. {110, 120, 130}과 {1.1, 1.2, 1.3}의 '변동비율'이 일정하므로 변동계수는 0.08로 동일하다. 그러나 표준편차는 10과 0.1로 상이하다.

3.2 비대칭도(왜도)

자료가 정규분포를 따르는 경우 평균을 중심으로 좌우가 **대칭**(symmetric)이다. 그러나 자료의 분포가 대칭에서 벗어나 왼쪽이나 오른쪽의 한쪽으로 기울어질 수 있는데 이를 비대칭이라 하며, 그 정도를 **비대칭도**(skewness, 왜도)라 한다. 비대칭도를 측정하는 방법은 두 가지이다.

- **비대칭도**: $\dfrac{n}{(n-1)(n-2)} \Sigma \left[\dfrac{x_i - \bar{x}}{s} \right]^3$

- **Pearson의 비대칭도**: $\dfrac{3(\bar{x} - 중앙값)}{s}$

[그림 2.14]에서 분포의 양쪽 끝 부분을 **꼬리**(tail)라고 한다.

분포가 대칭이면 양쪽 꼬리의 높이가 동일하나, 비대칭이면 양쪽 꼬리의 높이가 다르다. 꼬리가 높은 쪽을 **두꺼운 꼬리**(fat tail)라 한다. [그림 2.15]에서 왼쪽의 분포는 대칭이며, 나머지 두 분포는 비대칭이다. 비대칭인 경우 두꺼운 꼬리의 위치에 따라 비대칭도의 부호

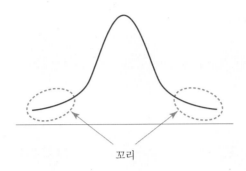

그림 2.14   분포의 꼬리

가 결정된다. 두꺼운 꼬리가 오른쪽에 있으면 비대칭도의 부호는 양(＋)이고 **오른쪽꼬리분포**(skewed to the right)라 부른다. 반면에 두꺼운 꼬리가 왼쪽에 있으면 비대칭도의 부호는 음(－)이고 **왼쪽꼬리분포**(skewed to the left)라 부른다.

그림 2.15   비대칭도

● 예제 2.24

6, 1, 5, 9, 4, 8, 8, 6, 7, 7, 9로 구성된 표본의 비대칭도와 Pearson의 비대칭도를 구하시오.

풀이

$\bar{x}=6.364$, $s=2.378$이고, 공식에 따라 계산하면 비대칭도는 -1.129이다.

중앙값＝7이므로 Pearson의 비대칭도는 -0.802이다.

〈Excel 이용〉 함수 'SKEW'를 사용하여 비대칭도를 구한다.

	A	B	C	D	E	F	G
1	6	1	5	9	4	8	
2	8	6	7	7	9		=SKEW(A1:F2)

여담: 나이팅게일의 장미도표

플로렌스 나이팅게일은 죽어가는 환자 앞에서 희생적으로 간호하는 가냘픈 여인으로, 많은 환자의 생명을 구한 것으로 인식되어 있다. 그러나 그녀가 많은 생명을 구한 것은 그런 방식이 아니었다. 당시 의사나 간호사는 환자를 정성껏 돌보는 것이 최선이라고 생각했지만, 나이팅게일은 뭔가 다른 방식으로 근본적인 해결책을 만들어야 한다고 생각했다. 그녀는 장미도표(rose diagram)라는 창의적인 그래프를 만들었다.

1854년 4월부터 1855년 3월까지 12개월간 군인이 사망자 수를 요인별로 아래 왼쪽과 같이 나타내었다. 파란색은 전염병에 의한 사망을, 빨간색은 부상에 의한 사망을, 검은색은 기타 요인에 의한 사망을 표시한다. 각 색깔의 면적은 사망자 수를 나타낸다. 파란색의 면적이 빨간색의 면적보다 훨씬 넓다. 즉, 작전 중 부상으로 사망한 군인 수보다 전염병으로 사망한 군인 수가 훨씬 많다는 것이다. 나이팅게일은 이 통계자료를 근거로 군인의 사망자 수를 줄이는 최선의 방법은 병원의 환경 개선이라고 주장하고, 실행에 옮겼다. 이런 공로로 1895년 여성 최초로 왕립통계학회 회원이 되었다.

나이팅게일의 장미도표에는 단점이 있다. 기간이 길면 도표가 여러 개가 필요하다는 점이다. 예를 들어, 1854년 4월~1855년 8월까지의 장미도표는 왼쪽 도표에 오른쪽 도표가 추가되어야 한다. 반면, 막대그래프를 사용했다면 하나의 그래프도 충분하다.

이후 장미도표는 잘 사용되지 않다가, 이의 장점을 발견한 사람들에 의해 재탄생되었다. facebook은 고객을 유형별로 나눈 장미도표를 만들었다. 고객의 교육수준, 연령, 소득, 성별, 인지도, 로그인 횟수 등 총 11개 항목에 대해 고객의 특성을 하나의 도표로 파악하였다. 예를 들어 보자. 성별로 보면 고객의 54%가 여성이고 46%가 남성이며, 연령별로 보면 55세 이상이 7%, 45~54세가 12%, …를 차지하고 있음을 파악할 수 있다.

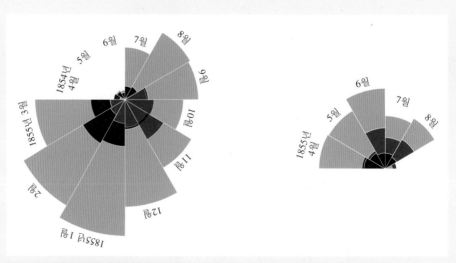

출처: http://understandinguncertainty.org/coxcombs

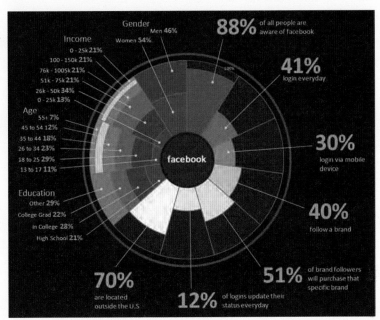

출처: http://www.excelhowto.com

여담 : 조성진의 쇼팽콩쿠르 점수

피겨스케이팅이나 다이빙 경기에 대한 심사는 어느 정도 객관화되어 있다. 그러나 이것으로 충분치 않아 절사평균을 채택하고 있다. 최고점과 최저점을 제외(절삭)하고 나머지 점수만을 최종점수에 포함시킨다. 그러나 객관화가 아예 불가능한 경기도 있다. 음악 콩쿠르가 그 예이다. 연주에 대한 평가는 매우 주관적이다. 따라서 극단적인 평가마저 존중해야 한다.

2015년 10월, 쇼팽 콩쿠르에서 피아니스트 조성진이 한국인 최초로 우승했다. 쇼팽콩쿠르는 세계 3대 콩쿠르로 꼽히며, 피아노 부문만 5년마다 개최된다. 2005년 이 콩쿠르에서 임동민, 임동혁 형제가 공동 3위를 차지한 적이 있었지만 우승은 처음이다. 조성진은 심사위원 중 한 명으로부터 최하위 점수를 받았다. 그럼에도 불구하고 어떻게 1등을 할 수 있었을까?

결승전의 채점표를 보자.

2015년 쇼팽콩쿠르 채점표

	DA	MA	TD	AE	PE	NG	AH	AJ	GO	JO	PP	EP	KP	JR	WS	DY	Y
Mr Seong-Jin Cho	10	9	8	9	1	9	6	9	9	10	9	9	9	9	9	9	9
Mr Aljoša Jurinić	2	4	2	3	3	2	6	3	6	1	1	1	1	5	1	5	4
Ms Aimi Kobayashi	1	6	7	5	2	5	2	8	1	5	4	6	6	3	5	3	5
Ms Kate Liu	7	4	s	3	5	5	9	10	9	9	10	8	9	8	10	8	6
Mr Eric Lu	9	5	s	4	8	8	3	6	4	8	8	8	4	7	7	6	
Mr Szymon Nehring	4	4	1	3	4	2	2	5	2	6	5	2	4	2	5	4	3
Mr Georgijs Osokins	3	4	4	5	4	2	5	2	5	3	2	2	1	7	4	6	2
Mr Charles Richard-Hamelin	8	9	8	9	8	10	7	6	8	7	6	7	10	9	8	9	9
Mr Dmitry Shishkin	6	5	5	5	7	6	7	3	7	2	3	5	1	6	1	2	4
Mr Yike (Tony) Yang	5	5	s	8	6	6	2	2	3	4	7	6	6	1	5	2	5

주: 자신의 제자인 경우 s로 표시하고 채점하지 않는다

심사위원은 17명이었다. 이 표에서 심사위원은 DA, MA, TD 등으로 표기되어 있다. 조성진에게 대부분의 심사위원이 10점과 9점을 부여하였으나, 심사위원 PE는 최하점인 1점을 부여하였다. 평균점수는 조성진이 8.41점, 2위인 Richard-Hamelin은 8.12점이었다. 한 심사위원으로부터 최하점을 받고 우승하는 건 쉬운 일이 아니다. 그래도 가능했던 것은 심사위원의 수가 꽤 많은 17명이였기 때문이다. 만약 심사위원 수가 적을 때, 한 심사위원으로부터 최하점을 받는다면 우승할 수 있을까? 불가능하다.

이로부터 다음과 같은 교훈을 얻을 수 있다.

객관화가 불가능한 경기에서 악의적인 평가의 영향을 줄이려면 심사위원 수를 늘려야 한다. 이 수가 적을 수밖에 없다면 객관화와 절사평균이 요구된다.

복습 문제

2.1 다음 문단에서 빈칸을 채우시오.

주어진 통계자료가 있다. 이 자료는 단순히 숫자의 나열이므로 이 자료로부터 어떤 정보도 얻기 힘들다. 그러므로 자료를 정리·요약해야 하는데, 그 방법은 크게 (　　　)으로 요약하는 방법과 자료의 특징을 수치적으로 알려주는 방법이 있다. 전자에서 표로 나타내는 방법을 (　　　)라 하고 그래프로 나타내는 방법에 히스토그램 등이 있다. 후자에서 자료의 특성을 나타낼 수 있는 (　　　)와 산포도를 수치로 표현한다.

2.2 다음의 자료에서 산술평균, 중앙값을 구하고 산술평균의 문제점을 설명하시오.

① 1, 2, 5, 8 　　　　　　　　　② −1000, 2, 5, 8

③ 1, 2, 5, 1000 　　　　　　　　④ 1, 2, 5, 10000

2.3 100원을 2014년에 투자하였다. 2015년에 100원의 2배가 되었고, 2016년에 2015년 대비 4배가 되었고, 2017년에 2016년 대비 8배가 되었다. 연평균 몇 배가 된 셈인가?

2.4 다음 ①~④에서 산술평균, 기하평균수익률, 중앙값, 최빈값 중에서 가장 좋은 대푯값은 무엇인가?

① 5년간의 매출증가율의 연평균 증가율을 구하려고 할 때

② 다양한 금융상품에 1년간 투자한 후 평균수익률을 구하려고 할 때

③ 극단값이 존재하는 자료에서 대푯값을 구하고자 할 때

④ 대통령 후보자에 대한 투표 결과

2.5 산포도의 가장 대표적인 측정방법이 분산이다. 어떤 자료의 분산이 50이 나왔다. 50의 의미를 쉽게 설명할 수 있는가?

2.6 생산된 가위의 길이를 cm로 측정하였다. 분산을 계산해 보니 100이 나왔다. 분산의 단위는 어떻게 되는가? 이때 표준편차는 얼마인가? 표준편차의 단위는 무엇인가?

2.7 산포도를 측정하기 위해 $\dfrac{\sum_{i=1}^{n}(x_i - \bar{x})}{n}$의 공식을 사용한다면 어떤 문제점이 있는가?

2.8 변동계수와 표준편차의 차이점은 무엇인가?

2.9 정규분포는 좌우대칭이다. 비대칭도는 얼마인가?

2.10 분포는 일반적으로 다음과 같은 형태를 띠고 있다. 이 분포에서 기준이 될 수 있는 값은 어느 것인가?

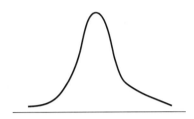

2.11 야구 투수 중에서 강속구 투수와 그렇지 않은 투수는 어떤 통계적 용어로 비교할 수 있는가? 제구력이 좋은 투수와 그렇지 않은 투수는 어떤 통계적 용어로 비교할 수 있는가?

2.12 홍길동은 주식에 투자해서 첫해의 수익률이 +50%이고, 둘째 해의 수익률이 −50%인 것으로 드러났다. 본전치기한 것일까?

응용 문제

2.13 여학생 30명의 키를 측정한 결과 다음과 같다.
① 계급의 수를 4로 하여 도수분포표와 히스토그램을 작성하시오.
② 도수분포표를 이용하여 평균을 구하시오(구간의 중간 값을 해당 계급의 대푯값으로 삼고, 상대도수를 가중치로 하면 평균을 구할 수 있다).

165	162	155	168	148	150
161	165	156	152	166	170
142	156	179	159	162	167
155	163	164	160	171	169
142	153	162	157	168	171

2.14 어느 주식투자자는 1,000원을 투자하여 첫해에 −50%의 수익률을 기록하고, 그다음 해에 +50%의 수익률을 기록하였다. 이 투자자는 원금을 회복하였는가?

2.15 2006년부터 2010년까지 전년도 대비 경제성장률이 각각 3%, −2%, −4%, 4%, 5%였다. 산술평균과 기하평균성장률을 구하시오. 어느 평균 개념이 더 적절한가?

2.16 어느 회사 전체 직원 200명의 보너스를 조사했더니 다음과 같다.

보너스	직원 수
30%	40
50%	60
70%	80
90%	20
합계	200

보너스의 평균을 구하려고 한다. 어떤 평균개념이 좋은가? 이를 계산하시오.

2.17 다음 자료에서 산술평균과 중앙값을 구하고, ①과 ②를 통해 산술평균과 중앙값의 특징을 찾아보시오.

① 2, 7, 5, 8, 9　　　　　　　　　　② 2, 7, 5, 8, 55

2.18 고등학교 3학년 학생 10명을 대상으로 한 다음의 설문을 보자.

> 다음 중 당신이 가장 선호하는 학과는 어느 학과입니까?
> ① 컴퓨터공학과　　　　　　　② 경영학과
> ③ 회화과　　　　　　　　　　④ 영문학과
> ⑤ 방송학과

10명 학생의 답변은 3, 3, 4, 5, 1, 2, 1, 1, 2, 1이라 하자. 이 경우 산술평균은 2.3이다. 2.3의 의미는 무엇인가? 산술평균이나 중앙값이 대푯값의 역할을 할 수 있을까? 이 자료의 대푯값으로 어떤 방법이 좋은가?

2.19 분포의 특성을 나타낼 수 있는 요소는 무엇인가?

2.20 학급학생 중 10명을 뽑아 통계학 점수를 조사했더니 다음과 같다. 평균절대편차(MAD), 분산, 표준편차를 구하시오.

65	43	74	92	86
58	98	87	79	81

2.21 주식회사 유클리드는 투자대안 A와 B 중 하나를 선택하여 1억 원을 투자하려고 한다. 각 투자대안의 예상이익률에 대한 평균과 표준편차는 다음과 같다. 투자대안을 선택할 때 평균과 표준편차를 한꺼번에 활용하는 기준은 무엇인가? 이를 사용하면 어느 대안을 선택하는가?

	예상이익률의 평균($\bar{x}$)	예상이익률의 표준편차(s)
투자대안 A	20%	30%
투자대안 B	30%	40%

2.22 홍길동 씨의 투자수익률은 지난 4년 동안 각각 +10%, −10%, −10%, +20%였다. Excel을 이용하여 연간수익률의 산술평균, 기하평균수익률을 구하시오.

2.23 표본의 자료를 조사한 결과 산술평균이 50, 중앙값이 22로 나타났다. 이 자료의 분포적 특성을 설명하시오.

2.24 다음의 세 가지 분포를 비교하시오. 세 가지 분포 모두 정규분포와 유사한 형태를 띠고 있다고 전제한다.
 ① 평균＝0,   분산＝10,   비대칭도＝0
 ② 평균＝5,   분산＝10,   비대칭도＝0
 ③ 평균＝0,   분산＝10,   비대칭도＝5

2.25 10명의 통계학 점수를 조사하니 다음과 같다.

29	39	59	82	81
37	38	58	65	80

이 자료를 이용하여 히스토그램을 작성하려고 한다.
 ① 계급구간을 20 미만, 20 이상 40 미만, 40 이상 60 미만, 60 이상 80 미만, 80 이상의 5계급으로 나누고 히스토그램을 작성하시오.
 ② 계급구간을 30 미만, 30 이상 60 미만, 60 이상의 3계급으로 나누고 히스토그램을 작성하시오.
 ③ ①과 ②를 비교하여 자료의 시각적 요약이 어떤 문제점을 지니고 있는지 설명하시오.

2.26 다음의 질문에 답하시오.
 ① 어느 지역이 신도시 개발로 인구가 유입되었다. 2010년 1만 명이었던 인구가 3년 후인 2013년에 33,750명이 되었다. 인구가 연평균 몇 배가 된 셈인가?
 ② 이 지역의 연도별 인구수를 조사해 보니 2010년, 2011년, 2012년에 인구는 계속 1만 명이었다가 2013년에 33,750명으로 급증한 것으로 나타났다. 산술평균으로 계산하면 연평균 몇 배가 된 것인가?

2.27 어느 유통업체는 2014년 매출액이 100원이다. 2015년, 2016년의 매출액 증가율은 각각 +50%, −50%이다. 2016년의 증가율 −50%는 무엇에 대한 −50%인가? 2016년의 매출액은 얼마인가? 매출액 증가율의 산술평균과 기하평균증가율을 구하시오. 어느 평균 개념이 상황을 더 잘 설명하는가?

2.28 다음의 질문에 답하시오.

① 투자액 10원이 1년 후에 1.5배가 되었다면 수익률은 얼마인가? 이 1.5배 된 돈이 1년 후 2배가 되었다면 수익률은 얼마인가? 연평균 몇 배인 셈이고 연평균수익률은 얼마인가? 기하평균과 기하평균수익률을 구하시오.

② 수익률이 첫해에 r_1, 둘째 해에 r_2라면 현재 10원은 2년 후에 얼마가 되는가? 첫해와 둘째 해에 각각 몇 배가 된 셈인가? 연평균 몇 배인 셈이고 연평균수익률은 얼마인가? 기하평균과 기하평균수익률을 구하시오.

2.29 첫 번째 지역의 온도를 섭씨로 측정한 결과 {0℃, 10℃, 20℃}으로 측정되었다. 두 번째 지역의 온도를 화씨로 측정한 결과 {32℉, 50℉, 68℉}로 측정되었다. 표준편차와 변동계수를 구하시오. 어느 지역 온도의 산포도가 클까? 섭씨와 화씨의 관계식은 '화씨온도 $=32 + \left(\dfrac{180}{100}\right) \cdot$ 섭씨온도'이다.

2.30 http://blog.naver.com/kryoo에 첨부되어 있는 미국인 입국자 수(파일명: 미국인입국자수.xls)를 이용하려 제2장에서 배운 통계기법을 활용하여 분석하시오.

2.31 (체비쇼프 부등식) 다음의 식을 체비쇼프 부등식이라 한다.

자료가 $\mu - k\sigma$와 $\mu + k\sigma$ 사이에 존재하는 비율은 $1 - \dfrac{1}{k^2}$ 이상이다. 단 $k > 1$.

이 부등식은 자료의 분포 형태와 관계없이 항상 성립한다는 점이 특징이다. 이 식을 이용하여 다음 문제를 푸시오.

수학 시험 점수의 분포 형태는 불분명하나 평균이 80점이고 표준편차가 5점인 것으로 알려져 있다. 전체 학생 중에서 점수가 65점과 95점 사이에 속하는 학생의 비율은 얼마 이상인가?

2.32 1626년 미국 원주민은 맨해튼을 네덜란드 이민자에게 $24에 팔았다. 후세 사람들은 맨해튼의 값어치를 몰라보고 헐값에 판매한 원주민들의 우매함을 비꼬았다. 그러나 월스트리트의 영웅으로 칭송받던 피터(Peter Lynch)는 그의 저서에서 그렇지 않다고 주장했다. 기하평균수익률 8%라면 당시의 $24가 1989년과 2019년에는 각각 얼마일까? 1989년 현재 맨해튼 섬의 토지 가치인 $600억과 비교하시오.

2.33 (윌로저스 현상, Will Rogers Phenomenon) 캘리포니아 주민은 총 4명으로 지적수준이 각각 1, 2, 3, 4점이고, 오클라호마 주민은 총 4명으로 지적수준이 각각 7, 8, 9, 10점이다. 오클라호마 주민 한 명이 캘리포니아로 이주하면, 캘리포니아 주민과 오클라호마 주민의 평균 지적수준은 어떻게 변하는가? 전체 8명의 지적수준에 변화가 있는가?

2.34 다음 중 어느 경우에 재산의 평균이 더 많이 증가할까?
① 부자의 재산이 10% 증가하고, 빈자(貧者)의 재산은 변하지 않은 경우
② 부자의 재산은 변하지 않고, 빈자의 재산이 10% 증가한 경우

2.35 우리나라 신생여아의 키와 몸무게의 평균은 각각 45 cm와 2.5 kg이다. 키와 몸무게의 표준편차는 각각 2 cm와 0.4 kg이다. 한 신생여아의 키가 41 cm고 몸무게가 2.1 kg이라면, 키와 몸무게 중 어느 것이 정상 범위를 더 벗어났는가? 이들의 위치를 μ와 σ로 표현하여 설명하시오.

2.36 염산이 포함된 두 개의 비커가 있다. 한 비커에는 100 ml, 다른 비커에는 300 ml의 용액이 담겨 있는데, 염산 농도는 각각 10%와 30%이다. 두 개의 용액을 합치면 염산 농도는 얼마가 될까? $\frac{10\% + 30\%}{2} = 20\%$라고 계산하면 맞을까?

CHAPTER **3**

확률론

확률(probability)은 어떤 사건이 발생할 가능성의 정도를 0~1 사이의 실수로 표현한 척도이다. 예를 들어 내일의 강수확률이 40%라고 하면, 내일 비가 올지 안 올지 정확하지 않으나 40%의 가능성으로 비가 올 것 같다는 의미이다. 통계학은 불확실한 상황을 전제로 하기 때문에, 불확실의 정도를 측정하는 확률은 통계학의 핵심적인 부분이 될 수밖에 없다.

I 확률론의 기초개념

1. 확률실험

동전 던지기 실험을 하면 앞면 혹은 뒷면의 결과를 얻게 되고, 카드 한 장 뽑기 실험을 하면 다이아몬드 A, 스페이드 Q 등 52개 카드 중 하나를 얻게 된다. 또 주사위 던지기 실험은 윗면에 점이 1개에서 6개 중 하나를 얻게 된다. 이 실험의 공통점은 무엇인가? 이 실험은 특정 광물에 염산을 가해 수소가스를 얻는 염기반응 실험과 달리 실험결과를 사전에 알수 없다는 공통점을 갖고 있다. 염기반응과 같은 화학실험은 반드시 기정된 결과를 낳지만 동전 던지기와 같은 실험은 시행하기 전에 그 결과를 확실하게 예측할 수 없다. 다시 말해, 동전을 던지기 전에는 앞면과 뒷면 중 정확히 어떤 결과가 나올지 모른다. 그러나 앞면이나 뒷면이 나올 확률은 존재한다. 이처럼 결과가 확률적으로 얻어지는 실험을 **확률실험** (chance experiment, random experiment)이라고 한다.

> **확률실험**: 실험결과가 확률적으로 나타나는 실험

2. 표본공간

표본공간(sample space)은 확률실험에서 얻을 수 있는 모든 가능한 **결과**(outcome)의 집합으로 영문 대문자 S로 표기한다. 예를 들어 동전 던지기 실험을 하면 앞면이나 뒷면이 나오므로 표본공간은 $S = \{$앞면, 뒷면$\}$이 된다.

> **표본공간**: 확률실험에서 얻을 수 있는 모든 가능한 결과의 집합

● 예제 3.1

어느 공장에서 100개의 상품을 제조할 때 생겨날 수 있는 불량품 개수의 표본공간을 구하시오.

풀이

100개를 제조할 때 불량품이 하나도 없는 경우부터 100개 모두인 경우까지 있으므로 표본공간은 다음과 같다. $S = \{0, 1, 2, 3, \cdots, 100\}$.

● 예제 3.2

흰색 공(W)과 검은색 공(B)이 여러 개 들어 있는 상자가 있다.
① 하나의 공을 선택할 때 공 색깔의 표본공간을 구하시오.
② 공 2개를 동시에 선택할 경우, 공 색깔의 표본공간을 구하시오.
③ 한 번에 1개씩 2개를 선택할 경우, 공 색깔의 표본공간을 구하시오.

풀이

① 흰색 공이 나오는 경우와 검은색 공이 나오는 경우를 각각 W와 B라 하면, $S = \{W, B\}$.
② 흰색 공이 나오는 경우와 검은색 공이 나오는 경우를 각각 W와 B라 하면,
   $S = \{WW, WB, BB\}$.
③ 한 번에 1개씩 2개를 선택하는 실험 결과는 다음과 같다.

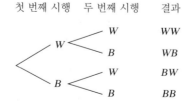

그러므로 표본공간은 $S = \{WW, WB, BW, BB\}$. 여기서 앞의 $W(B)$와 뒤의 $W(B)$는 첫 번째 공과 두 번째 공의 색깔 White(Black)을 의미한다.

앞의 예에서 표본공간을 구할 때 확률실험의 결과를 하나하나 열거하였으나, 열거하는 것이 불가능한 때가 있다. 예를 들어 연간 강수량의 경우, 0 mm 이상인 임의의 실수를 취할 수 있으므로 일일이 열거하는 것은 불가능하고, 대신 구간으로 표본공간을 표현한다. 이때 표본공간은 $S = [0, \infty)$이다. 여기서 [은 0을 포함하고,)은 무한을 포함하지 않는다는 의미이므로, $[0, \infty)$은 0 이상의 모든 실수를 뜻한다.

● 예제 3.3

학업 성취도에 따라 최상위 학생에게 A, 최하위 학생에게 F의 등급이 부여된다. A에게 4점, B에게 3점, $\cdots$, F에게 0점의 평점이 매겨질 때, ① 특정 과목의 학점에 대한 표본공간을 구하고, ② 평균 평점(grade point average, GPA)의 표본공간을 구하시오.

풀이

① 결과의 나열이 가능하므로 $S = \{4, 3, 2, 1, 0\}$.

② 과목에 따라 학점의 수가 다를 수 있으므로 평균 평점을 하나하나 열거하는 것이 불가능하다. 즉 평균 평점이 0과 4 사이의 임의의 실수를 취할 수 있다. 따라서 $S = [0, 4]$. 여기서 $[0, 4]$는 0 이상, 4 이하의 실수라는 의미이다.

3. 사건

표본공간의 부분집합을 **사건**(event) 혹은 **사상**이라 한다. 주사위 던지기의 예에서 '2 이하를 얻는' 사건이란 1 또는 2가 나오는 경우로 표본공간인 $\{1, 2, 3, 4, 5, 6\}$의 부분집합이며, 결과인 1과 2의 집합이다.

사건: 표본공간의 부분집합으로 일정한 속성을 지닌 결과의 집합이다.

● 예제 3.4

어느 공장에서 100개의 상품을 제조할 때 생겨날 수 있는 불량품의 개수를 표본공간이라 할 때 불량품이 90개 이상일 사건 E를 정의하시오.

풀이

$S = \{0, 1, 2, 3, \cdots, 100\}$, $E = \{90, 91, 92, \cdots, 99, 100\}$

---

4. 집합 연산

한 사건이 집합(set)의 연산 기호로 표현되는 경우가 있다. 예를 들어, 주사위를 던질 때 홀수이거나 3 이상이 나오는 사건은 {홀수가 나오는 사건}∪{3 이상이 나오는 사건}으로 표현될 수 있다. 주요 집합 연산은 다음과 같다.

- **합집합**(union): 집합 A와 집합 B의 합집합은 $A \cup B$로 표기한다.

  $A \cup B = \{$집합 A 또는 집합 B에 속하는 모든 원소$\}$
- **교집합**(intersection): 집합 A와 집합 B의 교집합은 $A \cap B$로 표기한다.

  $A \cap B = \{$집합 A와 집합 B의 공통 원소$\}$
- **여집합**(complement): A의 여집합은 A^c 또는 $\bar{A}$로 표기한다.

  $A^c = \{$집합 A에 포함되지 않는 원소$\}$

4.1 벤다이어그램

확률의 이해를 돕는 데 빼놓을 수 없는 도구가 **벤다이어그램**(Venn diagram)이다. [그림 3.1]은 표본공간 S, 사건 A, 사건 B가 표시된 벤다이어그램이다. 이 도표를 사용하면 관계를 시각적으로 파악할 수 있다. 다음의 벤다이어그램을 예로 들면, 사건 A에 속한 모든 원소는 사건 B에도 포함됨을 알 수 있다.

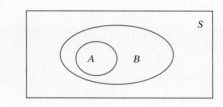

그림 3.1 벤다이어그램

4.2 상호배타적 사건, 전체를 이루는 사건

주사위를 한 번 던질 때 짝수가 나오는 사건을 A라 하고 홀수가 나오는 사건을 B라 하면, 주사위를 한 번 던질 때 짝수와 홀수가 동시에 나올 수 없다. 즉 두 사건에 공통적으로 속하는 원소는 존재하지 (두 사건이 동시에 발생하지) 않으므로 $A \cap B = \phi$이다.[1] 이 경우 사건

---

[1] ϕ을 공집합(empty set)이라 한다. 공집합은 원소를 하나도 갖고 있지 않다.

A와 사건 B를 **상호배타적**(mutually exclusive) 사건이라 한다. 또 다른 특수한 경우로 두 사건에 속한 모든 원소가 표본공간 전체 S를 구성하는 예를 들 수 있다. 주사위를 한 번 던져 짝수가 나오는 사건을 A라 하고, 홀수가 나오는 사건을 B라 하면, A 또는 B에 속하는 원소는 {1, 2, 3, 4, 5, 6}으로 표본공간 S와 동일하다. 이때 A와 B를 **전체를 이루는**(exhaustive) 사건이라 부른다. '상호배타적'과 '전체를 이루는'의 정의는 다음과 같다.

> **상호배타적**: 두 사건 A와 B가 $A \cap B = \phi$이면, 두 사건 A와 B는 상호배타적이다. ('두 사건이 동시에 발생하지 않는다'라고 해석할 수도 있다.)
>
> **전체를 이루는**: 두 사건 A와 B가 $A \cup B = S$이면, 두 사건 A와 B는 전체를 이룬다.

[그림 3.2]의 벤다이어그램을 통해 상호배타적 사건과 전체를 이루는 사건을 쉽게 비교해 보자.

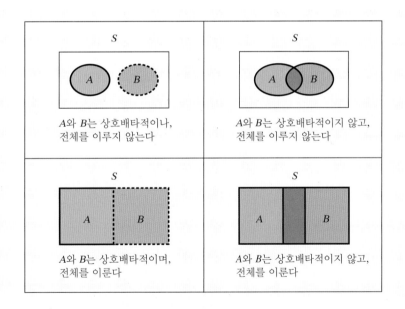

그림 3.2 상호배타적 사건과 전체를 이루는 사건의 비교

● 예제 3.5

모든 사람 중에서 한 명을 뽑아 그 사람의 나이와 성별로 표본공간을 구성하고 있다. 30세 이상의 남자가 선택되는 사건과 20세 이상의 여자가 선택되는 사건은 상호배타적인가? 전체를 이루는가?

풀이

$A = \{30세 이상 남자\}$, $B = \{20세 이상 여자\}$라고 하자. $A \cap B = \phi$이므로 A와 B는 상호배타적이다. 그러나 $A \cup B \neq S$이므로 전체를 이루지 않는다. 이를 벤다이어그램으로 그리면 다음과 같다.

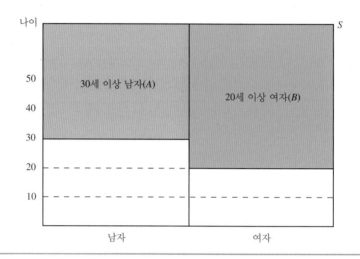

앞에서 '상호배타적'을 두 사건에 대해 정의했다. 세 사건 이상으로 확대하여 정의할 수 있으나 유의할 점이 있다. 세 사건 A, B, C가 상호배타적이라면 A와 B, B와 C, C와 A가 한 쌍의 사건씩 상호배타적이라는 의미이지 $A \cap B \cap C = \phi$이라는 의미는 아니다. [그림 3.3]을 보자. $A \cap B \cap C = \phi$이나 세 사건 A, B, C가 상호배타적이 아니다. $A \cap B \neq \phi$이기 때문이다.

그러나 '전체를 이루는'을 세 사건 이상으로 확장하면 상호배타적과는 다르게 적용된다. 세 사건 A, B, C가 전체를 이루는 사건이라면 A, B, C의 세 사건이 합쳐 표본공간을 구성한다는 의미이다. 즉 $A \cup B \cup C = S$이지, 한 쌍의 사건씩 표본공간을 구성한다는 뜻은 아니다. 즉 $A \cup B = S$, $B \cup C = S$, $C \cup A = S$을 의미하지는 않는다.

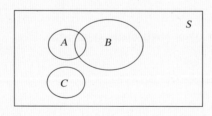

그림 3.3 사건의 수가 3인 경우

Ⅱ 확률의 정의

확률은 다음과 같이 네 가지 개념으로 정의할 수 있다.

1. 고전적 확률

우리는 주사위를 던져 2 이하를 얻게 될 확률이 1/3이라는 걸 수긍한다. 그러면 어떤 논리를 갖고 그와 같은 결론에 도달하는 것일까? 주사위 던지기에서 얻을 수 있는 결과는 {1, 2, 3, 4, 5, 6}의 여섯 가지 경우가 있고 이 중에서 2 이하의 결과는 {1, 2}의 두 가지 경우가 있으므로, 확률은 1/3(=2/6)이라고 결론 내리고 있다. 이런 논리는 라플라스(Laplace, 1749~1827)가 정의한 고전적 확률 개념에 부합한다.

고전적 확률(classical probability)은 원소의 발생 가능성이 동일하고 상호배타적인 경우에 적용할 수 있다.

고전적 확률: $P(A) = \dfrac{n(A)}{N}$

여기서 $P(A)$: 사건 A가 발생할 확률

N: 표본공간의 원소 수

$n(A)$: 사건 A의 원소 수

● 예제 3.6

흰색 공과 검은색 공이 많이 들어 있는 상자가 있는데, 이 상자에서 공 하나를 꺼낼 때 흰색일 확률은 1/2이다. 이 상자에서 한 번에 1개씩 두 번 꺼낼 경우 두 번째 공이 검은색이 나올 확률을 구하시오.

풀이

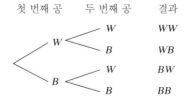

$S = \{WW, WB, BW, BB\}$이다. 각 원소가 발생할 확률은 동일하고 상호배타적이므로 고전적 확률의 공식을 사용할 수 있다. 사건 E를 두 번째 공이 검은색일 사건이라 정의하면, $E = \{WB, BB\}$이므로 고전적 확률의 공식에 의해 $P(E) = 2/4$이다.

2. 경험적 확률

경험적 확률(empirical probability)이란 과거의 통계자료나 실험이라는 경험을 통해 구한 확률을 말한다. 예를 들면 지금까지 생산된 제품 100,000개에 대해 800개의 불량품이 나왔다면 불량품을 생산할 확률은 0.8%이며, 이를 경험적 확률이라고 한다.

표면이 불규칙한 동전을 던져 앞면 또는 뒷면이 나올 확률은 고전적인 확률 개념으로 계산할 수 없다. 왜냐하면 각 면이 나타날 가능성이 동일하지 않기 때문이다. 그러나 이 동전을 여러 번 던져 봄으로써 경험적 확률을 구할 수 있다. 100번을 던져 앞면이 70번 나타났다면, 앞면이 나올 경험적 확률은 0.7이다.

3. 주관적 확률

고전적 확률을 계산하지 못할 뿐만 아니라 실험의 반복시행도 불가능하여 경험적 확률조차 구할 수 없는 경우가 있다. 예를 들어, 성수대교의 붕괴 가능성이라든지 특정 태양계의 생물 존재 가능성 등이 그러한 경우에 속한다. 이와 같은 경우에 의사결정자의 지식, 정보 및 경험에 의거한 주관적 평가에 의해 결정되는데 이와 같은 확률을 **주관적 확률**(subjective probability)이라 한다.

● 예제 3.7

다음 확률은 고전적 확률, 경험적 확률, 주관적 확률 중 어디에 해당하는가?

① 52장의 카드 중 특정 카드가 선택될 확률을 1/52로 가정하고 포커 게임에서의 확률을 다음과 같이 계산하였다.

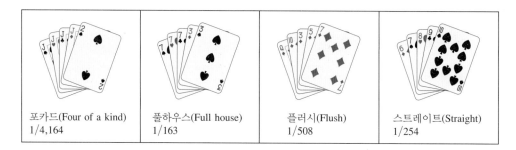

| 포카드(Four of a kind) 1/4,164 | 풀하우스(Full house) 1/163 | 플러시(Flush) 1/508 | 스트레이트(Straight) 1/254 |

② 드레이크(Drake) 방정식은 고등생물이 생존하는 은하계의 수를 추정하는 데 활용된다. 방정식이라 불리지만 실은 매우 추상적인 추정에 불과하다. 이 식에 따르면 약 2천억 개의 은하계 중 1만 개에서 고등생물이 생존하고 있다. 따라서 한 은하계에서 고등생물이 생존할 확률은 $5 \times (10^{-8})$이다.

풀이

①은 고전적 확률, ②는 주관적 확률

4. 공리론적 확률

콜모고로프(Kolmogorov, 1903~1987)는 확률을 다음과 같은 공리(axiom)를 만족하는 함수로 정의하였다. 이 방법은 현대 확률론의 기초가 되었다.

> **확률의 공리적 정의**
> 다음의 조건을 만족하는 함수를 확률이라 한다.
> (i) 표본공간 S에서 임의의 사건 E에 대해 $0 \leq P(E) \leq 1$
> (ii) $P(S) = 1$
> (iii) 상호배타적인 사건 E_1, E_2, $\cdots$에 대해 $P(E_1 \cup E_2 \cup \cdots) = P(E_1) + P(E_2) + \cdots$

● 예제 3.8

주사위를 한 번 던지고 위에 나온 숫자 j를 사건 E_j라 하고 그 확률을 $P(E_j)$라 하자. $P(E_1)$, $P(E_2)$, $\cdots$, $P(E_6)$은 확률의 공리적 정의를 만족하는가?

풀이

주사위를 한 번 던질 때 표본공간은 $S = \{1, 2, \cdots, 6\}$이다. $0 \leq P(E_j) \leq 1$이므로 조건 (i)을 만족한다. $P(S) = 1$이므로 조건 (ii)를 만족한다. E_1, E_2, $\cdots$, E_6은 상호배타적이다. $P(E_1 \cup E_2) = P(E_1) + P(E_2)$, $\cdots$, $P(E_1 \cup E_2 \cup \cdots \cup E_6) = P(E_1) + P(E_2) + \cdots + P(E_6)$이므로 조건 (iii)을 만족한다.

Ⅲ 확률계산

1. 경우의 수

경우의 수(number of cases)란 어떤 사건이 일어날 수 있는 경우의 횟수를 말한다.

1.1 배열을 이용한 경우의 수 계산

다음의 예제를 보자.

● 예제 3.9

A, B, C를 순서대로 배열한다면 몇 가지의 경우가 있는가?

풀이

첫 번째에 놓을 수 있는 글자는 A, B, C의 3개 중 하나이다. 두 번째 위치에 놓을 수 있는 글자는 2개 중 하나이다. 왜냐하면 첫 번째 위치에 놓인 글자를 두 번째 위치에 놓을 수 없기 때문이다. 세 번째 위치에 놓을 수 있는 글자는 이미 정해져 있다. 다음 그림에서 보는 바와 같이 $ABC, ACB, BAC, BCA, CAB, CBA$의 여섯 가지 경우가 있다.

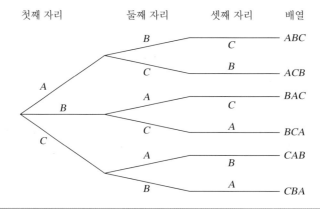

앞의 예제를 일반화하여 대상의 수를 n개로 하면, 경우의 수는 $n(n-1)(n-2)\cdots1$, 즉 $n!$이 된다.

1.2 순열과 조합을 이용한 경우의 수 계산

a, b, c라는 3개의 대상 중에서 2개를 선택하는 경우의 수는 얼마인가 하는 문제를 보자. 이때 (a, b)와 (b, a)라는 배열을 2개의 경우로 간주할지 또는 1개의 경우로 간주할지에 따라 경우의 수가 달라진다. 배열순서를 감안한다면 (a, b)와 (b, a)는 2개의 경우로 간주되며, 배열순서를 무시한다면 (a, b)와 (b, a)는 1개의 경우로 간주된다. [표 3.1]에서 보는 바와 같이 배열순서를 감안하면 경우의 수는 6이고, 배열순서를 무시하면 경우의 수는 3이다.

표 3.1 경우의 수

배열순서가 감안될 때	배열순서가 무시될 때
(a, b), (b, a)	(a, b)
(b, c), (c, b)	(b, c)
(c, a), (a, c)	(c, a)
경우의 수=6	경우의 수=3

경우의 수는 배열순서가 감안될 때 순열(permutation)이라 하고, 배열순서가 무시될 때 조합(combination)이라 한다. n개의 대상에서 r개를 선택할 때, 순열의 수와 조합의 수는 다음과 같다.

$$\text{순열의 수: } {}_nP_r = \frac{n!}{(n-r)!}$$

$$\text{조합의 수: } {}_nC_r = \frac{n!}{r!(n-r)!}$$

이 공식을 이용하면 a, b, c에서 2개를 선택할 때 경우의 수가 쉽게 계산된다. 경우의 수는 배열순서를 감안하면 ${}_3P_2 = \frac{3!}{(3-2)!} = 6$이고, 배열순서를 무시하면 ${}_3C_2 = \frac{3!}{2!(3-2)!} = 3$이다.

● 예제 3.10

5종류의 콜라 a, b, c, d, e에서 선호하는 3종류를 선택하되, ① 3개 중 1, 2, 3등을 매길 때 경우의 수와 ② 선택된 3종류에 대해 선호 등수를 매기지 않을 때 경우의 수를 계산하시오.

풀이

①의 경우에는 ${}_5P_3 = \frac{5!}{(5-3)!} = 60$, ②의 경우에는 ${}_5C_3 = \frac{5!}{3!(5-3)!} = 10$이다. ②의 경우를 나열하면 (a, b, c), (a, b, d), (a, b, e), (a, c, d), (a, c, e), (a, d, e), (b, c, d), (b, c, e), (b, d, e), (c, d, e)이다. Excel을 이용하는 경우 '=PERMUT(5,3)'와 '=COMBIN(5,3)'의 공식을 사용한다.

2. 경우의 수를 이용한 확률 계산

경우의 수를 이용하여 특정한 사건 A가 발생할 확률을 다음과 같이 계산할 수 있다.

$$P(A) = \frac{\text{사건 } A \text{가 발생하는 경우의 수}}{\text{발생 가능한 모든 경우의 수}}$$

각 경우의 발생 가능성이 동일하고 상호배타적인 경우에 이 공식을 사용할 수 있다. 이 공식은 고전적 확률 공식과 유사하다. 주사위를 던질 때 2가 나올 확률을 계산하려면 고전적 확률 공식이나 이 공식 중 아무거나 사용할 수 있다. 고전적 확률 공식을 사용하면, 주사위 던질 때 표본공간의 원소 수는 6이고 2가 나타나는 사건의 원소 수는 1이므로 그 확률은 1/6이라고 말할 수 있다. 만약 여기에서의 공식을 사용하면, 발생 가능한 모든 경우의 수는 6이고 2가 발생하는 경우의 수는 1이므로 확률은 1/6로 계산할 수 있다. 그러나 주사위를 던져 짝수가 나왔다는 전제하에 2가 나타날 확률을 계산하라고 하면 고전적 확률 공식을 적용할 수 없다. 반면에 이 공식을 적용하면 짝수가 나올 경우는 2, 4, 6으로 경우의 수가 3이고, 2가 나타나는 경우의 수는 1이므로 1/3이라고 확률을 계산할 수 있다.

● 예제 3.11

① 3개의 흰색 공과 1개의 검은색 공이 들어 있는 상자에서 한 번에 1개씩 2개를 꺼낼 때, 1개의 흰색 공과 1개의 검은색 공이 나올 확률을 계산하시오.

② 이 상자에서 꺼낸 첫 번째 공이 흰색이란 전제하에 두 번째 공이 검은색일 확률을 계산하시오.

풀이

① 표본공간은 $S = \{WW, WB, BW\}$라고 할 수 있으나, 이럴 경우 각 원소의 발생확률이 동일하지 않기 때문에 경우의 수를 이용한 확률 계산 공식을 적용할 수 없다. 각 원소가 발생할 확률을 동일하게 만들기 위해 다음과 같은 방법을 사용한다. 3개의 흰색 공을 각각 W_1, W_2, W_3라 하고, 검은색 공을 B라 하자. 이러면 표본공간은 $S = \{W_1W_2,$ $W_1W_3, W_1B, W_2W_1, W_2W_3, W_2B, W_3W_1, W_3W_2, W_3B, BW_1, BW_2, BW_3\}$이 된다. 이렇게 하면 각 원소가 발생할 확률은 동일하게 1/12이 되어 이 공식을 적용할 수 있다. 1개의 흰색 공과 1개의 검은색 공이 나오는 사건 $A = \{W_1B, W_2B, W_3B, BW_1, BW_2, BW_3\}$이므로 $P(A) = 1/2$이다.

② 첫 번째 공이 흰색인 경우는 $\{W_1W_2, W_1W_3, W_1B, W_2W_1, W_2W_3, W_2B, W_3W_1, W_3W_2, W_3B\}$이고, 이 중 두 번째 공이 검은색인 경우는 $\{W_1B, W_2B, W_3B\}$이므로 확률은 1/3이다.

Ⅳ 확률에 관한 몇 가지 정리

확률 계산에 유용한 몇 가지 법칙을 알아보자.

1. 확률의 덧셈법칙

확률과 관련된 가장 기본적인 법칙 중 하나는 **확률의 덧셈법칙**(addition rule of probabilities) 이다. 이 법칙은 두 사건 A, B 중 최소 하나가 발생할 확률 계산에 적용된다.

> **확률의 덧셈법칙**: $P(A \cup B) = P(A) + P(B) - P(A \cap B)$

이 법칙은 벤다이어그램을 사용하면 이해할 수 있다. 벤다이어그램에서 $P(A)$는 표본공간 S 의 면적 대비 A의 면적비율이다. S의 면적을 1로 하면 A의 면적 자체가 $P(A)$와 일치한다. 다음 [그림 3.4]에서 $P(A)$와 $P(B)$는 각각 A와 B의 면적이고 $P(A \cup B)$는 $A \cup B$의 면적이다.

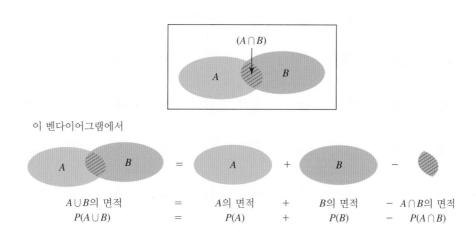

이 벤다이어그램에서

그림 3.4 확률의 덧셈법칙

● 예제 3.12

어느 백화점에서 조사한 결과, 손님 중 60%가 2층 매장을 방문하고 40%가 3층 매장을 방문하며, 30%가 2층과 3층 매장을 동시에 방문하는 것으로 나타났다. 어떤 손님이 2층 또는 3층 매장을 방문할 확률은 얼마인가?

풀이

사건을 방문한 층수로 표시하여, $A = \{2$층$\}$, $B = \{3$층$\}$이라 하자. 어떤 손님이 2층 또는 3층 매장을 방문할 확률은 $P(A \cup B)$으로 표현된다. 확률의 덧셈법칙을 이용하여

$$P(A \cup B) = P(A) + P(B) - P(A \cap B) = 0.6 + 0.4 - 0.3 = 0.7$$

사건 A와 B가 상호배타적인 경우, 즉 $A \cap B = \phi$이면 $P(A \cap B) = 0$이므로 확률의 덧셈법칙은 $P(A \cup B) = P(A) + P(B)$으로 바뀐다.

2. 조건부확률과 확률의 곱셈법칙

박스에 구슬이 담겨있다. 구슬의 색깔은 빨간색이나 파란색이며, 숫자는 1 또는 2가 새겨져 있다. 이 박스에서 한 개의 구슬을 꺼낼 때 다음의 경우를 보자.

- 이 구슬의 번호가 1일 확률
- 이 구슬이 빨간색이라는 조건 하에서 번호가 1일 확률

전자와 후자 모두 번호가 1일 확률이나, 후자에는 '빨간색'이라는 조건이 부여되어 있다. 이처럼 어떤 조건 하에서의 확률을 **조건부확률**(conditional probability)이라 부른다. $P(A|B)$와 같은 형태로 표기하며, 사건 B가 발생한다는 조건하에서 사건 A가 발생할 확률이라 읽는다. 이런 표현이 정확한 방법이나, '사건 B 중에서 사건 A의 비율'로 해석하는 것이 보다 쉽게 이해하는 요령이다. 이에 반해, $P(A)$는 조건이 없으므로 '사건 A가 발생할 확률'로 정의되나, '전체 중에서 사건 A가 발생할 비율', 즉 $P(A|S)$라고 해석하는 것이 $P(A)$와 $P(A|B)$를 구분하는 요령이다.

조건부확률 $P(A|B)$와 비조건부확률 $P(A)$의 개념 차이를 쉽게 이해하려면
- $P(A|B)$은 B 중에서 A의 비율
- $P(A)$은 전체 중에서 A의 비율, 즉 $P(A|S)$이라고 생각한다.

● 예제 3.13

박스 안에 구슬이 10개 있다. 구슬에 색깔과 번호가 부여되어 있다. 빨간색이 5개이고 파란색이 5개이다. 또한 구슬에는 1 또는 2라는 숫자가 새겨져 있는데 1은 3개이고 2는 7개이다. 이 박스에서 구슬을 꺼낼 때 특정 구슬이 선택될 확률은 모두 동일하게 1/10이다.

A는 꺼내진 구슬이 1인 사건이고, B는 꺼내진 구슬이 빨간색인 사건이라 하자. $P(A)$, $P(B)$, $P(A|B)$, $P(A \cap B)$의 의미를 설명하고 그 확률을 계산하시오.

풀이

$P(A)$는 하나를 꺼낼 때 1번 구슬이 선택될 확률이다. 이를 쉽게 표현하면 전체 중에서 1번 구슬의 비율로 3/10이다. $P(B)$는 하나를 꺼낼 때 빨간색 구슬이 선택될 확률이다. 이를 쉽게 표현하면 전체 중에서 빨간색 구슬의 비율로 5/10이다. $P(A|B)$는 꺼내진 구슬이 빨간색이라는 전제하에서 이 구슬의 번호가 1일 확률이다. 쉽게 표현하면 빨간색 구슬 중에서 1번 구슬의 비율로 2/5이다. $P(A \cap B)$는 하나를 꺼낼 때 1이 새겨진 빨간색 구슬이 선택될 확률이다. 쉽게 표현하면 전체 중에서 1이 새겨진 빨간 구슬의 비율로 2/10이다.

$P(A|B)$은 'B 중에서'이므로, B 면적 대비 A 면적의 비율을 말한다. 이때 A의 면적은 'B 중에서'이므로 [그림 3.4]에서 빗금 친 부분에 해당된다. 따라서 조건부확률 $P(A|B)$의 계산 공식은 다음과 같다.

조건부확률의 계산 공식: $P(A|B) = \dfrac{P(A \cap B)}{P(B)}$

● 예제 3.14

모대학의 신입생을 조사하니 남학생의 비율은 60%, 수도권 출신자 비율은 40%, 수도권 출신 남학생 비율은 30%이다. 임의로 선택된 학생이 남자일 때, 이 학생이 비수도권 출신일 확률은 얼마인가?

풀이

$A = \{$수도권 출신$\}$, $B = \{$남학생$\}$이라 하자. 문제에서 주어진 정보를 표로 만들면 다음과 같다.

	남학생(B)	여학생(B^c)	계
수도권 출신(A)	30%		40%
비수도권 출신(A^c)			
계	60%		

$$P(A) = 40\%, \ P(B) = 60\%, \ P(A \cap B) = 30\%$$

위 표의 빈 공간을 다음과 같이 메울 수 있다.

	남학생(B)	여학생(B^c)	계
수도권 출신(A)	30%	10%	40%
비수도권 출신(A^c)	30%	30%	60%
계	60%	40%	100%

$$P(A^c) = 60\%,\ P(B^c) = 40\%,\ P(A \cap B^c) = 10\%,$$

$$P(A^c \cap B) = 30\%,\ P(A^c \cap B^c) = 30\%,\ P(S) = 100\%$$

'임의로 선택된 학생이 남자일 때, 이 학생이 비수도권 출신일 확률'은 $P(A^c|B)$로 표현되며,

$$P(A^c|B) = \frac{P(A^c \cap B)}{P(B)} = \frac{30\%}{60\%} = 0.5$$

조건부확률 공식의 양변에 $P(B)$을 곱하면 다음의 식을 얻을 수 있고, 이를 **확률의 곱셈법칙**(multiplication rule of probabilities)이라 한다.

> **확률의 곱셈법칙**: $P(A \cap B) = P(B) \cdot P(A|B)$

● **예제 3.15**

신입생을 조사하니 남학생의 비율은 60%이고, 남학생 중 수도권 출신자의 비율이 50%이다. 신입생 중 수도권 출신 남학생 비율은 얼마인가?

풀이

$A = \{$수도권 출신$\}$, $B = \{$남학생$\}$이라 하자.

$$P(A \cap B) = P(B) \cdot P(A|B)$$이므로 $P(A \cap B) = 0.6 \times 0.5 = 0.3$

3. 독립과 종속

한 사건의 발생이 다른 사건의 발생확률에 영향을 주는 경우도 있고, 그렇지 않은 경우도 있다. 주사위를 두 번 던지는 경우, 두 번째 시행에서 4가 나올 확률은 첫 번째 시행에서 나온 숫자로부터 영향을 받지 않는다. 첫 번째 시행에서 어떤 숫자가 나오든 두 번째 주사위에서 4가 나올 확률은 1/6이다. 반면에 공장에 화재가 나느냐의 여부는 해당 회사의 이익이 증가할 것인가에 영향을 준다. 한 사건이 다른 사건의 확률에 영향을 주지 않는 경우를

독립(independent)이라 하고, 다른 사건의 확률에 영향을 주는 경우를 **종속**(dependent)이라한다.

사건의 독립과 종속

$P(A|B)=P(A)$ 또는 $P(B|A)=P(B)$이면, 사건 A와 B는 독립이다. 반면에 등호가 성립하지 않으면 두 사건은 종속이다.

● **예제 3.16**

다음의 두 사건은 독립인가?
① '삼성전자와 아무런 관계가 없는 저자가 오늘 점심에 짜장면을 먹는' 사건과 '삼성전자의 주가가 오늘 상승하는' 사건
② '삼성전자의 공장에 오늘 화재가 나는' 사건과 '삼성전자의 주가가 내일 상승하는' 사건

풀이

① 독립이다. 왜냐하면 저자의 점심 메뉴와 삼성전자의 주가는 서로 영향이 없기 때문이다.
② 공장에 화재가 나면 삼성전자의 주가에 영향을 주므로 종속이다.

조건부확률 공식을 활용하면, 두 사건 A와 B가 독립일 때 $P(A \cap B)=P(A)P(B)$임을 확인할 수 있다.

● **예제 3.17**

동전 하나와 주사위 하나를 던질 때, 동전이 앞면이 나오고 주사위는 3이 나올 확률을 구하시오.

풀이

사건 A와 B를 각각 '앞면이 나오는 경우'와 '3이 나오는 경우'라 하자. A와 B는 독립이므로 $P(A \cap B)=P(A) \cdot P(B)$이다. 그러므로 $P(A \cap B)=(1/2) \cdot (1/6)=1/12$이다.

● **예제 3.18**

(예제 3.14와 동일) 모대학의 신입생을 조사하니 남학생의 비율은 60%이고, 수도권 출신자 비율은 40%이며, 수도권 출신 남학생 비율은 30%이다. '임의로 선택된 학생이 남자'라는

사건과 '임의로 선택된 학생이 수도권 출신'이라는 사건은 독립인가?

풀이

	남학생(B)	여학생(B^c)	계
수도권 출신(A)	30%	10%	40%
비수도권 출신(A^c)	30%	30%	60%
계	60%	40%	100%

$P(A\,|\,B) = \dfrac{P(A \cap B)}{P(B)} = \dfrac{30\%}{60\%} = 0.5,\ P(A) = 0.4$이므로 $P(A\,|\,B) \neq P(A)$이다.
따라서 사건 A와 B는 독립이 아니다.

___

앞에서 A와 B가 독립이면 $P(A \cap B) = P(A)P(B)$라 하였다. 이 논리는 사건이 3개 이상일 때도 적용할 수 있다. 사건 A, B, C가 독립이면 $P(A \cap B \cap C) = P(A)P(B)P(C)$이다. 예를 들어 주사위를 3번 던져 4가 3번 나올 확률은 $\dfrac{1}{6} \times \dfrac{1}{6} \times \dfrac{1}{6}$이다. 사건이 4개인 경우에도 동일한 논리를 적용할 수 있다.

4. 상호배타적과 독립

상호배타적과 독립을 비슷한 개념으로 오해할 수도 있다. 다음의 예를 통해 두 개념의 차이를 이해해 보자.

● 예제 3.19

동일한 주사위를 두 번 던져, A를 두 번째 시행에서 4가 관측되는 사건이라 하고 B를 첫 번째 시행에서 4가 관측되는 사건이라 하자. 이 두 사건은 상호배타적인가? 독립인가?

풀이

A와 B가 동시에 발생할 수 있으므로($A \cap B \neq \phi$) 두 사건은 상호배타적이 아니다. 그러나 $P(A\,|\,B) = 1/6$이고, 첫 번째 시행에서 무슨 숫자가 나오든 두 번째 시행에서 4가 관측될 확률 $P(A)$는 $1/6$이다. 그러므로 $P(A\,|\,B) = P(A)$이다. 즉 두 사건은 독립이다. 이 상황을 벤다이어그램으로 표현하면 다음과 같다. 이 그림에서 보는 바와 같이 A와 B의 공통 부분인 빨간 빗금의 면적이 존재하므로 상호배타적이 아니다. $P(A\,|\,B)$은 B의 면적 대비 $A \cap B$의 면적 비율이고, $P(A)$은 전체 면적 대비 A 면적 비율이다. 이 두 비율은 동일하므로 $P(A\,|\,B) = P(A)$, 즉 A와 B는 독립이다.

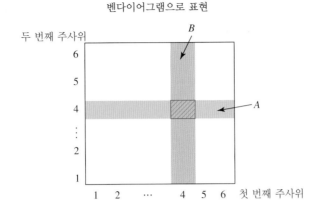

벤다이어그램으로 표현

● 예제 3.20

검은색 공 5개, 흰색 공 4개가 들어 있는 상자가 있다. 이 상자에서 1개의 공을 꺼낼 때 검은색 공이 나올 사건을 B, 흰색 공이 나올 사건을 W라 하자. 이 두 사건은 상호배타적인가? 독립인가?

풀이

B와 W가 동시에 발생할 수 없으므로($B \cap W = \phi$) 두 사건은 상호배타적이다. 그러나 $P(B) = 5/9$이고 $P(B \mid W) = 0$이므로 $P(B) \neq P(B \mid W)$이다. 즉 두 사건은 독립이 아니다. 벤다이어그램으로 그리면 다음과 같다.

B	B	B
B	B	W
W	W	W

S

여기서 B는 검은색(black) 공,
W는 흰색(white) 공을 선택할 사건

---

5. 기타 확률법칙

확률에 관한 법칙으로 앞에서 설명한 것 외에 다음과 같은 법칙이 있다. 이들은 벤다이어그램을 통해 쉽게 이해할 수 있다.

- $P(A^c) = 1 - P(A)$
- $A \subset B$이면 $P(A) \leq P(B)$
- $P(A) = P(A \cap B) + P(A \cap B^c)$

앞의 세 법칙 중 세 번째 법칙은 아래의 벤다이어그램을 이용하여 보여줄 수 있다.

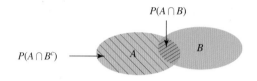

V 전환률과 베이즈정리

1. 전환률의 법칙

다음의 토의예제를 보자.

▌토의예제

회사는 초록색 공장과 흰색 공장의 두 공장을 보유하고 있다. 초록색 공장의 불량률은 20%이고 흰색 공장의 불량률은 50%이다. 불량률이란 생산된 제품 중 불량품의 비율이다. 이 회사에서 생산한 전체 제품의 불량률을 구하려면 어떻게 해야 할까?

풀이

다음 그림을 보자.

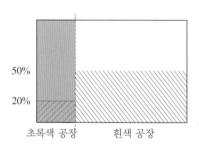

이 그림에서 초록색은 초록색 공장의 생산품을, 흰색은 흰색 공장의 생산품을 나타낸다. 빨간 빗금은 초록색 공장에서 생산된 불량품을, 검은 빗금은 흰색 공장에서 생산된 불량품을 나타낸다. 초록색 중에서 빨간 빗금의 비율은 20%이고, 흰색 중에서 검은 빗금의 비율은 50%이다. 이 회사가 생산한 불량품 전체는 빨간 빗금과 검은 빗금의 합이다. 따라서 이 회사의 불량률은 전체(S) 면적 중에서 빗금(빨간+검은) 면적의 비율이다. 이 빗금의 면적은 초록색 공장과 흰색 공장의 생산량에 영향을 받는다. 초록색 공장의 생산량이 상대적으로 많으면 (위 그림에서 파란색 수직 점선이 오른쪽으로 이동) 전체 중에서 불량품의 비율이 낮아지고, 반대로 흰색 공장의 생산량이 상대적으로 많으면 (위 그림에서 파란색 수직 점

선이 왼쪽으로 이동) 이 비율은 높아진다. 결국 회사 전체의 불량률은 다음과 같이 구할 수 있다.

(초록색 공장의 생산량 비율) · 20% + (흰색 공장의 생산량 비율) · 50%

이 토의예제에 의하면 회사 전체의 불량률은 다음과 같다.

회사 전체의 불량률 = (초록색 공장의 생산량 비율) · (초록색 공장의 불량률)
+ (흰색 공장의 생산량 비율) · (흰색 공장의 불량률)

A를 불량품인 사건, B를 초록색 공장에서 생산된 사건이라 하자. 이에 따라 $P(A)$와 $P(B)$를 각각 회사 전체의 불량률과 초록색 공장의 생산량 비율이라고 하면, 위 공식은 $P(A) = P(B) \cdot P(A \mid B) + P(B^c) \cdot P(A \mid B^c)$로 표현할 수 있다. 이 식을 **전확률의 법칙**(total probability rule)이라 부른다.

● **예제 3.21**

한반도는 남한과 북한으로 나뉘어 있는데, 남한과 북한의 면적 비율은 4 : 6이다. 남한에서 산악지역의 비율은 60%이고, 북한에서 산악지역의 비율은 90%로 알려져 있다. 한반도 전체에서 산악지역의 비율은 얼마인가?

풀이

$A = \{$산악지역$\}$, $B_1 = \{$남한 지역$\}$, $B_2 = \{$북한 지역$\}$이라 하자.
전확률의 법칙에 따라,

$$P(A) = P(B_1) \cdot P(A \mid B_1) + P(B_2) \cdot P(A \mid B_2) = 0.4(60\%) + 0.6(90\%) = 78\%.$$

전확률의 법칙을 사용하지 않고 표로 문제를 풀 수 있다. 이 예제에서 주어진 정보를 표에 기입하면 다음과 같다.

	남한(B_1)	북한(B_2)	계
산악지역(A)	24% (=0.4×0.6)	54% (=0.6×0.9)	
비산악지역(A^c)			
계	40%	60%	

이 표로부터 빈칸을 모두 메울 수 있고, 답을 얻을 수 있다.

	남한(B_1)	북한(B_2)	계
산악지역(A)	24%($=0.4 \times 0.6$)	54%($=0.6 \times 0.9$)	78%
비산악지역(A^c)	16%	6%	22%
계	40%	60%	100%

이 법칙을 일반화하면 다음과 같다.

전확률의 법칙

B_1, B_2, $\cdots$, B_k가 상호배타적이고 전체를 이루는 사건이라면, $P(A)$는 다음과 같이 표현된다.

$$P(A) = P(B_1) \cdot P(A \mid B_1) + P(B_2) \cdot P(A \mid B_2) + \cdots + P(B_k) \cdot P(A \mid B_k)$$

다음의 예제에서 전확률의 법칙을 활용하여 계산할 수 있으나, 이 법칙 없이 트리 다이어그램(tree diagram)과 표만을 사용하여 확률을 계산할 수도 있다.

● 예제 3.22

XYZ 백화점의 지역 주민 중 80%는 백화점 광고 전단지를 받으며, 이 전단지를 받은 고객 중 30%는 백화점 상품을 구입하고, 전단지를 받지 않은 고객 중 10%도 백화점 상품을 구입하는 것으로 나타났다. 임의로 선택된 주민이 백화점 상품을 구입할 확률은 얼마이고 구입하지 않을 확률은 얼마인가?

풀이

이 예제를 풀기 위해 우선 사건을 정의하자.

$A = \{$백화점 상품을 구입함$\}$
$B_1 = \{$광고 전단지를 받음$\}$
$B_2 = \{$광고 전단지를 받지 않음$\}$

전확률의 법칙을 이용하지 않고 다음의 트리 다이어그램을 통해 확률을 구해 보자.

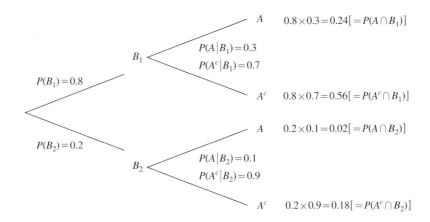

전단지의 수령 여부와 상품의 구입 여부에 따라 지역주민을 구분할 수 있으므로, 지역주민을 총 네 그룹으로 나눈다. 이 네 그룹은 '전단지를 받고 상품을 구입한 주민 $(A \cap B_1)$', '전단지를 받고 상품을 구입하지 않은 주민 $(A^c \cap B_1)$', '전단지를 받지 않고 상품을 구입한 주민 $(A \cap B_2)$'과 '전단지를 받지 않고 상품을 구입하지 않은 주민 $(A^c \cap B_2)$'이며 각 그룹의 비율을 표로 작성하면 다음과 같다.

	전단지 받음(B_1)	전단지 받지 않음(B_2)	계
상품 구입(A)	0.24	0.02	0.26 ← $P(A)$
상품 미구입(A^c)	0.56	0.18	0.74 ← $P(A^c)$
계	0.8	0.2	1.00

$P(B_1)$ $P(B_2)$

임의로 선택된 주민이 백화점 상품을 구입할 확률은 $P(A)$이다. 상품을 구입한 주민은 '전단지를 받고 상품을 구입한 주민 $(A \cap B_1)$'과 '전단지를 받지 않고 상품을 구입한 주민 $(A \cap B_2)$'으로 구성되므로, $P(A)$는 두 그룹의 확률 합이다. 따라서 $P(A) = P(A \cap B_1) + P(A \cap B_2) = 0.24 + 0.02 = 0.26$이며, 동일한 방법을 사용하면 $P(A^c)$도 구할 수 있다. 전확률의 법칙을 이용하여도 동일한 결과를 얻을 수 있다. 전확률의 법칙 $P(A) = P(B_1) \cdot P(A|B_1) + P(B_2) \cdot P(A|B_2)$에서 $P(B_1) = 0.8$, $P(B_2) = 0.2$, $P(A|B_1) = 0.3$, $P(A|B_2) = 0.1$이므로 $P(A) = (0.8 \times 0.3) + (0.2 \times 0.1) = 0.26$이다.

2. 베이즈정리

바로 앞의 예제에서 $P(A|B_1)$, $P(A^c|B_1)$, $P(A|B_2)$, $P(A^c|B_2)$의 값이 각각 0.3, 0.7, 0.1, 0.9

로 주어졌다. 이런 조건부확률이 주어진 상태에서 전제조건이 뒤바뀐 $P(B_1|A)$, $P(B_1|A^c)$, $P(B_2|A)$, $P(B_2|A^c)$ 등의 확률을 구할 때 이용되는 공식이 **베이즈정리**(Bayes' theorem)이다. 이 예제에서 '어떤 고객이 상품을 구입할 때, 이 고객이 전단지를 받았을 확률은 얼마인가?', '어떤 고객이 상품을 구입하지 않을 때, 이 고객이 전단지를 받았을 확률은 얼마인가?', '어떤 고객이 상품을 구입할 때, 이 고객이 전단지를 받지 않았을 확률은 얼마인가?', '어떤 고객이 상품을 구입하지 않을 때, 이 고객이 전단지를 받지 않았을 확률은 얼마인가?' 등의 질문에 대한 답은 베이즈정리를 이용하여 계산할 수 있다.

그러나 베이즈정리 없이도 [예제 3.22]의 표를 사용하면 쉽게 값을 구할 수 있다. 우선 이 예제에서 $P(B_1|A)$는 '어떤 고객이 상품을 구입할 때, 이 고객이 전단지를 받았을 확률'로 쉽게는 '상품을 구입한 고객 중에서 전단지를 받은 고객의 비율'이므로

$$P(B_1|A) = \frac{P(A \cap B_1)}{P(A)} = \frac{0.24}{0.26} = 0.92$$

로 계산된다. 이 방법을 이용하면 다른 확률도 쉽게 구할 수 있다.

$$P(B_1|A^c) = \frac{P(A^c \cap B_1)}{P(A^c)} = \frac{0.56}{0.74} = 0.76$$

$$P(B_2|A) = \frac{P(A \cap B_2)}{P(A)} = \frac{0.02}{0.26} = 0.08$$

$$P(B_2|A^c) = \frac{P(A^c \cap B_2)}{P(A^c)} = \frac{0.18}{0.74} = 0.24$$

이제 베이즈정리를 유도해 보자. $P(B_1|A)$는 조건부확률 공식에 의해 다음과 같다.

$$P(B_1|A) = \frac{P(A \cap B_1)}{P(A)}$$

분자에 확률의 곱셈법칙을 적용하면 다음과 같다.

$$P(B_1|A) = \frac{P(B_1)P(A|B_1)}{P(A)}$$

분모에 전확률의 법칙을 적용하면 다음과 같다.

$$P(B_1|A) = \frac{P(B_1)P(A|B_1)}{P(B_1)P(A|B_1) + P(B_2)P(A|B_2)}$$

이것이 베이즈정리이다.

$P(A|B_1)$와 $P(B_1|A)$는 다르다는 점을 명확히 하기 위해 [그림 3.5]의 벤다이어그램을 보자. [그림 3.5]에서 보는 바와 같이 $P(A|B_1)$은 B_1 중에서 빗금 친 부분의 비율이고, $P(B_1|A)$는 A 중 빗금 친 부분의 비율이다.

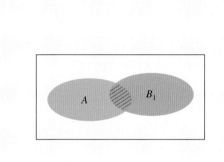

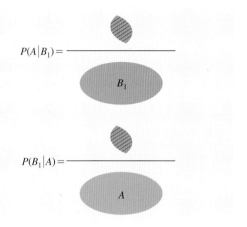

그림 3.5 $P(A|B_1)$와 $P(B_1|A)$의 차이

● **예제 3.23**

사람은 성공한 사람과 실패한 사람으로, 또한 노력한 사람과 노력하지 않은 사람으로 나뉜다. 성공한 사람을 대상으로 조사한 결과, 대부분이 노력한 경우로 드러났다. 그러면 노력한 사람 중 성공한 사람의 비율이 높을까?

풀이

아닐 수도 있다. 노력하는 사람은 {노력∩성공}과 {노력∩실패}의 두 그룹으로 나뉜다. 노력하면 성공할 확률은 이 두 그룹 중에서 {노력∩성공}의 비율이다. 다음의 표를 보자.

	노력한 경우(B)	노력 안 한 경우(B^c)	계
성공한 경우(A)	20	5	25
실패한 경우(A^c)	50	25	75
계	70	30	100

전체가 100명이다. 이 중에서 70명은 노력하였고, 나머지 30명은 노력하지 않았다. {노력∩성공}한 사람이 20명이고 {노력∩실패}한 사람이 50명이므로, 노력한 사람 중에 성공한 사람의 비율은 2/7에 불과하다. 반면에 성공한 사람(25명) 중에 노력한 사람(20명)의 비율은 $\frac{20}{25}$이다.

B_1과 B_2의 두 사건인 경우를 보았으나, $B_1, B_2, \cdots, B_k$로 확장하면 베이즈정리는 다음과 같다.

> **베이즈정리**
>
> B_1, B_2, $\cdots$, B_k가 상호배타적이며 전체를 이루는 사건이라면,
>
> $$P(B_j|A) = \frac{P(B_j)P(A|B_j)}{P(B_1)P(A|B_1) + P(B_2)P(A|B_2) + \cdots + P(B_k)P(A|B_k)} \qquad (j = 1, 2, \cdots, k)$$

● 예제 3.24

어느 환자가 약 X 또는 약 X^c 둘 중 하나를 복용하고 사망하였다. FDA(미국 식품의약국)에 따르면 이런 종류의 환자가 약 X를 복용할 때 사망에 이를 확률은 0.1이며, 약 X^c를 복용할 때 사망에 이를 확률은 0.05라 한다. 이 환자가 약 X와 약 X^c를 복용할 확률은 각각 20%와 80%이다. 이 죽은 환자가 약 X와 약 X^c를 복용했을 확률은 각각 얼마인가?

풀이

사건을 사망 여부와 복용한 약의 종류에 따라 다음과 같이 표현하자.

$$A = \{사망\}, \ A^c = \{생존\}$$
$$B_1 = \{약 \ X \ 복용\}, \ B_2 = \{약 \ X^c \ 복용\}$$

죽은 자가 약 X를 복용했을 확률은

$$\begin{aligned} P(B_1|A) &= \frac{P(B_1)P(A|B_1)}{P(B_1)P(A|B_1) + P(B_2)P(A|B_2)} \\ &= \frac{(0.2)(0.1)}{(0.2)(0.1) + (0.8)(0.05)} = 0.33 \end{aligned}$$

죽은 자가 약 X^c를 복용했을 확률은

$$\begin{aligned} P(B_2|A) &= \frac{P(B_2)P(A|B_2)}{P(B_1)P(A|B_1) + P(B_2)P(A|B_2)} \\ &= \frac{(0.8)(0.05)}{(0.2)(0.1) + (0.8)(0.05)} = 0.67 \end{aligned}$$

물론 베이즈정리를 사용하지 않고, 97쪽의 그림과 표로 풀 수 있다.

[그림 3.6]을 보면 전확률의 법칙과 베이즈정리가 적용되는 경우를 파악할 수 있다.

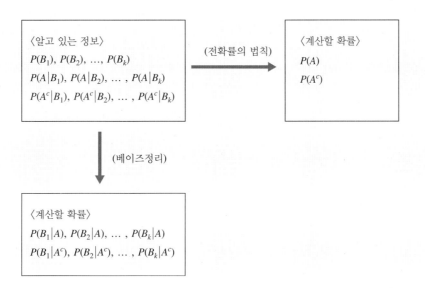

그림 3.6   베이즈정리, 전확률의 법칙에 대한 이해

● 예제 3.25

주식분석가는 계량분석을 통해 다음과 같은 확률을 구하였다.

• 반도체 가격이 상승할 때 SK하이닉스의 이익이 증가/감소할 확률
• 반도체 가격이 하락할 때 SK하이닉스의 이익이 증가/감소할 확률
• 반도체 가격이 상승/하락할 확률

이 확률로부터 ① SK하이닉스의 이익이 증가/감소할 확률을 구하려면 어떤 법칙이나 정리를 사용해야 하는가? ② SK하이닉스의 이익이 증가한다는 조건하에 반도체 가격이 상승/하락할 확률을 계산하려면 어떤 법칙이나 정리를 사용해야 하는가?

풀이
① 전확률의 법칙
② 베이즈정리

여담: 살해된 유괴 아동에 대한 통계

2006년 5월 미국 법무부는 실종 아동에 대한 방대한 자료를 분석한 후, 이를 보고서로 발표하였다. 이 보고서에 다음과 같은 내용이 포함되었다.

표 살해된 유괴 아동의 사망시간 분포

경과 시간	사망비율
1시간 이내	46.8%
3시간 이내	76.2%
24시간 이내	88.5%
7일 이내	97.9%
30일 이내	100.0%

출처: 『Case Management for Missing Children Homicide investigation』, 미국 법무부

아동 유괴는 철저한 사전 계획을 한 후에 이루어지기 때문에, 계획단계에서 아동을 살해할 생각을 하지 않는다. 유괴범이 아이의 부모에게 돈을 요구하고 이를 받아가는 데 상당 시간이 소요되므로, 아동을 오랫동안 살려두려고 한다. 그러나 이것은 영화 속에서만 실현된다. 실제는 매우 다르다. 유괴범죄자는 아이의 심리를 알지 못하고, 아이를 보호할 수 있는 장소를 찾았다 해도 오랫동안 보호하기 힘들다. 아이가 돌발적인 행동을 하거나 저항할 때, 이를 진정시키는 과정에서 자제하지 못하고 살인에 이르는 경우가 많이 발생한다고 한다. 이런 이유로 짧은 시간 내에 아이들이 살해당한다. 이 표에서 이런 특징을 확인할 수 있다.

우리나라 방송에서 이 보고서를 들먹이며 "아동 유괴 사건이 발생하고 3시간 이내에 찾지 못하면, 사망률이 70%에 이른다."라고 보도했고, 인터넷에서도 이와 비슷한 말들이 자주 등장한다. 이 말은 맞는 말일까?

틀린 말이다. 위 표는 살해된 아동을 대상으로 한 조건부확률이다. 반면에 뉴스는 유괴된 아동을 대상으로 한 확률을 언급하고 있다. 편의상 유괴된 아동이 10,000명이고, 이 중 100명이 살해되었다 하자. 앞의 표는 100명에 대한 통계이고, 뉴스의 보도는 10,000명에 대한 통계를 얘기하고 있는 셈이다.

보고서를 기초로 필자가 계산한 바에 따르면, '실종' 아동 중에서 살해될 가능성은 0.0038%에 불과하고, '유괴된' 아동 중에서는 살해될 가능성은 0.033%에 그친다.

여담: 거짓말 탐지기의 탐지 능력

거짓말 탐지기의 탐지 능력은 약 80%라 한다. 거짓말을 할 때 이를 감지할 확률이 80%란 뜻이다. 가니스(Ganis)가 수행한 실험 결과에 따르면, 진실한 진술에 대해서 진실로 판정할 확률도 80~85%로 나타났다. 거짓을 거짓으로 탐지하고 진실을 진실로 탐지할 확률이 각각 80%라고 가정해보자. 그렇다면 다음과 같이 주장할 수 있을까?

> 거짓말 탐지기는 거짓말을 탐지할 확률이 80%이고 진실을 탐지할 확률이 80%이므로 거짓말 탐지기가 지목한 범인이 진범일 확률이 80%이다.

이 주장의 진위를 알아보자. 우선 용의자가 2명이고 이 중 한 명이 범인이라고 가정하자. 이에 대한 내용은 아래의 왼쪽에 있다. 베이즈정리를 활용하면, 거짓말 탐지기에 의해 진범으로 지목된 사람이 실제 진범일 확률은 80%로 계산된다. 이 분석에 의하면 앞의 주장이 맞다.

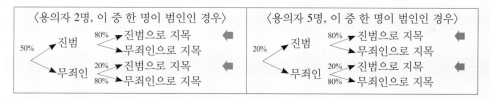

그러나 용의자 수를 늘리면 얘기는 달라진다. 용의자가 5명이고 이 중 한 명이 진범이라면 오른쪽으로 바뀐다. 계산하면, 이 확률은 50%에 불과하다. 용의자 수가 많아질수록 거짓말 탐지기가 지목한 범인은 진범이 아닐 가능성이 높다. 이를 그림으로 나타내면 다음과 같다.

용의자 수와 진범일 확률

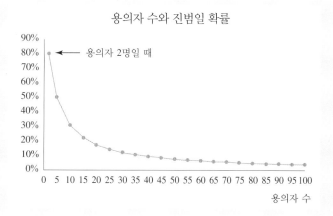

용의자 수

거짓말 탐지기의 작동 논리를 알면 이 기계의 한계를 파악할 수 있다. 거짓말 탐지기는 진술자의 생리적 현상을 파악하여 거짓말 여부를 판별한다. 결백한 사람은 자신의 결백이 거짓으로 판별되지 않을까 하는 두려움이 있고, 거짓말한 사람은 자신의 거짓말이 탄로나지 않을까 하는 두려움이 있다. 이 '두려움'이란 감정은 동일한 생리적 현상으로 표현되므로 구분이 힘들 수밖에 없다. 결국, 거짓말 탐지기가 100%의 효과를 발휘하려면, 거짓말한 사람은 거짓말이 탐지된다는 두려움이 있어야 하고, 결백한 사람은 거짓 혐의를 뒤집어쓸 두려움이 없어야 한다. 그렇지 않다면 거짓말 탐지기는 별 효과를 발휘할 수 없다.

고문은 진실을 시험하기보다는 인내력을 시험한다고 한다. 고문을 참아 낼 인내력이 있는 사람은 죄를 감추고, 고문을 참아 내지 못하는 자는 거짓 죄를 토해내기 때문이다. 마찬가지로 거짓말 탐지기는 진실을 찾기보다는 두려움의 존재 여부만을 확인하는지 모른다.

복습 문제

3.1 다음의 각 경우에 실험의 결과를 열거하고, 표본공간을 구성하시오. 각 결과가 발생할 확률은 얼마인가?

① 균일동전 1개를 한 번 던진다.   ② 균일동전 1개를 두 번 던진다.

③ 균일동전 1개를 세 번 던진다.   ④ 앞면이 나올 확률이 p인 동전을 두 번 던진다.

3.2 주사위를 한 번 던지는 실험을 보자. 다음은 결과인가 사건인가? 실험의 결과와 사건의 차이점은 무엇인가?

① 1   ② 2   ③ 1 또는 2   ④ 짝수

3.3 모든 사람 중에서 한 명을 뽑아 나이와 성별로 표본공간을 구성하고 있다. 20세 이상의 성인인 사건과 50세 이상의 여성인 사건을 벤다이어그램으로 표현하시오. 이 두 사건은 상호배타적인가? 전체를 이루는가?

3.4 A, B, C, D의 4개 글자 중에서 2개를 선택하려고 한다. 배열의 순서가 감안될 때와 무시될 때를 나눠 모든 경우를 나열하고 경우의 수를 구하시오. 배열의 순서가 무시될 때, 선택된 2개 중에서 A가 포함된 경우를 모두 나열하고 경우의 수를 구하시오. 배열의 순서가 무시될 때 A가 선택될 확률은 얼마인가?

3.5 내일의 강수확률이 80%라고 예보하였다. 그러나 내일로 가보니 비가 오지 않았다. 예보는 틀린 것일까?

3.6 항아리에 10개의 구슬이 있다. 이 중 3개는 빨간색, 2개는 검은색, 나머지 5개는 파란색이다. 이 항아리에서 1개의 구슬을 꺼낼 때 검은색이 선택될 확률은 얼마인가? 계산의 근거를 제시하시오.

3.7 어느 섬에 10명의 주민이 살고 있다. 주민을 남/녀, 성년/미성년으로 구분하였다. 빨간색은 성년을, 파란색은 미성년을 뜻한다. A는 남자가 선택되는 사건이고 B는 성년이 선택되는 사건이라 하자.

남	여	**남**	남	**여**
남	**남**	**여**	여	남

$P(A)$, $P(A|B)$, $P(B|A)$, $P(A \cap B)$의 의미를 설명하고 그 값을 구하시오.

3.8 어느 지역의 주민을 조사해 보니, 주민 중 40%는 남성이다. 남성 중 70%는 성인이고 30%가 미성년자이다. 그러므로 전체 주민 중 성인의 비율을 구하려면 어떤 정보가 추가되어야 하는가?

3.9 두 사건이 독립인 경우와 그렇지 않은 경우에 확률의 곱셈법칙은 어떻게 되는가?

3.10 사건이 독립이면 상호배타적인가?

응용 문제

3.11 1개의 주사위를 2번 던지는 경우의 표본공간을 구하시오.

3.12 문제 3.11에서 ① 두 숫자의 합이 4가 될 확률은 얼마인가? ② 첫 번째 주사위가 홀수일 때 두 주사위의 합이 4가 될 확률은 얼마인가?

3.13 동전 하나와 주사위 하나를 던질 때 표본공간을 구하시오.

3.14 3개의 흰색 공과 1개의 검은색 공이 들어 있는 상자에서 한 번에 1개씩 2개를 꺼낼 때, 1개의 흰색 공과 1개의 검은색 공이 나올 확률을 계산하시오.

3.15 야구선수 마동탁은 오랫동안의 평균타율이 3할 3푼 3리이고 이 성적은 최근에도 그대로 유지되고 있다. 그는 오늘 게임에서 2차례 나왔지만 안타를 치지 못했는데 3번째 타석에 들어서자, 해설자가 "오늘 2차례 찬스에서 안타를 치지 못했지만, 평균타율이 3할 3푼 3리이므로 이번에는 안타를 칠 차례입니다."라고 말했다면 해설자의 판단이 확률론적 관점에서 옳은가?

3.16 다음의 확률은 고전적 확률, 경험적 확률, 주관적 확률 중 어디에 해당하는가?
① 균일한 동전을 던질 때 앞면이 나타날 확률이 1/2이다.
② 균일한 동전을 100번 던졌더니 앞면이 65번 나타났다. 따라서 동전을 던질 때 앞면이 나타날 확률은 0.65이다.

3.17 사건 B_1, B_2, $\cdots$, B_6가 상호배타적이며 전체를 이룬다면 $P(B_1) + P(B_2) + \cdots + P(B_6)$의 값은 얼마인가?

3.18 어느 자동차회사는 자동차를 구입한 총고객의 70%가 자동변속기 옵션을 구입하고, 20%는 에어백 옵션을 구입하는데, 약 10%는 자동변속기 옵션과 에어백 옵션을 모두 구입하는 것으로 드러났다. 어느 고객이 단 한 가지 옵션만을 구입할 확률은 얼마인가?

3.19 어느 연구소에서 연구원 전체를 대상으로 조사한 결과, 외국학위를 소지한 비율이 30%이고 여자의 비율이 40%이며 외국학위를 가진 여자의 비율은 20%이다. 다음의 물음에 답하시오.
① 임의의 한 연구원이 외국학위를 소지하고 있다면 여자일 확률은 얼마인가?
② '외국학위 소지'라는 사건과 '여자 연구원'이라는 사건은 독립인가?

3.20 어느 부품조립회사는 두 하청업체인 *ABC*와 *XYZ*로부터 부품을 받고 있는데, 전체 부품 중 40%는 *ABC*로부터, 나머지 60%는 *XYZ*로부터 매입하고 있다. *ABC*로부터 받은 부품이 불량일 확률은 10%이고, *XYZ*로부터 받은 부품이 불량일 확률은 5%이다. 다음의 질문에 답하시오.
① 매입한 부품 중 임의로 하나를 선택할 때, 이 부품이 불량일 확률은 얼마인가?
② 임의의 한 부품이 불량품이라면 이 부품이 *ABC*의 제품일 확률은 얼마인가?

3.21 문제 3.20에서 이 부품조립회사가 *ABC*로부터의 매입비율을 더 높인다면
① 매입한 부품 중 임의로 하나를 선택할 때, 이 부품이 불량일 확률은 높아지는가 낮아지는가?
② 임의의 불량품이 *ABC*의 제품일 확률은 높아지는가 아니면 낮아지는가?

3.22 동전 1개와 주사위 1개를 던질 때 앞면과 3이 동시에 나올 확률은 얼마인가?

3.23 단상에 7명의 국회의원이 앉을 수 있는 의자가 배열되어 있다. 7명의 국회의원이 의자에 앉을 수 있는 경우의 수는 얼마인가? 단상 중앙자리에 최고 연장자 1인을 배석하기로 하고 나머지 6인을 잔여 좌석에 배치하기로 할 때 경우의 수는 얼마인가?

3.24 개인 투자자가 자신이 보유한 8종목의 주식 중 2종목을 팔기로 할 때, 나올 수 있는 경우의 수는 얼마인가?

3.25 회원이 8명인 동호회에서 2명을 선출하여 1명을 회장에, 또 다른 1명을 부회장에 임명하려 한다면 몇 가지 경우가 있나?

3.26 a, b, c, d의 4종류 디자인에 대해 선호도 순위를 매긴다고 할 때 경우의 수는 얼마인가? 두 번째로 선호되는 순위가 b일 확률은 얼마인가?

3.27 전체 사망자 중 10%의 사망 원인은 폐암인 것으로 알려져 있다. 사망한 폐암 환자 중 70%가 흡연자이고, 폐암 아닌 다른 요인으로 사망한 사람 중 20%가 흡연자로 밝혀졌다. 이때 다음 확률을 구하시오.
① 사망자 중 흡연자의 비율
② 사망한 흡연자가 폐암일 확률
③ 사망한 비흡연자가 폐암일 확률

3.28 올림픽에 출전하는 선수들의 10%는 약물을 복용하고 90%는 복용하지 않는다고 한다. 약물 복용 여부를 밝히기 위해 테스트가 실시된다. 그런데 약물 복용자의 20%는 테스트 결과에 음성반응을 나타내고, 80%는 양성반응을 나타낸다. 약물 비복용자의 70%는 음성반응을 나타낸다.

① 한 선수를 무작위로 추출하여 테스트한 결과 양성반응이 나타날 확률은 얼마인가?

② 한 선수를 무작위로 추출하여 테스트한 결과 양성반응이 나타날 때 이 선수가 실제로 약물을 복용했을 확률은 얼마인가?

3.29 [고난이] (D. Kahneman and A. Tversky) 한밤중에 택시가 뺑소니 친 사건이 발생했다. 이 도시에는 2개의 택시 회사가 있는데, 청색사의 택시는 모두 청색이고, 녹색사의 택시는 모두 녹색이다. 이 도시의 전체 택시 중 15%는 청색사 소속이고, 나머지 85%는 녹색사 소속이다. 보통 사람이 차의 색상을 제대로 인식할 확률은 80%로 확인되었다. 법정에서 목격자는 뺑소니차가 청색이었다고 증언(인식)하였다. 그렇다면 사고 당일 현장에서 뺑소니 친 택시가 청색일 확률은 몇 %일까?

3.30 어느 회사가 잡지 A나 잡지 B에 광고를 내려고 고민 중이다. 이 회사의 고객 중 30%가 A를, 50%가 B를, 20%가 A와 B 모두를 구독하고 있다. 다음 질문에 답하시오.

① 고객 중 몇 %가 최소한 1개 이상의 잡지를 구독하고 있는가?

② 고객 중 몇 %가 잡지 A 하나만을 구독하고 있는가?

③ 고객 중 몇 %가 잡지 A를 구독하고 있지 않은가?

④ 무작위로 추출된 고객이 잡지 A를 구독하고 있다면 이 고객이 잡지 B도 구독하고 있을 확률은 얼마인가?

⑤ 집자 A를 구독하는 사건과 잡지 B를 구독하는 사건을 독립인가?

3.31 확률의 공리적 정의를 이용하여 $P(A) = P(A \cap B) + P(A \cap B^c)$임을 증명하시오.

3.32 표본공간 S가 상호배타적인 사건 B_1, B_2, B_3, B_4로 분할되어 있고, 사건 A는 원으로 표시되어 있다. $P(A)$를 $P(A|B_1)$, $P(A|B_2)$, $P(A|B_3)$, $P(A|B_4)$의 함수로 표현하시오.

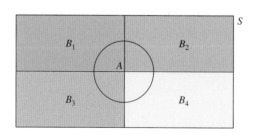

3.33 [버트란드 박스 역설, Bertrand's box paradox] 세 상자가 있다. 아래의 그림과 같이 한 상자에는 금화 2개가, 다른 상자에는 은화 2개가, 또 다른 상자에는 금화 1개와 은화 1개가 들어 있다.

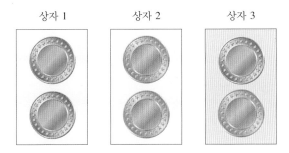

상자 하나를 선택하고 이 상자에서 동전 하나를 꺼내보니 금화였다. 그러면 그 상자에 들어 있는 나머지 하나도 금화일 확률은 얼마일까? "상자 하나에 동전을 꺼내보니 금화이므로, 결국 상자 1과 상자 3 중 하나이다. 따라서 나머지 하나도 금화일 확률은 1/2이다." 큰따옴표 안에 문장의 논리는 맞는가?

3.34 [심슨의 역설, Simpson's paradox] 미국의 야구 메이저리그에 데릭 지터(Derek Jeter)와 데이비스 저스티스(David Justice)라는 전설적인 타자가 있었다. 둘 다 신인상을 획득하였고, 지터는 14년간, 저스티스는 3년간 올스타에 선정되었다. 1995, 1996, 1997년 3년 연속 저스티스의 타율이 지터보다 높았다. 그렇다면 3년 동안의 전체 타율도 저스티스가 높을까?

	1995	1996	1997
지터	12/48(0.25)	183/582(0.31)	190/654(0.29)
저스티스	104/411(0.253)	45/140(0.32)	163/495(0.33)

주: 안타수/타수(타율)
출처: Ross의 책 내용을 wikipedia에서 재인용

3.35 미국 캘리포니아 버클리대학의 대학원 입시에서 여성들에게 불평등했다고 고발이 있었는데 (1973), 그 근거로 다음과 같은 통계자료가 제시되었다.

	지원자 수	합격률
남성	8,442	44%
여성	4,321	35%

남성 지원자의 합격률은 44%인 데 반해, 여성 지원자의 합격률은 35%이므로 여성에 대한 차별이라는 것이 고소의 내용이었다. 나중에 여성에 대한 차별이 없었던 것으로 확인되었다. 문제 3.34의 심슨의 역설을 이용하여 설명해 보시오.

3.36 주사위 한 번 던지고 위에 나온 숫자 j를 사건 E_j라 하자. E_1, E_2, $\cdots$, E_6은 상호배타적인가? 전체를 이루는가?

3.37 흰색 주사위와 검은색 주사위를 차례로 던지는 확률실험에서 두 주사위의 합이 3일 확률을 구하시오. 그리고 흰색 주사위가 2일 때 두 주사위의 합이 3일 확률을 계산하시오.

3.38 내년도에 석유가격이 상승할 확률은 60%이고, 후보 *XYZ*가 구청장에 당선될 확률은 20%라 하자. 석유가격 상승과 후보 *XYZ*의 구청장 당선이 독립사건이라 할 때, 석유가격이 상승하거나 *XYZ*가 구청장에 당선될 확률은 얼마인가?

CHAPTER 4

확률분포

대학 진학을 앞둔 고등학교 3학년 학생을 보자. 자신의 수능점수가 상위 몇 %에 속하냐에 따라 지원 대학과 학과가 결정된다. 그러므로 자신의 수능점수 자체보다는 전체 학생들의 수능점수 분포에서 자신의 점수가 어디에 위치하고 있는지를 아는 것이 더 중요하다. 주식을 매입하려는 투자자를 보면, 매입 결정을 하기 전에 주가가 오를지 떨어질지에 대한 확률을 계산하고, 오른다면(떨어진다면) 얼마나 오를지(떨어질지)에 대한 가능성을 먼저 파악하려고 한다. 전자의 예에서와 같이 전체 학생의 수능점수 분포나 후자의 예에서와 같이 주가의 상승폭 및 하락폭의 분포를 확률분포라고 한다. 이런 확률분포는 지원 대학을 결정하려는 고등학교 3학년 학생이나 주식 투자자에게는 필수적인 정보이다.

I 확률변수의 개념

확률실험은 실험의 종류에 따라 그 결과가 다양하게 나타난다. 동전을 던지는 실험을 하면 앞면(head)이나 뒷면(tail) 중 하나가 나오고, 주사위를 던지는 실험을 하면 1, 2, 3, 4, 5, 6 중 하나의 숫자가 위에 나타난다. 이렇게 다양한 형태의 실험결과를 일반화된 방식으로 표현할 필요가 있다. 이런 방식 중 하나가 확률변수이다. **확률변수**(random variable)란 다음과 같이 정의된다.

확률변수: 확률실험 결과에 수치를 부여하는 함수로, 일반적으로 X, Y, Z 등 영문 대문자로 표기한다.

이 정의에 따르면, 확률변수는 (1) 결과에 수치가 부여되고, (2) 확률실험이 전제되므로 실험결과가 확률적으로 발생된다는 두 조건이 만족되어야 한다. 이 조건을 감안하여 다음의 예를 풀어보자.

● 예제 4.1

다음의 경우는 확률변수인가?

① 주사위를 던질 때 위에 나온 숫자

② 동전을 던질 때 나오는 앞면 또는 뒷면

③ 어제의 종합주가지수

④ 내일의 종합주가지수

풀이

이 예를 풀려면 확률변수가 되기 위한 두 조건이 만족하는지를 살펴보아야 한다.

	(1) 결과에 수치가 부여되는가?	(2) 결과가 확률적으로 발생하는가?
①	예(1, 2, 3, 4, 5, 6의 수치가 부여된다.)	예(1, 2, 3, 4, 5, 6 중 하나가 확률적으로 나타난다.)
②	아니요(앞면, 뒷면이므로 수치가 부여되지 않는다.)	예(앞면 또는 뒷면이 확률적으로 나타난다.)
③	예(지수는 수치로 표현된다.)	아니요(이미 확정된 숫자로 확률적으로 나타나지 않는다.)
④	예(지수는 수치로 표현된다.)	예(내일의 지수는 확률적으로 나타난다.)

이에 따라 ①과 ④는 확률변수이나, ②와 ③은 확률변수가 아니다.

앞의 예 ②에서 X를 앞면 또는 뒷면 중 하나를 취한다면 X는 다음과 같이 표현된다.

$$X = \begin{cases} 앞면, \langle 1/2 \rangle \\ 뒷면, \langle 1/2 \rangle \end{cases}$$

(여기서 ⟨ ⟩ 안은 확률)

이 경우 X가 확률변수가 될 수 없는 이유는 결과에 수치가 부여되지 않고 글자가 부여되어 있기 때문이다. 이런 경우 X를 확률변수로 만들려면 '앞면'과 '뒷면' 대신에 수치를 부여하면 된다. 즉 다음과 같이 표현하면 X는 확률변수가 된다.

$$X = \begin{cases} 1, 앞면이 나온 경우, \langle 1/2 \rangle \\ 0, 뒷면이 나온 경우, \langle 1/2 \rangle \end{cases}$$

　　확률변수에 '앞면'과 '뒷면' 같은 글자를 가지면 안 되는 것일까? 통계학은 정량적인 상황을 다뤄야 하는데 글자를 부여하면 정량화할 수 없다는 문제점이 생긴다. 불확실한 상황하에서는 기댓값(예측값)이나 분산 등의 통계학적 분석을 할 수 있어야 하는데 '앞면'과 '뒷면'이란 글자가 부여되면 이런 분석을 할 수 없어 통계학의 대상에서 제외하는 것이 바람직하다.

　　확률변수가 되기 위한 조건 중 하나는 '실험결과의 확률적 발생'이다. 그 발생확률을 우리가 아는 경우와 아예 모르는 경우로 나눠 볼 수 있다. 확률을 아예 모른다면 통계적 분석을 하기 힘들기 때문에 이 책에서는 확률을 알거나 추정이 가능한 경우에 한정하여 다룬다.

　　수학에서 $y = 3x$라는 식의 x와 y를 **변수**(variable)라고 부른다. 수학에서 사용되는 변수는 통계학에서 사용되는 확률변수와 차이가 있다. 변수는 수치를 취할 수 있으나, 취할 수치가 확률적이지 않다는 점에서 확률변수와 차이가 있다. 예를 들어, $x = 2$일 때 변수 y의 값은 꼭 6이어야만 하고 6 이외의 다른 수치는 취할 수 없다. 반면에 확률변수는 여러 수치를 확률적으로 취한다. 변수와 확률변수가 모두 수치를 취한다는 점에서 수학과 통계학이 공히 정량적인(quantitative) 자료를 다룬다고 할 수 있으나, 변수와 달리 확률변수가 취할 수치가 확률적이라는 점에서 통계학은 수학과 달리 불확실한 상황을 다루는 학문이라고 말할 수 있다.

　　확률변수는 통계학에서 가장 핵심적인 용어이다. 뿐만 아니라 경영이나 경제 분야에서 많은 곳에 응용할 수 있다. 예를 들어 "이 주식은 1년 후에 주가가 얼마나 될까?", "이 부동산은 1년 후 가치가 얼마일까?", "이번에 매입한 부품은 불량률이 얼마나 될까?" 또는 "이 수면제를 복용하면 몇 시간이나 잘 수 있나?" 등의 질문을 보자. 이 네 문장의 핵심 단어인 '주가', '부동산의 가치', '불량률', '수면시간'은 숫자로 표현되는데 그 숫자는 항상 일정한 것이 아니라 상황 또는 운에 따라 달라질 수 있으므로 확률적으로 발생하는 셈이다. 그러므로 이 네 단어는 모두 확률변수로 처리하여 분석할 수 있다.

Ⅱ 이산확률변수와 연속확률변수

1. 이산확률변수와 연속확률변수의 구분

확률변수는 이산확률변수와 연속확률변수로 나뉜다. **이산확률변수**(discrete random variable)는 확률변수가 취할 수 있는 값의 수를 셀 수 있으나(countable), **연속확률변수**(continuous random variable)는 확률변수가 취할 수 있는 값의 수를 셀 수 없고, 대신에 취할 값을 구간으로 표시한다. 일반적으로 이산확률변수는 취할 수 있는 값의 개수가 유한

(finite)인 경우가 많으며,[1] 연속확률변수는 취할 수 있는 값의 개수가 무한(infinite)이다. 이산확률변수의 사례를 들면 다음과 같다.

    ① 주사위를 던질 때 위에 나온 숫자

    ② 주사위를 10번 던질 때 짝수가 나올 횟수

    ③ 어느 개인 병원의 하루 환자 수

위의 예에서 취할 수치는 다음과 같다. 그 수를 셀 수 있으며 유한이다.

    ① 1, 2, 3, 4, 5, 6

    ② 0, 1, 2, 3, 4, ⋯, 9, 10

    ③ 0, 1, 2, ⋯, 1,000 (하루 환자 수가 최대 1,000인 경우)

반면, 연속확률변수의 사례를 들면 다음과 같다.

    ④ 어떤 주식의 하루 주가상승률

    ⑤ 어떤 회사의 매출 성장률

    ⑥ 우리나라의 연간 강우량

위의 예에서는 일정 구간의 어떤 실수도 취할 수 있다.

    ④ 국내 법규에 의해 주가 변동폭이 ±30%이므로 구간 [−30%, +30%]의 어떤 실수도 취할 수 있다.

    ⑤ [−100%, +1,000%]의 구간에서 어떤 값도 취할 수 있다. (최고 매출성장률을 1,000%라 가정)

    ⑥ [0 mm, 2,500 mm]의 구간 내에서 아무 수치나 취할 수 있다. (최대 강우량을 2,500 mm라 가정)

2. 이산확률변수의 확률분포

확률변수는 일정한 확률을 가지고 발생할 사건(또는 결과)에 수치를 부여한 것이므로, 취할 수 있는 수치와 이들 수치가 발생할 확률을 파악할 필요가 있다. 이를 **확률분포** (probability distribution)라 하며 표나 그래프로 표현한다. 예를 들어, 동전을 한 번 던져 앞면이 나오면 '1'을 부여하고 뒷면이 나오면 '0'을 부여하는 경우의 확률분포는 다음과 같이 표로 나타낼 수 있다.

---

1 이산확률변수는 취할 수 있는 값의 수가 유한(有限)인 경우에만 한정되지 않고 가산무한(countably infinite, 加算無限)일 수도 있다. 가산무한이란 원소를 하나, 둘, 셋, ⋯으로 계속해서 나열이 가능한 경우를 말한다. 예를 들어 확률변수 X가 0, 2, 4, 6, ⋯의 무한 수치 중 하나를 취한다면 이산확률변수에 속한다.

x	0	1
확률	1/2	1/2

← 확률변수 X가 취할 수치

← 0과 1이 각각 나올 확률

확률분포를 그래프로 나타내면 다음과 같다.

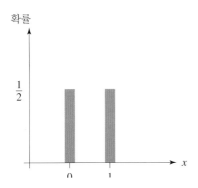

● 예제 4.2

주사위를 던질 때 위에 나온 숫자를 X라 하고, X의 확률분포를 구하시오.

풀이

확률변수 X의 확률분포는 다음과 같다.

x	1	2	3	4	5	6
확률	1/6	1/6	1/6	1/6	1/6	1/6

확률분포를 수식으로도 구현할 수 있는데 이를 **확률함수**(probability function)라 한다. 이 함수는 $P(X=x)$로 표기하는데,[2] 이산확률변수 X가 x라는 값을 취할 때의 확률을 나타낸다. 동전 던지기의 예에서 $P(X=0)=1/2$, $P(X=1)=1/2$이다. 주사위 던지기의 예에서는 $P(X=1)=1/6$, $P(X=2)=1/6$, $\cdots$, $P(X=6)=1/6$이다.

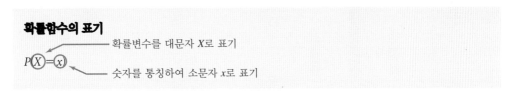

확률함수의 표기

$P(X=x)$

— 확률변수를 대문자 X로 표기

— 숫자를 통칭하여 소문자 x로 표기

이산확률변수의 확률함수를 **확률질량함수**(probability mass function)라 부르기도 한다.

---

2 $P(X=x)$ 대신 $P_X(x)$로도 표기할 수 있다. 동전 던지기 예에서 $P(X=0)$은 $P_X(0)$로 $P(X=1)$은 $P_X(1)$로 표기할 수 있다.

그 이유는 연속확률변수의 확률함수인 확률밀도함수와 명확히 구분하기 위해서이다. 확률밀도함수는 추후에 공부한다.

제3장에서 사건을 이용하여 확률을 정의했지만, 이 장에서는 확률변수를 이용했기 때문에 다소 혼란스러울 수 있다. 그러나 '$X = 1$'은 '확률변수 X가 1인 사건'이란 뜻이므로 사건을 이용한 것과 동일한 셈이다.

● 예제 4.3

하나의 균일동전을 두 번 던질 때 앞면이 나온 횟수를 확률변수 X라 하자. X의 확률분포를 표, 그래프, 함수로 표현하시오.

풀이

동전을 한 번 던질 때, 앞면과 뒷면이 나온 경우를 각각 H와 T라 하자. 동전을 두 번 던질 때의 결과는 HH, HT, TH, TT이다.

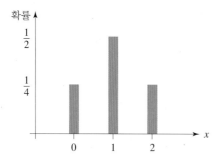

X의 확률분포를 표로 나타내면 다음과 같다.

x	0	1	2
확률	1/4	2/4	1/4

X의 확률분포를 그래프로 나타내면 다음과 같다.

확률
$\frac{1}{2}$
$\frac{1}{4}$

0   1   2 x

확률함수로 표현하면 다음과 같다.

$$P(X = 0) = 1/4, \ P(X = 1) = 2/4, \ P(X = 2) = 1/4$$

이산확률변수가 k개의 수치$(x_1, x_2, \cdots, x_k)$를 확률적으로 취할 때 확률분포는 다음과 같은 특성을 지니고 있다.

- $0 \le P(X = x_i) \le 1$, $i = 1, 2, \cdots, k$
- $\sum_{i=1}^{k} P(X = x_i) = 1$

이 특성 중 첫 번째는 확률이 음$(-)$의 값을 취하지 않는다는 뜻이며, 두 번째는 확률의 총합이 1이라는 뜻이다.

● **예제 4.4**

이산확률변수 X가 1, 2, 3, 4의 수치를 취할 수 있다. 각 수치가 발생할 확률이 다음 표와 같을 때 확률분포라고 말할 수 있는가?

x	1	2	3	4
확률	0.4	0.1	0.2	0.5

풀이

확률분포의 특성 중에서 첫 번째 특성은 만족시킨다. 그러나

$$\sum_{i=1}^{k} P(X = i) = 0.4 + 0.1 + 0.2 + 0.5 \ne 1$$

이므로 확률분포라 볼 수 없다.

---

3. 연속확률분포의 확률분포

앞에서 이산확률변수의 확률분포는 취할 수치와 발생할 확률을 표나 그래프로 표현할 수 있다고 하였다. 연속확률분포도 동일한 방법으로 표현할 수 있을까? 연속확률변수는 일정 구간 내의 어떤 실수도 취할 수 있으므로 이 실수를 순서대로 나열하는 것은 불가능하다. 그러므로 연속확률변수의 경우 확률분포를 표나 그래프로 표현할 방법이 없다.

또 하나의 유의할 점은 연속확률변수가 특정한 수치를 취할 확률이 0이라는 점이다. 연속확률변수가 취할 수치의 수가 무한대이므로 특정한 수치를 취할 확률은 무한대 중 하나, $1/\infty$, 즉 0이라 할 수 있기 때문이다. 예를 들어 어느 지역의 강수량이 1,000~2,000 mm 사이에서 분포하고 있을 때, 강수량이 특정 수치인 1,500.056 mm일 확률은 0이다. 이와 비슷한 강수량을 기록할 수 있으나 이와 완벽하게 동일한 강수량을 기록하는 것은 불가능하기 때문이다. 마찬가지로 1,450 mm일 확률도 0이다.

좀 더 이해를 돕기 위해 다음의 [그림 4.1]을 보자. 회전판을 향해 화살을 쏘고 있는데, 돌아가는 회전판의 한 점인 Q를 맞출 확률은 얼마나 될까? 이 회전판에는 수많은 점이 있

는데, 이 중 한 점인 Q를 맞출 확률은 수많은 점 중의 하나이므로 1/∞, 즉 0이다.

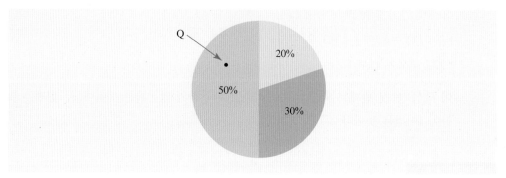

그림 4.1 연속확률변수에서의 확률

그러나 면적이 각각 회전판 전체의 20%, 30%, 50%라면 화살이 각 면적 안에 낙하할 확률
은 각각 20%, 30%, 50%이다. 즉 점 Q를 맞출 확률은 0이지만, 이런 점을 무수히 포함한
면적을 맞출 확률은 0이 아니다.

　이와 같은 논리로, 강수량의 예에서 강수량이 1,500 mm와 1,600 mm 사이에 있을 확률
은 0이 아니다. 이때의 확률은 $P(1,500 \leq X \leq 1,600)$로 표현되는데, 이를 면적으로 나타내
려면 확률밀도라는 개념을 도입해야 한다. **확률밀도**(probability density)의 예는 [그림 4.2]
에 있다. 확률변수와 확률밀도의 관계를 나타낸 함수를 **확률밀도함수**(probability density
function)라 하며, 이를 $f(x)$로 표기한다. 유의할 점은 확률밀도는 확률과 다르다는 점이다.
예를 들어 강수량이 1,500 mm일 확률은 앞에서 언급한 바와 같이 0이나, 확률밀도는 0이
아닌 양(+)의 값을 갖는다.

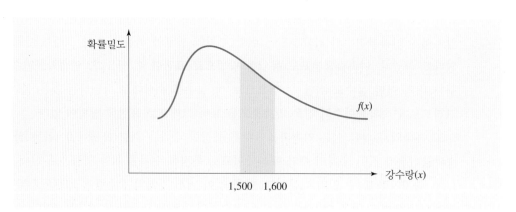

그림 4.2 확률밀도함수

$P(1,500 \leq X \leq 1,600)$의 값은 [그림 4.2]에서 강수량이 1,500 mm와 1,600 mm 사이에 있
는 확률밀도함수(이 그림에서는 $f(x)$) 아래에 있는 푸른색 부분의 면적으로 표현된다. 즉
$\int_{1500}^{1600} f(x)dx$이다. 확률변수가 특정한 수치인 1,500이나 1,600의 값을 취할 확률은 0이므로

$P(1,500 \leq X \leq 1,600) = P(1,500 < X \leq 1,600) = P(1,500 \leq X < 1,600) = P(1,500 < X < 1,600)$이 성립한다.

　연속확률변수 X가 구간 $[a, b]$에서 정의될 때, 확률밀도함수는 다음과 같은 특성을 갖는다.

- 구간 $[a, b]$에 존재하는 어떤 x에 대해 $f(x) \geq 0$
- $\int_a^b f(x)dx = 1$

이 특성 중 첫 번째는 확률밀도가 음($-$)의 값을 취하지 않는다는 뜻이며, 두 번째는 확률밀도함수 아래의 전체 면적이 1이라는 의미이다.

　이산확률변수의 경우 특정한 점의 확률은 1보다 클 수 없지만, 연속확률변수의 경우에는 확률밀도가 1보다 클 수 있다는 점에 유의하자. [그림 4.3]을 보자. 왼쪽 상단의 정규분포에서 확률밀도의 최댓값이 0.4 정도이나, 오른쪽의 정규분포에서는 확률밀도가 1을 상회하는 구간도 있다. [그림 4.3]의 하단에 있는 두 그림을 봐도 확률밀도가 1을 상회하는 구간이 존재할 수 있다는 것을 알 수 있다.

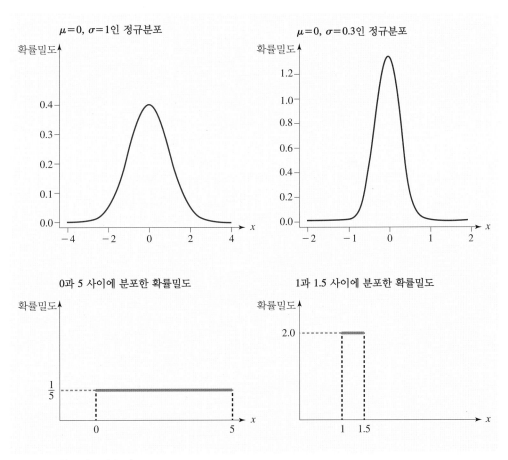

그림 4.3　확률밀도의 높이

확률밀도의 그림은 어떻게 유도되는 것일까? 이 질문에 답하기 위해 다음의 [그림 4.4]를 보자. 이 그림은 정규분포에서 100,000개의 난수를 추출하여 시뮬레이션한 결과이다. x축의 구간 간격이 2, 1, 0.1로 조밀해질수록 분포 모양이 정규분포와 유사해지며, 그 간격을 극히 작게 하면 결국 정규분포의 확률밀도를 도출할 수 있다.

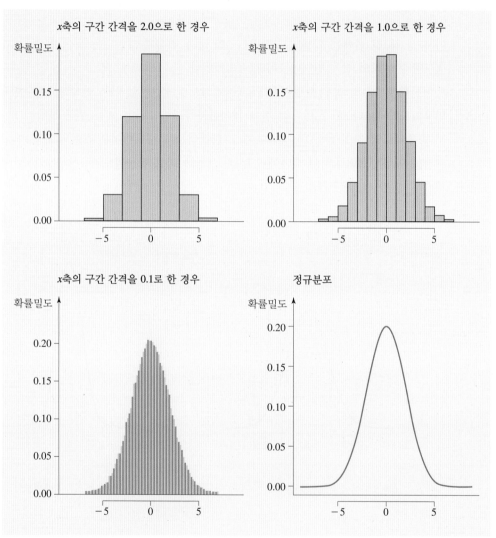

그림 4.4 확률밀도의 생성($\mu=0$, $\sigma=2$)

주: 소프트웨어 R을 사용하여 시뮬레이션한 결과임.

4. 확률변수의 확률 계산

확률변수가 2와 5 사이일 확률은 $P(2 \le X \le 5)$로 표현되나, 계산하는 방법은 확률변수가 이산인가 연속인가에 따라 다르다.

- 이산확률변수의 경우: $P(2 \le X \le 5) = \sum_{i=2}^{5} P(X = i)$
- 연속확률변수의 경우: $P(2 \le X \le 5) = \int_{2}^{5} f(x)dx$

앞에서 $P(2 \le X \le 5)$의 값을 계산했는데, 이제 등호를 제외한 $P(2 < X \le 5)$와 비교해 보자. 확률변수가 이산이라면 $P(2 \le X \le 5)$의 값과 $P(2 < X \le 5)$의 값이 다를 수 있다. 예를 들어 주사위를 던질 경우, $P(2 \le X \le 5)$는 2, 3, 4, 5 중 하나가 나올 확률을 의미하는 반면에 $P(2 < X \le 5)$는 3, 4, 5 중 하나가 나올 확률을 뜻한다. 그러나 확률변수가 연속이라면 특정한 값인 2를 취할 확률이 0이므로 $P(2 \le X \le 5)$나 $P(2 < X \le 5)$의 값은 동일하고 계산방법도 동일하다.

- 이산확률변수의 경우

  $P(2 \le X \le 5) = \sum_{i=2}^{5} P(X = i), \quad P(2 < X \le 5) = \sum_{i=3}^{5} P(X = i)$

- 연속확률변수의 경우

  $P(2 \le X \le 5) = \int_{2}^{5} f(x)dx, \quad P(2 < X \le 5) = \int_{2}^{5} f(x)dx$

● 예제 4.5

① 주사위를 던질 때 나타난 숫자를 이산확률변수 X라 하자. 확률변수가 3과 5 사이의 값(3과 5 포함)이 나올 확률은 얼마인가? 또한 $P(3 < X \le 5)$의 값은 얼마인가?

② 연속확률변수가 [1, 6]의 구간에서 일정한 확률밀도인 1/5을 취한다. 확률변수가 3과 5 사이의 값(3과 5 포함)이 나올 확률은 얼마인가? 또한 $P(3 < X \le 5)$의 값은 얼마인가?

풀이

① $P(3 \le X \le 5) = \sum_{i=3}^{5} P(X = i) = P(X = 3) + P(X = 4) + P(X = 5) = 1/2$

  $P(3 < X \le 5) = P(X = 4) + P(X = 5) = 1/3$

② $P(3 \le X \le 5) = \int_{3}^{5} (1/5)dx = 2/5$

  $P(3 < X \le 5) = \int_{3}^{5} (1/5)dx = 2/5$

5. 누적확률함수

누적확률함수(cumulative distribution function, cdf)는 확률변수 X가 특정한 값 x 이하일 확률을 함수로 나타낸 것으로 $F(x)$로 표기한다. 즉 $F(x) = P(X \leq x)$. 누적확률함수는 확률변수가 이산인 경우와 연속인 경우 모두에 동일하게 $F(x)$로 표기된다.

● **예제 4.6**

① 주사위를 던져 위에 나온 숫자를 X라 하자. 주사위를 한 번 던질 때 4 이하가 나올 확률은 얼마인가?

② 연속확률변수가 [1, 6]의 구간에서 일정한 확률밀도인 1/5을 취한다. 4 이하가 나올 확률은 얼마인가?

풀이

① $F(4) = P(X \leq 4) = 4/6 = 2/3$

② $F(4) = \int_1^4 (1/5)dx = 3/5$

주사위를 던져 위에 나온 숫자를 X라 하자. $F(1) = 1/6$, $F(1.5) = 1/6$, $F(1.9) = 1/6$, $F(2) = 2/6$, …이므로 $F(x)$를 그리면 다음 [그림 4.5]와 같다.

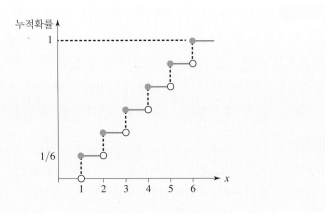

그림 4.5 이산확률변수의 누적확률 사례

연속확률변수가 [1, 6]의 구간에서 일정한 확률밀도인 1/5을 취할 때, 누적확률함수를 구하기 위해 다음 그림을 보자.

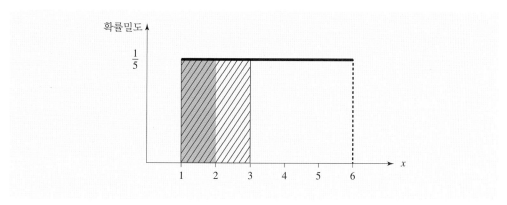

그림 4.6 확률밀도와 누적확률

이 그림에서 $F(2)$는 초록색의 면적을 나타내고, $F(3)$는 빨간색 빗금의 면적을 나타낸다. 직사각형의 면적은 '밑변의 길이×높이'이므로 $F(2)=1/5$, $F(3)=2/5$이다. 일반화하면 구간 $[1, 6]$에서 $F(x)=(x-1)/5$이다. 이를 그림으로 나타내면 [그림 4.7]과 같다.

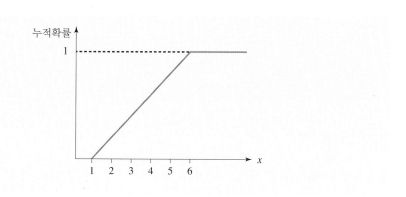

그림 4.7 연속확률변수의 누적확률 사례

[그림 4.5]와 [그림 4.7]에서 본 바와 같이, 누적확률의 모양은 확률변수가 이산이냐 연속이냐에 따라 다르다. 이산이면 누적확률에 불연속인 점프가 존재하나, 연속이면 점프 없이 매끄럽다.

Ⅲ 확률변수의 기댓값과 분산

1. 기댓값

"회사 *ABC*의 매출액은 내년에 얼마일까?", "회사 *XYZ*의 주가는 일주일 후에 얼마일까?"

라는 물음에 예상매출액이 260억 원에서 360억 원 사이, 또는 예상 주가가 23,000원에서 33,000원 사이라고 구간으로 답변할 수 있다. 그러나 구간 대신에 하나의 숫자로 답변한다면 질문한 사람을 쉽게 이해시킬 수 있다. 예를 들면 예상매출액이 310억 원이라고 말하는 것이 260억 원과 360억 원 사이라는 것보다 핵심사항을 빠르게 이해시킬 수 있고, 예상 주가가 28,000원이라고 말하는 것도 마찬가지로 23,000원에서 33,000원 사이라는 것보다 쉽게 이해시킬 수 있다. 즉 예상되는 값의 대푯값(평균)을 알려주는 것이 예상되는 구간을 알려주는 것보다 빠르고 쉽게 이해시킬 수 있다. 이 예상되는 값의 평균을 기댓값이라 한다.

좀 더 정확하게 정의하면 **기댓값**(expected value)이란 확률변수의 발생 가능한 모든 결과에 대해 가중평균한 값이다. 확률변수 X의 기댓값은 $E(X)$로 표기한다.

1.1 이산확률변수의 기댓값

X가 n개의 값을 취할 수 있다면 **이산확률변수의 기댓값**은 다음과 같이 계산한다.

> **이산확률변수의 기댓값**: $E(X) = \sum_{i=1}^{n} P(X = x_i) \cdot x_i$

X의 기댓값을 구하려면 (1) X의 확률분포를 작성한 다음, (2) 앞의 기댓값 공식에 대입하면 된다. 다음의 예를 통해 기댓값을 계산해 보자.

● 예제 4.7

주사위를 던질 때 위에 나온 숫자의 기댓값은 얼마인가?

풀이

확률변수 X를 주사위를 던져 나온 숫자라 정의하자. X의 확률분포를 작성하면 다음과 같다.

x	1	2	3	4	5	6
확률	1/6	1/6	1/6	1/6	1/6	1/6

$P(X = x_3)$ $P(X = x_4)$

기댓값 공식을 이용하여 계산하면 다음과 같다.

$$E(X) = P(X = x_1) \cdot x_1 + P(X = x_2) \cdot x_2 + \cdots + P(X = x_6) \cdot x_6$$
$$= (1/6)1 + (1/6)2 + \cdots + (1/6)6$$
$$= 3.5$$

주사위를 던져 나타날 수 있는 수치는 1, 2, ⋯, 6이며 이들의 평균이 3.5라는 의미이다.

● **예제 4.8**

주식 ABC의 내일 주가는 15,000원, 18,000원, 20,000원으로 예상된다. 15,000원, 18,000원, 20,000원이 될 확률은 각각 0.2, 0.3, 0.5이다. 내일 ABC 주가의 기댓값은 얼마인가?

풀이

확률변수 X를 내일의 주가라 하자. X의 확률분포를 작성하면 다음과 같다.

x	15,000	18,000	20,000
확률	0.2	0.3	0.5

기댓값 공식을 이용하여 계산하면 다음과 같다.

$$E(X) = P(X = x_1) \cdot x_1 + P(X = x_2) \cdot x_2 + P(X = x_3) \cdot x_3$$
$$= 0.2(15,000) + 0.3(18,000) + 0.5(20,000)$$
$$= 18,400$$

1.2 연속확률변수의 기댓값

연속확률변수의 기댓값은 다음과 같이 계산한다.

연속확률변수의 기댓값: $E(X) = \int_{-\infty}^{+\infty} x \cdot f(x) dx$

예를 들어 X가 연속확률변수로 다음과 같은 확률밀도함수를 취한다 하자.

$$f(x) = \begin{cases} 1/5, & 1 \leq x \leq 6 \\ 0, & x < 1 \text{ 또는 } x > 6 \end{cases}$$

이때 확률변수 X의 기댓값은 위 공식에 따라 다음과 같이 계산한다.

$$E(X) = \int_{-\infty}^{+\infty} x \cdot f(x) dx$$
$$= \int_1^6 x \cdot (1/5) dx$$
$$= 3.5$$

2. 분산

제2장에서 분산은 분포의 흩어진 정도를 측정한다고 하였다. 그러나 확률변수에 대한 분산은 불확실성의 정도를 나타낸다고 해석할 수 있다. 확률변수 X의 **분산**은 $Var(X)$나 σ_x^2(또는 σ^2)로 표기한다.

> **확률변수의 분산**: $Var(X) = E[(X - E(X))^2]$

X의 분산은 확률변수가 이산인가 연속인가에 따라 다르게 계산한다.

$$Var(X) = E[(X - E(X))^2] = \begin{cases} \sum P(X = x_i) \cdot (x_i - E(X))^2, & X\text{가 이산인 경우} \\ \int_{-\infty}^{+\infty} (x - E(X))^2 \cdot f(x)dx, & X\text{가 연속인 경우} \end{cases}$$

제2장에서 모분산을 $\sigma^2 = \dfrac{\sum_{i=1}^{N}(x_i - \mu)^2}{N}$로 정의하였다. 이 정의는 확률변수가 이산이고 발생확률이 동일한 경우에 적용할 수 있다. 반면에 이 장에서 정의한 분산 $E[(X-E(X))^2]$은 그렇지 않은 경우에도 적용할 수 있다.

● 예제 4.9

주식 ABC의 내일의 주가는 15,000원, 18,000원, 20,000원으로 예상된다. 내일의 주가가 15,000원, 18,000원, 20,000원이 될 확률은 각각 0.2, 0.3, 0.5이다. 내일 ABC 주가의 분산은 얼마인가? $\sigma^2 = \dfrac{\sum_{i=1}^{N}(x_i - \mu)^2}{N}$의 공식으로 계산할 수 있는가?

풀이

확률변수 X를 내일의 주가라 하자. $(X - E(X))^2$을 하나의 확률변수로 보고 이에 대한 확률분포를 구하면 다음과 같다. 여기서 $E(X) = 18,400$이다.

$(x - E(X))^2$	$(15,000 - 18,400)^2$	$(18,000 - 18,400)^2$	$(20,000 - 18,400)^2$
확률	0.2	0.3	0.5

$$\begin{aligned} Var(X) &= \sum P(X = x_i) \cdot (x_i - E(X))^2 \\ &= (0.2)(15,000 - 18,400)^2 + (0.3)(18,000 - 18,400)^2 + (0.5)(20,000 - 18,400)^2 \\ &= 3,640,000 \end{aligned}$$

15,000원, 18,000원, 20,000원이 발생할 확률이 동일하지 않으므로 $\sigma^2 = \dfrac{\sum_{i=1}^{N}(x_i - \mu)^2}{N}$의 공식을 사용할 수 없다.

3. 기댓값과 분산의 특성

기댓값은 다음과 같은 특성을 지니고 있다.

> ### 기댓값의 특성
>
> X와 Y는 확률변수이고, a와 b는 상수(constant, 常數)이다.
>
> ① $E(a) = a$
>
> ② $E(aX) = aE(X)$
>
> ③ $E(X + b) = E(X) + b$
>
> ④ $E(aX + bY) = aE(X) + bE(Y)$

기댓값 특성의 이해를 돕기 위해 ①, ②, ③의 예를 열거해보자.

① $a = 10$인 경우, 10 이외의 다른 수치는 발생하지 않으므로 기댓값은 10이다.

② 동전을 던질 때 확률변수 X를 다음과 같이 정의해보자.

$$X = \begin{cases} 1, \ \text{앞면이 나온 경우 } \langle 1/2 \rangle \\ 0, \ \text{뒷면이 나온 경우 } \langle 1/2 \rangle \end{cases}, \quad \text{여기서 } \langle \ \ \rangle \text{은 확률}$$

이때 $E(X) = (1/2)1 + (1/2)0 = 1/2$이다.

$3X$를 정의하면 다음과 같다.

$$3X = \begin{cases} 3, \ \text{앞면이 나온 경우 } \langle 1/2 \rangle \\ 0, \ \text{뒷면이 나온 경우 } \langle 1/2 \rangle \end{cases}$$

$3X$의 기댓값을 구하면, $E(3X) = (1/2)3 + (1/2)0 = 3/2$이다.

그러므로 $E(3X)$와 $3E(X)$가 일치한다.

③ 확률변수 X가 정규분포를 따르고 평균이 $E(X)$일 때, $X + 3$의 분포는 [그림 4.8]과 같

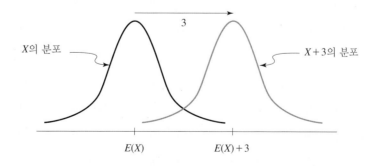

그림 4.8 X와 $X + 3$의 분포

이 오른쪽으로 3만큼 이동한 것이다. 그러므로 $X+3$의 평균도 오른쪽으로 3만큼 이동하여 $E(X)+3$과 일치한다.

분산은 다음과 같은 특성을 지니고 있다.

분산의 특성

X와 Y는 확률변수이고, a와 b는 상수이다.

① $\mathrm{Var}(a)=0$

② $\mathrm{Var}(aX)=a^2\,\mathrm{Var}(X)$

③ $\mathrm{Var}(X+b)=\mathrm{Var}(X)$

④ $\mathrm{Var}(aX+bY)=a^2\mathrm{Var}(X)+b^2\mathrm{Var}(Y)+2ab\,\mathrm{Cov}(X,\,Y)$

주 : Cov는 이 장의 후반에서 설명할 것임.

분산의 특성을 이해하기 위해 ①, ②, ③의 예를 열거해보자. ④는 공분산을 배운 후에 예를 제시한다.

① $a=10$인 경우, 10 외에 다른 숫자가 발생하지 않으므로 분산은 0이다.

② 동전을 던질 때 확률변수 X를 다음과 같이 정의하자.

$$X = \begin{cases} 1, \ \text{앞면이 나온 경우 } \langle 1/2 \rangle \\ 0, \ \text{뒷면이 나온 경우 } \langle 1/2 \rangle \end{cases}$$

이때 $\mathrm{Var}(X)=(1/2)(1-0.5)^2+(1/2)(0-0.5)^2=0.25$이다. $10X$를 정의하면 다음과 같다.

$$10X = \begin{cases} 10, \ \text{앞면이 나온 경우 } \langle 1/2 \rangle \\ 0, \ \ \text{뒷면이 나온 경우 } \langle 1/2 \rangle \end{cases}$$

$10X$의 분산을 구하면, $\mathrm{Var}(10X)=(1/2)(10-5)^2+(1/2)(0-5)^2=25$. 그러므로 $\mathrm{Var}(10X)$와 $10^2 \cdot \mathrm{Var}(X)$가 일치한다.

③ 확률변수 X가 정규분포를 따르고 평균이 $E(X)$일 때, $X+3$의 분포는 [그림 4.8]에서와 같이 분포가 오른쪽으로 3만큼 이동한 것이다. 이 그림에서 보는 바와 같이 X와 $X+3$의 분포모양은 동일하므로 이들의 분산도 동일하다.

기댓값과 분산의 특성을 이용하여 다음의 예제를 풀어 보자.

● 예제 4.10

특정 회사의 주가를 분석하고 있다. 오늘의 주가는 100원이다. 내일의 주가는 기댓값이 100원이고 분산이 400원으로 추정된다. 오늘 대비 내일의 주가상승폭과 주가상승률 $\left(= \dfrac{\text{내일의 주가} - \text{오늘의 주가}}{\text{오늘의 주가}}\right)$의 기댓값과 분산을 구하시오.

풀이

확률변수 X를 내일의 주가라 하자. $E(X)=100$, $\text{Var}(X)=400$.

주가상승폭은 $X-100$이고, 주가상승률은 $(X-100)/100$이다. 기댓값의 특성 ②와 ③, 분산의 특성 ②와 ③에 의해 주가상승폭과 주가상승률의 기댓값과 분산은 다음과 같다.

$$E(X-100)=E(X)-100=0 \qquad\qquad \text{Var}(X-100)=\text{Var}(X)=400$$

$$E\left(\frac{X-100}{100}\right)=\frac{E(X)-100}{100}=0 \qquad \text{Var}\left(\frac{X-100}{100}\right)=\frac{\text{Var}(X)}{10,000}=4/100$$

● 예제 4.11

한 자동차 판매회사의 직원봉급은 기본급 100만 원과 자동차 한 대당 30만 원의 판매수당으로 구성되어 있다. 한 직원이 판매하는 자동차 대수의 확률분포는 다음과 같다. 확률변수 X를 판매한 차량 대수라 할 때, ① 자동차 판매대수의 기댓값과 분산을 구하시오. ② X를 이용해 직원의 봉급 수준을 표현하고, 봉급의 기댓값과 분산을 계산하시오.

판매량	0	1	2	3	4
확률	0.1	0.2	0.4	0.2	0.1

풀이

① $E(X)=(0.1)0+(0.2)1+(0.4)2+(0.2)3+(0.1)4=2.0$

$(X-E(X))^2$을 하나의 확률변수로 보고 확률분포를 만들면 다음과 같다.

$(x-E(X))^2$	$(-2)^2$	$(-1)^2$	0^2	1^2	2^2
확률	0.1	0.2	0.4	0.2	0.1

$\text{Var}(X)=0.1(-2)^2+0.2(-1)^2+0.4(0)^2+0.2(1)^2+0.1(2)^2=1.2$

② 한 직원의 봉급은 $30X+100$ (단위: 만 원)으로 표현할 수 있다.

$$\text{한 직원 봉급의 기댓값} = E(30X+100)$$
$$= 30E(X)+100$$
$$= 30(2)+100$$

$$= 160 \text{ (만 원)}$$

앞의 분산의 특성 중 ②와 ③을 이용하면,

$$\text{Var}(30X + 100) = 30^2\text{Var}(X) = 30^2(1.2) = 1,080 \text{ (단위를 만 원으로 표시)}$$

이다. 봉급의 단위를 원으로 표시하면 봉급의 분산은 $1,080 \times 10^8$이다.

● 예제 4.12

어느 펀드매니저는 주식 A와 주식 B로 구성된 펀드를 운영하고 있다. 각 주식의 수익률을 각각 X와 Y라 하자. A와 B의 편입비율이 3 : 7이라면 이 펀드의 수익률은 $0.3X + 0.7Y$로 표현된다. 주식 A와 주식 B의 기대수익률이 각각 10%와 20%라면, 이 펀드의 기대수익률은 얼마인가?

풀이

펀드의 수익률 $= 0.3X + 0.7Y$

$$\begin{aligned} \text{펀드의 기대수익률} &= E(0.3X + 0.7Y) \\ &= 0.3E(X) + 0.7E(Y) \\ &= 0.3(10\%) + 0.7(20\%) \\ &= 17\% \end{aligned}$$

Ⅳ 공분산

공분산(covariance)이란 두 확률변수 X와 Y의 변동 방향과 강도를 나타낸다. 공분산은 다음과 같이 정의한다.

> **X와 Y의 공분산:** $\text{Cov}(X, Y) = E[(X - E(X))(Y - E(Y))]$
> $$= E(XY) - E(X) \cdot E(Y)$$

X와 X의 공분산을 구하면, $\text{Cov}(X, X) = E[(X - E(X))(X - E(X))] = E[(X - E(X))^2] = \text{Var}(X)$가 된다. 즉 분산이란 동일한 확률변수에 대한 공분산으로, 분산은 공분산의 특수한 한 형태로

볼 수 있다.

x와 y축에 관찰점의 위치를 표시한 그림을 **산점도**(scatter plot)라 하는데 [그림 4.9]가 그 예이다. 산점도를 이용하면 x와 y의 관계를 시각적으로 파악할 수 있다. 다음의 산점도는 7 개의 관찰점으로 구성되어 있다.

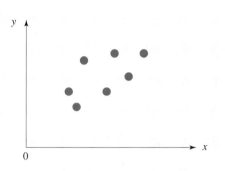

그림 4.9 산점도

이 산점도로부터 공분산의 부호를 파악해 보자. 각 관찰점은 x 좌표와 y 좌표로 구성되어 있는데, 7개 관찰점의 x 좌표의 평균이 E(X)이고, y 좌표의 평균이 E(Y)이다. E(X)와 E(Y)를 산점도에 표시하면 [그림 4.10]과 같이 수직점선과 수평점선으로 표시된다. 이 수직점선과 수평점선에 의해 산점도는 사분면으로 나누어진다.

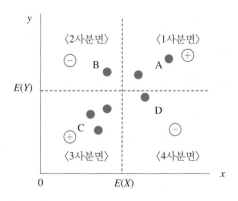

그림 4.10 산점도의 사분할
주: ⊖, ⊕은 [(X−E(X))(Y−E(Y))]의 부호

이제 각 사분면에 있는 점 중에서 한 점씩을 선택하여 각각 A, B, C, D라 하고, [(X−E(X)) (Y−E(Y))]의 부호를 보자. 그림에서 빨간색 동그라미로 표시되어 있다.

관찰점이 1사분면 또는 3사분면에 위치하면 공분산의 값에 양(+)의 영향을 주고, 2사분면 또는 4사분면에 위치하면 공분산의 값에 음(−)의 영향을 준다. 그러므로 1사분면과 3사분면에 관찰점의 수가 많은가, 아니면 2사분면과 4사분면에 관찰점의 수가 많은가에 따라 공분산의 부호가 결정된다. [그림 4.10]에서 1사분면과 3사분면에 있는 관찰점의 개수가 다른 분면에 있는 수보다 많으므로 공분산의 부호는 양(+)이다.

이제 [그림 4.11]의 공분산 부호를 구해보자. 오른쪽 그림에서와 같이 $E(X)$와 $E(Y)$의 수직, 수평축을 점선으로 그리면, 2사분면과 4사분면에 관찰점 수가 더 많으므로 공분산의 부호는 음(−)이다.

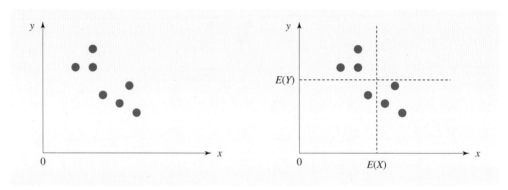

그림 4.11 공분산의 부호가 음(−)인 경우

[그림 4.10]으로부터 공분산의 부호가 양(+)이면 x가 클(작을) 때 y도 크고(작고), [그림 4.11]로부터 공분산의 부호가 음(−)이면 x가 클(작을) 때 y는 반대로 작다(크다)는 사실을 파악할 수 있다.

$E(X)$와 $E(Y)$의 수직 및 수평축의 도움 없이도 공분산의 부호를 알 수 있는 방법이 있다. [그림 4.12]의 두 산점도에서 관찰점을 대변하는 직선을 도출해보자. 왼쪽 그림에서 점선과 실선 중 관찰점을 대변할 수 있는 선은 실선임을 쉽게 알 수 있다. 이 실선은 x와 y의 변동

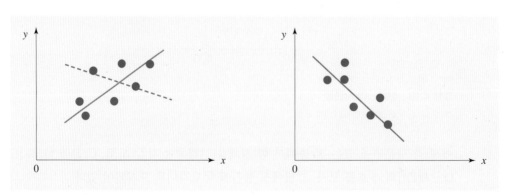

그림 4.12 공분산의 부호 찾기

방향을 대략적으로 표시한 것으로 왼쪽 그림에서는 우상향한다. 그러나 오른쪽 산점도에서이 직선이 우하향한다. 그러므로 관찰점을 대변하는 직선이 우상향하면 공분산이 양(+)이고, 우하향하면 음(−)이다.

[그림 4.13]에서 4개의 산점도를 비교해보자. 왼쪽 2개의 산점도를 보면 X와 Y의 공분산이 양(+)임을 알 수 있다. 왼쪽의 두 그림 중 위 그림과 아래 그림을 비교해보자. 이 두 그림에 $E(X)$와 $E(Y)$의 축을 그려 넣고 1과 3사분면에 위치한 관찰점의 개수를 보면 위 그림이 아래 그림보다 상대적으로 많다. 그러므로 위 그림의 공분산이 아래 그림에서보다 크다. 오른쪽에 위치한 두 산점도의 공분산은 음(−)이다. 이제 위와 아래의 두 산점도에서 2와 4사분면에 위치한 관찰점의 개수를 보면, 위 그림이 아래 그림보다 상대적으로 많다. 그러므로 위 그림의 공분산 절댓값은 아래 그림보다 크다.

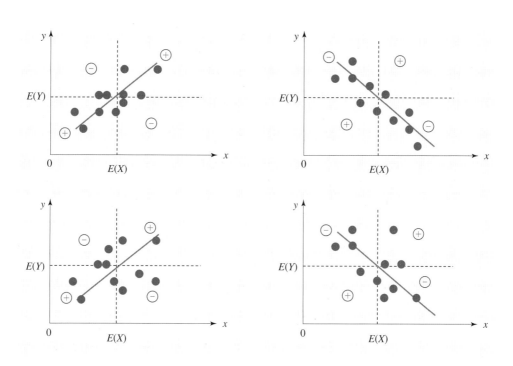

그림 4.13 **공분산의 부호와 크기**
주: ⊖, ⊕은 [$(X - E(X))(Y - E(Y))$]의 부호

공분산의 크기를 비교하는 방법은 앞에서와 같이 $E(X)$와 $E(Y)$의 축을 사용할 수도 있으나, 좀 더 직접적인 방법은 관찰점을 대변하는 직선을 도출한 후 관찰점이 이 직선에 얼마나 가까이 위치해 있는가를 보면 된다. [그림 4.13]의 위 그림과 아래 그림을 비교해 보면위 그림에서는 관찰점이 직선에 가까이 붙어 있는 반면, 아래 그림에서는 관찰점이 직선에서 멀리 떨어져 있다. 관찰점이 이 직선에 가까이 붙어 있을수록 공분산의 절댓값이 커진

다. 관찰점이 직선에 가깝다는 것은 X와 Y가 선형관계가 높다는 의미로 해석되므로 공분산의 크기는 X와 Y 간의 선형관계의 정도를 나타낸다고 말할 수 있다.

그러나 공분산의 크기는 측정 단위에 따라 바뀔 수 있다는 점에 유의해야 한다. 예를 들어 몸무게와 키를 각각 kg과 cm로 측정한 후 공분산의 값이 200이 나왔다 하자. 측정 단위를 각각 g과 mm로 바꾸면 공분산 값은 $200 \times 1000 \times 10 = 200 \times 10^4$이 된다.

[그림 4.14]의 왼쪽 산점도와 같은 경우에 X와 Y의 공분산 값이 0이다. 그 이유는 $E(X)$와 $E(Y)$의 축을 그려 넣으면 1과 3사분면에 위치한 관찰점의 개수가 2와 4사분면에 위치한 관찰점의 개수와 유사하기 때문이다(오른쪽 그림 참조). 또한 관찰값들을 대변할 직선을 도출할 수 없고 설사했다 해도 관찰점이 이 직선에서 멀리 위치해 있기 때문이기도 하다.

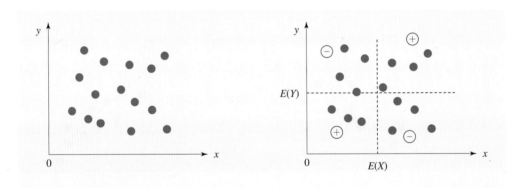

그림 4.14   공분산이 0인 경우
주: ⊖, ⊕은 $[(X - E(X))(Y - E(Y))]$의 부호

● 예제 4.13

다음의 경우에 공분산의 부호가 무엇인가?
① 자동차 엔진 배기량과 자동차의 무게
② 사람의 키와 몸무게
③ 경제성장률과 미니스커트의 길이(경제가 나빠질수록 미니스커트의 길이가 짧아진다고 한다)
④ 달러 대비 원화의 가치가 높아지면 우리나라 수출품의 가격이 상승한다. 원화의 가치와 수출량
⑤ 동조화현상을 보이는 미국주가와 한국주가

풀이
① 양($+$), ② 양($+$), ③ 양($+$), ④ 음($-$), ⑤ 양($+$)

● **예제 4.14**

펀드가 2개의 주식(A, B)으로 구성되어 있는데 이들의 기대수익률은 다음 표에 나와 있다.

주식명	A	B
기대수익률	20%	10%

X와 Y를 각각 주식 A와 주식 B의 수익률이고 $\text{Var}(X)=100$, $\text{Var}(Y)=400$, $\text{Cov}(X, Y)=150$ 이라 하자. A와 B에 대한 투자비율이 1 : 3이라면 이 펀드의 수익률은 $R_p=0.25X+0.75Y$로 표현된다.

① 펀드의 기대수익률을 계산하시오.

② 펀드 수익률의 분산(위험도)을 계산하시오.

풀이

① 펀드의 수익률 $R_p=0.25X+0.75Y$

펀드의 기대수익률 $E(R_p)=E(0.25X+0.75Y)$

$$=0.25E(X)+0.75E(Y)$$

$$=0.25(20\%)+0.75(10\%)$$

$$=12.5\%$$

② 펀드수익률의 위험도 $\text{Var}(R_p)=\text{Var}(0.25X+0.75Y)$

$$=(0.25)^2(100)+(0.75)^2(400)+2(0.25)(0.75)(150)$$

$$=287.5$$

V 상관계수

1. 상관계수와 공분산

공분산과 유사한 지표로 **상관계수**(correlation coefficient)가 있다. 상관계수는 ρ로 표기하며, 다음과 같이 정의한다.

X와 Y의 상관계수: $\rho=\dfrac{\text{Cov}(X, Y)}{\sigma_X \cdot \sigma_Y}$, $-1 \le \rho \le 1$

이 정의에서 분모에 있는 σ_X와 σ_Y의 부호가 모두 양($+$)이므로 상관계수의 부호는 공분산의 부호와 일치한다. 따라서 공분산의 부호가 양($+$)이면 상관계수의 부호가 양($+$)이고 공분산의 부호가 음($-$)이면 상관계수의 부호가 음($-$)이다. 그러므로 앞의 [그림 4.13]에서 왼쪽 두 그림의 상관계수는 양($+$)이고, 오른쪽 두 그림의 상관계수는 음($-$)이다.

상관계수의 공식으로부터 공분산이 클 때 상관계수도 크고 공분산이 작을 때 상관계수도 작다는 것을 유추할 수 있다. 그러므로 [그림 4.13]에서 위 두 그림이 아래 두 그림보다 공분산의 절댓값이 크듯이 상관계수의 절댓값도 크다. 공분산이 0일 때 상관계수도 0이므로 [그림 4.14]의 상관계수는 0이다. 지금까지 상관계수가 공분산과 매우 유사한 기능을 한다고 배웠다. 그러나 다른 점도 있다. 이를 다음 예제를 통해 파악해보자.

● 예제 4.15

키와 몸무게를 cm와 kg으로 측정한 자료를 사용하여 계산한 결과 $Cov(X, Y) = 200$, $\sigma_X = 15$, $\sigma_Y = 40$이 나왔다. 여기서 X와 Y는 각각 키와 몸무게이다.

① 상관계수의 값은 얼마인가?
② 이 자료의 측정 단위를 mm와 g으로 바꾼 후 공분산과 표준편차를 구하시오.
③ mm와 g으로 환산한 자료의 상관계수는 얼마인가?

풀이

① cm와 kg으로 측정한 자료의 상관계수는 $\rho = \dfrac{200}{(15)(40)} = 1/3$이다.

② 이 자료를 mm와 g으로 환산하면 $Cov(X, Y) = 200 \times 10^4$, $\sigma_X = 15 \times 10$, $\sigma_Y = 40 \times 10^3$이 나온다. 즉 측정 단위를 바꾸면 그에 따라 공분산과 표준편차의 값이 바뀐다.

③ mm와 g으로 환산한 자료의 상관계수를 구하면 $\rho = \dfrac{200 \times 10^4}{(15 \times 10)(40 \times 10^3)} = 1/3$로 변함이 없다.

이 예제를 통해 공분산과 상관계수의 차이점을 파악할 수 있다. 공분산의 값은 측정 단위가 (cm, kg)에서 (mm, g)으로 바뀌면 바뀌나 상관계수는 측정 단위에 관계없이 일정하다.

● 예제 4.16

X와 Y의 확률분포가 다음과 같다.

(x, y)	확률
(1, 5)	1/3
(2, 4)	1/3
(3, 6)	1/3

X와 Y의 공분산과 상관계수를 구하시오.

풀이

$E(X) = 2$, $E(Y) = 5$, $\sigma_X = \sqrt{2/3}$, $\sigma_Y = \sqrt{2/3}$

$\text{Cov}(X, Y) = E[(X - E(X))(Y - E(Y))]$이므로 $(X - E(X))(Y - E(Y))$의 확률분포를 작성한다.

(x, y)	확률	$(x - E(X))(y - E(Y))$
(1, 5)	1/3	$(1-2)(5-5) = 0$
(2, 4)	1/3	$(2-2)(4-5) = 0$
(3, 6)	1/3	$(3-2)(6-5) = 1$

$$\text{Cov}(X, Y) = \frac{1}{3}(0) + \frac{1}{3}(0) + \frac{1}{3}(1) = \frac{1}{3}, \quad \rho = \frac{1/3}{(\sqrt{2/3})(\sqrt{2/3})} = \frac{1}{2}$$

공분산과 상관계수가 양($+$)이라면 두 확률변수의 값이 같이 크거나 같이 작은 경향이 있다고 공부하였다. 그러나 이 예제에서는 관찰점이 3개에 불과하기 때문에 그런 경향을 찾을 수 없다. 계산 과정을 보이기 위한 예제일 뿐이다.

관찰점이 이들을 대변하는 직선에 가까이 위치할수록 선형관계가 높고, 상관계수의 절댓값도 크다고 하였다. 선형관계가 가장 높은 경우란 관찰점이 모두 이 직선 상에 존재할 때다. 이때 상관계수의 값은 $+1$이나 -1이 된다. 이 값이 $+1$ 또는 -1인 경우는 [그림 4.15]와 같다.

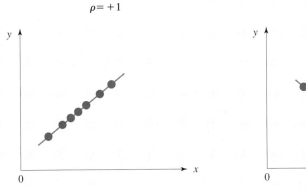
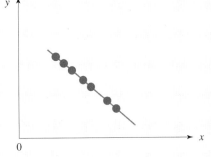

그림 4.15 상관계수가 ±1인 경우

상관계수가 ±1일 때 공분산의 값은 얼마일까? 공분산의 값은 상황에 따라 다르다. 이를 확인하기 위해 다음의 예제를 풀어 보자.

● 예제 4.17

①의 X 값을 10배 하면 ②가 나오고, ②의 Y 값을 10배 하면 ③이 나온다. ①, ②, ③에서 각 관찰점이 발생할 확률은 1/4로 동일하다. ①, ②, ③의 상관계수와 공분산을 구하시오.

①	x	y		②	x	y		③	x	y
	1	2			10	2			10	20
	2	4			20	4			20	40
	3	6			30	6			30	60
	4	8			40	8			40	80

풀이

①, ②, ③의 상관계수는 모두 1.0이고, 공분산은 각각 2.5, 25, 250이다.

〈Excel 이용〉 모집단의 공분산 계산은 함수 'COVARIANCE.P(,)'를 사용한다. 상관계수를 계산할 때 함수 'CORREL(,)'을 사용한다.

공분산과 상관계수 모두 두 확률변수의 변동 방향과 강도를 나타내는 지표이나 상관계수가 더 좋은 지표이다. 왜냐하면 상관계수의 값을 통해 두 확률변수의 분포를 더 구체적으로 상상할 수 있기 때문이다. 예를 들어 [그림 4.13]에서 상관계수가 0.2인 것을 찾으라고 하면 왼쪽 아래의 그림을 독자들은 가리킬 것이나, 공분산이 5인 경우를 찾으라고 하면 왼쪽의 두 그림 중 하나라는 것은 확실하지만 둘 중 하나를 명확히 집어내기는 어렵다. 그 이유는 상관계수는 상한과 하한이 +1과 −1로 되어 있어 0.2인 경우의 분포를 좀 더 구체적으로 상상할 수 있는데 반해, 공분산은 상한이 없고 측정 단위의 변경에 의해 값이 바뀌기 때문이다.

2. 상관계수와 비선형관계

[표 4.1]의 자료를 보자.

표 4.1 비선형 자료의 상관계수

	A	B	C	D
1	x	y		
2	-5	25		
3	-4	16		
4	-3	9		=CORREL(A2:A12,B2:B12)
5	-2	4		
6	-1	1		
7	0	0		
8	1	1		
9	2	4		
10	3	9		
11	4	16		
12	5	25		

Excel을 사용하여 X와 Y의 상관계수를 계산하면 0이 나온다. 0이란 값을 근거로 두 확률변수 간에 아무런 관계가 없는 것처럼 보인다. 실제로 아무런 관계가 없는 것일까? 이 자료를 자세히 살펴보면 X와 Y 간에는 $y=x^2$의 관계가 있으며 산점도로 표시하면 [그림 4.16]과 같다.

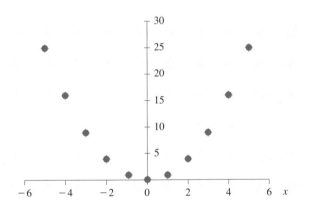

그림 4.16 두 확률변수 간에 관계가 있으나 상관계수는 0인 경우

X와 Y 간에 이런 뚜렷한 관계가 있음에도 불구하고 상관계수가 0이다. 그 이유는 상관계수가 선형관계의 정도만을 측정할 뿐 비선형관계의 정도를 측정하지 못하기 때문이다. 그러므로 두 확률변수의 상관계수가 0에 가깝다고 하여 두 확률변수 간에 관계가 없다고 말할 수는 없다. 왜냐하면 선형관계는 없으나 다른 비선형관계가 존재할지 모르기 때문이다.

● 예제 4.18

9개의 관찰점으로 구성된 다음 자료의 상관관계를 구하시오. X와 Y 간에는 어떤 관계가 있는가?

(x, y)	(x, y)	(x, y)	(x, y)
$(-2, -2.236)$	$(-2, 2.236)$	$(3, 0)$	$(-3, 0)$
$(-1, -2.828)$	$(-1, 2.828)$	$(2, -2.236)$	$(2, 2.236)$
$(0, -3)$	$(0, 3)$	$(1, -2.828)$	$(1, 2.828)$

풀이

Excel을 이용하여 상관계수를 구하면 0이 나온다. 이로 미루어 보아 X와 Y 간에 선형관계는 없다. 그러나 다음 그림과 같이 뚜렷한 비선형관계가 보인다. 정확하게 표현하면 $x^2 + y^2 = 9$의 관계가 있다.

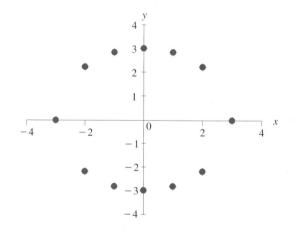

3. 공분산(또는 상관계수)과 독립

공분산(또는 상관계수)이 0인 사건과 독립인 사건을 비교해보자. 모두 '두 사건이 관계가 없다'는 점에서는 상당히 일치하지만, 공분산은 선형관계만을 측정하는 반면에 독립은 선형관계뿐 아니라 비선형관계까지 감안한다는 점이 다르다. 공분산이 0이면 선형관계가 존재하지 않는 것은 확실하지만 비선형관계가 존재할지도 모른다. 반면에 독립이면 선형관계뿐 아니라 비선형관계도 존재하지 않는다. 그러므로 두 사건이 독립이면 공분산은 0이나,[3]

---

[3] 두 확률변수 X와 Y가 독립이면, $E(X \cdot Y) = E(X) \cdot E(Y)$이므로 $\text{Cov}(X, Y) = E(X \cdot Y) - [E(X) \cdot E(Y)]$의 식에 의해 공분산 값이 0이 된다.

공분산이 0이라고 해서 독립인 것은 아니다.

● **예제 4.19**

두 개의 균일동전을 던져, X와 Y를 각각 첫 번째와 두 번째 동전 던지기의 결과라 하자.

$$X = \begin{cases} 1, \text{앞면} \\ 0, \text{뒷면} \end{cases}, \quad Y = \begin{cases} 1, \text{앞면} \\ 0, \text{뒷면} \end{cases}$$

X와 Y가 독립이고, 공분산이 0임을 보이시오.

풀이

$P(Y=1 \mid X=1) = P(Y=1)$, $P(Y=0 \mid X=1) = P(Y=0)$, $P(Y=1 \mid X=0) = P(Y=1)$, $P(Y=0 \mid X=0) = P(Y=0)$이므로 X와 Y는 독립이다.

(x, y)	확률	$(x-E(X))(y-E(Y))$
$(1, 1)$	1/4	$(1-0.5)(1-0.5)=0.25$
$(1, 0)$	1/4	$(1-0.5)(0-0.5)=-0.25$
$(0, 1)$	1/4	$(0-0.5)(1-0.5)=-0.25$
$(0, 0)$	1/4	$(0-0.5)(0-0.5)=0.25$

$$\text{Cov}(X, Y) = \frac{1}{4}(0.25) + \frac{1}{4}(-0.25) + \frac{1}{4}(-0.25) + \frac{1}{4}(0.25) = 0$$

● **예제 4.20**

X는 $-1, 0, 1$ 중의 한 수치를 각각 1/3의 확률로 취하고, Y가 취할 수치는 다음과 같다.

$$Y = \begin{cases} 1, X\text{의 값이 } -1, 1\text{인 경우} \\ 0, X\text{의 값이 } 0\text{인 경우} \end{cases}$$

X와 Y의 공분산이 0이나 독립이 아님을 보이시오.

풀이

(x, y)	확률	$(x-E(X))(y-E(Y))$
$(-1, 1)$	1/3	$(-1-0)(1-2/3)=-1/3$
$(0, 0)$	1/3	$(0-0)(0-2/3)=0$
$(1, 1)$	1/3	$(1-0)(1-2/3)=1/3$

주: $E(Y) = \frac{2}{3}(1) + \frac{1}{3}(0) = \frac{2}{3}$

$$\text{Cov}(X, Y) = \frac{1}{3}(-1/3) + \frac{1}{3}(0) + \frac{1}{3}(1/3) = 0$$

$P(Y=1|X=0)=0$이고, $P(Y=1)=2/3$이므로 $P(Y=1|X=0) \neq P(Y=1)$이다. 즉 X와 Y는 독립이 아니다.

4. 상관계수와 인과관계

두 확률변수의 상관계수가 높다면 선형관계의 정도가 매우 높다는 뜻이나 두 확률변수 간에 인과관계가 있다는 것을 의미하지는 않는다. 제1장 사례 2의 충치 수와 단어능력의 관계에서 이를 확인할 수 있다.

구글에 'Google Correlate'란 서비스가 있었다.[4] 자료를 입력하면 상관계수가 높은 빈도의 검색어를 제공했다. 2006년 1월부터 2014년 12월까지의 미국국적자의 월간 국내 입국자 수를 입력하니, Google Correlate는 상관계수가 높은 순서대로 다음의 검색어를 제시했다.

Correlated with 입국자수
0.8816 ladder rental
0.8655 combread salad
0.8632 unique cat names

한국 입국 전에 'korea', 'airport', 'seoul', 'hotel' 등의 단어를 검색할 것으로 예상되고, 이들과의 상관계수가 높게 나올 것으로 기대했다. 그러나 기대를 완전히 빗나갔다. 입국자 수와 상관계수가 높은 검색어는 'ladder rental', 'cornbread salad', …이고 상관계수는 각각 0.8816, 0.8655, …로 나타났다. 이 검색어 중에서 가장 상관계수가 높은 'ladder rental'과의 꺾은선그래프와 산점도를 보면 다음 그림과 같다.

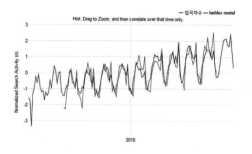 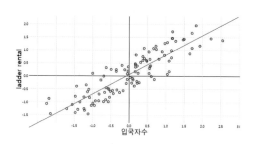

'ladder rental'는 사다리 임대라는 뜻이다. 상관계수가 높게 나왔지만 인과관계는 존재하지 않은 것은 확실하다. 그러므로 상관계수가 높다고 해서 인과관계가 존재한다고 말할 수는 없다.

---

4 이 서비스는 2019년 12월에 중단되었다.

Ⅵ 두 이산확률변수의 결합분포

동전 하나와 주사위 하나를 동시에 던지는 경우를 보자. 동전은 앞면 또는 뒷면이 나오고 주사위는 1, 2, …, 6 중 하나의 값이 나오므로 확률변수의 개수는 2개이다. X가 동전을 던질 때의 확률변수이고 Y가 주사위를 던질 때의 확률변수라 하면, X는 0(동전의 앞면 나온 경우) 또는 1(동전의 뒷면이 나온 경우)의 수치를 취하고 Y는 1부터 6까지 중 하나의 수치를 취하게 된다. 두 확률변수 X와 Y의 확률분포는 [표 4.2]와 같이 나타낼 수 있다. 확률변수가 하나인 일반적인 확률분포와 구별하기 위해 확률변수가 2개인 확률분포를 **결합확률분포**(joint probability distribution)라 부른다.

표 4.2 **결합확률분포**

$P(X = 0, Y = 4)$

x＼y	1	2	3	4	5	6
0	1/12	1/12	1/12	1/12	1/12	1/12
1	1/12	1/12	1/12	1/12	1/12	1/12

결합확률(joint probability)은 $P(X=x, Y=y)$로 표기한다.[5] 예를 들어 $P(X=0, Y=4)$는 확률변수 X의 값이 0이고 확률변수 Y의 값이 4일 확률을 말하며 그 확률은 1/12 이다. $P(X=x)$는 Y의 값에 관계없이 확률변수 X의 값이 x일 확률을 말하며, 그 계산은 $P(X=x)=\sum_{y=1}^{6}P(X=x, Y=y)$와 같다. 예를 들어 $P(X=0)$은 주사위를 던져 나온 숫자에 관계없이 동전이 앞면이 나올 확률을 의미하며 그 값은 $P(X=0, Y=1)+P(X=0, Y=2)+\cdots+P(X=0, Y=6)=1/2$이다.

● 예제 4.21

[표 4.2]로부터 $P(X=0)$와 $P(Y=3)$을 계산하시오.

풀이

$P(X=0)=P(X=0, Y=1)+P(X=0, Y=2)+\cdots+P(X=0, Y=6)=1/2$
$P(Y=3)=P(X=0, Y=3)+P(X=1, Y=3)=1/6$

$P(X=0)$와 $P(Y=3)$과 같이 한 확률변수의 확률을 **주변확률**(marginal probability)이라 부르며, 주변확률분포는 결합확률분포의 오른쪽 열과 아래 행에 표시한다. 다음 [표 4.3]에서

---

5 $P_{X,Y}(x, y)$로도 표기한다. 예를 들어 $P_{X,Y}(0, 4)$는 X의 값이 0이고 Y의 값이 4일 확률을 말하며, $P(X=0, Y=4)$와 동일하다.

빨간색의 글씨로 표시된 것이 주변확률분포이다.

표 4.3 주변확률분포

x \ y	1	2	3	4	5	6	$P(X=x)$
0	1/12	1/12	1/12	1/12	1/12	1/12	1/2 ← $P(X=0)$
1	1/12	1/12	1/12	1/12	1/12	1/12	1/2
$P(Y=y)$	1/6	1/6	1/6	1/6	1/6	1/6	

$P(Y=5)$

● 예제 4.22

200대의 자동차를 대상으로 기통 수와 자동차 가격을 조사한 결과는 다음과 같다(단위: 대).

	2천만 원 이하	2천만~3천만 원	3천만~4천만 원	4천만 원 이상
4기통	80	60	10	0
6기통	2	10	20	8
8기통	0	0	0	10

'2천만 원 이하', '2천만~3천만 원', '3천만~4천만 원', '4천만 원 이상'의 사건에 대해 각각 1, 2, 3, 4를 부여하고 '4기통', '6기통', '8기통'의 사건에 각각 4, 6, 8을 부여하자.
① 기통 수와 자동차 가격 간의 결합확률과 주변확률을 구하시오.
② 임의로 선택된 자동차의 가격이 3천만 원대일 때, 이 자동차가 6기통일 확률은 얼마인가?
③ 임의로 선택된 자동차가 8기통일 확률은 얼마인가?

풀이

결합확률과 주변확률은 다음과 같다.

①

x \ y	1	2	3	4	$P(X=x)$
4	0.4	0.3	0.05	0	0.75
6	0.01	0.05	0.1	0.04	0.2
8	0	0	0	0.05	0.05
$P(Y=y)$	0.41	0.35	0.15	0.09	1.00

② $P(X=6 \mid Y=3) = \dfrac{P(X=6, Y=3)}{P(Y=3)} = \dfrac{0.1}{0.15} = 0.67$

③ $P(X=8) = 0.05$

여담: 80/20의 통계법칙

이탈리아의 경제학자 빌프레드 파레토(Vilfredo Pareto, 1848~1923)가 정원의 완두콩 꼬투리를 조사하여, 꼬투리의 상위 20%가 완두콩 수확량의 80%를 차지한다는 것을 관찰하였다. 여기서 상위 20%란 꼬투리가 제일 큰 20%를 말한다. 이탈리아의 소득을 조사했더니, 국민의 상위 20%가 국가 총소득의 80%를 차지하는 것으로 확인하였다. 경영학자 쥬란(Joseph Juran)은 이를 파레토의 법칙 또는 80/20의 법칙이라고 불렀다. 다음과 같은 분야에서 확인된다.

- 고객의 20%가 백화점 전체 매출의 80%를 소비한다.
- 20%의 열성 관객이 공연장 객석의 80%를 채운다.
- 위험요소의 20%가 사고의 80%를 차지한다.
- 옷장에 걸린 옷 중 20%가 외출복의 80%를 차지한다.

그러므로 상위 고객의 20%을 대상으로 마케팅을 하면 매출 80%를 해결할 수 있고, 위험지역 20%만 정비하면 사고의 80%를 막을 수 있고, 20%의 옷만 세탁하면 외출복의 80%를 해결할 수 있다. 이 법칙은 '주요한' 소수가 '하찮은' 다수보다 뛰어난 가치를 창출하니, '주요한' 소수에 집중하는 게 효율적이란 뜻이다.

그러나 인터넷 기업의 등장으로 바뀌고 있다. 인터넷 기업에게 '하찮은' 상품의 역할이 매우 크기 때문이다. 조사 결과, 아마존 서점 분야에서 판매순위 상위 20%의 도서가 매출의 80%를 차지하지 않고, 50% 이하만 차지한다. 대신 하위 80%에 속한 '하찮은' 책들이 매출액의 50%를 차지한다. 잘 팔리지 않는 희귀본을 구매하려는 고객이 다양한 종류의 책자를 보유한 인터넷 서점으로 몰리기 때문이다. 구글(Google)의 광고 수입원도 마찬가지다. 수입원의 대부분이 대기업에 의해 창출되는 것이 아니라, 작은 '하찮은' 업체에 의해 이루어지는 것으로 알려졌다.

이런 현상을 '롱테일(long tail)의 법칙'이라 부른다. 이 개념은 와이어드(Wired) 편집장이었던 앤더슨(Chris Anderson)이 제시하였다. 롱테일이란 분포의 꼬리가 길다는 뜻인데, 테일이 높다라는 게 정확한 표현이다. 테일은 제2장에서 '꼬리'로 번역되었다.

고객의 10%가 매출의 90%를 소비하는 경우도 있다. 도박장이 그 사례라 한다. 이를 90/10의 법칙이라 부른다. 단순히 80/20, 90/10, 롱테일의 법칙 중 하나를 선택하기보다는 확률분포를 파악하는 것이 중요하다. 확률분포를 통해 상위 10%, 20%뿐 아니라 상위 5%, 30% 등의 역할을 파악할 수 있어 상황에 맞는 정책을 도입할 수 있기 때문이다.

여담: 치킨집의 응답

2013년 미국 〈월스트리트저널〉에 자영업자에 대한 심층 기사가 나왔다. 인구 1,000명당 음식점 수는 우리나라가 12개로 미국의 6배, 일본의 2배에 달한다고 보도하였다. 우리나라 은퇴자들이 생존의 탈출구로 외식업에 뛰어들기 때문이다. 가맹점을 개설하려 할 때 비용 계산은 쉽다. 가맹비, 보증금, 주방설비비, 인테리어비 등의 정보는 회사에서 제공하고 있다. 여기다 전세금, 임대료, 알바비 등을 더하면 비용을 계산할 수 있다.

그런데 문제는 매출액이다. 다행이, 한국공정거래조정원의 사이트에 가면 관련 자료를 비교적 상세히 구할 수 있다. 이 기관에 따르면 2016년 프랜차이즈 가맹점 수가 약 22만개로 2012년에 비해 24% 늘어났다. 업종 중에서 치킨집의 가맹점 수가 2만 5천개로 가장 많다. 이 중에서 BBQ의 가맹점 수가 1,381개로 가장 많고, 가맹점의 연평균매출액은 3억 7천만원으로 발표되었다. 내가 BBQ의 점포를 개설하면 3억 7천만원의 매출액을 달성할 수 있다는 것일까?

3억 7천만원은 2016년말에 영업 중인 점포에 대한 것이며, 2016년 중 폐점된 점포는 포함하지 않는다는 점에 유의해야 한다. 폐점의 주된 이유는 영업 부진이다. 즉 '영업이 잘된' 점포의 평균이다. 폐점 점포를 포함하면 연평균매출액은 3억 7천만원보다 낮다. 폐점 비율이 높을수록 더 낮아진다. 3억 7천만원은 평균에 불과하다는 점에도 유의해야 한다. 매출액은 이보다 높거나 낮을 수 있으므로, 매출액의 확률분포를 파악할 필요가 있다. 이를 통해 적자가 발생할 확률, 최악의 경우의 손실액 등을 추정할 수 있다. 자금 여력이 없는 사람일수록 더더욱 확인해야 한다. 그 외에도 점포의 위치에 따라 매출액 차이가 크다는 점도 유의해야 한다. 다음 표는 지역별 평균매출액이다. 이로부터 위치가 매출액에 큰 영향을 미친다는 점을 파악할 수 있다.

지역별 BBQ의 평균매출액(2014년)

지역	서울	부산	강원	충북
평균매출액	4.06억	3.63억	2.71억	2.62억

출처: 한국공정거래조정원

연습문제   문제에 대한 답은 http://blog.naver.com/kryoo에 있습니다.

복습 문제

4.1   동전 1개를 던지는 실험을 생각해보자.

① 실험결과를 나열하시오.

② 앞면이 나오는 횟수를 확률변수로 하면 확률변수가 취할 수 있는 값은 무엇이고 각각의 확률은 얼마인가?

③ 이 확률변수는 이산확률변수인가 아니면 연속확률변수인가?

④ 확률분포를 표와 확률함수로 보이시오.

⑤ 누적확률 $F(0.5)$와 $F(1.0)$을 구하시오.

⑥ 이 확률변수의 기댓값과 분산을 구하시오.

4.2   동전 1개를 두 번 던지는 실험을 생각해보자.

① 실험결과를 나열하시오.

② 앞면이 나오는 횟수를 확률변수로 하면 확률변수가 취할 수 있는 값은 무엇이고 각각의 확률은 얼마인가?

③ 이 확률변수는 이산확률변수인가 아니면 연속확률변수인가?

④ 확률분포를 표와 확률함수로 보이시오.

⑤ 누적확률 $F(1.0)$와 $F(2.0)$을 구하시오.

⑥ 이 확률변수의 기댓값과 분산을 구하시오.

4.3   다음 질문에 답하시오.

① 1, 2, ⋯, 5의 번호가 새겨진 구슬이 있는 항아리에서 1개의 구슬을 선택하려고 한다. 각 구슬이 선택될 확률이 동일하면 번호 4의 구슬이 선택될 확률은 얼마인가? 구슬 번호가 4 이상일 확률은 얼마인가?

② 1과 5 사이의 실수 중에서 한 실수가 선택되는데, 확률밀도함수는 1/4이다. 3이 선택될 확률은 얼마인가? 선택된 실수가 3 이상일 확률은 얼마인가? 3을 초과할 확률은 얼마인가?

4.4   다음 두 경우의 확률분포를 그림으로 그리고 기댓값과 분산을 구해 보시오.

① 동전을 던져 앞면이 나오면 1을, 뒷면이 나오면 0을 부여한다.

② 동전을 던져 앞면이 나오면 11을, 뒷면이 나오면 10을 부여한다.

4.5 금융상품을 투자할 때 주요한 두 기준은 기대수익률과 위험도이다. 기대수익률과 위험도는 어떤 방법으로 측정하는가?

4.6 확률변수가 X와 Y의 2개가 있다. 이 두 확률변수의 관계를 측정하는 방법이 어떤 것이 있는가?

4.7 다음의 4개 그림을 보고 공분산과 상관계수의 부호와 크기를 비교하시오. (측정단위는 일정하다.)

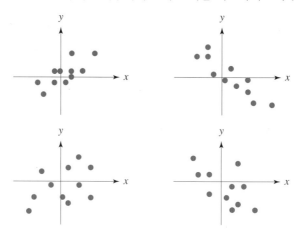

4.8 상관관계에 대한 다음의 두 문장이 맞는가? 틀리면 수정하시오.
① 상관계수가 0에 가깝다면 두 확률변수는 아무런 관계가 없는 것이다.
② 상관계수가 1에 가깝게 나왔다면 인과관계가 있다고 볼 수 있다.

4.9 두 확률변수의 변동 방향과 선형관계의 정도를 나타내는 지표로 공분산과 상관계수가 있다. 어느 지표가 더 좋은지 설명하시오.

4.10 결합확률분포는 이전에 배운 확률분포와 어떤 차이가 있는가?

응용 문제

4.11 동전을 세 번 던질 때 앞면이 나오는 수를 확률변수로 하자. 이 확률변수의 확률분포를 작성하고 기댓값과 분산을 구하시오.

4.12 문제 4.11에서 다음의 값을 구하시오.
① $F(2)$
① $P(0<X<3)$

4.13 다음 표를 보고 질문에 답하시오.

x	1	2	3
확률	0.4	0.5	0.1

① 확률변수 X의 기댓값과 분산을 구하시오.

② X^2+5의 기댓값과 분산을 구하시오.

4.14 다음이 확률밀도함수임을 보이시오.

$$f(x) = \begin{cases} (3/8)x^2, & 0 \leq x \leq 2 \\ 0, & x < 0 \text{ 또는 } x > 2 \end{cases}$$

4.15 문제 4.14의 확률밀도함수를 사용하여 $P(-1 < X < 1)$의 값을 구하시오.

4.16 ① 동전을 던져 앞면이 나오면 Mr. A가 Ms. B에게 100원을 주고, 뒷면이 나오면 Ms. B가 Mr. A에게 80원을 주기로 하였다. Mr. A 입장에서의 기대수익은 얼마인가? 동전을 던져 앞면과 뒷면이 나올 확률은 각각 0.5이다.

② ①의 게임에서 서로 주기로 한 액수를 5배로 하기로 하였다면, Mr. A 입장에서의 기대수익은 얼마로 바뀌는가?

4.17 주식회사 아나킨은 총 비용 10억 원을 들여 어떤 프로젝트를 수행하려고 한다. 이 프로젝트의 매출은 9억 원 또는 15억 원으로 예상되고 있는데, 9억 원과 15억 원이 될 확률은 각각 0.3과 0.7이다. 다음의 문제를 푸시오.

① 예상되는 이익의 기댓값과 분산을 구하고, 이 프로젝트를 수행하는 것이 합리적인지 판단하시오.

② 적자가 발생할 확률을 계산하시오.

4.18 채권에 투자하는 경우 경기 상황에 관계없이 6%의 수익률을 올릴 수 있다. 반면에 주식에 투자하는 경우 경기가 좋아지면 20%의 수익률이, 경기가 나빠지면 −5%의 수익률이 예상된다. 경기가 좋아질 확률은 50%이며, 경기가 나빠질 확률도 50%로 알려져 있다. 다음의 문제를 푸시오.

① 보유 자금 1,000원을 채권에 투자할 때 수익의 기댓값과 위험도(분산)

② 보유 자금 1,000원을 주식에 투자할 때 수익의 기댓값과 위험도(분산)

③ 보유 자금 1,000원 중 반을 주식에 투자하고 반을 채권에 투자할 때의 기대수익과 위험도(분산)

④ 위 세 가지 투자대안 중 가장 위험도가 높은 대안은 어느 것인가?

4.19 주식 A와 주식 B의 기대수익률, 표준편차(위험도)와 상관계수는 다음과 같다.

주식명	A	B
기대수익률	20%	10%
표준편차(위험도)	30%	20%
상관계수: 0.1		

분산의 특성 ④에서 공분산을 상관계수로 치환하면 다음과 같이 된다.

$$\text{Var}(aX+bY)=a^2\,\text{Var}(X)+b^2\,\text{Var}(Y)+2ab\,\rho\cdot\sigma_X\,\sigma_Y$$

자금을 반반씩 주식 A와 주식 B에 투자한 경우 수익률의 기댓값과 위험도(표준편차)를 구하시오. 자금 전체를 한 종목에 투자한 경우에 비해 위험도 수준이 어떻게 변동했는가?

4.20 미장공 100명을 대상으로 연봉과 경력을 조사한 결과가 다음과 같다.

경력＼연봉	2천만 원	3천만 원	4천만 원	5천만 원
1년	10	6	1	0
2년	3	10	7	8
3년	1	6	11	10
4년	0	2	8	14
5년	0	0	1	2

① 결합확률과 주변확률을 구하시오.
② 임의로 선택된 미장공의 경력이 3년일 때, 이 미장공의 연봉이 4천만 원일 확률은 얼마인가?
③ 경력의 기댓값과 분산을 구하시오.

4.21 표면이 평평하지 않는 동전을 던져 앞면이 나오면 Mr. A가 Ms. B로부터 100원을 받고, 뒷면이 나오면 Ms. A가 Mr. B에게 20원을 주기로 하였다.
① Mr. A 입장에서 기대수익이 52라면 앞면이 나올 확률은 얼마인가? 이때 수익의 분산은 얼마인가?
② 서로 주기로 한 액수를 5배로 하기로 하였다면, Mr. A 입장에서 기대수익은 얼마인가? 이때 수익의 분산은 얼마인가?

4.22 (주)헤이리는 프로젝트에 1,000원을 투자하려고 한다. 매출액의 확률분포는 다음과 같다.

매출액	0원	1,000원	1,500원	2,000원
확률	0.2	0.3	0.3	0.2

① 매출액의 기댓값은 얼마인가?

② (주)혜이리의 이익은 '이익 = 매출액 − 비용(투자액)'으로 표현된다. 이익의 기댓값과 분산은 얼마인가?

③ 이익이 200원 이상일 확률은 얼마인가?

4.23 전교생을 대상으로 몸무게를 kg으로 측정한 결과 평균이 65 kg이고, 분산과 표준편차가 각각 400과 20으로 나타났다. 몸무게의 자료를 g으로 바꾸면 평균, 분산, 표준편차가 각각 얼마로 바뀌는가?

4.24 어느 컨베이어벨트의 온도를 섭씨로 측정해 보니 표준편차가 30으로 드러났다. 만약 화씨로 측정하였다면 분산, 표준편차는 얼마일까? 섭씨와 화씨의 관계식은 '화씨온도 = 32 + (180/100) · 섭씨온도'이다.

4.25 다음의 질문에 답하시오.

① 섭씨온도와 절대온도의 관계는 '절대온도 = 섭씨온도 + 273.15'이다. 섭씨온도로 측정하여 표준편차를 계산하니 10°C이다. 만약 절대온도로 측정한다면 표준편차는 얼마일까?

② 가솔린 1리터당 가격이 1,400원이다. 어느 주유소에서 주유하는 승용차의 주유량을 조사하니 표준편차가 10으로 드러났다. 이들이 지불한 주유비의 표준편차는 얼마인가?

4.26 균일동전을 던질 때 확률변수를 다음과 같이 정의하자.

$$X = \begin{cases} 1, & \text{앞면이 나온 경우} \\ 0, & \text{뒷면이 나온 경우} \end{cases}$$

$3X$를 정의하고, $\mathrm{Var}(3X) = 3^2 \cdot \mathrm{Var}(X)$임을 보이시오.

4.27 균일동전을 던져 앞면이 나오면 상금 400원을 받고 뒷면이 나오면 100원을 받는 게임이 있다. 이 게임을 할 때 상금액의 기댓값과 분산은 얼마인가? 상금을 3배로 올린다면 상금액의 기댓값과 분산은 얼마로 바뀌나?

CHAPTER **5**

대표적인 확률분포 유형

이 장에서는 몇 가지 정형화된 확률분포를 공부한다. 확률분포는 크게 이산확률분포와 연속확률분포로 나뉘는데, 여기서 다루는 이산확률분포로는 이산균등분포, 이항분포, 초기하분포, 포아송분포가 있으며, 연속확률분포로는 연속균등분포, 정규분포, 표준정규분포가 있다. 이런 정형화된 확률분포는 특정한 사회현상이나 자연현상을 잘 묘사할 수 있다. 구체적으로 어떤 상황에 어떤 분포를 적용하는 것이 바람직한지는 개별 분포를 공부할 때 설명한다.

I 이산균등분포

주사위를 던질 때 윗면에 표시된 점의 개수를 X라 하면, X가 취할 수 있는 수치는 1, 2, 3, 4, 5, 6 중 하나이며 각각의 수치가 나올 확률은 모두 동일하게 1/6이다. 즉 $P(X=1)=P(X=2)=P(X=3)=P(X=4)=P(X=5)=P(X=6)=1/6$이다. 이를 그림으로 표현하면 [그림 5.1]과 같다. 이 그림에서 각 수치가 발생할 확률은 막대그래프로 표시했는데 그 높이가 일정하다. 이와 같이 이산확률변수가 취할 수치의 확률이 동일한 분포를 **이산균등분포**(discrete uniform distribution)라 한다.

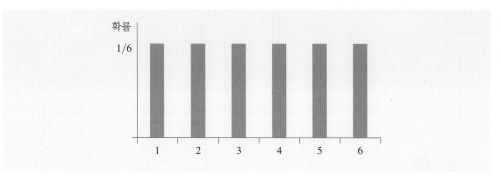

그림 5.1 이산균등분포의 사례: 주사위 던지기

● 예제 5.1

확률변수 X는 이산균등분포를 따르고 있다. X가 0, 2, 4, 6, 8, 10, 12, 14의 수치를 취할 확률은 0이 아니며, 그 이외의 수치를 취할 확률은 0이다. $P(X=6)$와 $F(6)[=P(X \le 6)]$의 값은 각각 얼마인가?

풀이

확률변수 X가 0, 2, …, 14의 8개 수치 중 하나를 취한다. 각 수치가 나올 확률이 일정하므로 확률은 각각 1/8이다. 따라서 $P(X=6)=1/8$이고, $F(6)[=P(X \le 6)]=P(X=0)+P(X=2)+P(X=4)+P(X=6)=1/2$이다.

Ⅱ 베르누이분포

동전을 던지면 앞면이나 뒷면 중 하나가 나온다. 이 동전 던지기 실험의 특징은 결과의 수가 2개이고, 앞면과 뒷면이 동시에 나타날 수 없다(상호배타적)는 점이다. 이와 같이 결과가 상호배타적인 두 사건으로 구성되는 확률실험을 **베르누이 시행**(Bernoulli trial)이라 한다. 베르누이 시행은 다양한 분야에 응용할 수 있다. 신생아가 '남자'이거나 '여자'이고, 임상검사에서 '음성반응'이나 '양성반응'을 나타내므로 이런 실험은 베르누이 시행의 사례이다. 주사위를 던지면 윗면에 1, 2, …, 6 중 하나가 나타나므로 결과의 수가 6이나 '홀수' 또는 '짝수'가 나타나는 사건으로 구분한다면, 베르누이 시행이 될 수 있다. 통계학에서는 두 가지 사건 중 한 사건을 통칭하여 **성공**(success)이라 부르며 또 다른 하나를 **실패**(failure)라고 부른다.[1] 동전을 던질 때 앞면을 성공이라 부르면 뒷면은 실패가 되고, 거꾸로 뒷면을 성

---

1 '성공'은 나올 수 있는 두 결과 중 하나를 임의로 지칭하는 것이며, 국어사전적 의미의 '성공'과 관계없다.

공이라 부르면 당연히 앞면은 실패가 된다. '성공'이 나타날 확률이 p라면 '실패'가 나타날 확률은 $1-p$가 된다. '성공'과 '실패'를 수치 0과 1로 대체하면 확률변수가 되고, 이 확률변수의 확률분포를 **베르누이분포**(Bernoulli distribution)라 한다.

흰색 공과 검은색 공이 섞인 항아리에서 1개의 공을 꺼낼 때, 흰색 공과 검은색 공이 꺼내질 사건에 각각 1과 0을 부여하면 확률변수 X는 다음과 같이 정의된다.

$$X = \begin{cases} 1, \text{ 흰색 공이 나온 경우} \\ 0, \text{ 검은색 공이 나온 경우} \end{cases}$$

흰색 공이 나올 확률을 p라 하면, X가 1 또는 0을 취할 확률은 다음과 같다.

$$P(X=1)=p$$
$$P(X=0)=1-p$$

● **예제 5.2**

앞의 식이 다음 식과 동일한지 보이시오.

$$P(X = x) = \begin{cases} p^x(1-p)^{1-x}, & x = 0, 1 \\ 0, & x\text{가 0 또는 1이 아닌 경우} \end{cases}$$

풀이

$p^x(1-p)^{1-x}$에 $x=1$을 대입하면 p가 되고, $x=0$을 대입하면 $1-p$가 되므로 동일하다.

베르누이분포의 확률(질량)함수, 기댓값과 분산은 다음과 같다.

> **베르누이분포의 확률(질량)함수**: $P(X=x)=p^x(1-p)^{1-x}$, $x=0, 1$
> **기댓값과 분산[2]**: $E(X)=p$, $\mathrm{Var}(X)=p(1-p)$

---

2 이에 대한 증명은 다음과 같다.

$E(X) = p \cdot 1 + (1-p) \cdot 0 = p$

$\mathrm{Var}(X) = E(X^2) - [E(X)]^2 = [p \cdot 1^2 + (1-p) \cdot 0^2] - p^2 = p(1-p)$

Ⅲ 이항분포

동전 던지기를 두 차례 시행해 보자. 첫 번째 시행에서 H 또는 T가 나올 수 있는데, H와 T가 나타날 확률을 각각 p와 $1-p$라 하자. 두 번째 시행 결과가 첫 번째의 결과에 영향을 받지 않는다고(독립이라고) 전제하면, 두 번째 시행에서 H와 T가 나올 확률도 각각 p와 $1-p$이다. 이를 그림으로 그리면 [그림 5.2]와 같다.

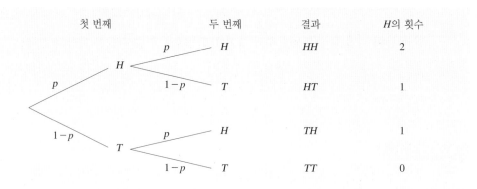

그림 5.2   두 차례의 베르누이 시행

동전이 H가 나오는 사건을 '성공'이라고 부르고, T가 나오는 사건을 '실패'라 하자. 이 예에서 H가 나타날 횟수는 0, 1, 2 중 하나이므로 성공횟수는 0번, 1번, 2번 중 하나이다. 성공횟수의 확률분포는 [표 5.1]과 같다.

표 5.1   이항분포의 사례(시행횟수 2회)

성공횟수(H의 횟수)	경로	확률
0	$T \rightarrow T$	$(1-p)^2$
1	$T \rightarrow H$ 또는 $H \rightarrow T$	$(1-p)p+p(1-p)=2p(1-p)$
2	$H \rightarrow H$	p^2

이런 성공횟수의 확률분포를 **이항분포**(binomial distribution)라 한다. 이항분포를 공부할 때 유념해야 할 사항은 확률변수가 성공횟수라는 점이다.

확률실험에서 결과의 수가 2라는 점에서 이항분포와 베르누이분포를 혼동하기 쉽다. 그러나 차이점이 있는데 이를 요약하면 다음과 같다.

• 1회 시행할 때 성공과 실패에 대한 확률분포는 베르누이분포이다.
• n회 시행할 때 성공횟수의 확률분포는 이항분포이다.

● 예제 5.3

다음의 문장에서 (   ) 안에 들어갈 단어를 쓰시오.

동전을 던져 앞면이 나오면 1을, 뒷면이 나오면 0을 부여하자. 이때 1과 0에 대한 확률분포를 (①)분포라 한다. 반면에 동전을 5번 던져 앞면이 나올 횟수에 대한 분포를 (②)분포라 한다. 전자의 분포에서 확률변수가 취할 수 있는 수치는 (③) 중 하나이고 후자의 분포에서 취할 수치는 (④) 중 하나이다.

풀이

① 베르누이, ② 이항, ③ 0과 1, ④ 0, 1, 2, 3, 4, 5

이항분포는 베르누이분포로부터 유도될 수 있다. X_j를 j번째 베르누이 시행에서 부여된 수치라 하고, '성공' 사건에 1을 부여하고 '실패' 사건에 0을 부여하자. 그러면 $X_1 + X_2$의 값은 두 차례 베르누이 시행에서의 성공횟수가 된다. 이해를 돕기 위해 다음 예제를 보자.

● 예제 5.4

[그림 5.2]에서 확률변수 X_j를 다음과 같이 정의하자.

$$X_j = \begin{cases} 1, & j\text{번째 시행에서 } H\text{가 나오는 경우}, \langle 1/2 \rangle \\ 0, & j\text{번째 시행에서 } T\text{가 나오는 경우}, \langle 1/2 \rangle \end{cases}$$

① 첫 번째 시행에서 H가 나오고 두 번째 시행에서 T가 나타난다면 X_1, X_2의 값은 각각 얼마인가? 이때 $X_1 + X_2$의 값은 얼마인가?

② 첫 번째 시행과 두 번째 시행에서 모두 H가 나타난다면 X_1, X_2의 값은 각각 얼마인가? 이때 $X_1 + X_2$의 값은 얼마인가?

③ $X_1 + X_2$의 의미는 무엇인가?

풀이

① $X_1 = 1$, $X_2 = 0$, $X_1 + X_2 = 1$

② $X_1 = 1$, $X_2 = 1$, $X_1 + X_2 = 2$

③ $X_1 + X_2$은 2번 시행 중 H가 나온 횟수, 즉 성공횟수를 의미한다.

시행횟수를 2번에서 n번으로 확장해보자. 앞에서와 같이 X_j를 j번째 시행에서 부여된 수치라 하면, $X_1 + X_2 + \cdots + X_n$의 값은 n차례 베르누이 시행에서의 성공횟수가 된다. 동전을 3

번 던지는 다음 예제를 보자.

● 예제 5.5

동전을 던지면 앞면 또는 뒷면이 나오는데, 동전을 1번 던져 앞면과 뒷면이 나올 확률은 각각 p와 $1-p$이다. 동전을 3번 던지는 경우에 다음의 질문에 답하시오.

① '성공'을 앞면이 나오는 경우라 하고 이항분포를 구하고자 한다. 이때 확률변수는 무엇이며, 확률변수가 취할 수 있는 수치는 무엇인가? 시행횟수 n의 값은 얼마인가?

② 3번 시행할 때 처음 2번은 연속적으로 성공하고 나머지 1번이 실패하는 경우는 '성공', '성공', '실패'이다. 이런 결과가 나올 확률은 얼마인가?

③ 3번 시행할 때 2번 성공하는 경우의 수는 얼마인가?

④ 3번 시행할 때 2번 성공할 확률은 얼마인가?

⑤ 이 이항분포의 확률분포를 구하시오.

풀이

①은 이항분포에서의 확률변수 정의에 관한 문제이다. 이항분포는 성공횟수에 대한 확률분포이므로 확률변수 X는 성공횟수, 즉 앞면이 나오는 횟수를 말한다. 동전을 3번 던지면 앞면이 0번, 1번, 2번, 3번 나올 수 있으므로 X가 취할 수 있는 수치는 0, 1, 2, 3 중 하나이다. 시행횟수는 3회($n=3$)이다.

첫 번째	두 번째	세 번째	결과	x	확률
		H	HHH	3	$p^3(1-p)^0$
	H	T	HHT	2	$p^2(1-p)^1$
H		H	HTH	2	$p^2(1-p)^1$
	T	T	HTT	1	$p^1(1-p)^2$
		H	THH	2	$p^2(1-p)^1$
	H	T	THT	1	$p^1(1-p)^2$
T		H	TTH	1	$p^1(1-p)^2$
	T	T	TTT	0	$p^0(1-p)^3$

② 동전을 던져 성공할 확률은 p이고 실패할 확률은 $1-p$이므로 '성공', '성공', '실패'할 확률은 $p \cdot p \cdot (1-p)$, 즉 $p^2(1-p)^1$이다.

③ 3번 시행할 때 2번 성공하는 경우는 다음과 같이 3회이다.

$$\{HHT,\ HTH,\ THH\}$$

3번의 시행 중 2번이 선택되는 셈이므로, 조합의 수 공식 $_3C_2\left(=\dfrac{3!}{2! \cdot (3-2)!}\right)$을 사용할 수

있다.

④ ③에서 본 바와 같이 경우의 수는 $_3C_2$이다. ②의 논리를 응용하면, 각 경우가 발생할 확률은 동일하게 $p^2(1-p)^1$이다. 결국 3번 시행할 때 2번 성공할 확률 $P(X=2)=_3C_2 \cdot p^2(1-p)^1$이다.

⑤ 동전을 3번 던질 때 앞면이 나올 수 있는 횟수는 0, 1, 2, 3이고, 각 수치가 나올 확률을 기재하면 다음과 같은 확률분포가 나온다.

이항분포의 확률분포($n=3$)

x	0	1	2	3
확률	$_3C_0\, p^0 \cdot (1-p)^3$	$_3C_1\, p^1 \cdot (1-p)^2$	$_3C_2\, p^2 \cdot (1-p)^1$	$_3C_3\, p^3 \cdot (1-p)^0$

일반화하여 n번 시행하는 이항분포에서 x번 성공할 확률(질량)함수는 다음과 같다.

이항분포의 확률(질량)함수: $P(X=x)=_nC_x\, p^x \cdot (1-p)^{n-x}$

● **예제 5.6**

왼손잡이가 태어날 확률은 20%이고, 오른손잡이가 태어날 확률은 80%로 밝혀졌다. 갓 태어난 아이 5명 중에서 2명이 왼손잡이일 확률은 얼마인가?

풀이

이항분포의 확률(질량)함수의 공식을 이용하면,

$P(X=2)=_5C_2(0.2)^2(1-0.2)^3=0.2048$이다.

〈Excel 이용〉 'BINOM.DIST(x, n, p, FALSE)'라는 함수를 사용한다. 여기서 FALSE는 누적확률을 계산하지 말라는 논리값이다. FALSE를 TRUE로 대체하면 누적확률을 계산한다. 이 문제에서는 '=BINOM.DIST(2, 5, 0.2, FALSE)'의 값을 구하면 된다.

인터넷에 있는 애플릿(applet)을 이용하면 확률을 시각적으로 볼 수 있다. http://homepage.divms.uiowa.edu/~mbognar/applets/bin.html에서 앞의 예제를 풀어보자. 시행횟수가 5이고 성공할 확률이 0.2일 때 성공횟수가 2일 확률은 다음 그림과 같다. 이 애플릿은 평균, 분산과 누적확률도 보여준다.

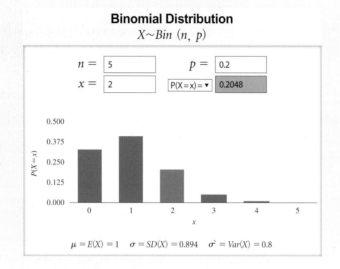

그림 5.3 애플릿을 활용하여 이항분포의 확률 구하기

이항분포의 확률(질량)함수 공식을 보면, 확률은 시행횟수(n)와 성공 확률(p)에 의해 결정된다. 이런 의미에서 이항분포를 $X{\sim}B(n, p)$라 표기한다. 이항분포의 형태는 [그림 5.17]을 참조하시오.

확률변수 X가 성공횟수이므로 X의 기댓값, $E(X)$는 성공횟수의 평균이 된다. 균일동전을 1번 던지면 앞면(성공)이 평균 1/2번 나오고, 2번 던지면 앞면(성공)이 평균 1번 나온다. 일반화시켜 성공 확률이 p이고 시행횟수가 n이라면 평균성공횟수는 $n \cdot p$가 된다. 이것이 바로 이항분포에서 확률변수의 기댓값이다. 이항분포의 기댓값과 분산은 다음과 같다.

이항분포의 기댓값과 분산
$$E(X) = np$$
$$\mathrm{Var}(X) = np(1-p)$$

● **예제 5.7**

왼손잡이가 태어날 확률은 20%이고, 오른손잡이가 태어날 확률은 80%로 밝혀졌다.
① 갓 태어난 아이 5명 중에서 왼손잡이는 평균 몇 명인가?
② 갓 태어난 아이 10명 중에서 왼손잡이는 평균 몇 명인가?

풀이

① 1명, ② 2명

Ⅳ 초기하분포

다음의 예제를 보자.

● 예제 5.8

하나의 로트(lot)가 10개로 구성되어 있다. 이 중에 4개는 불량품이고, 나머지 6개는 정상품이다. 다음의 질문에 답하시오. (로트란 한 덩어리 단위로 생산이 이루어질 때, 이 덩어리의 수량을 말한다.)

① 10개 중에서 3개를 선택하려고 한다. 배열의 순서를 무시할 때 경우의 수는 얼마인가?

② 선택된 3개 중에서 불량품이 1개일 경우의 수는 얼마인가? 배열의 순서는 무시된다.

③ 선택된 3개 중에서 불량품이 1개 나올 확률을 구하시오.

④ 선택된 n개 중에서 불량품이 1개 나올 확률을 구하시오.

풀이

①의 답은 $_{10}C_3$이다. ②에서 선택된 3개는 불량품이 1개와 정상품 2개로 구성되어 있다. 경우의 수는 $_4C_1 \cdot {}_6C_2$이다. 제3장의 'Ⅲ-2. 경우의 수를 이용한 확률 계산'에 따라, ③의 답은 $\dfrac{_4C_1 \cdot {}_6C_2}{_{10}C_3}$이 된다. ④의 답은 $\dfrac{_4C_1 \cdot {}_6C_{n-1}}{_{10}C_n}$이다.

이 예제를 일반화해보자. 어느 집단이 성공 또는 실패로 표시된 N개의 개체로 구성되어 있는데 이 중에서 성공의 총 개수가 r이면 실패의 총 개수는 $N-r$이다. 이 집단에서 n개의 개체를 추출할 때 경우의 수는 $_N C_n$이다. 성공횟수가 x개이고 실패횟수가 $n-x$개일 경우의 수는 $_r C_x \cdot {}_{N-r}C_{n-x}$이다. 그러므로 n개 중 성공횟수가 x개일 확률은 $\dfrac{_r C_x \cdot {}_{N-r}C_{n-x}}{_N C_n}$가 된다. 이와 같이 여러 개의 성공과 여러 개의 실패로 구성된 집단에서 성공횟수에 대한 확률분포를 **초기하분포**(hypergeometric distribution)라 부른다. 초기하분포의 형태는 r, N, n에 의해 결정되므로 이 분포를 $X \sim Hypergeometric(r, N, n)$으로 표기한다.

초기하분포의 확률(질량)함수[3]: $P(X=x)=\dfrac{{}_rC_x \cdot {}_{N-r}C_{n-x}}{{}_NC_n}$

Excel에서 이 함수의 값은 '=HYPGEOM.DIST(x, n, r, N, FALSE)'로 계산할 수 있다.

초기하분포와 이항분포는 둘 다 성공횟수에 대한 확률이란 점에서 유사하나 차이점이 있다. 이항분포의 성공확률은 시행횟수에 관계없이 일정하다. 그러나 초기하분포에서의 성공확률은 일정하지 않다. 첫 번째 개체의 성공확률은 $\dfrac{r}{N}$이나, 두 번째 개체의 성공확률은 첫 번째 개체의 성공/실패 여부에 따라 $\dfrac{r-1}{N-1}$ 또는 $\dfrac{r}{N-1}$이다.

● 예제 5.9

다음의 각 경우에 초기하분포와 이항분포 중에서 어느 분포를 따르나? 그리고 각각의 확률을 구하시오.

① 왼손잡이와 오른손잡이가 태어날 확률은 각각 20%와 80%이다. 갓 태어난 아이 5명 중에서 왼손잡이가 2명일 확률

② 왼손잡이와 오른손잡이가 각각 2명과 8명이 있다. 이 10명 중에서 5명을 선택하려고 한다. 선택된 5명 중에서 왼손잡이가 2명일 확률

풀이

①에서 왼손잡이가 태어날 확률은 일정하게 20%이다. 반면에 ②에서 왼손잡이가 선택될 확률은 일정하지 않다. 첫 번째에 왼손잡이가 선택될 확률은 20%이나 두 번째에 왼손잡이가 선택될 확률은 상황에 따라 다르다. 첫 번째가 왼손잡이이면 1/9이고, 오른손잡이이면 2/9이다. ①은 이항분포를 적용하고, ②는 초기하분포를 적용한다. ①의 확률은 $P(X=2)=$ ${}_5C_2(0.2)^2(1-0.2)^3=0.2048$. ②의 확률은 $\dfrac{{}_2C_2 \cdot {}_8C_3}{{}_{10}C_5}=0.22$.

V 포아송분포

포아송분포(Poisson distribution)는 단위구간(시간 또는 공간) 내에서 어떤 사건의 발생횟수(성공횟수)에 대한 확률분포이다.[4] 단위구간의 예로 일정한 시간(예: 1시간, 10분)이나 공간

---

3 기댓값과 분산은 생략한다.

4 포아송분포는 이를 처음 도입한 Simeon Denis Poisson(1781~1840)의 이름에서 유래되었다.

(예: 1 m², 5 km) 등을 꼽을 수 있다. 포아송분포를 응용할 수 있는 사례로 다음과 같은 경우를 들 수 있다.

- 10분 안에 은행 ATM에 도착하는 고객의 수
- 24시간 동안 서버에 침입한 바이러스 파일의 수
- 모니터에 발견되는 불량화소의 수

포아송분포를 따르는 확률변수 X를 단위구간당 발생횟수라 하고 λ를 단위구간당 발생횟수의 평균이라 하면, 발생횟수가 x일 확률은 다음과 같다(λ는 '람다'라고 읽는다). 포아송분포의 확률은 λ에 의해 결정되므로 포아송분포를 $X \sim Poisson(\lambda)$라 표기한다.

포아송분포의 확률(질량)함수, 기댓값, 분산[5]

$$P(X = x) = \frac{\lambda^x e^{-\lambda}}{x!}$$

$$E(X) = \lambda, \; Var(X) = \lambda$$

포아송분포에서 '단위구간'에 대한 정의가 중요하다. 다음의 예제를 보자.

● **예제 5.10**

어느 종합병원에 도착하는 환자 수가 포아송분포를 따르는데, 분당 평균 3명의 환자가 도착한다. 여기서 도착 환자 수가 발생횟수이다.

① 분당 발생횟수의 확률분포를 구할 때 '단위구간'은 무엇이고 단위구간당 평균은 얼마인가?

② 시간당 발생횟수의 확률분포를 구할 때 '단위구간'은 무엇이고 단위구간당 평균은 얼마인가?

③ 하루당 발생횟수의 확률분포를 구할 때 '단위구간'은 무엇이고 단위구간당 평균은 얼마인가?

풀이

①을 보면, 발생횟수의 확률분포를 구할 때 '분당'이라 했으므로 '단위구간'은 분이고, 단위구간당 평균은 3이다. ②를 보자. '시간당'이라 했으므로 '단위구간'은 시간으로 바뀌고, 한 시간에 평균 180명(= 3×60)의 환자가 도착하므로 단위구간당 평균발생횟수는 180이

---

5 $e^\lambda = \sum_{k=0}^{\infty} \frac{\lambda^k}{k!}$라는 공식을 활용하면 기댓값과 분산이 λ임을 보여줄 수 있으나, 이 책의 범위를 벗어난다.

된다. ③에서는 '하루당'이므로 '단위구간'은 하루로 바뀌며, 단위구간당 평균발생횟수는 4,320(=3×60×24)이 된다.

● 예제 5.11

어느 콜센터가 수신하는 횟수는 초당 평균 0.1회이다. 수신횟수가 포아송분포를 따른다 할 때, 1분에 3회 수신할 확률은 얼마인가? 이때의 '단위구간'은 무엇인가?

풀이

'단위구간'은 1분이다. 초당 수신횟수(발생횟수)가 평균 0.1회이므로 1분당 평균수신횟수 (발생횟수)는 (0.1)(60)=6이고, '3회 수신할 (X=3)' 확률은 다음과 같다.

$$P(X = 3) = \frac{6^3 e^{-6}}{3!} = 0.0892$$

⟨Excel 이용⟩ 'POISSON.DIST(x, λ, FALSE)'라는 함수를 사용한다. '=POISSON.DIST(3, 6, FALSE)'의 값을 구하면 된다.

⟨애플릿 이용⟩ http://homepage.divms.uiowa.edu/~mbognar/applets/pois.html의 애플릿을 활용하여 풀면 다음과 같다.

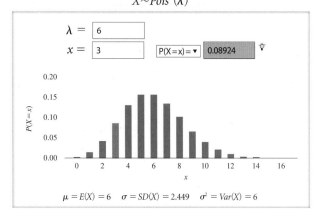

Poission Distribution
$X \sim Pois\,(\lambda)$

[그림 5.4]는 λ 값에 따라 포아송분포의 모양이 어떻게 변하고 있는가를 보여주고 있다. 첫 번째 그림에서 $\lambda=1.0$이다. 이와 같이 λ값이 비교적 작을 때 심한 비대칭 현상을 보이고

있다. 그러나 두 번째와 세 번째 그림처럼 λ값이 5.0, 20.0으로 커지면 이 현상이 약화되는 것을 볼 수 있다.

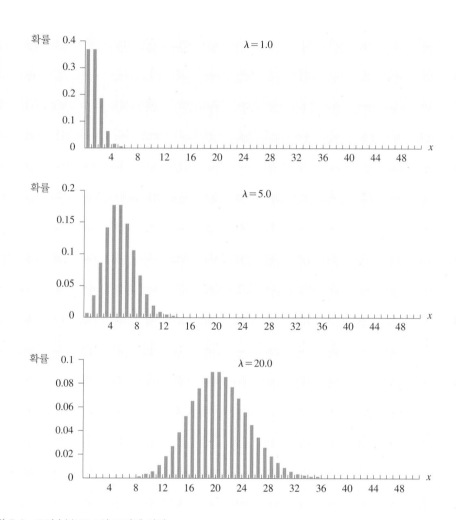

그림 5.4 포아송분포: λ의 크기에 따라

포아송분포는 이항분포와 유사하게 성공횟수(발생횟수)의 확률분포이나, 포아송분포에서 사용되는 성공횟수(발생횟수)가 일정한 시간이나 공간을 전제로 하는 반면 이항분포는 일정한 시행횟수를 전제로 한다는 점이 다르다. 이로 인해 성공횟수(발생횟수)에 대한 상한이 포아송분포에서는 존재하지 않으나 이항분포에서는 존재한다. 동전을 5번 던져 앞면이 나올 확률을 계산할 때, 시행횟수는 5회이고 성공횟수는 이항분포를 따른다. 이때 성공횟수는 0, 1, 2, 3, 4, 5 중 하나로 상한이 5이다. 반면에 포아송분포에서는 성공횟수(발생횟수)의 상한이 없다. 예를 들어 1시간 안에 은행 ATM을 이용하는 고객의 수가 성공횟수라면 성공횟수가 취할 수 있는 수치는 0, 1, 2, …로 상한이 존재하지 않는다.

● 예제 5.12

다음의 경우에 이항분포와 포아송분포 중 어느 분포를 적용하는 것이 좋을까?

① 한 고객이 하루 동안 사용한 신용카드 횟수

② 100명의 고객 중에서 하루 동안 신용카드를 사용한 고객의 수

③ 환자 200명 중에서 특정 화학물질에 양성반응을 보이는 환자의 수

④ 하루에 도착한 이메일의 수

풀이

①과 ④는 일정한 시간을 전제로 한 발생횟수이며, 이 발생횟수의 상한이 없으므로 포아송분포를 따르고, ②와 ③은 상한이 있으므로 이항분포를 적용하는 것이 좋다.

포아송분포와 이항분포는 매우 유사한 면이 있으므로 특정 조건하에서는 두 분포의 형태가 근사할 것이다. 다음 두 그림([그림 5.5], [그림 5.6])에서 보는 바와 같이 시행횟수(n)가 많고 발생확률(p)이 작으면 두 확률분포의 차이가 미미한 반면, 시행횟수(n)가 적고 발생확률(p)이 작지 않으면 두 확률분포의 차이가 크다.

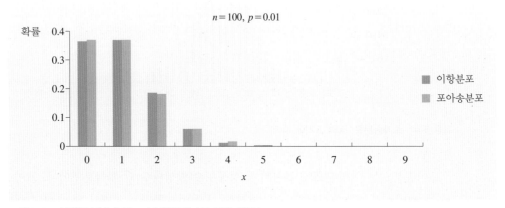

그림 5.5 시행횟수(n)가 많고, 발생확률(p)이 작은 경우

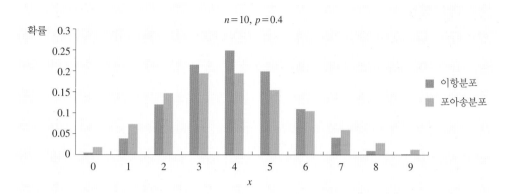

$n = 10$, $p = 0.4$

이항분포
포아송분포

그림 5.6 시행횟수(n)가 적고 발생확률(p)이 작지 않은 경우

VI 연속균등분포

연속균등분포(continuous uniform distribution)는 확률밀도가 일정한 분포이다. 확률변수 X가 구간 $[a, b]$에서 연속균등분포를 따르면 $X \sim U[a, b]$라 표기한다.

> **연속균등분포의 확률밀도함수, 기댓값, 분산**
>
> $$f(x) = \begin{cases} \dfrac{1}{b-a}, & a \leq x \leq b \\ 0, & x < a \text{ 또는 } x > b \end{cases}$$
>
> $$E(X) = \frac{a+b}{2}, \ \mathrm{Var}(X) = \frac{(b-a)^2}{12}$$

연속균등분포는 [그림 5.7]과 같다. 직선으로 표시된 확률밀도함수 아래의 전체 면적이 1이어야 하는데 밑변의 길이가 $(b-a)$이므로 높이는 $\dfrac{1}{b-a}$이다. 이 높이가 확률밀도이다.

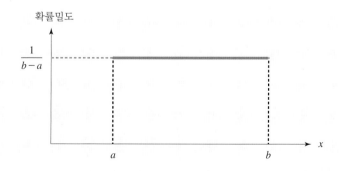

확률밀도

$\dfrac{1}{b-a}$

a b x

그림 5.7 연속균등분포의 모양

● **예제 5.13**

어느 지역의 최고온도가 5℃와 20℃ 사이에서 연속균등분포를 따르고 있다. 최고온도가 10℃와 16℃ 사이에 있을 확률은 얼마인가?

풀이

5℃와 20℃ 사이에서 균등분포를 하고 있으므로 확률밀도는 $\frac{1}{20-5}$이다. 최고온도가 10℃와 16℃ 사이에 있을 확률은 10℃와 16℃ 사이의 면적(다음 그림의 빗금 친 부분의 면적)을 말하므로 '면적＝밑변×높이'의 공식에 의해 $(16-10)\frac{1}{20-5}$ = 6/15이다.

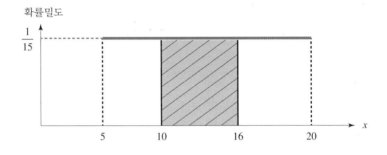

Ⅶ 정규분포

1. 정규분포의 특성

이 장에서 배우는 확률분포 중에서 가장 활용도가 많은 분포가 **정규분포**(normal distribution)이다. 실제로 많은 자연현상이나 사회현상이 정규분포를 따르고 있는 것으로 알려져 있다. 예를 들어 정규분포를 따르는 자연현상으로 키, 몸무게, 수명 등을 들 수 있고 사회현상으

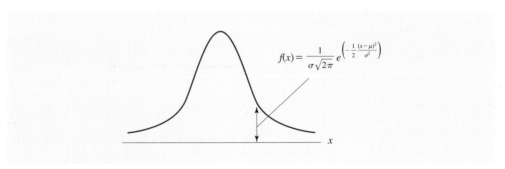

$$f(x) = \frac{1}{\sigma\sqrt{2\pi}} e^{\left(-\frac{1}{2}\frac{(x-\mu)^2}{\sigma^2}\right)}$$

그림 5.8   정규분포의 형태

로는 성적, IQ 등을 꼽을 수 있다. 그뿐 아니라 투자수익률, 불량률, 매출액, 경제성장률 등 경영·경제적 현상도 정규분포를 따르거나 정규분포와 유사한 형태를 띠고 있다. 또한 앞에서 공부한 바와 같이 이항분포나 포아송분포 등 많은 분포가 시행횟수가 많아지는 등의 조건이 만족하면 정규분포와 유사해지므로, 많은 분포의 기준으로 삼을 수 있다. 정규분포의 모양과 확률밀도함수는 [그림 5.8]과 같다.

정규분포는 다음과 같은 특성을 지니고 있다.

- 정규분포의 위치와 모양은 평균 μ와 분산 σ^2에 의해서만 결정된다. 이런 특성을 반영하여 확률변수 X가 정규분포를 따르면 $X \sim N(\mu, \sigma^2)$라 표기한다. [그림 5.9]에서 (a)와 (b)는 정규분포의 중심위치는 동일하나 분포의 모양이 다른데 그 이유는 평균이 같으나 분산은 다르기 때문이다. (c)와 (d)는 정규분포의 모양이 같으나 위치가 다른 것은 분산이 같으나 평균은 다르기 때문이다.

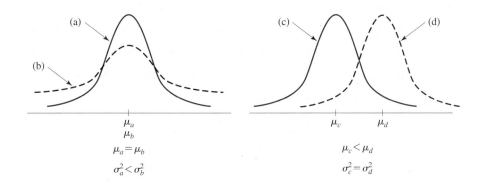

그림 5.9 정규분포의 위치와 모양

- 정규분포는 종모양(bell shaped)이다.
- 정규분포는 평균을 중심으로 대칭을 이루므로 비대칭도의 값은 0이다.
- 평균, 중앙값, 최빈값은 동일하다.
- 정규분포를 따르는 확률변수가 취할 수 있는 값은 $-\infty$와 $+\infty$ 사이이다.
- 확률변수 X가 μ를 중심으로 σ의 1배, 2배, 3배에 해당하는 구간의 확률은 다음과 같다 ([그림 5.10] 참조).

$$P(\mu - \sigma < X < \mu + \sigma) \approx 68\%$$

$$P(\mu - 2\sigma < X < \mu + 2\sigma) \approx 95\%$$

$$P(\mu - 3\sigma < X < \mu + 3\sigma) \approx 99.7\%$$

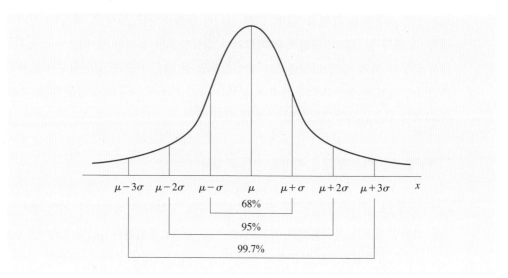

그림 5.10 정규분포의 구간확률

여기서 주목할 점은 구간확률이 이 구간의 수치에 달려 있지 않고, 평균을 중심으로 표준편차의 몇 배만큼 벌어져 있는가에 달려 있다는 점이다. 예를 들어, $X \sim N(0, 1)$이고 $Y \sim N(0, 100)$이면 $P(-2 \leq X \leq 2) = P(-20 \leq Y \leq 20)$이다. 왜냐하면 $[-2, 2]$는 X 입장에서 보면 평균에서 '2×표준편차'만큼 벌어져 있는 구간이고, $[-20, 20]$은 Y 입장에서 보면 평균에서 '2×표준편차'만큼 벌어져 있는 구간이기 때문이다.

• 두 확률변수 X와 Y가 정규분포를 따르면, 선형결합(linear combination)인 $aX + bY$도 정규분포를 따른다(여기서 a와 b는 상수). 예를 들어 X와 Y가 두 회사의 매출액이고 정규분포를 따른다고 가정하면, 합병회사의 매출액은 $X + Y$로 표현되며, 이 또한 정규분포를 따른다.

2. 정규분포에서 위치와 구간확률 구하기

특정한 점, 예를 들어 4의 위치를 정규분포에서 찾아보자. 인터넷에 있는 애플릿을 이용하면 시각적으로 위치를 파악할 수 있다. 다음 그림은 http://homepage.divms.uiowa.edu/~mbognar/applets/normal.html에서 평균과 표준편차가 각각 2와 7일 때 4의 위치를 보여주고 있다. 4는 상위 약 38.8%에 위치해 있다.

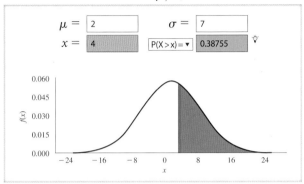

그림 5.11 애플릿을 활용하여 위치 찾기

확률변수 X가 정규분포를 따를 때 X가 일정 구간 [a, b]에 속할 확률은 다음과 같은 복잡한 적분 계산을 해야 하는데, 사실상 손으로 구하는 것이 불가능하다.

$$P(a \leq X \leq b) = \int_a^b \frac{1}{\sigma\sqrt{2\pi}} \exp\left[-\frac{1}{2}\left(\frac{x-\mu}{\sigma}\right)\right]^2 dx$$

그러나 Excel에서 'NORM.DIST'라는 함수를 이용하면 구간확률을 계산할 수 있다.

- NORM.DIST(x, μ, σ, TRUE)는 누적확률함수인 $P(X \leq x)$를 계산하고, TRUE를 FALSE로 대체하면, 확률밀도함수 $f(x)$를 계산한다. 그러므로 $P(a \leq X \leq b)$는 NORM.DIST(b, μ, σ, TRUE) − NORM.DIST(a, μ, σ, TRUE)로 계산한다.
- NORM.INV(probability, μ, σ)는 probability $= P(X \leq x)$을 만족하는 x의 값을 계산한다.

● 예제 5.14

확률변수 X가 평균과 분산이 각각 10, 25인 정규분포를 따를 때, Excel을 이용하여 다음의 값을 구하시오.
① $P(X \leq 8)$의 값을 구하시오.
② 상위 5%에 해당되는 X의 값은 얼마인가?

풀이
① 함수 NORM.DIST(8, 10, 5, TRUE)를 사용하면 값이 0.3446이 나온다.
② 함수 NORM.INV(0.95, 10, 5)를 사용하면 값이 18.2243이 나온다.

[예제 5.14]를 앞에서 언급한 애플릿을 이용하여 시각적으로 풀 수 있다.

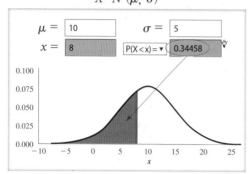
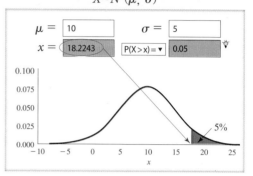

VIII 표준정규분포

1. 표준정규분포의 개념

앞 절에서 설명한 바와 같이, 확률변수 X가 정규분포를 따른다고 할 때 구간확률을 구하기가 매우 어렵다. $P(2 \leq X \leq 8)$의 값을 구하려면 $\int_{2}^{8} f(x)dx$를 계산해야 한다. 그러나 정규분포의 확률밀도함수 자체가 지나치게 복잡하여 일반계산기나 공학계산기로는 계산이 불가능하다. 물론 PC에 있는 특정 프로그램을 이용하면 계산할 수 있으나, 해당 프로그램에 접근할 수 없다면 계산이 불가능하다. 이런 프로그램 없이 계산할 수 있는 방법은 표준정규분포를 이용하는 것이다. 표준정규분포란 정규분포를 표준화한 분포이다. 정규분포는 평균과 분산 값을 다양하게 취할 수 있는데, 평균과 분산에 고정된 수치를 부여함으로써 분포의 위치와 모양을 단일화, 즉 표준화시킬 수 있다. 평균과 분산에 부여할 수 있는 가장 간편한 수치는 0과 1이다.

표준정규분포(standard normal distribution)는 평균과 분산이 각각 0과 1인 정규분포를 말한다. 정규분포의 확률밀도함수에서 μ와 σ^2을 각각 0과 1로 대체하면 표준정규분포의 확률밀도함수를 얻을 수 있다.

> **표준정규분포의 확률밀도함수**
>
> $$f(z) = \frac{1}{\sqrt{2\pi}} e^{\left(-\frac{z^2}{2}\right)}$$
>
> 여기서 Z는 표준정규분포를 따른다. 즉 $Z \sim N(0, 1)$

표준정규분포는 정규분포가 지니고 있는 모든 특성을 가지고 있다. 다만, 평균과 분산이 정해져 있으므로 위치와 모양은 유일하다는 점이 다르다([그림 5.12] 참조).

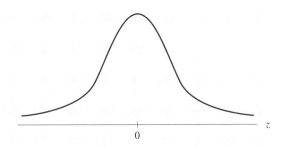

그림 5.12   표준정규분포의 위치와 모양: 평균 0, 분산 1로 단일한 형태

2. 표준정규분포에서의 구간확률과 위치

확률변수 Z가 표준정규분포를 따른다고 할 때, Z가 일정 구간 $[a, b]$ 내의 수치를 취할 확률 $P(a \leq Z \leq b)$을 손으로 계산하기는 어렵다. 그러나 표준정규분포표를 이용하면 쉽게 구할 수 있다. 표준정규분포표는 [부록]에 있다. 예를 들어 $P(0 \leq Z \leq 1.96)$의 값을 계산해보자. 이 확률은 [그림 5.13]의 오른쪽 그림에서 빗금 친 부분의 면적과 동일하다. 이 면적을 구하려면 [그림 5.13]의 왼쪽 표준정규분포표에서 z값이 1.96, 즉 1.9와 0.06에서 수평과 수직으로 화살표 방향을 따라가면 0.4750이 나오는데, 이 값이 바로 오른쪽의 빗금 친 부분의 면적이다.

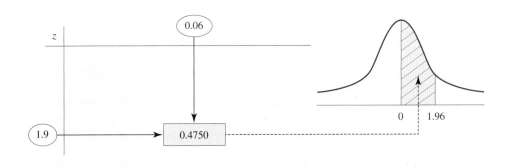

그림 5.13   표준정규분포표의 이용

● 예제 5.15

표준정규분포표를 이용하여 다음의 값을 구하시오.

① $P(Z < 1.96)$

② $P(Z \leq 1.96)$

③ $P(-1.96 \leq Z \leq 1.96)$

④ $P(Z < 1.645)$ [$P(Z<1.64)$와 $P(Z<1.65)$ 값의 중간값을 찾으시오.]

⑤ $P(-1.96 \leq Z < 1.20)$

풀이

① $P(Z < 1.96) = P(Z < 0) + P(0 \leq Z < 1.96) = 0.5 + 0.475 = 0.975$

② $P(Z \leq 1.96) = P(Z < 1.96) = 0.975$

③ $P(-1.96 \leq Z \leq 1.96) = P(-1.96 \leq Z < 0) + P(0 \leq Z \leq 1.96)$

　표준정규분포는 평균 0을 중심으로 좌우대칭이므로,

$$= 2 \cdot P(0 \leq Z \leq 1.96)$$
$$= 0.95$$

④ $P(Z < 1.645) = P(Z < 0) + P(0 \leq Z < 1.645) = 0.5 + 0.45 = 0.95$

⑤ $P(-1.96 < Z < 1.20) = P(-1.96 < Z < 0) + P(0 \leq Z < 1.20)$

$$= P(0 < Z < 1.96) + 0.3849$$
$$= 0.8599$$

⟨Excel 이용⟩ 'NORM.S.DIST(z, TRUE)'를 사용한다. 여기서 TRUE는 누적확률을 계산하라는 논리값이다.

① =NORM.S.DIST(1.96, TRUE) 또는 NORM.DIST(1.96, 0, 1, TRUE) 사용

⑤ =NORM.S.DIST(1.20, TRUE) − NORM.S.DIST(−1.96, TRUE)

④와 ⑤를 애플릿으로 풀면 다음과 같다.

④　　　　　　　　　　　　　　　　　　　⑤

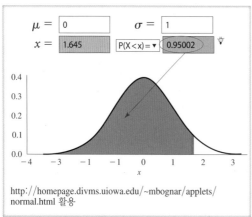

http://homepage.divms.uiowa.edu/~mbognar/applets/normal.html 활용

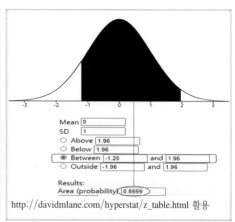

http://davidmlane.com/hyperstat/z_table.html 활용

　이제 $P(0 < Z < z) = 0.475$라 할 때 z값을 구하는 방법을 알아보자. [그림 5.14]의 오른쪽

빗금 친 부분의 면적이 0.475이므로 이 숫자 또는 가장 근접한 숫자를 표준정규분포표에서 찾고 수평 및 수직 이동을 하여 해당 z값을 찾으면 된다. 이 값은 1.96이다.

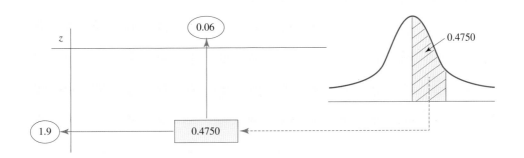

그림 5.14 구간확률이 주어졌을 때 z값 구하기

● 예제 5.16

다음 각각의 경우에 z값을 구하시오.

① $P(0<Z<z)=0.4222$

② $P(-z<Z<z)=0.95$

③ $P(Z<z)=0.975$

풀이

① 1.42, ② 1.96, ③ 1.96

〈Excel 이용〉 함수 'NORM.S.INV(probability)'을 사용한다. ③에서 '=NORM.S.INV(0.975)' 을 사용한다.

3. 정규확률변수의 표준정규확률변수로 변환

확률변수 X가 정규분포를 따를 때, 표준정규분포를 따르는 확률변수로 변환시킬 수 있다.

표준정규확률변수로의 변환

$X{\sim}N(\mu, \sigma^2)$이라면, $Z = \dfrac{X-\mu}{\sigma}$는 표준정규분포를 따른다. 즉 $Z{\sim}N(0, 1)$.

● 예제 5.17

$X \sim N(\mu, \sigma^2)$일 때, ① $X - \mu$의 기댓값과 분산을 구하시오. ② $\dfrac{X - \mu}{\sigma}$의 기댓값과 분산을 구하시오.

풀이

① $E(X - \mu) = E(X) - \mu = 0$, $\mathrm{Var}(X - \mu) = \mathrm{Var}(X) = \sigma^2$

② $E\left(\dfrac{X - \mu}{\sigma}\right) = \dfrac{1}{\sigma}E(X - \mu) = \dfrac{1}{\sigma}[E(X) - \mu] = 0$,

$\mathrm{Var}\left(\dfrac{X - \mu}{\sigma}\right) = \dfrac{1}{\sigma^2}\mathrm{Var}(X - \mu) = \dfrac{1}{\sigma^2}\mathrm{Var}(X) = 1$

평균이 10이고 분산이 25인 정규분포에서, x가 12일 때 $Z = \dfrac{X - \mu}{\sigma}$의 공식을 사용하여 z 값을 구하면 0.4가 나온다. 정규분포에서의 12와 표준정규분포에서의 0.4에 대한 정확한 의미를 파악하기 위해 [그림 5.15]를 보자. 여기서 두 그림 중 왼쪽 그림은 평균이 10이고 분산이 25인 정규분포이다. $X \sim N(10, 25)$. 이 그림에서 보는 바와 같이 12의 오른쪽 빗금 친 부분의 면적이 0.345이다. 즉 $P(X \geq 12) = 0.345$. 오른쪽 그림은 표준정규분포인데, 0.4의 오른쪽 빗금 친 부분의 면적도 동일하게 0.345이다. 즉 $P(Z \geq 0.4) = 0.345$. 그러므로 정규분포에서 12는 상위 34.5%에 해당되고, 표준정규분포에서 0.4도 상위 34.5%에 해당된다. 즉 정규분포에서 12의 상대적 위치와 표준정규분포에서 0.4의 상대적 위치가 동일하다.

정규분포에서 구간확률을 구하려면 이 구간을 표준정규분포의 구간으로 변경하고 나서 표준정규분포표를 이용하면 된다.

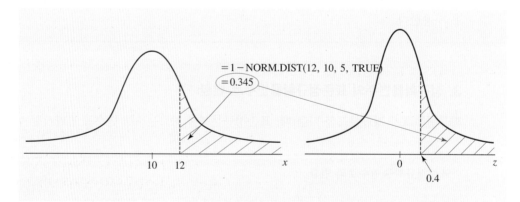

그림 5.15 x와 z의 관계

● 예제 5.18

확률변수 X가 평균 10과 분산 25의 정규분포를 따르고 있다. $P(0.2 \leq X \leq 19.8)$의 값을 계산하시오.

풀이

다음과 같은 순서로 푼다.

$P(0.2 \leq X \leq 19.8)$

$= P(-1.96 \leq Z \leq 1.96)$ ← $Z = \dfrac{X - \mu}{\sigma}$ 을 이용하여

0.2, 19.8과 상대적 위치가 동일한 z 값을 구함

$= P(0 \leq Z \leq 1.96) \times 2$

$= 0.95$ ← 표준정규분포표를 이용하여 확률(면적) 계산

● 예제 5.19

어느 금융기관의 예금인출액은 평균이 3,000만 원이고 표준편차가 1,000만 원인 정규분포를 따르고 예금 수신은 없다. ① 이 금융기관의 예금인출액이 2,000만 원과 4,500만 원의 범위에 있을 확률은 얼마인가? ② 이 금융기관이 5,000만 원의 현금을 준비하고 있다면 예금인출로 인해 현금이 부족할 확률은 얼마인가? ③ 예금인출액이 얼마 이상이면 예금인출액 상위 5%에 해당되는가?

풀이

확률변수 X를 예금인출액이라 하자. $X \sim N(3{,}000만, 1{,}000만^2)$

① $P(2{,}000만 \leq X \leq 4{,}500만) = \left(\dfrac{2{,}000만 - 3{,}000만}{1{,}000만} \leq Z \leq \dfrac{4{,}500만 - 3{,}000만}{1{,}000만} \right)$

$= P(-1.00 \leq Z \leq 1.50)$

$= 0.7745$

② 현금이 부족할 확률 $= P(X > 5{,}000만)$

$= P\left(Z > \dfrac{5{,}000만 - 3{,}000만}{1{,}000만} \right)$

$= P(Z > 2.00)$

$= 0.0228$, 즉 2.28%

③ $P(X > x) = 0.05$를 만족하는 x를 구하면 된다.

즉 $P\left(Z > \dfrac{x - \mu}{\sigma} \right) = 0.05$를 만족하는 x의 값을 구해야 한다.

$\dfrac{x-3{,}000만}{1{,}000만}=1.645$이므로 $x=4{,}645$만 원이다. 예금인출액이 4,645만 원이면 상위 5%에 해당된다.

$Z=\dfrac{X-\mu}{\sigma}$이므로 x가 $\mu\pm\sigma$, $\mu\pm2\sigma$, $\mu\pm3\sigma$일 때, 상대적 위치가 동일한 z값은 각각 ±1, ±2, ±3이다. 따라서 다음과 같은 관계가 성립된다.

- $P(\mu-\sigma<X<\mu+\sigma)\approx68\%$이므로 $P(-1<Z<+1)\approx68\%$
- $P(\mu-2\sigma<X<\mu+2\sigma)\approx95\%$이므로 $P(-2<Z<+2)\approx95\%$
- $P(\mu-3\sigma<X<\mu+3\sigma)\approx99.7\%$이므로 $P(-3<Z<+3)\approx99.7\%$

이를 그림으로 표현하면 [그림 5.16]과 같다.

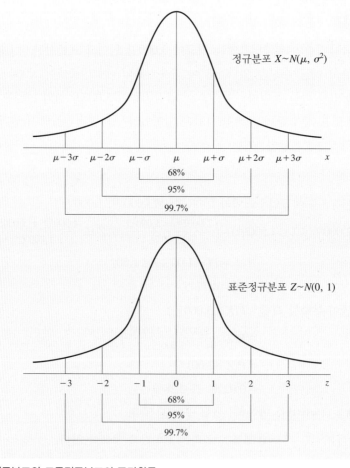

그림 5.16 정규분포와 표준정규분포의 구간확률

4. 이항분포의 정규근사

앞에서 이항분포에 대해 공부할 때, 이항분포의 모양은 시행횟수(n)와 성공확률(p)에 의해 결정된다고 하였다. 다음 그림을 보면 n, p에 따라 이항분포의 형태가 어떻게 바뀌는지 보여주고 있다.

이 9개의 그림을 보자. n이 주어졌다면 p가 0.2, 0.5, 0.8 중에서 0.5일 때 이항분포가 정규분포와 가장 유사하다. 또한 p가 주어졌다면 n이 5일 때보다 10일 때가, 10일 때보다 15

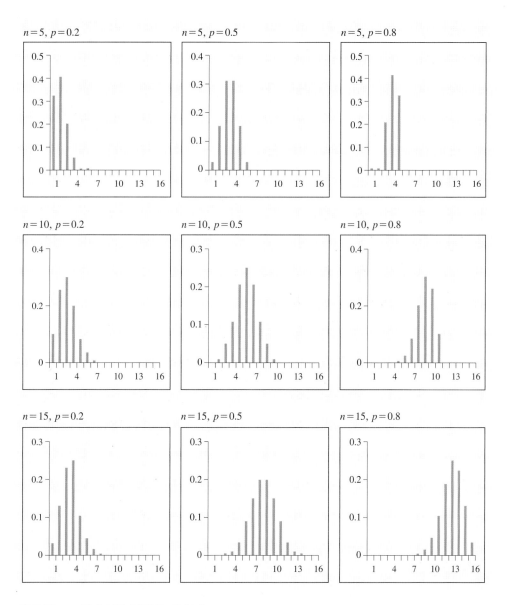

그림 5.17 n, p값에 따른 이항분포의 형태

일 때가 정규분포에 더 유사하다. 그러므로 p와 n에 대해 종합해보면, p가 0.5에 가까워지고 n이 커지면 이항분포는 정규분포와 좀 더 유사해진다. 일반적으로 $np \geq 10$, $n(1-p) \geq 10$ 이면 이항분포와 정규분포 간의 차이가 미미하다고 판정하여, 정규분포를 이용하여 이항분포의 값을 계산할 수 있다. 이를 **이항분포의 정규근사**(normal approximation to binomial) 라 한다. 정규분포를 이용할 때 평균은 이항분포의 평균인 np를, 분산은 이항분포의 분산인 $np(1-p)$를 사용한다.

확률변수 X가 $n=20$, $p=0.5$인 이항분포를 따를 때, X가 9일 확률은 $P(X=9) = {}_{20}C_9(0.5)^9(1-0.5)^{11}$에 의해 0.1602이다. 그런데 정규분포에서 $P(X=9)$는 0이다. 따라서 정규분포 근사를 하기 위해서는 약간의 조정이 필요하다. 이항분포에서 X가 취할 수 있는 수치는 0, 1, 2, $\cdots$, 20의 정수인 반면, 정규분포는 연속적이다. 그러므로 X가 0, 1, 2, $\cdots$, 19, 20 이라는 것을 각각 $[\sim 0.5]$, $[0.5 \sim 1.5]$, $[1.5 \sim 2.5]$, $\cdots$, $[18.5 \sim 19.5]$, $[19.5 \sim]$의 구간으로 바꿔 확률을 계산한다. 즉 이항분포에서 $X=9$일 확률은 정규분포에서 $P(8.5 \leq X \leq 9.5)$의 구간 확률로 대체하여 계산한다. 이 구간확률은 이 그림에서 주황색의 면적이다. 정규분포를 이용하여 이 구간확률을 구하면 0.1604가 나와 이항분포에 의해 계산된 값인 0.1602와 유사하다.

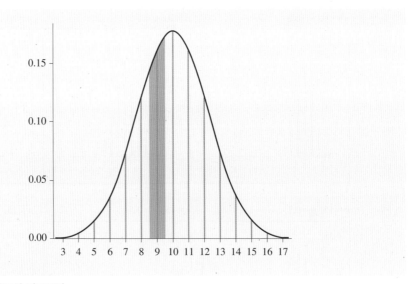

그림 5.18 이항분포의 정규근사

주: https://www.geogebra.org/m/BrHVqnRE를 활용

● **예제 5.20**

이항분포에서의 확률을 정규근사로 구하려고 한다. 다음 확률을 정규근사로 구하려면 어떤

구간의 확률로 계산해야 하는가?

① 이항분포에서 $P(X=9)$, $P(X=10)$

② 이항분포에서 $P(9 \leq X \leq 10)$

③ 이항분포에서 $P(X \geq 9)$

풀이

① 정규분포에서 각각 $P(8.5 \leq X \leq 9.5)$, $P(9.5 \leq X \leq 10.5)$의 구간확률을 구해야 한다.

② 이항분포에서 $P(9 \leq X \leq 10) = P(X=9) + P(X=10)$이다. 그러므로 정규분포에서 $P(8.5 \leq X \leq 9.5) + P(9.5 \leq X \leq 10.5) = P(8.5 \leq X \leq 10.5)$의 구간확률을 구해야 한다.

③ 이항분포에서 $P(X \geq 9) = P(X=9) + P(X=10) + P(X=11) + \cdots$이므로 정규분포에서 $P(X \geq 8.5)$의 구간확률을 구해야 한다.

● 예제 5.21

같은 개수의 빨간 구슬과 검은 구슬이 있는 항아리에서 임의로 1개를 꺼내 본 후 도로 항아리에 집어넣기를 20회 반복했을 때 꺼낸 빨간 구슬의 수가 6~10개 사이일 확률을 정규근사로 계산하시오.

풀이

확률변수 X를 빨간 구슬의 개수라 하자. $n=20$, $p=0.5$, $1-p=0.5$이므로 $np \geq 10$과 $n(1-p) \geq 10$의 조건을 만족한다. 따라서 정규근사를 이용하여 계산할 수 있다. 이때 평균과 분산은 다음과 같다.

$$\mu = np = 10$$
$$\sigma^2 = np(1-p) = 5$$

이항분포에서 $P(6 \leq X \leq 10) = P(X=6) + P(X=7) + \cdots + P(X=10)$이다. 이를 정규근사로 구하려면, 앞의 [예제 5.20]에서와 같이 $P(5.5 \leq X \leq 10.5)$로 계산해야 한다.

$$P(5.5 \leq X \leq 10.5) = P\left(\frac{5.5 - 10}{\sqrt{5}} \leq Z \leq \frac{10.5 - 10}{\sqrt{5}}\right)$$

$$\approx P(-2.01 \leq Z \leq 0.22)$$

$$= 0.5649$$

여담: 애플릿의 활용

통계는 어렵고 짜증나는 학문이다. 그 이유 중 하나는 분포표를 찾아 값을 구해야 하기 때문이다. 정규분포의 구간확률을 구하려면 표준정규분포의 확률변수로 전환한 다음, 교과서의 부록에 나와 있는 표를 찾아야 한다. 다른 분포의 경우에는 더 복잡한 과정을 거쳐야 한다. PC가 옆에 있다면 Excel을 이용하기도 한다. 그러나 이 두 방법은 모두 시각적이지 못하다는 단점이 있다. 즉, 답만 알려줄 뿐 그래프를 보여주지는 않는다.

그러나 최근 선지적인 사람들의 노력으로 애플릿이 개발되어, 시각적으로 볼 수 있게 되었다. 예를 들면, 대학교수 Bognar는 http://homepage.divms.uiowa.edu/~mbognar에서 구간확률의 값뿐 아니라 그래프를 제공하고 있다. https://www.geogebra.org의 자료를 클릭하면 각종 그래프들이 등장한다. Google에서 'Stats.Blue'를 검색하면 시각적으로 접근할 수 있다.

필자의 생각으로는, 교과서 부록에 있는 분포표나 Excel보다는 이런 사이트를 활용하는 것이 통계를 다소나마 즐겁게 접할 수 있는 방법이라고 생각한다. blog.naver.com/kryoo에 있는 '링크모음.docx' 파일을 이용하여 링크를 따라 가길 권한다.

여담: 미국연방준비제도 의장 그린스펀(Greenspan)의 회고

역사는 반복된다. 그래서 미래를 알려면 과거를 보면 된다. 과거를 보는 가장 좋은 방법은 통계자료이다. 은행이 내일의 예금 인출액을 예측할 때, 과거의 인출액 자료를 활용하여 내일의 분포 형태와 모수를 추정한다. 그 다음 예금 인출에 대비한 준비금을 마련해 둔다. 혹시 모를 대량 인출에 대비해 다른 은행과의 대출 협약, 중앙은행과의 협약 등 이중 안전장치까지 마련해 놓는다. 완벽한 장치이다. 정상적인 상황 하에서는 그렇다.

만약 대형 재해가 발생하면 어떻게 될까? 분포의 형태와 모수가 모두 바뀐다. 예금인출은 비정상적으로 급증하고, 다른 은행이 약속한 대출 협약은 지킬 수 없게 된다. 나쁜 일은 한꺼번에 몰려오는 법이다. 그린스펀은 의회에서 미국 금융기관의 위험관리 모델이 미국의 금융위기 때 왜 무력했는지를 설명했다.

> 2007년 여름, 지식체계는 붕괴되었다. 위험관리 모델에 지난 20년간의 데이터를 이용하는데, 이 기간은 매우 정상적이었다. 만약 금융시장이 불안정했던 기간을 포함시켰다면, 위험관리 모델이 2007년의 금융위기에 잘 적용할 수 있었고, ~~ 금융시장은 지금보다 훨씬 안정적이었을 것이다.

> 미래를 예측할 때 과거의 통계자료를 이용하는 것은 맞는 방법이다. 그러나 과거의 패턴대로 미래가 반복되지 않을 가능성을 염두에 두어야 한다. 즉, 분포형태와 모수가 변동할 가능성을 잊지 말아야 한다.

복습 문제

5.1 어느 공장에서 생산된 물품은 불량품이나 정상품 중 하나이다. 불량품일 확률은 10%이다. 불량품이 나오면 1을 부여하고 정상품이 나오면 0을 부여하자. 이때 0과 1의 확률분포를 표로 작성하고 이런 분포는 무엇이라고 부르는가?

5.2 균일한 동전 1개를 2번 던져 나올 결과를 열거하고, 각 결과에서 앞면의 횟수와 확률을 열거하시오. 확률변수 X를 앞면의 횟수라 하고 확률분포를 작성하시오.

5.3 확률변수 X_i는 i번째 생산된 물품이 불량품이면 1을, 정상품이면 0이 부여된다. 물품 2개 생산할 때 $X_1 + X_2$의 의미를 찾고 $X_1 + X_2$의 확률분포를 표로 작성하시오. $X_1 + X_2$와 같은 분포를 어떤 분포라고 부르는가?

5.4 ① 어느 공장에서 생산된 물품은 불량품이나 정상품 중 하나이다. 불량품일 확률은 10%이다. 생산된 물품 2개를 선택하였다. 두 번째가 불량품일 확률은 얼마인가?
　　② 하나의 로트(lot)가 10개로 구성되어 있다. 이 중 4개는 불량품이고, 나머지 6개는 정상품이다. 이 중 2개를 선택하였다. 두 번째가 불량품일 확률은 얼마인가? 첫 번째 선택한 것이 불량품인 경우와 정상품인 경우를 구분하여 계산하시오. ①과 비교하시오.

5.5 중간고사 점수는 정규분포를 따르고 있다. 길동이는 상위 5%에 위치해 있다고 한다. 길동이의 점수를 정규분포 그림에서 나타내 보시오.

5.6 확률변수 X가 평균이 10이고 분산이 25인 정규분포를 따르고 있다. X가 8 이상일 확률을 그림으로 표현하시오. $Z = \dfrac{X - \mu}{\sigma}$의 공식을 이용하여 8과 동일한 위치에 있는 z값을 구하고 이 위치를 그림에서 나타내시오. 8과 이 값은 어떤 공통점이 있는가?

5.7 정규분포의 위치와 분포 모양은 평균과 분산에 의존한다. 두 정규분포의 특성을 비교하니 다음과 같다. 다음의 각 경우를 그림으로 나타내 보시오.
　　① 평균이 동일하나 분산이 다르다.
　　② 평균이 다르나 분산이 동일하다.

5.8 정규분포는 $X \sim N(\mu, \sigma^2)$라 표기한다. 이 분포를 표준화하려면 어떻게 해야 하는가?

5.9 부록에 있는 표준정규분포표에서 z값이 1.22일 때 0.3888이라는 숫자가 나타난다. 이 두 숫자를

표준정규분포에서 찾고 의미를 설명하시오.

5.10 길동이는 이번 중간고사에서 상위 5% 안에 드는 것을 목표로 하였다. 점수는 정규분포를 따르며, 전체 학생 점수의 평균이 70점이고 표준편차가 10점이라고 발표되었다. 몇 점 이상을 받아야 이 목표를 달성할 수 있는가?

응용 문제

5.11 승용차에 사용될 에어백을 대상으로 한 안전 테스트에서 80%가 합격하였다. 다음 문제에 답하시오.

① 10개의 에어백을 대상으로 측정할 때, 9개가 합격할 확률을 구하시오.

② 10개의 에어백을 대상으로 측정할 때, 평균 몇 개의 에어백이 합격할 것으로 예상되는가?

③ 200개의 에어백을 대상으로 측정할 때, 정규근사로 170개 이상이 합격할 확률을 구하시오.

5.12 통계학 문제는 객관식이다. 무작위로 정답을 맞힐 확률은 1/4이다. 학생이 무작위로 정답을 선택할 때 총 10개의 문제 중 8개 이상의 정답을 맞힐 확률은 얼마인가?

5.13 동전 던지기를 여러 차례 하는데, 확률변수 X_j를 다음과 같이 정의하자.

$$X_j = \begin{cases} 1, & j\text{번째 던질 때 앞면이 나오는 경우} \langle 1/2 \rangle \\ 0, & j\text{번째 던질 때 뒷면이 나오는 경우} \langle 1/2 \rangle \end{cases}$$

여기서 〈 〉은 확률.

① $X_1 + X_2 + X_3$의 의미는 무엇인가?

② $X_1 + X_2 + X_3 + X_4 + X_5$의 의미는 무엇인가?

5.14 우리나라 고등학생 전체 중에서 3%가 척추측만증 증세를 보이고 있다고 한다. 척추측만증 증세를 보이고 있는 학생 수가 포아송분포를 따른다면, 고등학생 100명을 무작위로 선택할 때 이 중 5명이 척추측만증 증세를 보일 확률은 얼마인가? 포아송분포 대신 이항분포를 따른다고 가정하면 그 확률은 얼마인가? 2개의 다른 확률분포를 가정하여 계산했음에도 불구하고 값이 매우 비슷한 이유는 무엇인가? 고등학생 1,000명 중에서 평균 몇 명의 학생이 척추측만증 증세를 보이는가?

5.15 (고난이) $\sum_{x=0}^{\infty} \dfrac{\lambda^x e^{-\lambda}}{x!} = 1$을 이용하여, 확률변수 X가 포아송분포를 따를 때 $E(X) = \lambda$임을 보이시오.

5.16 (고난이) 확률변수 X를 오전 9시대에 도착하는 환자 수라 하고, 확률변수 Y를 오전 10시대에 도착하는 환자 수라 하자. 오전 9시대와 10시대에 도착하는 환자 수의 평균이 동일하게 λ라 하

면, 오전 9시부터 오전 11시 직전까지 도착하는 환자 수가 0, 1, 2일 확률을 계산하여 확률함수에서 λ가 2λ로 대체됨을 보이시오. 또한 발생횟수의 평균이 2λ임을 보이시오.

5.17 공장에 들어오는 부품 중 불량품의 수는 하루 평균 5개이며 포아송분포를 따른다. 하루에 불량품의 개수가 2개 이하일 확률은 얼마인가?

5.18 내년의 유가가 50달러에서 90달러 사이에서 연속균등분포를 따르고 있다. 다음의 물음에 답하시오.

① 내년 유가의 기댓값은 얼마인가?

② 내년 유가가 80달러 이상일 경우 국제수지가 적자일 것이라고 한다. 국제수지가 적자가 될 확률은 얼마인가?

5.19 기업 ABC는 부품을 제작하고 있는데, 이 부품 길이는 평균이 10 cm이고, 표준편차가 0.45 cm인 정규분포를 따르고 있다. 품질관리팀은 부품의 길이가 평균 $\pm 2\sigma$ 범위 밖에 있으면 불량품으로 간주하고 있다.

① 선택된 한 부품이 불량일 확률은 얼마인가? 1,000개 단위로 생산되는 공정에서 예상되는 불량품 개수는 얼마인가?

② 불량품의 길이는 얼마인가?

5.20 통계학 점수가 정규분포를 따르는데, 평균이 75점이고 표준편차가 10점이다.

① 60점, 80점의 z값을 구하시오.

② 통계학 점수가 60점과 80점 사이의 점수를 받은 학생의 비율은 얼마인가?

③ 최하위 20%에 속하는 점수는 얼마인가?

④ 어떤 학생의 점수는 60점이다. 이 학생보다 더 높은 점수를 받은 학생의 비율은 얼마인가?

5.21 봉선이는 이번 중간고사에서 경영학원론은 78점, 회계학은 66점을 받았다. 경영학원론 점수와 회계학 점수는 각각 정규분포를 따르며 평균은 각각 70점, 60점이고, 표준편차는 각각 15점, 10점이다. 봉선이의 경영학원론과 회계학 점수가 각각 상위 몇 %에 드는지 파악하고, 어느 과목의 점수가 상대적으로 우수한가?

5.22 주식회사 ABC는 비용 100원을 들여 어떤 프로젝트를 수행하려고 한다. 이 프로젝트의 매출액은 정규분포를 따르는데 평균이 110원이고 표준편차는 10인 것으로 알려져 있다.

$$이익 = 매출 - 비용$$

① 예상되는 이익의 기댓값과 분산을 구하시오. 이때 확률변수를 정의하고 확률변수를 사용하

여 이익을 표현하시오.

② 적자가 발생할 확률은 얼마인가?

③ 이익이 얼마 이상이면 이익의 상위 2.5% 이내에 해당되는가?

5.23 어느 웹사이트의 분(β)당 방문자 수는 포아송분포를 따르는데, 분당 평균 10명이 방문을 하는 것으로 알려져 있다.

① 한 사람이 방문하고 그다음 사람이 방문할 때까지의 시간 간격은 평균 얼마인가?

② 1분 동안 방문자 수가 2~4명일 확률은 얼마인가?

5.24 연속균등분포가 구간 $[a, b]$에서 확률밀도가 1/7이고 다른 구간에서의 확률밀도는 0이다. 구간의 크기인 $b - a$는 얼마인가?

5.25 중간시험 문제는 사지선다형 객관식이다. 홍길동은 확률공부를 하기 위해 무작위로 정답을 맞히기로 하였다. X_i는 i번째 문제에서 정답을 찍으면 1을, 오답을 찍으면 0이 부여되는 확률변수이다.

$$X_i = \begin{cases} 1, \ \text{정답을 찍는 경우} \\ 0, \ \text{오답을 찍는 경우} \end{cases}$$

첫 번째 문제에서 답을 선택할 때 1과 0의 확률분포를 구하시오. 두 번째 문제에서 답을 선택할 때 1과 0의 확률분포를 구하시오. 이 두 확률변수를 합하고 이 합의 의미를 설명하고 확률분포를 구하시오.

5.26 문제 5.25의 방식으로 홍길동은 다섯 문제를 풀기로 하였다. 정답의 개수를 X_i를 이용하여 표현하시오. 다섯 문제 모두 정답일 확률은 얼마인가? 다섯 문제 중에서 정답은 평균 몇 개일까?

5.27 부산 사하구 내에 근무하는 직원들을 대상으로 조사한 결과, 직원들의 30%가 출근 소요 시간이 1시간 이상인 것으로 드러났다. 20명의 직원 중에서 출근시간이 1시간 이상인 직원의 수가 8명 이하일 확률은 얼마인가? 20명 중 출근시간이 1시간 이상일 직원의 수에 대한 평균과 분산을 구하시오. http://homepage.divms.uiowa.edu/~mbognar/applets/bin.html의 애플릿을 활용하시오.

5.28 로또 6/45는 1부터 45까지의 번호 중에서 6개를 선택하는 게임이다. 당첨번호 6개 중 5개만 일치할 확률을 계산하시오. 1등, 2등, 3등, 4등, 5등에 당첨되려면 다음과 같은 조건을 만족해야 한다. 2등, 3등으로 당첨될 확률을 계산하시오.

등위	당첨내용	당첨확률
1등	6개 번호 일치	1/8,145,060
2등	5개 번호 일치+보너스 번호 일치	1/1,357,510
3등	5개 번호 일치	1/35,724
4등	4개 번호 일치	1/733
5등	3개 번호 일치	1/45

5.29 수능에서 수학의 표준점수는 평균이 100점이고 표준편차가 20점인 정규분포를 따른다. 표준점수 115점은 상위 몇 %에 해당하는가? ① http://homepage.divms.uiowa.edu/~mbognar/applets/normal.html의 애플릿을 이용하여 풀고, ② 표준정규분포표를 이용하여 푸시오.

5.30 항아리에서 구슬 하나를 꺼낼 때 이 구슬의 색깔이 빨간색일 확률은 0.3이다. 구슬 50개를 꺼낼 때 이 중 빨간 구슬이 10개 이하일 확률을 이항분포와 정규근사로 각각 구하시오. 20개 이하일 확률을 이항분포와 정규근사로 각각 구하시오. 이항분포와 정규근사로 구한 값의 차이를 비교하시오. http://homepage.divms.uiowa.edu/~mbognar/applets/binnormal.html의 애플릿을 활용하시오.

5.31 베르누이 시행에서 1 또는 0이 부여되며, 확률은 각각 p와 $1-p$이다. X_j를 j번째 베르누이 시행에서 부여된 수치라 하자. 확률변수 X를 $X = X_1 + X_2 + \cdots + X_n$라 정의할 때, $E(X) = np$와 $\mathrm{Var}(X) = np(1-p)$임을 보이시오.

5.32 x_1과 x_2가 a와 b 사이에 있다($a \le x_1 \le x_2 \le b$). 연속균등분포를 따르는 확률변수 X가 x_1과 x_2 사이의 값을 취할 확률이 $\dfrac{x_2 - x_1}{b - a}$임을 보이시오.

5.33 펀드 A는 수익률의 평균과 표준편차가 각각 5%와 10%, 펀드 B는 수익률의 평균과 표준편차가 각각 10%와 25%인 정규분포를 따르는 것으로 알려져 있다. 어느 펀드가 원금손실(=수익률이 0% 미만)이 발생할 가능성이 높은가? Excel을 이용하여 계산하시오.

CHAPTER 6

모수와 통계량의 관계: 표본분포

" 주어진 자료가 어떻게 생겼는가?" 하는 질문에 대한 좋은 답변은 자료의 특성을 알려 주면 된다. 예를 들어 자료의 평균, 분산, 분포 모양을 알려 준다면 해당 자료가 어떻게 생겼는지 파악할 수 있다. 이처럼 주어진 자료의 특성을 분석하는 학문 분야를 기술통계학(descriptive statistics)이라 하며, 제5장까지 공부한 내용이다. 반면에 주어진 자료 자체를 분석하는 것이 아니라, 이 자료가 추출된 모집단이 어떻게 생겼는가를 파악할 수도 있다. 이와 같이 주어진 자료를 이용하여 모집단의 특성을 추론하는 학문 분야를 추리통계학(inferential statistics)이라 하며, 이때 주어진 자료를 표본(sample)이라 부른다.

모집단의 특성을 수치로 나타낸 것을 모수라 하며, 표본의 특성을 수치로 나타낸 것을 통계량이라 한다. 표본으로부터 모수에 대해 추론하려면 통계량과 모수 간의 통계적 관계를 파악해야 가능하다. 제6장에서 이런 통계적 관계를 분석한다.

Ⅰ 모집단과 표본

1. 모집단과 표본의 구분

어느 제약회사가 진통 효과가 긴 신약을 개발했는데, 치통 환자를 대상으로 진통 시간이 얼마나 되는지 조사하려고 한다. 완벽하게 조사하려면 치통 환자 전체에게 신약을 투약하고 진통 시간을 조사해야 하나, 이는 현실적으로 불가능하다. 따라서 치통 환자 중 일부를 대상으로 진통 시간을 조사하기로 하였다. 이 경우 관심 대상은 전체 치통 환자에 대한 진통 시간이나, 실제 분석 대상은 일부 환자의 진통 시간이다. 이와 같이 관심의 대상이 되는 모든 개체의 집합을 **모집단**이라 하고, 실제 분석의 대상이 된 개체의 집합을 **표본**이라 한다. 이 예제에서 개체란 진통 시간을 말한다.

모집단의 특징을 묘사하는 요소에 모평균 μ와 모분산 σ^2 등이 있는데, 이들을 **모수**(parameter)라 한다. 반면에 표본의 특징을 묘사하는 요소에는 표본평균 $\bar{X}$와 표본분산 S^2 등이 있고, 이들을 **통계량**(statistic)이라 한다.

2. 표본조사

모집단의 모든 개체에 대한 자료를 수집하는 행위를 **전수조사**(census)라 한다. 예를 들어 우리나라 정부가 5년마다 전 가구를 대상으로 하는 인구주택총조사(www.census.go.kr 참조)나 징집 대상자를 대상으로 실시하는 신체검사 등이 있다.[1] 반면에 모집단의 일부인 표본만을 대상으로 자료를 수집하는 행위를 **표본조사**(sample survey)라 부른다. 표본조사를 실시하는 사유는 다음과 같다.

▶ **경제성** 관찰 대상의 수를 줄임으로써 비용이 적게 소요된다.
▶ **시간 절약** 적은 수의 개체를 조사하기 때문에 자료의 수집과 분석을 단시간에 수행할 수 있다.
▶ **정확성** 적은 수의 개체를 조사하기 때문에 관련 자료의 수집과 처리과정을 세밀하고 정확하게 수행할 수 있다.
▶ **전수조사가 불가능한 경우** 모집단이 무한히 많거나 모집단을 파악하기가 불가능한 경우가 있다. 또는 통조림의 위생점검과 같이 조사 대상의 파괴를 수반하는 경우(전수조사를 하면 판매할 통조림이 하나도 남지 않는다), 불가피하게 표본조사를 수행할 수밖에 없다.
▶ **민감한 정보를 수집하는 경우** 예를 들어, 회사 내에서 발생하는 성희롱에 대해 조사할 때 사원 전체를 대상으로 조사하는 것보다는 일부 사원에 대해 심층면접을 수행하는 것이 비밀유지에 도움이 된다.

3. 표본추출 방법

모집단으로부터 표본을 선택하는 행위를 **표본추출**(sampling)이라 한다. 표본추출 방법은 크게 **확률적 추출**(probability sampling)과 **비확률적 추출**(nonprobability sampling)로 나뉜다.

---

1 BC 435년부터 로마제국에서 시민 등록 등을 담당하는 censor라는 관리에 의해 인구조사가 실시되었다. 이때부터 인구조사 담당관리의 직명을 따서 센서스(census)라고 부르게 되었다. 고대 바빌로니아 BC 3600년경과 중국 BC 3000년 경에 전 인구를 대상으로 조사한 기록이 있으며, 과세와 징병이 주목적이었다. 우리나라의 경우 삼한시대부터 시작하여 조선시대에 이르기까지 소위 호구조사(戶口調査)라는 명칭으로 실시되었다.

전자는 모집단을 구성하는 개별 개체가 표본요소[2]로 선택될 확률이 정해져 있는 경우를 말하며, 후자는 그 확률이 정해져 있지 않거나 일부 개체가 선택될 가능성이 전혀 없는 경우를 말한다.

확률적 추출은 다음과 같이 단순무작위추출, 체계적 추출, 층화추출, 군집추출의 네 가지 방법이 있다.

▶ **단순무작위추출(simple random sampling)** 모집단의 각 개체가 표본요소로 선택될 확률이 동일한 경우이다. 모집단의 개체수 N 중에서 임의로 n개의 표본요소를 선택한다면, 개별 개체가 선택될 확률을 모두 n/N으로 일정하다.

▶ **체계적 추출(systematic sampling)** 모집단의 개체에 1, 2, ⋯, N이라는 일련번호를 부여한 후, 첫 번째 표본요소를 임의로 선택하고 일정 간격으로 다음 표본요소를 선택한다. 예를 들어 1,000개의 개체로 구성된 모집단에서 20개를 표본요소로 선택하는 경우를 보자. 일련번호 1, 2, ⋯, 50 중에서 임의로 1개를 선택하고 50번 간격으로 다음 표본요소를 선택한다. 만약 37번의 일련번호가 첫 번째 표본요소로 선택된다면 87번, 137번, ⋯, 987번이 표본요소로 선택된다.

▶ **층화추출(stratified sampling)** 모집단을 성격에 따라 몇 개의 집단 또는 층(strata)으로 나누고, 각 집단 내에서 원하는 개수의 표본요소를 무작위로 추출한다. 대기업의 초봉을 조사할 때 업종에 따라 봉급의 차이가 많다면, 단순무작위추출보다는 층화추출이 바람직하다. 금융업, IT업, 유통업, 제조업 등의 집단으로 나눈 후, 각 집단에서 사전에 정한 개수의 표본요소를 임의로 선택한다.

▶ **군집추출(cluster sampling)** 모집단을 특성에 따라 여러 개의 집단(cluster)으로 나눈다. 이들 집단 중에서 몇 개를 선택한 후, 선택된 집단에서 필요한 만큼의 표본요소를 임의로 선택한다. 군집추출은 층화추출과 혼동하기 쉽다. 층화추출은 모든 집단에서 표본요소가 선택되나, 군집추출은 선택된 집단에서만 표본요소가 선택된다는 점이 다르다. 군집추출은 집단을 지역적으로 구분하는 경우가 많다. 전국을 10개의 권역으로 나눈 후, 2개의 권역만을 선택하고 이 권역에 속한 가구를 표본요소로 선택하는 경우를 예로 들 수 있다. 이런 방법을 사용하면 조사자가 전국을 여행할 필요 없이 2개의 권역만 방문하면 되므로 비용과 시간을 절약할 수 있다.

비확률적 추출에는 판단추출, 할당추출, 편의추출 등이 있다.

▶ **판단추출(judgment sampling)** 전문지식이 있는 연구자가 자신의 판단에 따라 표본요소를 선택하는 경우이다. 소비자물가지수나 장바구니물가지수 등은 공무원의 판단에 따라

---

2 표본요소는 추출된 표본의 구성단위를 말한다.

품목을 선택하므로 판단추출의 사례이다.

▶ **할당추출**(quota sampling) 모집단을 여러 집단으로 나눈 후, 각 집단에서 필요한 개수의 표본요소를 선택하되 연구자가 자신의 판단에 따라 선택하는 경우이다. 층화추출과 혼동하기 쉽다. 모집단을 몇 개의 집단으로 나눈다는 점에서 층화추출과 동일하다. 그러나 각 집단에서 표본요소를 선택할 때 층화추출은 무작위로 선택하는 반면, 할당추출은 연구자가 자신의 판단으로 선택한다는 점이 다르다.

▶ **편의추출**(convenience sampling) 연구자가 쉽게 접근할 수 있는 표본요소를 선택하는 경우이다. 특정 약물에 대한 암환자의 반응을 확인하려는 경우를 보자. 전국 또는 전 세계의 암환자 중에서 일부를 선택하는 대신, 자신이 소속한 병원의 암환자를 대상으로 실험하였다면 편의추출에 해당된다.

확률적 추출은 표본추출의 과정에 표본요소를 무작위로 선택하는 과정이 포함된다는 점이 비확률적 추출과 다르다. 비확률적 추출은 연구자의 편견이 결과를 좌우하기 때문에 통계학의 표본분포 이론을 적용할 수 없는 단점이 있다. 그러나 모집단에 대한 개략적인 정보가 신속하게 필요하거나 조사 대상이 비협조적일 때 적용할 수 있는 장점이 있다.

II 표본평균과 모수의 통계적 관계

1. 간단한 사례

우리가 알고 싶은 것은 모수이다. 그러나 모수를 알려면 전수조사를 해야 하는데, 돈과 시간이 너무 많이 소요되므로 아주 특별한 경우 외에는 전수조사를 하지 않는다. 대신 표본을 추출하고 통계량의 값을 구한 다음, 모수를 유추하려고 한다. 통계량을 이용하여 모수를 유추하려면 통계량과 모수의 관계를 알아야 한다. 이 관계를 찾는 것이 제6장의 목표이다. 통계량과 모수 중 하나인 표본평균($\bar{X}$)과 모평균(μ)의 관계를 파악하기 위해 간단한 예로 출발하자.

항아리에 10, 20, 30이라고 쓰인 구슬이 3개 있다. 이 항아리의 숫자를 모집단이라고 하면, 모집단의 평균 $\mu = 20$이고 분산 $\sigma^2 = 200/3$이다. 이제 이 모집단에서 표본크기 n이 2인 표본을 추출해보자. 표본추출은 하나의 구슬을 꺼내고 숫자를 기재한 후, 이 구슬을 항아리에 집어넣고 두 번째 구슬을 꺼내 숫자를 기재하는 방식으로 한다. 이와 같이 꺼낸 구슬을 다시 항아리에 집어넣은 후에 다음 구슬을 꺼내는 방식을 **복원추출**(sampling with replacement)이라 한다. 이 방식으로 추출하면 10, 20, 30이 꺼내질 확률은 동일하게 1/3이 된다. 반면에 꺼낸 구슬을 항아리에 넣지 않고 두 번째 구슬을 꺼내는 경우를 **비복원추출** (sampling without replacement)이라 한다.

표본크기를 2로 하여 복원추출 방식으로 하는 경우 [그림 6.1]에서 보는 바와 같이 (10, 10), (10, 20), …, (20, 30), (30, 30)의 9개 표본이 1/9의 확률로 나타난다. 표본의 표본평균 $\bar{x}$는 각각 10, 15, …, 25, 30이다.

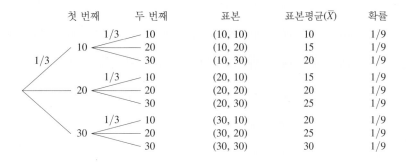

첫 번째	두 번째	표본	표본평균($\bar{X}$)	확률
	1/3 — 10	(10, 10)	10	1/9
10	— 20	(10, 20)	15	1/9
	— 30	(10, 30)	20	1/9
	1/3 — 10	(20, 10)	15	1/9
20	— 20	(20, 20)	20	1/9
	— 30	(20, 30)	25	1/9
	1/3 — 10	(30, 10)	20	1/9
30	— 20	(30, 20)	25	1/9
	— 30	(30, 30)	30	1/9

그림 6.1 **복원추출 방식의 표본추출**

여기서 표본평균 $\bar{X}$은 여러 수치를 확률적으로 취한다. 그러므로 표본평균은 확률변수이다. $\bar{X}$의 확률분포를 알아보자.[3] 이 확률분포를 $\bar{X}$의 **표본분포**(sampling distribution of $\bar{X}$)라 부른다.

표 6.1 **$\bar{X}$의 표본분포**

$\bar{x}$	확률
10	1/9
15	2/9
20	3/9
25	2/9
30	1/9

$\bar{X}$의 표본분포를 이용하여 평균인 $E(\bar{X})$를 계산해보자.

$$E(\bar{X})[= \mu_{\bar{X}}] = (1/9)10 + (2/9)15 + (3/9)20 + (2/9)25 + (1/9)30 = 20$$

$E(\bar{X})$의 값이 20이다. 이 수치는 모집단평균 μ의 값과 일치한다. 이 사례는 $N=3$, $n=2$인 경우이지만, N과 n의 크기가 다르더라도 동일한 관계가 유지된다. 이에 따라 통계량 $\bar{X}$와 모수의 첫 번째 관계를 알게 되었다.

$$E(\bar{X}) = \mu$$

---

3 이전 장과 달리 여기서 $\bar{X}$는 확률변수이므로 대문자를 사용한다. 특정 수치를 지칭할 때는 소문자를 사용한다.

이제 $\overline{X}$의 표본분포를 이용하여 표본평균의 분산, $\mathrm{Var}(\overline{X})$를 계산해보자.

$$\mathrm{Var}(\overline{X})\,[=\sigma_{\overline{X}}^2\,]=(1/9)[10-20]^2+(2/9)(15-20)^2+(3/9)(20-20)^2$$
$$+(2/9)(25-20)^2+(1/9)(30-20)^2=100/3$$

$\mathrm{Var}(\overline{X})$의 값은 100/3이다. 이 수치는 모집단의 분산 σ^2을 2로 나눈 값과 동일한데, 2는 표본크기인 n과 일치한다. N과 n의 크기가 다르더라도 동일한 관계가 유지된다. 그러므로 통계량과 모수의 두 번째 관계를 알게 되었다.[4]

$$\mathrm{Var}(\overline{X})[=\sigma_{\overline{X}}^2\,]=\sigma^2/n$$

복원추출을 전제로,[5] 표본평균과 모수의 관계를 정리하면 다음과 같다.

표본평균 $\overline{X}$와 모수의 관계(복원추출을 가정한 경우)

$E(\overline{X})=\mu$

$\mathrm{Var}(\overline{X})\,[=\sigma_{\overline{X}}^2]=\sigma^2/n$

2. $\mathrm{Var}(\overline{X})$와 s^2의 구분

$\mathrm{Var}(\overline{X})$의 개념을 정확히 이해하지 못하고 있는 경우가 흔하다. [그림 6.2]를 이용하여 $\mathrm{Var}(\overline{X})$와 s^2을 비교해보자. 왼쪽의 그림을 보면, 모집단에서 일정한 크기(예: $n=2$)의 모든

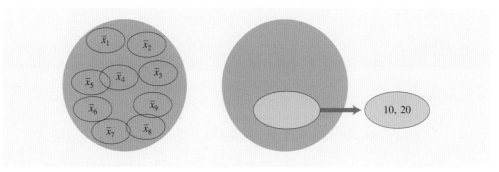

그림 6.2 $\mathrm{Var}(\overline{X})$와 s^2의 구분

---

4 이를 수학적으로 증명하면, $E(\overline{X})=E\left(\dfrac{\sum X_i}{n}\right)=\dfrac{E(X_1)+E(X_2)+\cdots+E(X_n)}{n}=\dfrac{n\mu}{n}=\mu.$ X_i가 서로 독립이므로,

$\mathrm{Var}(\overline{X})=\dfrac{\mathrm{Var}(X_1)+\mathrm{Var}(X_2)+\cdots+\mathrm{Var}(X_n)}{n^2}=\dfrac{\sigma^2}{n}$

5 비복원추출을 전제로 하면, $E(\overline{X})=\mu,\ \mathrm{Var}(\overline{X})(=\sigma_{\overline{X}}^2)=\dfrac{\sigma^2}{n}\left(\dfrac{N-n}{N-1}\right)$의 관계가 성립한다.

표본을 작은 동그라미로 표시하였다. 앞의 사례에서 총 9개의 표본이 나올 수 있으며 각 표본마다 표본평균이 있어 이들을 $\bar{x}_1, \bar{x}_2, \cdots, \bar{x}_9$로 표기하였다. 이 9개 표본평균의 분산이 바로 $\text{Var}(\bar{X})$이다. 반면에 s^2은 오른쪽 그림에서 설명할 수 있다. 모집단에서 하나의 표본을 추출할 때, 그 표본 내 숫자(표본요소)의 분산이 s^2이다. 예를 들어 (10, 20)이라는 표본이 추출되었다면 s^2은 $[(10-15)^2 + (20-15)^2]/(2-1) = 50$이다.

$\sigma_{\bar{X}}$는 제5장까지의 표현대로 하면 표본평균 $\bar{X}$의 표준편차(standard deviation of sample mean $\bar{X}$)라 불러야 하나, 제6장부터는 **표본평균 $\bar{X}$의 표준오차**(standard error of sample mean $\bar{X}$)라 부른다. '오차'라는 단어가 포함되어 불리는 이유는 다음에 설명할 표본추출오차의 크기와 일치하기 때문이다.

● 예제 6.1

모 대학교 학생들의 통계학 점수를 조사한 결과, 평균이 75점이고 분산이 100이다. 이 대학생들을 대상으로 25명씩 모든 표본을 복원추출할 때, 표본평균의 평균, 분산, 표준오차는 얼마인가?

풀이

$$\mu = 75, \sigma^2 = 100, n = 25$$
$$E(\bar{X}) = \mu = 75$$
$$\text{Var}(\bar{X})\left[= \sigma_{\bar{X}}^2\right] = \sigma^2/n = 100/25 = 4$$
$$\sigma_{\bar{X}} = \sigma/\sqrt{n} = 10/\sqrt{25} = 2$$

이 문제를 풀 때, 공식을 사용하기 전에 [그림 6.2]의 왼쪽 그림을 머릿속에 그린 후 공식에 대입할 것을 권장한다.

3. 표본추출오차

$\bar{X}$의 값이 175가 나오면 이를 근거로 모평균 μ를 175라고 추정한다. 이때 실제 모평균 μ가 170이라면 5($=175-170$)만큼의 오차가 발생하게 된다. 이 오차는 표본추출로 인해 발생했기 때문에 이를 **표본추출오차**(sampling error)라 한다. 표본추출오차는 평균뿐 아니라 모든 모수와 통계량에 확장되어 다음과 같이 적용할 수 있다.

표본추출오차 = 통계량(statistic) − 모수(parameter)

$\overline{X}$의 경우 표본추출오차의 크기를 측정하려면, 표본추출오차를 제곱한 후 기댓값을 계산한다.[6]

$$E[(\overline{X} - \mu)^2] = \text{Var}(\overline{X}) = \frac{\sigma^2}{n}$$

제곱근을 취하면,

$$\sqrt{E[(\overline{X} - \mu)^2]} = \frac{\sigma}{\sqrt{n}}$$

이 제곱근은 $\overline{X}$의 표준오차와 일치한다. 그러므로 $\overline{X}$의 표준오차는 모수 μ를 추정할 때 발생하는 오차의 크기를 나타내는 셈이다. 표본추출오차의 크기는 두 가지 요인의 영향을 받는다.

첫째, 표본크기 n이다. 표본크기가 클수록 표본추출오차가 작아진다. 예를 들어 앙골라인의 평균 키를 알고자 할 때, 100명을 표본으로 하는 경우가 5명을 표본으로 하는 경우보다 더 정확하게 추정할 수 있다.

둘째, 모집단의 표준편차 σ이다. σ는 불확실성의 정도를 나타내므로 모집단의 불확실성이 높을수록 오차가 클 가능성이 높다. 예를 들어, IMF 외환위기 때와 같이 불확실성이 높으면 예측이 부정확하다.

● 예제 6.2

국제수역사무국(World Organization for Animal Health, OIE)은 광우병으로부터 안전한 정도에 따라 등급을 매기고 있다. 광우병 위험이 거의 없는 국가에 대해서는 1등급, 비교적 안전한 국가에 대해서는 2등급, 위험을 측정할 수 없다고 판단되는 국가에 대해서는 3등급을 부여하고 있다. 여러 기준으로 평가한 다음, 총점수를 가지고 1등급, 2등급, 3등급 중 하나를 부여하고 있다. 이 기준 중 하나는 조사한 두수(頭數)인데, 두수가 일정 이상인 경우에는 높은 점수를 배정하고 있다. 조사한 두수가 일정 이상인 경우에 높은 점수를 배정하고, 그렇지 않은 경우에 낮은 점수를 배정하는 이유는 무엇인가?

풀이

조사한 두수, 즉 표본크기가 작으면 모수에 대한 추정이 부정확해지기 때문에 낮은 점수를 부여한다.

---

6 $E(\overline{X} - \mu)$를 계산하면 양(+)과 음(−)이 상쇄되어 0이 되므로 이를 방지하기 위해 제곱을 한다.

● **예제 6.3**

학교 *A* 학생들의 통계학 점수는 분산이 100이고, 학교 *B* 학생들의 분산은 150으로 알려져 있다. 각 학교의 학생들을 대상으로 25명의 표본을 추출하여 모집단 평균 등에 대한 추정을 할 때 어느 학교의 결과가 더 정확성이 있는가?

풀이

통계학 점수에 대한 학교 *A*의 불확실성이 더 작으므로 학교 *A*의 추정결과가 더 정확하다. 이는 표준오차의 크기로도 확인할 수 있다. 표준오차는 각각 $10/\sqrt{25}$와 $\sqrt{150}/\sqrt{25}$ 이다.

4. 표본평균의 분포 모양

모집단이 정규분포를 따르는 경우와 그렇지 않은 경우로 나눠 살펴보자.

모집단이 정규분포를 따르는 경우

모집단이 정규분포를 따르는 경우, 표본평균 $\overline{X}$는 표본크기에 관계없이 정규분포를 따른다. 이에 대한 이론적 배경은 각주를 보면 되고,[7] 여기서는 시뮬레이션을 통해 이를 확인해보자.

[그림 6.3]은 모집단이 정규분포를 따를 때 표본평균의 분포를 보여주고 있다. 이 그림에

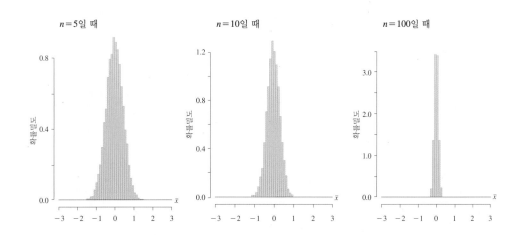

그림 6.3 모집단이 정규분포를 따를 때 $\overline{X}$의 분포

주: 모집단은 $\mu=0$, $\sigma=1$인 정규분포를 따른다. $\overline{X}$의 분포는 표본을 10,000회 추출하여 시뮬레이션한 결과임. x축의 간격은 0.1임
   (소프트웨어 R 사용)

---

7 $\overline{X} = \dfrac{\sum X_i}{n} = \dfrac{X_1 + \cdots + X_n}{n}$에서 X_i는 정규분포를 따르면 이들의 선형결합인 $\overline{X}$도 정규분포를 따른다.

서 보는 바와 같이 표본크기 n이 5, 10, 100일 때 표본평균의 분포는 모두 정규분포와 유사하다. 즉 모집단이 정규분포를 따른다면, 표본크기에 상관없이 표본평균은 정규분포를 따른다는 것을 추론할 수 있다.

모집단이 정규분포를 따르지 않는 경우

모집단이 정규분포를 따르지 않을 때는 상황이 복잡해진다. 표본평균의 분포가 ① 모집단 크기, ② 표본크기에 영향을 받는다.

① 표본크기가 일정하나 모집단 크기가 다를 때

[그림 6.4]는 모집단 크기가 표본평균의 분포에 어떤 영향을 주는지 보여준다. 여기의 세 그림에서 모집단 크기 N이 각각 13, 111, 1001로 다르다. 세 그림 모두 이산균등분포를 따르고 표본크기 n이 동일하게 10, 모평균 또한 동일하게 0이다. 그러나 모분산은 동일하게 할 수가 없어 대신 유사하게 하였다.

[그림 6.4]의 세 그림을 비교해 보면, 오른쪽 그림이 가장 정규분포와 유사하다. 즉 모집단 크기 N이 클수록(n이 일정한 상황에서) 표본평균 $\overline{X}$의 분포가 좀 더 정규분포와 유사해짐을 확인할 수 있다.

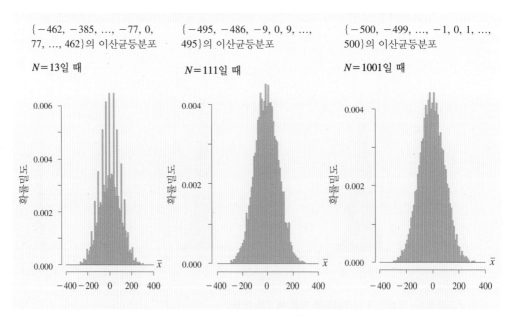

그림 6.4   표본크기가 일정($n=10$)하나, 모집단 크기가 다를 때 $\overline{X}$의 분포

주: 모집단은 동일하게 모평균이 0인 이산균등분포를 따름. 모분산이 동일한 경우를 찾기 힘들어 분산이 유사한 경우로 시뮬레이션을 함. 모분산은 왼쪽에서 오른쪽으로 각각 83,006, 83,160, 83,500으로 유사함. 임의로 표본을 10,000회 추출하여 시뮬레이션한 결과임(소프트웨어 R 사용함).

② 모집단 크기가 일정하나 표본크기가 다를 때

[그림 6.5]의 모집단 분포는 매우 특이한 형태를 띠고 있다. [그림 6.5]의 두 번째와 세 번째 그림은 표본크기가 2와 25일 때 표본평균 $\overline{X}$의 분포를 보여 주고 있다. 이 시뮬레이션의 결과는 매우 충격적이다. 표본크기가 2일 때 $\overline{X}$ 분포의 형태를 특징짓기 어려우나, 25이면 $\overline{X}$의 분포가 정규분포와 비슷함을 확인할 수 있다. 즉 표본크기가 커지면 $\overline{X}$의 분포가 정규분포와 유사해짐을 유추할 수 있다.

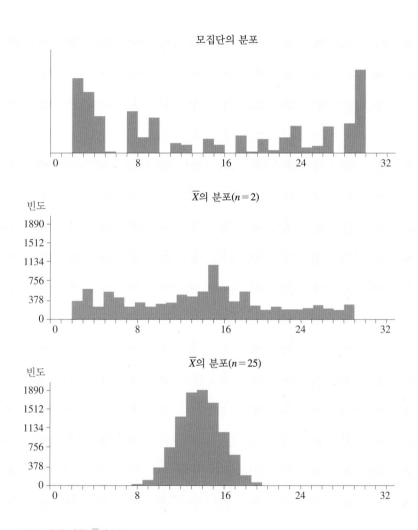

그림 6.5 **표본크기에 따른 $\overline{X}$의 분포**

주: www.onlinestatbook.com에서 시뮬레이션함. 표본을 10,000회 추출함

앞의 ①에서는 모집단이 클수록, ②에서는 표본이 클수록, 표본평균이 정규분포에 유사

해짐을 보여주었다. 이를 종합하면 모집단이 크고 표본이 크다면 표본평균이 정규분포에 가까워질 거라고 추론할 수 있다. 이 논리는 **중심극한정리**(central limit theorem)의 기초가 된다.

중심극한정리
무한모집단에서 표본이 커지면 표본평균 $\overline{X}$의 분포는 정규분포로 수렴한다.

이 정리에 따라 표본이 충분히 크다면 표본평균이 정규분포를 따르는 것으로 가정해도 별 무리가 없는 것으로 보인다. 그러면 표본크기가 어느 정도 되어야 '충분히 크다'고 말할 수 있을까? 이를 일률적으로 정할 수 없으나, 대부분의 통계학 책에서 표본크기 30을 기준으로 제시하고 있다. 이 책도 이를 따른다. 지금까지의 내용을 요약하면 다음과 같다.

- 모집단이 정규분포를 따르면, $\overline{X}$는 표본크기에 상관없이 정규분포를 따른다.
- 모집단이 정규분포를 따르지 않을 때, 모집단이 크고 표본크기가 30 이상이면 $\overline{X}$가 정규분포에 근사하다.

모집단이 정규분포를 따르지 않고 표본크기가 30 미만인 경우

모집단이 정규분포를 따르지 않고 표본크기 n이 30 미만인 경우에 표본평균이 어떤 분포를 따를까? [그림 6.6]은 6개의 그림으로 구성되어 있는데, 맨 위의 두 그림이 모집단의 분포이다. 왼쪽은 모집단이 이산균등분포를 따르고 있는 경우로, $n=2$와 $n=10$일 때 표본평균의 분포가 그 밑에 그려져 있다. 오른쪽은 모집단에서 X가 취할 수 있는 수치가 1, 2, 6이고 이 수치가 나타날 확률이 각각 0.7, 0.1, 0.2인 경우이다. 왼쪽과 마찬가지로 $n=2$, $n=10$일 때 표본평균의 분포는 그 밑에 그려져 있다. $n=2$일 때 왼쪽 그림과 오른쪽 그림은 전혀 다른 형태를 띠고 있다. $n=10$일 때에도 마찬가지이다. 이 그림으로 미루어 보아, 표본크기가 작으면 표본평균의 분포가 정형화된 패턴을 보이지 않고 모집단의 분포에 따라 달라진다는 사실을 유추할 수 있다. 따라서 모집단이 정규분포를 따르지 않고 표본크기가 작으면 통계학적인 분석을 수행할 수 없다.

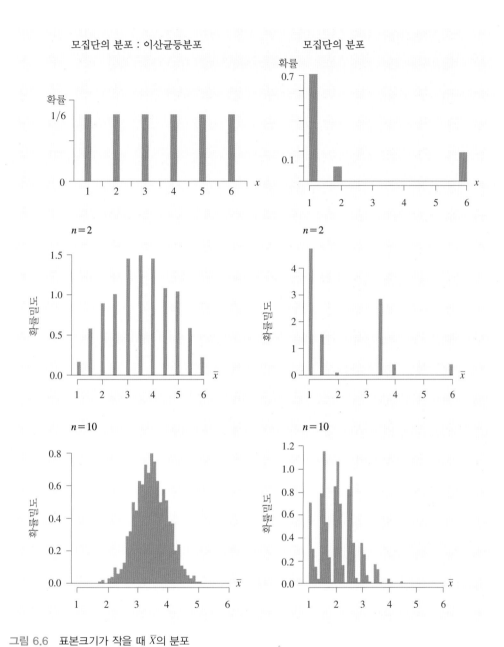

그림 6.6 표본크기가 작을 때 $\bar{X}$의 분포

주: $n=2$, $n=10$일 때 표본평균의 분포는 표본을 1,000회를 추출하여 시뮬레이션한 결과임(소프트웨어 R 사용).

표본평균과 모수의 관계 요약

표본평균 $\overline{X}$와 모수의 통계적 관계는 다음과 같이 요약할 수 있다.

〈$\overline{X}$와 모수의 관계〉

- $E(\overline{X}) = \mu$
- $\text{Var}(\overline{X}) \left[= \sigma^2_{\overline{X}} \right] = \sigma^2/n$
- $\overline{X}$의 분포:
    ① 모집단이 정규분포를 따르면 $\overline{X}$가 정규분포를 따른다.
    ② 모집단이 정규분포를 따르지 않을 때, 모집단이 크고 표본크기가 30 이상이면 $\overline{X}$가 정규분포에 근사하다.

5. $\overline{X}$의 구간확률 구하기

$P(a \leq \overline{X} \leq b)$와 같은 구간확률은 $\overline{X}$의 확률분포를 아는 경우에만 구할 수 있다. 그러므로 표본평균의 분포를 모르는 경우, 즉 모집단이 정규분포를 따르지 않고 표본크기가 30 미만인 경우에는 구간확률을 계산할 수 없다. 반면에 모집단이 정규분포를 따르면 $\overline{X}$가 정규분포를 따르므로 구간확률을 구할 수 있고, 모집단이 정규분포를 따르지 않더라도 표본크기가 30 이상(N이 크다는 전제하에)이면 $\overline{X}$의 분포가 정규분포와 유사하므로 구간확률을 근사 계산할 수 있다. 이때 $\overline{X}$의 평균은 μ이고 분산은 σ^2/n이므로 $\overline{X}$를 표준정규확률변수 Z로 변환하려면 다음의 공식을 사용한다.

$$\overline{X} \sim N(\mu, \ \sigma^2/n) \text{일 때}, \ Z = \frac{\overline{X} - \mu}{\sigma/\sqrt{n}} \sim N(0, \ 1)$$

[예제 6.4]를 통해 표본평균의 구간확률을 구해 보자.

● 예제 6.4

모집단의 평균은 10이고 분산은 25인 확률변수 X에 대해 $P(9.02 \leq X \leq 10.98)$과 $P(9.02 \leq \overline{X} \leq 10.98)$의 값을 각각 구하시오. 계산이 불가능하면 사유를 설명하시오.

① 모집단은 정규분포를 따르고, 이 모집단에서 표본크기가 16인 표본을 복원추출한다.
② 모집단의 분포는 모른다. 이 모집단에서 표본크기가 100인 표본을 복원추출한다.
③ 모집단의 분포는 모른다. 이 모집단에서 표본크기가 16인 표본을 복원추출한다.

풀이

$P(9.02 \leq X \leq 10.98)$은 모집단의 확률변수 X에 대한 구간확률이며, $P(9.02 \leq \overline{X} \leq 10.98)$은 표본평균 $\overline{X}$에 대한 구간확률임을 유의하자.

계산이 가능한가?

문항	$P(9.02 \leq X \leq 10.98)$의 계산 가능?	$P(9.02 \leq \overline{X} \leq 10.98)$의 계산 가능?
①	가능(모집단이 정규분포를 따르므로)[i]	가능($\overline{X}$가 정규분포를 따르므로)[ii]
②	불가능(모집단의 분포를 모르므로)	가능($\overline{X}$가 정규분포에 근사하므로)[iii]
③	불가능(모집단의 분포를 모르므로)	불가능($\overline{X}$의 분포를 모르므로)

(i)의 계산: $P(9.02 \leq X \leq 10.98) = P((9.02-10)/5 \leq Z \leq (10.98-10)/5)$

$$= P(-0.196 \leq Z \leq 0.196)$$

$$\approx P(-0.20 \leq Z \leq 0.20)$$

$$= 0.0793 \times 2$$

$$= 0.1586$$

(ii)의 계산: $P(9.02 \leq \overline{X} \leq 10.98) = P\left(\frac{(9.02-10)}{5/\sqrt{16}} \leq Z \leq \frac{(10.98-10)}{5/\sqrt{16}}\right)$

$$= P(-0.784 \leq Z \leq 0.784)$$

$$\approx P(-0.78 \leq Z \leq 0.78)$$

$$= 0.2823 \times 2$$

$$= 0.5646$$

(i)과 (ii)의 답이 다른 것은 X의 표준편차가 5인 반면, $\overline{X}$의 표준편차(표준오차)는 $5/\sqrt{16}$이기 때문이다.

(iii)의 계산: $P(9.02 \leq \overline{X} \leq 10.98) \approx \left(\frac{(9.02-10)}{5/\sqrt{100}} \leq Z \leq \frac{(10.98-10)}{5/\sqrt{100}}\right)$

$$= P(-1.96 \leq Z \leq 1.96)$$

$$= 0.95$$

Ⅲ 표본분산과 모수의 통계적 관계

앞 절에서의 사례를 다시 인용하여 표본분산과 모수 간의 통계적 관계를 분석해보자. 10, 20, 30이라고 쓰인 구슬이 3개 있는 항아리에서 복원추출 방식으로 2개의 구슬을 꺼낼 때 나올 수 있는 모든 표본과 표본분산은 다음과 같다.[8] 모집단의 분산 σ^2은 200/3이다.

---

8 이때 표본분산은 확률변수이므로 대문자로 표기한다. 특정 수치를 지칭할 때에는 소문자로 표기한다.

표 6.2 $n=2$일 때 나올 수 있는 표본과 표본분산

표본	표본분산(s^2)
10, 10	0
10, 20	50
10, 30	200
20, 10	50
20, 20	0
20, 30	50
30, 10	200
30, 20	50
30, 30	0

주: $s^2 = \dfrac{\sum(x_i - \bar{x})^2}{n-1}$

각 표본이 나올 확률은 모두 1/9이므로 이를 근거로 표본분산 S^2의 확률분포를 알아보자. 이 확률분포를 **표본분산 S^2의 표본분포**(sampling distribution of sample variance)라 부른다.

표 6.3 S^2의 표본분포

s^2	확률
0	3/9
50	4/9
200	2/9

이 표본분포를 이용하여 표본분산 S^2의 평균을 계산해보자.

$$E(S^2) = (3/9)0 + (4/9)50 + (2/9)200 = 200/3$$

이를 통해 $E(S^2)$이 모집단 분산 σ^2과 일치함을 알 수 있다. 즉

$$E(S^2) = \sigma^2$$

N과 n의 크기가 다르더라도 동일한 관계가 유지됨을 유사한 실험을 통해 확인할 수 있다. 이제 표본분산 S^2의 분포 모양을 살펴보자. 모집단이 정규분포를 따른다면, $\dfrac{(n-1)S^2}{\sigma^2}$은 자유도(degrees of freedom)가 $n-1$인 χ^2 분포를 따른다.[9] 이를 V로 표기한다.

---

9 $Z_1, Z_2, \cdots, Z_k$가 각각 평균이 0이고 분산이 1인 독립적 표준정규 확률변수라면, $\sum_{j=1}^{k} Z_j^2$은 자유도가 k인 χ^2 분포를 따른다. 복잡한 과정을 거치면 $\dfrac{(n-1)S^2}{\sigma^2} \sim \chi_{n-1}^2$임을 보일 수 있다.

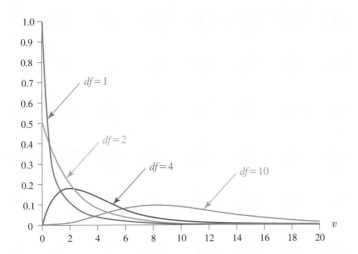

그림 6.7　χ^2 분포의 모양

주: df = 자유도

$$V = \frac{(n-1)S^2}{\sigma^2} \sim \chi^2_{n-1}$$

χ^2 분포는 카이제곱분포(chi-squared distribution)라 읽는다. 이 분포는 [그림 6.7]과 같이 자유도의 크기에 따라 분포의 모양이 다른데, 자유도가 작으면 비대칭 정도가 심하나 자유도가 아주 크면 정규분포와 유사해진다. https://www.geogebra.org/m/weEMmgYa에서 자유도를 바꿔가면 분포의 모양을 시각적으로 확인할 수 있다.

모집단이 정규분포를 따를 때, 표본분산 S^2과 모분산 σ^2의 통계적 관계는 다음과 같이 요약할 수 있다.

⟨S^2과 모수의 관계⟩

• $E(S^2) = \sigma^2$
• S^2의 분포: 모집단이 정규분포를 따르면, $\dfrac{(n-1)S^2}{\sigma^2} \sim \chi^2_{n-1}$

확률변수 V가 χ^2 분포를 따를 때, $P(a \leq V \leq b)$를 구하려면 [부록]의 χ^2 분포표를 이용하면 된다. 예를 들어 자유도가 10일 때 $P(V \geq 15.987)$의 값을 계산해보자. 이 확률은 [그림 6.8]의 오른쪽 그림에서 오른쪽 꼬리의 면적을 의미한다. 왼쪽 표에서 자유도가 10일 때 '오른쪽 꼬리의 면적'이 0.100이므로 $P(V \geq 15.987)$의 값은 10%이다.

Excel에서는 함수 '=CHISQ.DIST.RT(15.987, 10)'를 이용한다.

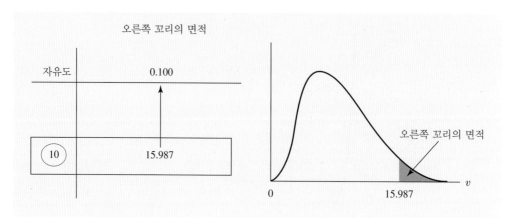

그림 6.8 [부록] χ^2 분포표 중 일부

● **예제 6.5**

주식회사 나로는 배터리를 제조하고 있다. 이 회사가 제조하는 배터리의 수명은 평균 80분, 표준편차 8분인 정규분포를 따르는 것으로 알려져 있다. 임의로 뽑은 20개의 배터리를 대상으로 수명을 조사하니 표준편차가 10.1분으로 나타났다. 표준편차의 분포 중 상위 몇 %에 해당되는가?

풀이

$P(S \geq 10.1)$의 값을 구하면 된다.

$$P(S \geq 10.1) = P\left(V \geq \frac{(20-1)(10.1)^2}{8^2}\right) = P(V \geq 30.284)$$

[부록]의 χ^2 분포표를 보면 상위 약 5%에 해당된다.

〈Excel 이용〉 '=CHISQ.DIST.RT(30.284, 19)'를 하면 0.0483이 나온다.

〈애플릿 이용〉 http://homepage.divms.uiowa.edu/~mbognar/applets/chisq.html을 활용하면 시각적으로 답을 확인할 수 있다.

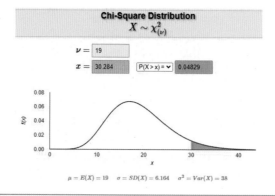

Ⅳ 표본비율과 모수의 통계적 관계

'찬성하는 비율'과 '불량률' 등을 분석하는 사례도 있다. '찬성하는 비율'은 $\dfrac{\text{찬성하는 사람 수}}{\text{전체인원 수}}$ 를, '불량률'은 $\dfrac{\text{불량품의 수}}{\text{생산된 전체 물품 수}}$ 를 의미한다. 전자의 경우 사람들의 의견(또는 투표결과) 은 '찬성'과 '반대' 두 가지 중 하나이고, 후자의 경우 생산된 물품이 불량품이거나 정상품 중 하나이다. 이와 같이 이항으로 구성된 경우 한쪽을 성공, 다른 쪽을 실패라 통칭한다고 하였다. 예를 들어 찬성, 불량품을 성공이라 칭하면 반대, 정상품은 실패라 칭한다. 모집단 에서 성공의 비율을 p라 하면 실패의 비율은 $1-p$가 된다. 이 p를 **모집단 비율**(population proportion)이라 부른다.

표본크기가 n일 때 성공횟수를 X라 하면 표본에서의 성공비율 $\hat{P}$은 다음과 같으며, 이를 **표본비율**(sample proportion)이라 부른다.[10]

$$\hat{P} = \frac{X}{n}$$

X는 성공횟수로 $0, 1, 2, \cdots, n$의 수치를 취하는 이항분포를 따른다. 이항분포의 특성인 $E(X)=np$와 $\mathrm{Var}(X)=np(1-p)$를 이용하여 $\hat{P}$의 평균과 분산을 계산하면 다음과 같다.

$$E(\hat{P}) = E\left(\frac{X}{n}\right) = \frac{E(X)}{n} = p$$

$$\mathrm{Var}(\hat{P}) = \mathrm{Var}\left(\frac{X}{n}\right) = \frac{\mathrm{Var}(X)}{n^2} = \frac{p(1-p)}{n}$$

표본비율 $\hat{P}$의 분포를 좀 더 정확하게 파악하기 위해 다음의 예를 보자. 항아리에 3개의 구 슬이 있는데, 1개는 빨간색(R)이고 다른 2개는 검은색(B)이다. 이 항아리의 구슬 색깔을 모

표 6.4 $n=2$일 때 나올 수 있는 표본과 표본비율

표본	표본비율($\hat{p}$)
R, R	1
R, B_1	1/2
R, B_2	1/2
B_1, R	1/2
B_1, B_1	0
B_1, B_2	0
B_2, R	1/2
B_2, B_1	0
B_2, B_2	0

---

[10] 이 장에서 표본비율은 확률변수이므로 대문자를 사용한다. 다만 특정 수치를 지칭할 때는 소문자를 사용한다.

집단이라 하면 모집단은 R, B_1, B_2로 구성된다. 두 개의 검은 공을 구분하기 위해 아래첨자 1, 2를 사용한다. 빨간색을 성공이라 하면, 모집단비율 p는 1/3이다. 이 항아리에서 표본크기가 2인 표본을 추출하되, 복원추출의 방식을 취한다면 [표 6.4]에서 보는 바와 같이 표본이 (R, R), (R, B_1), (R, B_2), $\cdots$, (B_2, B_1), (B_2, B_2)로 9개이다. 각 표본에서 빨간색의 비율, 즉 표본비율은 각각, 1, 1/2, 1/2, $\cdots$, 0, 0이다.

[표 6.5]를 사용하면 $\hat{P}$의 확률분포, 즉 **표본비율의 표본분포**(sampling distribution of sample proportion)는 다음과 같다.

표 6.5 $\hat{P}$의 표본분포

$\hat{p}$	확률
0	4/9
1/2	4/9
1	1/9

$\hat{P}$의 표본분포를 이용하여 표본비율의 평균과 분산을 계산하면 다음과 같다.

$$E(\hat{P}) = (4/9)0 + (4/9)(1/2) + (1/9)1$$
$$= 1/3$$
$$\text{Var}(\hat{P}) = \left(\frac{4}{9}\right)\left(0 - \frac{1}{3}\right)^2 + \left(\frac{4}{9}\right)\left(\frac{1}{2} - \frac{1}{3}\right)^2 + \left(\frac{1}{9}\right)\left(1 - \frac{1}{3}\right)^2$$
$$= 1/9$$

이 예에서 표본비율의 평균은 모비율인 p와 일치하고 분산은 $p(1-p)/n$와 일치한다.

제5장에서 본 바와 같이 n이 충분히 크면($np \geq 10$과 $n(1-p) \geq 10$을 만족할 때를 말함) 이항분포가 정규분포에 근사해지므로, $\hat{P}$도 정규분포에 근사하다. 따라서 표본비율 $\hat{P}$과 모집단비율인 p의 관계는 다음과 같이 요약된다.

〈$\hat{P}$과 모수의 관계〉

- $E(\hat{P}) = p$
- $\text{Var}(\hat{P})[=\sigma_{\hat{p}}^2] = p(1-p)/n$
- $\hat{P}$의 분포: n이 충분히 크면, $\hat{P}$이 정규분포에 근사하다.

● 예제 6.6

어떤 화학물질이 혈관에 투여될 때 인체가 반응할 확률은 20%이다. 1,000명의 사람에게 이 화학물질을 투여할 때 220명 이하의 사람들이 반응할 확률은 얼마인가?

풀이

$p=0.2$. 확률변수 $\hat{P}$을 표본에서 인체가 반응할 비율이라 하자. 표본크기가 충분히 크므로 $\hat{P}$은 정규분포를 따른다.

$$\hat{P} \sim N(p,\ p(1-p)/n)$$

이항분포의 정규근사를 활용하여, $P(\hat{P} \leq 0.220)$ 대신 $P(\hat{P} \leq 0.2205)$를 계산한다.[11]

$$P(\hat{P} \leq 0.2205) = P\left(Z \leq \frac{0.2205 - 0.2}{\sqrt{0.2(1-0.2)/1000}}\right)$$
$$= P(Z \leq 1.62)$$
$$= 0.9474$$

V 통계량과 모수와의 관계: 요약

통계량인 $\bar{X}$, S^2, $\hat{P}$과 모수의 관계를 요약하면 다음과 같다. 복원추출을 전제로 한 관계이다.

$\langle \bar{X}$와 모수의 관계$\rangle$	$\langle S^2$과 모수의 관계$\rangle$	$\langle \hat{P}$과 모수의 관계$\rangle$
• $E(\bar{X}) = \mu$ • $\mathrm{Var}(\bar{X})\ [= \sigma_{\bar{X}}^2] = \sigma^2/n$ • $\bar{X}$의 분포: ① 모집단이 정규분포를 따르면 $\bar{X}$는 정규분포를 따르고, ② 모집단이 정규분포를 따르지 않을 때, 모집단이 크고 표본 크기가 30 이상이면 $\bar{X}$가 정규분포에 근사하다.	• $E(S^2) = \sigma^2$ • S^2의 분포: 모집단이 정규분포를 따르면, $\dfrac{(n-1)S^2}{\sigma^2} \sim \chi_{n-1}^2$	• $E(\hat{P}) = p$ • $\mathrm{Var}(P)[= \sigma_{\hat{P}}^2] = p(1-p)/n$ • $\hat{P}$의 분포: n이 충분히 크면, $\hat{P}$이 정규분포에 근사하다.

---

[11] 이에 관한 사항은 [예제 5.20]을 참조하시오.

여담: 전투기의 피탄 자국

2차 세계대전 당시 미국의 많은 전투기들이 독일공군기나 지상군의 총탄 세례를 받았다. 미국은 귀환한 전투기를 대상으로 피탄 자국을 조사하였더니 오른쪽과 같았다. 빨간 점이 피탄 자국이다.

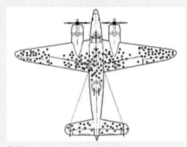

미군은 이 자료를 바탕으로 동체와 날개를 보강하여 전투기의 안전도를 높이려는 계획을 세우려 했다. 보강을 하면 총탄 세례를 받아도 파손이 심하지 않을 수 있어 작전 수행시간이 길어진다. 그러나 보

출처: wikipedia

강을 하면 할수록 동체의 무게가 커져 비행기의 속도가 느려지고 회전이 빠르지 못해 적의 공격을 받을 우려가 있다. 그러므로 보강을 하되 그 범위는 작게 해야 한다.

만약 당신에게 의뢰하였다면 어디를 보강하면 좋겠다고 생각하는가? 많은 사람들은 "피탄 자국이 많은 지점이 적의 공격에 의해 피해를 빈번하게 보는 곳이므로 이곳을 보강하는 것이 좋다"라고 답을 한다. 맞을까?

미군은 통계학자인 월드(Abraham Wald)에게 의뢰하였다. 월드의 생각은 달랐다. 그의 생각을 쉽게 이해하기 위해, 전투기 100대가 출격해 교전하였는데 이 중 80대가 귀환하고 20대는 적군의 총탄에 추락하였다고 생각해보자. 그림으로 표현하면 다음과 같다.

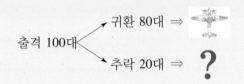

앞의 그림에서 본 피탄 자국은 100대의 피탄 자국이 아니고 귀환한 80대의 피탄 자국이다. 이제 의문은 "추락한 20대의 피탄 자국은 어땠을까?" 혹은 "어떤 위치의 피탄 자국에 의해 추락한 것일까?"이다. 추락한 전투기는 산산조각이 났거나 적진에 있기 때문에 이에 대한 정확한 정보를 얻을 수는 없다.

전투의 현장을 상상해보자. 전투기의 속도가 너무 빠르기 때문에 특정 부위를 맞추는 건 불가능하다. 연료통을 겨냥했다 해도 이를 맞출 확률은 거의 0이다. 따라서 100대의 피탄 자국은 특정 부분에 집중되지 않고 고르게 분포한다. 그러므로 추락한 전투기는 그림의 피탄 자국 아닌 곳에 총격 세례를 받을 가능성이 높다는 것을 추론할 수 있다. 이런 결론에 도달한 월드는 피탄 자국이 없는 곳을 보강하라고 보고서를 제출하였다.

여담: 고양이는 높은 곳에서 추락할수록 안전하다?

사람이 다쳤을 때 이송되는 곳이 응급실이다. 그러나 아주 위급한 환자는 중증외상센터로 이송된다. 정부의 기준에 따르면 6 m 이상에서 추락한 경우 중증외상센터에 이송되고, 6 m 미만에서 추락한 환자는 응급실로 이송된다. 왜냐하면 높은 곳에서 추락한 경우가 더 위독하기 때문이다.

추락 위치가 더 높을수록 위험하다는 논리는 다른 동물에게도 적용된다는 게 일반 상식이다. 그러나 고양이는 이와 정반대라는 연구 결과가 1987년에 발표되었다. 이 논문은 6층 이하에서 추락한 고양이와 7층 이상에서 추락한 고양이로 구분한 다음, 생존율을 비교하였다. 7층 이상에서 추락한 고양이의 생존율이 더 높다고 확인하였다. 고양이는 높은 층에서 추락한 경우가 훨씬 안전하다는 얘기다. 목숨이 9개인 영물임을 뒷받침해주는 이야깃거리이다.

고양이의 착지 능력은 사람이나 개보다 훨씬 뛰어나다. 고양이는 척추뼈가 30개로 24개인 사람보다 많다. 이 많은 뼈 덕택에 척추를 180도까지 돌릴 수 있다. 머리와 골반이 완전 반대 방향을 향하게 할 수 있다. 추락은 예상치 못한 일이므로 고양이의 자세는 틀어져 있게 된다. 낙하하는 동안 맨 먼저 머리를 회전시켜 머리를 정자세로 만든다. 그 다음 척추를 뒤틀어 몸 전체를 정자세로 만든다. 이 상태에서 등을 잔뜩 구부려 착지할 때의 충격을 완화시킨다.

1987년의 논문 결과는 다음과 같이 해석되었다.

추락한 고양이가 머리와 몸을 정자세로 복원시키는데 5층 정도가 소요된다. 그러므로 6층 이하에서 떨어지면 정자세로 복원시킬 충분한 시간이 없는데 반해, 7층 이상에서 떨어진 고양이는 정자세로 복원시키는데 충분한 시간이 있어 안전한 자세로 낙하할 수 있다.

그림에서 보면, 7층 이상에서 추락한 경우(왼쪽), 낙하시간이 충분히 길어 정자세로 복원할 수 있다. 그러나 6층 이하에서 추락하면(오른쪽), 낙하시간이 충분하지 않아 정자세로 복원되지 않은 상태에서 착지하게 하게 되어 중상을 입는다는 주장이다. 이를 고양이의 고층증후군(high-rise syndrome in cats)라 부른다.

이 연구에서 표본은 동물병원에 이송된 고양이였다. 추락한 고양이 중 동물병원에 이송되지 않은 경우는 제외되었다. 이송되지 않은 고양이를 조사할 수 있는 방법이 없으니, 제외할 수밖에 없었다. 표본추출방법 중 하나인 편의추출에 해당된다.

추락한 고양이 중에서 동물병원에 이송되지 않은 고양이는 누구이고, 왜 이송되지 않았을까? 이 질문에 대한 답을 찾아보자. 높은 층에서 추락한 고양이는 즉사하는 경우가 많고 사체가 심하게 훼손되어, 병원에 아예 이송되지 않는다. 반면에 낮은 층에서 추락한 고양이는 설혹 즉사했다 해도 상처가 심하지 않아, 혹시나 하는 마음으로 병원에 이송되는 경우가 많다. 결국 7층 이상에서 추락한 고양이는 부상자만 병원에 이송되고, 6층 이하에서 추락한 고양이는 사망 여부에 관계없이 대부분 병원에 이송된다. 그러므로 이송된 고양이의 사망률은 전자가 낮을 수밖에 없다. 결국, 이 논문의 주장을 그대로 받아들이기 어려운 점이 있다.

복습 문제

6.1 모집단은 1, 2, 3으로 구성되어 있다. 복원추출 방식으로 표본크기 2인 표본을 모두 추출해 보시오. 각 표본에서 표본평균을 구해 보시오. 표본평균의 확률분포(표본분포)를 표로 작성하시오.

6.2 모집단은 1, 2, 3, 4로 구성되어 있다. 복원추출 방식으로 표본크기 2인 표본을 모두 추출해 보시오.

6.3 $\bar{X}$의 표본분포란 무엇인가?

6.4 X의 분포와 $\bar{X}$의 분포는 어떤 차이점이 있는가?

6.5 $\bar{X}$와 μ는 어떤 관계가 있는가? 이런 관계를 알고자 하는 이유는 무엇인가?

6.6 σ^2, s^2, $Var(\bar{X})$는 모두 분산이다. 동일한 의미의 분산인가?

6.7 $\bar{X}$의 표준편차는 어떻게 계산되는가? 이 표준편차를 일반적으로 표준오차라고 부르는데 그 이유는 무엇인가?

6.8 평균이 10인 정규 모집단에서 표본크기를 5로 할 때와 50으로 할 때 $\bar{X}$의 분포를 비교하시오.

6.9 다음 중에서 $\bar{X}$의 분포가 정규분포를 따르지 않을 때는 언제인가?
① 모집단이 정규분포를 따르며 표본크기가 20일 때
② 모집단이 정규분포를 따르지 않으며 표본크기가 100일 때
③ 모집단이 정규분포를 따르지 않으며 표본크기가 10일 때

6.10 모집단은 정규분포를 따르지 않는다. 중심극한정리에 따라 $\bar{X}$가 정규분포에 수렴하기 위해서 ①과 ②는 각각 어떤 조건을 만족해야 하는가?
① 모집단의 크기
② 표본의 크기

6.11 어느 무한모집단의 평균이 5이고 분산이 100이다. 이 모집단에서 표본크기가 100인 표본을 추출하고 있다.
① 표본평균 $\bar{X}$의 기댓값은 얼마인가?
② 표본평균 $\bar{X}$의 분산은 얼마인가?

③ 표본평균 $\bar{X}$는 어떤 분포를 따르는가?

6.12 s^2과 σ^2은 어떤 관계가 있는가? $\bar{X}$와 μ의 관계와 비교하시오.

6.13 χ^2 분포는 어떻게 생겼는가? 이 분포는 음($-$)의 값을 취할 수 있는가?

응용 문제

6.14 20, 30, 40으로 구성되어 있는 모집단에서 표본크기 2인 표본을 추출한다. 복원추출방식으로 할 때 $\bar{X}$의 표본분포를 구하시오.

6.15 어느 회사가 제조하는 부품의 무게는 평균 100 g이고, 표준편차는 25 g이다. 그러나 무게가 어떤 분포를 따르는지 알려져 있지 않다. 다음의 물음에 답하시오.

① 이 부품의 무게가 90 g 미만인 경우 불량품으로 간주하고 있다. 불량품의 비율은 얼마인가?

② 16개씩 임의로 표본을 추출한다면 이들 16개의 무게 평균($\bar{X}$)의 기댓값, 분산, 분포 모양은 어떻게 되는가?

③ 100개씩 임의로 표본을 추출한다면 이들 100개의 무게 평균($\bar{X}$)의 기댓값, 분산, 분포 모양은 어떻게 되는가?

6.16 대형 매장에 방문하는 고객의 1인당 지출액은 평균이 45,000원이고, 표준편차가 56,000원인 정규분포를 따르고 있다. 100명씩 고객을 임의로 추출할 때, 고객 1인당 지출액 평균이 50,000원 미만일 확률은 얼마인가?

6.17 모집단이 10, 20, 30으로 구성되어 있다. 이 모집단에서 표본크기 2인 표본을 비복원추출의 방식으로 추출한다.

① $\bar{X}$의 확률분포(표본분포), 평균, 분산을 구하시오. $\bar{X}$의 평균이 μ와 일치하고, 분산이 $\dfrac{\sigma^2}{n}\left(\dfrac{N-n}{N-1}\right)$의 값과 일치함을 보이시오.

② S^2의 표본분포를 구하시오.

③ $E(S^2)$를 구하고 이 값이 σ^2의 값과 일치하는지 보이시오.

6.18 χ^2 분포의 평균은 자유도와 일치한다는 점을 이용하여 $E(S^2)=\sigma^2$임을 보이시오.

6.19 대형마트에 주차되어 있는 승용차 중에서 검은색 차량이 25%이다.

① 이 마트에 주차된 승용차 10대씩 임의로 복원추출할 때, 10대 중 검은색 차량의 비율에 대한 기댓값과 분산은 얼마인가? 이때 검은색 차량의 비율이 30% 미만일 확률을 계산할 수 있는가?

② 이 마트에 주차된 승용차 200대씩 임의로 복원추출할 때, 200대 중 검은색 차량의 비율에 대한 기댓값과 분산은 얼마인가? 이때 검은색 차량의 비율이 30% 미만일 확률은 얼마인가?

6.20 모집단은 1, 2, 3으로 구성되어 있다. 표본크기를 2로 하여 복원추출 방식으로 추출한다. 각 표본에서 범위(range)를 구하고, 범위의 표본분포를 작성하시오.

6.21 모집단은 1, 2, 3으로 구성되어 있다. 표본크기를 2로 하여 표본을 복원추출 방식으로 추출한다. 각 표본에서 중앙값을 구하고, 중앙값의 표본분포를 작성하시오.

6.22 우리나라 대학생들의 평균 등록금은 350만 원이고 표준편차는 40만 원이다. 표본크기를 10으로 하여 무작위로 추출하려고 한다.
① 표본평균 $\bar{X}$의 기댓값은 얼마인가?
② 표본평균 $\bar{X}$의 분산은 얼마인가?
③ 표본평균 $\bar{X}$는 어떤 분포를 따르는가?

6.23 모비율이 0.4인 모집단에서 표본크기 100인 표본을 추출하고 있다.
① 표본평균 $\hat{P}$의 기댓값은 얼마인가?
② 표본평균 $\hat{P}$의 분산은 얼마인가?
③ 표본평균 $\hat{P}$은 어떤 분포를 따르는가?
④ 표본평균 $\hat{P}$이 35% 이상일 확률은 얼마인가?

6.24 확률변수 V가 자유도가 9인 χ^2 분포를 따른다. 이때 $P(V \geq 19.023)$의 값을 구하시오. χ^2 분포표, Excel, http://homepage.divms.uiowa.edu/~mbognar/applets/chisq.html의 애플릿을 이용하여 구하시오.

6.25 다이어트에 대한 우리나라 성인의 생각을 조사하기 위해 성인 300명에게 전화를 걸어 다이어트를 고려하고 있느냐고 질문하였다. 이 질문에 180명이 그렇다고 대답하였다. 다이어트를 고려하고 있는 성인의 비율을 계산하고, 이 비율이 모집단비율인지 표본비율인지 말해 보시오.

CHAPTER 7

추정: 모집단이 하나인 경우

"**직**장인들의 평균 근무시간은 얼마일까?", "중소기업의 평균 매출액은 얼마일까?", "한국은행의 금리인상 정책에 우리 국민 중 몇 퍼센트가 찬성할까?" 등과 같은 질문이 자주 제기되고 있다. 이런 질문에 대해 정확한 답을 얻으려면 전수조사하여 확인하면 된다. 예를 들어, 직장인들의 평균 근무시간을 알려면 전체 직장인들의 근무시간을 모두 조사한 후 평균값을 내면 된다. 이론상으로 이와 같이 아주 간단하나, 이를 실현하기는 매우 어렵다. 많은 조사원이 동시에 모든 직장인을 찾아다니며 근무시간을 조사하거나 모든 직장인에게 강제적으로 근무시간을 보고하게 하는 방법 등을 생각할 수 있으나, 이 두 방법 모두 현실적으로 불가능하기 때문이다. 유일한 방법은 앞 장에서 파악한 모집단 모수와 표본 통계량 간의 통계적 관계를 이용하여 표본으로부터 모수를 추정하는 것이다.

I 점추정과 구간추정

직장인의 평균 근무시간을 파악하기 위해 한 무리의 직장인을 대상으로 조사하였다. 이들의 근무시간을 근거로 우리나라 전체 직장인의 평균 근무시간을 추정한 결과로 다음의 세 경우를 생각해볼 수 있다.

① 8.5시간
② 7.8시간부터 9.2시간 사이
③ 7.0시간부터 10.0시간 사이

①은 하나의 값으로 추정한 반면, ②와 ③은 구간으로 추정했다. ①과 같이 하나의 값으로

추정한 경우를 **점추정**(point estimation)이라 하고, ②와 ③과 같이 구간으로 추정한 경우를 **구간추정**(interval estimation)이라 한다. ②와 ③은 모두 구간추정이라는 공통점이 있으나, 구간의 크기가 일정한 것이 아니라 상황에 따라 달라진다는 점을 보여주고 있다.

점추정이 구간추정에 비해 단순하기 때문에 방송이나 신문에서는 구간추정보다 점추정 결과를 발표하는 경우가 많다. 그러나 구간추정을 간접적으로 내포하는 경우가 흔하다. 이를 파악하기 위해 어느 신문 기사를 보자.

> "설문조사 결과, …. 향후 경제상황에 대한 질문에서도 50%가 지금보다 더욱 악화될 것이라고 응답해 좋아질 것이라는 응답에 비해 상당히 높게 나타났다…. 이번 조사는 전국 만 19세 이상 성인 남녀(제주 제외) 800명을 대상으로 전화면접 조사를 실시한 것으로 신뢰수준 95%에 오차한계는 ±3.5%p이다."

이 기사를 보면 점추정값인 50%만을 제시한 것처럼 보인다. 그러나 '오차한계는 ±3.5%p (포인트)'라 함으로써, 50%±3.5%, 즉 구간추정 [46.5%, 53.5%]를 제시한 셈이다.

Ⅱ 점추정

모집단 모수의 점추정은 표본의 자료를 추정공식에 대입시켜 구한다. 이때 추정공식을 **추정량**(estimator)이라 하고 이 공식에 따라 계산된 수치를 **추정값**(estimate) 또는 추정치라 한다. 앞 절에서 직장인의 근무시간을 추정할 때 추정공식으로 $\frac{\sum_{i=1}^{n} X_i}{n}$를 사용하고, 계산결과가 8.5시간이라면 추정공식인 $\frac{\sum_{i=1}^{n} X_i}{n}$는 추정량이고 8.5시간은 추정값이다.

모집단 평균 μ의 추정량으로 $\frac{\sum_{i=1}^{n} X_i}{n}$가 일반적으로 사용되나, 다른 다양한 추정량도 생각해볼 수 있다. 예를 들어 중앙값, 최빈값 또는 (최솟값+최댓값)/2 등이다. 그러면 여러 추정량 중에서 어떤 것이 좋은 추정량일까? 좋은 추정량을 구하는 조건을 찾기 위해 예제를 보자.

● 예제 7.1

다음의 질문에 순서대로 답해 보자.

① 표본으로부터 모수를 점추정할 때 오류 없이 정확하게 추정할 수 있는가?

② 이때 발생하는 오차는 무엇이라고 부르는가? (제6장 참조)

③ θ를 모수, $\hat{\theta}$을 추정량이라 하면 표본추출오차는 어떻게 표현하는가?

④ 좋은 추정량이 되려면 표본추출오차의 크기가 어떻게 되어야 하는가?

풀이

①의 답은 '불가능하다'이다. 표본조사는 전수를 조사하는 것이 아니므로 오차가 발생할

가능성이 있기 때문이다. ② 표본추출오차. ③ 표본추출오차＝$\hat{\theta}-\theta$. ④ 표본추출오차의 크기가 작을수록 좋은 추정량이다.

이 예제에서 본 바와 같이 표본추출오차는 $\hat{\theta}-\theta$이다. 제6장에서 표본추출오차의 크기는 $E[(\hat{\theta}-\theta)^2]$로 측정된다고 하였다. $E[(\hat{\theta}-\theta)^2]$을 **평균제곱오차**(mean squared error, MSE)라 부른다. $E[(\hat{\theta}-\theta)^2]$은 계산과정을 거치면[1] $E[(E(\hat{\theta})-\theta)^2]+E[(\hat{\theta}-E(\hat{\theta}))^2]$이 된다. 즉

$$E[(\hat{\theta}-\theta)^2]=E[(E(\hat{\theta})-\theta)^2]+\mathrm{Var}(\hat{\theta})$$

$\hat{\theta}$이 좋은 추정량이 되려면 표본추출오차가 작아야, 즉 $E[(\hat{\theta}-\theta)^2]$의 값이 작아야 한다. 다시 말해 $E[(E(\hat{\theta})-\theta)^2]$과 $\mathrm{Var}(\hat{\theta})$가 작아야 한다. 첫째 항 $E[(E(\hat{\theta})-\theta)^2]$의 최솟값은 0이고, 이 상태를 '불편성'이라 한다. 둘째 항 $\mathrm{Var}(\hat{\theta})$은 작을수록 좋은데, 이 항의 값이 가장 작은 상태를 '효율성'이라 한다. 그 외에도 대표본에서 적용되는 '일치성'이 있다(추후 설명). 결국 좋은 추정량이 되기 위한 조건은 다음과 같이 세 가지이다.

- 불편성
- 효율성
- 일치성

이제 각 조건에 대해 공부해보자.

불편성

θ를 모수라 하고 $\hat{\theta}$을 추정량이라 하면 **불편성**(unbiasedness)은 다음과 같이 정의된다.

다음의 조건을 불편성이라 한다.
$$E(\hat{\theta})=\theta$$
이 조건을 만족하는 $\hat{\theta}$을 **불편추정량**(unbiased estimator)이라 부른다.

앞 장에서 우리는 표본평균, 표본분산, 표본비율을 배웠다. 이들 추정량 $\overline{X}=\frac{\sum_{i=1}^{n}X_i}{n}$, $S^2=\frac{\sum_{i=1}^{n}(X_i-\overline{X})^2}{(n-1)}$, $\hat{P}=\frac{X}{n}$는 다음과 같은 특성을 가지므로 각각 모평균, 모분산, 모비율의 불편추정량임을 알 수 있다.

---

[1] $E[(\hat{\theta}-\theta)^2]=E[(\hat{\theta}-E(\hat{\theta})+E(\hat{\theta})-\theta)^2]=E[(\hat{\theta}-E(\hat{\theta}))^2]+E[(E(\hat{\theta})-\theta)^2]+2\cdot E[(\hat{\theta}-E(\hat{\theta}))\cdot(E(\hat{\theta})-\theta)]$.
마지막 항인 $E[(\hat{\theta}-E(\hat{\theta}))\cdot(E(\hat{\theta})-\theta)]=0$

$$E(\overline{X}) = \mu, \ E(S^2) = \sigma^2, \ E(\hat{P}) = p$$

$\overline{X}$, S^2, $\hat{P}$은 불편성을 만족하기 때문에 좋은 추정량의 자격 요건 중 하나를 갖춘 셈이다. $\frac{\sum_{i=1}^{n}(X_i - \overline{X})^2}{n}$은 분모에 $(n-1)$을 사용하는 S^2보다 모집단 분산의 공식과 비슷하여 좋은 추정량일 것 같다. 그러나 불편성을 만족하지 못하기 때문에 표본분산으로 사용하지 않는다 ([예제 7.2] 참조).

불편성을 만족하면 어떤 장점이 있는가? 이를 알기 위해 불편성을 만족하지 않는 추정량 (이를 편의추정량이라 한다, biased estimator)과 비교해보자. [그림 7.1]을 보자. 이 그림에서 대포 1과 2는 모두 과녁(θ)을 조준하여 발포하였다. 대포 1의 탄착군 $\hat{\theta}_1$은 과녁(θ)을 중심으로 분포되어 있으나, 대포 2의 탄착군 $\hat{\theta}_2$은 과녁(θ)에서 멀리 오른쪽에 분포되어 있다. 즉 대포 1의 탄착군 평균(그림에서 별로 표시)이 과녁(θ)과 일치하나, 대포 2의 탄착군 평균(그림에서 별로 표시)은 과녁(θ)과 일치하지 않는다. 즉 $E(\hat{\theta}_1) = \theta$, $E(\hat{\theta}_2) \neq \theta$다. $\hat{\theta}_1$은 불편추정량이고, $\hat{\theta}_2$은 편의추정량이다. 과녁을 더 정확하게 맞추는 불편추정량 $\hat{\theta}_1$이 그렇지 않은 $\hat{\theta}_2$에 비해 우수하다는 것을 쉽게 알 수 있다.

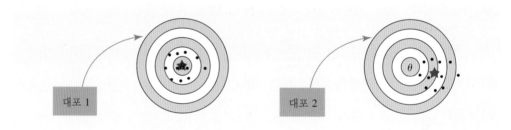

그림 7.1 불편추정량과 편의추정량의 비교

● 예제 7.2

10, 20, 30으로 구성된 모집단에서 복원추출방식으로 2개의 구슬을 꺼내고 모분산을 추정하기 위해 추정량 S^2과 Q^2을 다음과 같이 정의하였다.

$$S^2 = \frac{\sum_{i=1}^{n}(X_i - \overline{X})^2}{(n-1)}, \quad Q^2 = \frac{\sum_{i=1}^{n}(X_i - \overline{X})^2}{n}$$

S^2과 Q^2의 확률분포를 구하고, $E[S^2] = \sigma^2$과 $E[Q^2] \neq \sigma^2$임을 보이시오.

풀이

가능한 표본	s^2	q^2
10, 10	0	0
10, 20	50	25
10, 30	200	100
20, 10	50	25
20, 20	0	0
20, 30	50	25
30, 10	200	100
30, 20	50	25
30, 30	0	0

S^2의 확률분포는 다음과 같다.

s^2	확률
0	3/9
50	4/9
200	2/9

S^2의 확률분포를 이용하여 S^2의 평균을 구하면 다음과 같다.

$$E(S^2) = (3/9)0 + (4/9)50 + (2/9)200$$
$$= 66.67$$

$\sigma^2 = 66.67$이므로 $E(S^2) = \sigma^2$이다.

Q^2의 확률분포는 다음과 같다.

q^2	확률
0	3/9
25	4/9
100	2/9

Q^2의 확률분포를 이용하여 Q^2의 평균을 계산하면 다음과 같다.

$$E(Q^2) = (3/9)0 + (4/9)25 + (2/9)100$$
$$= 33.33$$

$\sigma^2 = 66.67$이므로 $E(Q^2) \neq \sigma^2$이다.

시뮬레이션을 이용하여도 유사한 결과를 얻을 수 있다. [그림 7.2]는 S^2과 $Q^2\left[=\dfrac{\sum_{i=1}^{n}(X_i-\overline{X})^2}{n}\right]$ 의 분포를 보여주고 있다. 이 그림은 평균이 0이고 분산이 1인 정규분포를 따르는 모집단에서 표본($n=2$)을 추출한 시뮬레이션의 결과이다. 이 그림에서 보는 바와 같이 S^2은 모분산 1을 중심으로 분포하고 있으나, Q^2은 모분산 1과 전혀 다른 0.5를 중심으로 분포하고 있다. 즉 Q^2으로 모분산을 추정한다면 오차가 클 수밖에 없다.

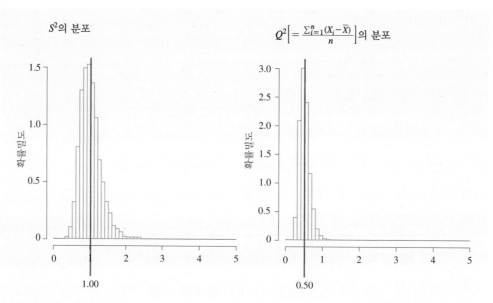

그림 7.2 S^2과 Q^2의 분포

주: 모집단은 평균이 0이고 분산이 1인 정규분포를 따른다. S^2과 Q^2은 표본크기를 2로 하여 10,000회 추출한 결과임. x축의 간격은 0.1임(소프트웨어 R을 사용)

효율성

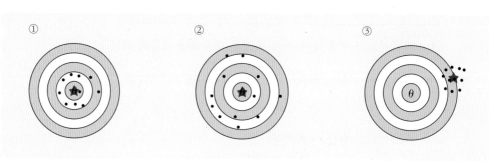

그림 7.3   효율성

[그림 7.3]을 보자. 세 대포가 각각 과녁을 향해 포를 쏘고 있다. ①과 ②의 두 그림에서 탄착군의 평균은 모두 과녁 θ와 일치한다. 즉 $E(\hat{\theta}_1)=\theta$, $E(\hat{\theta}_2)=\theta$이므로 $\hat{\theta}_1$과 $\hat{\theta}_2$ 모두 불편성을 만족한다. 그러나 탄착군의 크기가 다르다. ①의 탄착군은 작으나, ②의 탄착군은 크다. 탄착군의 크기는 분산으로 나타낼 수 있는데, $\mathrm{Var}(\hat{\theta}_1)<\mathrm{Var}(\hat{\theta}_2)$로 표현할 수 있다. 이처럼 불편성을 만족하면서 분산이 가장 작은 경우를 **효율성**(efficiency)이라 한다. 효율성을 만족하는 추정량이 우수한 이유는 좀 더 정밀하게 과녁에 맞추기 때문이다. ③의 탄착군이 더 작으므로 $\mathrm{Var}(\hat{\theta}_1)>\mathrm{Var}(\hat{\theta}_3)$이나 $\hat{\theta}_3$은 효율성을 만족하지 않는다. 그 이유는 $\hat{\theta}_3$은 불편성을 만족하지 않기 때문이다.

불편성을 만족하면서 최소의 분산을 가진 경우를 **효율성**이라 한다.

효율성에 대한 이해를 돕기 위해 다음 그림을 보자. [그림 7.4]는 표본크기가 10일 때 표본

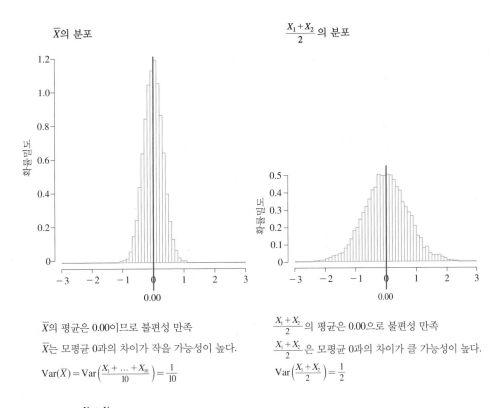

그림 7.4 $\overline{X}$와 $\dfrac{X_1+X_2}{2}$의 분산 비교

주: 모집단은 평균이 0이고 분산이 1인 정규분포를 따른다. 왼쪽은 표본크기가 10임. 10,000회 추출한 결과임. *x*축의 간격은 0.1임 (소프트웨어 R을 사용)

평균 $\overline{X}$와 $\dfrac{X_1 + X_2}{2}$의 분포를 보여주고 있다. 여기서 X_1은 첫 번째 관찰값이고, X_2은 두 번째 관찰값이다. $\overline{X}$와 $\dfrac{X_1 + X_2}{2}$ 모두 불편성을 만족하고 있으나,[2] $\overline{X}$의 분포가 모평균 0에 좀 더 집중되어 있다. 즉 $\overline{X}$가 효율성을 만족한다. 이 그림을 통해 효율성을 만족하는 추정량이 더 정확하게 추정하고 있음을 확인할 수 있다.

일치성

설령 어떤 추정량이 불편성을 만족하지 못한다 할지라도 표본크기가 증가함에 따라 모수에 수렴한다면, 이 추정량은 대표본에서 좋은 추정량이 될 수 있다. 표본크기가 증가함에 따라 추정량이 모수와 일치할 가능성이 높아지는 현상을 **일치성**(consistency)이라 한다. 일치성을 수학적으로 표현하면 다음과 같다.

다음의 조건을 **일치성**이라 한다.

임의의 $\epsilon > 0$에 대해 $\displaystyle\lim_{n \to \infty} P(|\hat{\theta} - \theta| < \epsilon) = 1$

$\hat{\theta}$이 불편성을 만족하지 못한다면 좋은 추정량이 아니라고 배웠다. 그러나 만약 일치성을 만족한다면 좋은 추정량이 될 여지가 있다. 표본크기가 아주 클 때 추정량은 모수와 일치할 가능성이 높기 때문이다. 물론 일치성을 만족한다 할지라도 표본크기가 작다면 좋은 추정량이 될 수 없다. 불편성과 효율성은 표본크기가 일정할 때의 바람직한 속성인 반면, 일치성은 표본크기가 증가할 때의 바람직한 속성이다.

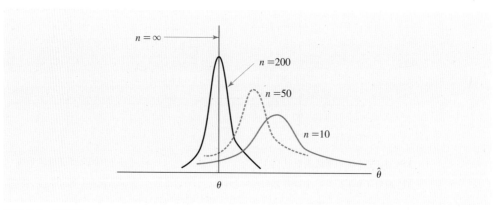

그림 7.5 일치성

---

2 $E\left[\dfrac{\sum_{i=1}^{n} X_i}{n}\right] = \dfrac{\sum_{i=1}^{n} E(X_i)}{n} = \dfrac{n\mu}{n} = \mu, \; E\left[\dfrac{X_1 + X_2}{2}\right] = \dfrac{E(X_1) + E(X_2)}{2} = \dfrac{2\mu}{2} = \mu$

[그림 7.5]는 일치성을 만족하는 추정량을 보여 주고 있다. 표본크기 n이 10일 때 $\hat{\theta}$의 값은 모수 θ와 큰 차이를 보이고 있으나, 표본크기 n이 200으로 커지면 $\hat{\theta}$의 대부분이 모수 θ 근처에 분포하고, 표본크기 n이 무한대가 되는 경우에는 $\hat{\theta}$의 값이 모수 θ와 일치한다.

표본평균 $\bar{X}$는 좋은 추정량이 되기 위한 세 조건을 모두 만족한다.[3] 유사한 방법을 이용하면 표본분산 S^2과 표본비율 $\hat{P}$이 각각 세 조건을 만족함을 확인할 수 있다. $\frac{\Sigma X_i}{n-1}$, $\frac{\Sigma X_i}{n}+\frac{1}{n}$ 등은 μ의 추정량으로 불편성을 만족하지 않으나 일치성을 만족한다. 증명은 생략한다.

Ⅲ 모평균 μ에 대한 구간추정

1. 구간추정의 원리

구간추정(interval estimation)은 모수를 구간으로 추정한다. 구간으로 추정할 때 어려운 문제는 구간의 크기를 정하는 일이다. 구간크기는 다음의 두 가지 요인에 의해 결정된다. 첫 번째 요인은 불확실성의 정도이다. 내년과 50년 후의 우리나라 일인당 GDP를 구간으로 예측해 보자. 내년의 예측치는 [$30,000~$35,000]와 같이 비교적 작은 구간으로 추정할 수 있는 반면, 50년 후의 예측치는 [$30,000~$90,000]와 같이 큰 구간으로 추정해야 한다. 이처럼 50년 후의 추정구간이 상대적으로 큰 것은 50년 동안의 불확실성이 높기 때문이다. 두 번째 요인은 어느 정도의 확률로 모평균이 추정구간 안에 있게 할 것인가이다. 내년의 일인당 GDP를 구간으로 추정할 때, 이 값이 추정구간 안에 꼭 있게 하려면 구간을 크게 잡으면 된다. 반면에 추정구간을 벗어나도 크게 문제되지 않는다면 구간을 작게 잡으면 된다. 예를 들어 [$25,000~$40,000]가 전자의 경우라면, [$30,000~$33,000]는 후자의 경우에 해당된다.

첫 번째 요인은 외부환경에 의해 결정되는 것으로 분석가가 통제할 수 있는 사항이 아닌 반면에, 두 번째 요인은 분석가 스스로 결정할 사항이다. 그러므로 분석가는 두 번째 요인을 조절하여 구간크기를 결정한다. 모수가 추정구간 안에 있을 확률을 **신뢰수준**(confidence level)이라 하는데, 이 수준에 의해 추정구간의 크기가 결정되므로 구간추정을 **신뢰구간추정**(confidence interval estimation)이라고도 한다.

신뢰수준이 $1-\alpha$로 정해지면 추정된 구간 $[a, b]$는 다음과 같은 특성을 갖는다.
$$P(a<\theta<b)=1-\alpha$$
이때 추정된 구간 $[a, b]$를 **신뢰구간**이라 한다. $100(1-\alpha)\%$의 확률로 모수 θ가 구간 $[a, b]$ 내에 있음을 뜻하며, '모수 θ에 대한 $100(1-\alpha)\%$ 신뢰구간은 $[a, b]$이다'라고 표현한다.

---

3 연습문제 7.22에서 증명한다.

우선 신뢰수준이 95%인 신뢰구간을 찾아보자. $\bar{X}$가 정규분포를 따른다면 $\left[\bar{X} \sim N\left(\mu, \dfrac{\sigma^2}{n}\right)\right]$, $\bar{X}$의 분포는 다음 [그림 7.6]과 같다.

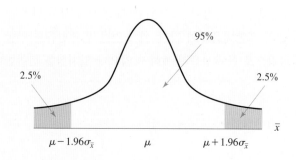

그림 7.6 μ에 대한 95% 신뢰구간의 유도

$\bar{X}$가 정규분포를 따를 때, $\bar{X}$가 $\mu - 1.96\sigma_{\bar{X}}$와 $\mu + 1.96\sigma_{\bar{X}}$ 사이에 존재할 확률은 95%이므로 다음과 같이 표현할 수 있다.

$$P(\mu - 1.96\sigma_{\bar{X}} < \bar{X} < \mu + 1.96\sigma_{\bar{X}}) = 0.95$$

이 식을 μ에 대한 구간으로 바꾸면 다음과 같다.

$$P(\bar{X} - 1.96\sigma_{\bar{X}} < \mu < \bar{X} + 1.96\sigma_{\bar{X}}) = 0.95$$

이제 신뢰구간의 정의와 연결해보자. $[a, \ b]$의 구간에서 a와 b는 각각 $\bar{x} - 1.96\sigma_{\bar{X}}$와 $\bar{x} + 1.96\sigma_{\bar{X}}$로 대체하면, $[\bar{x} - 1.96\sigma_{\bar{X}}, \ \bar{x} + 1.96\sigma_{\bar{X}}]$은 신뢰수준이 95%인 신뢰구간이다.

2. 신뢰구간의 일반화

앞에서 95% 신뢰구간을 구했는데, 신뢰수준을 80%, 90%, 99% 등으로 변경하여도 동일한 방법으로 신뢰구간을 구할 수 있다. 신뢰구간을 일반화하면, 점추정값으로부터 일정 간격으로 다음과 같이 표현된다.

점추정값 ± 오차한계

신뢰수준이 95%인 경우, 점추정값은 $\bar{x}$이고 오차한계는 $1.96\sigma_{\bar{X}}$이다. 이 경우 신뢰구간이 $[\bar{x} - 1.96\sigma_{\bar{X}}, \ \bar{x} + 1.96\sigma_{\bar{X}}]$이고, 95%의 확률로 모집단 평균 μ가 이 신뢰구간 내에 있다고 해석한다.

3. 모평균 μ의 구간추정: 모집단 분산 σ^2을 아는 경우

$100(1 - \alpha)$%의 신뢰수준에서 오차한계는 $z_{\alpha/2}\sigma_{\bar{X}}$이다. 따라서 신뢰구간의 일반공식 '점추정값 $\pm$ 오차한계'에 따라 $\bar{x} \pm z_{\alpha/2}\,\sigma_{\bar{X}}$가 된다.

> **σ^2을 알 때 모평균 μ에 대한 $100(1-\alpha)$% 신뢰구간**
> $$\left[\bar{x} - z_{\alpha/2}\left(\frac{\sigma}{\sqrt{n}}\right),\, \bar{x} + z_{\alpha/2}\left(\frac{\sigma}{\sqrt{n}}\right) \right]$$

$\bar{X}$가 정규분포를 따르거나 정규분포에 근사한 경우에만 이 공식을 사용할 수 있다는 점에 유의하자. 이 식에서 $z_{\alpha/2}$의 의미를 설명해보자. 이해를 돕기 위해 $\alpha/2 = 5$%인 경우를 보자. [그림 7.7]을 보면, $z_{5\%}$은 표준정규분포하에서 오른쪽 붉은 면적을 5%로 하는 z를 뜻한다. 수학적으로 표현하면 확률변수 Z가 $z_{5\%}$보다 클 확률이 5%, 즉 $P(Z > z_{5\%}) = 5$%이다. 그러므로 $z_{5\%}$는 1.645이다. 이에 관한 사항은 [그림 5.14]를 보시오.

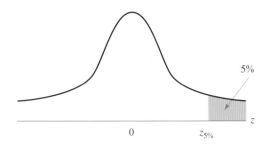

그림 7.7 $z_{5\%}$의 의미

● **예제 7.3**

$z_{2.5\%}$와 $z_{1.0\%}$를 구하시오.

풀이

$P(Z > z_{2.5\%}) = 2.5$%이므로 $z_{2.5\%} = 1.96$

$P(Z > z_{1.0\%}) = 1.0$%이므로 $z_{1.0\%} \approx 2.33$

● 예제 7.4

경기도에 소재한 영세기업의 월매출액을 조사해 보니 분산 360,000(표준편차는 600원)인 정규분포를 따른다는 사실을 알았다. 25개의 영세기업을 임의로 선정하여 평균 월매출액을 계산해보니 2,500,000원이었다. ① 모집단 평균에 대한 90% 신뢰구간을 구하시오. ② 모집단 평균에 대한 95%의 신뢰구간을 구하시오.

풀이

확률변수 X를 영세기업의 월매출액이라 하자. $\sigma^2 = 360,000$, $n = 25$. X가 정규분포를 따르므로 $\bar{X}$도 정규분포를 따른다. 신뢰구간 공식은 $\left[\bar{x} - z_{\alpha/2}\left(\frac{\sigma}{\sqrt{n}} \right), \bar{x} + z_{\alpha/2}\left(\frac{\sigma}{\sqrt{n}} \right) \right]$.

① $1 - \alpha = 0.9$, $z_{5\%} = 1.645$. 공식에 값을 대입하면, 모집단 평균 μ에 대한 90% 신뢰구간은 [2,499,802.6, 2,500,197.4]이다.

② $1 - \alpha = 0.95$, $z_{2.5\%} = 1.96$. 공식에 값을 대입하면, 모집단 평균 μ에 대한 95% 신뢰구간은 [2,499,764.8, 2,500,235.2]이다.

위 예제에서 구간크기는 ①의 경우 $2,500,197.4 - 2,499,802.6 = 394.8$, ②의 경우 $2,500,235.2 - 2,499,764.8 = 470.4$이다. 이들의 구간크기가 다른 것은 신뢰수준에 차이가 나기 때문이다. 이 예에서 신뢰수준이 90% → 95%로 상향 조정됨에 따라 구간크기가 394.8 → 470.4로 커짐을 알 수 있다.

● 예제 7.5

앞의 예제에서 영세기업의 월매출액 분산을 640,000(표준편차의 값은 800원)으로 대체하고, 모집단 평균에 대한 95%의 신뢰구간을 구하시오.

풀이

$1 - \alpha = 0.95$이므로 신뢰구간 공식은 $\left[\bar{x} - z_{2.5\%}\left(\frac{\sigma}{\sqrt{n}} \right), \bar{x} + z_{2.5\%}\left(\frac{\sigma}{\sqrt{n}} \right) \right]$. 여기서 $z_{2.5\%} = 1.96$. $\sigma = 800$을 대입하면, 모집단 평균 μ에 대한 95% 신뢰구간은 [2,499,686.4, 2,500,313.6]이다.

[예제 7.5]와 [예제 7.4]를 비교해보자. 신뢰수준 95%하에서 모집단의 분산이 360,000에서 640,000으로 증가하자 구간크기가 470.4에서 627.2(= 2,500,313.6 - 2,499,686.4)로 커졌다. 신뢰수준이 95%로 동일함에도 불구하고 신뢰구간이 커진 것은 모집단의 불확실성을 나타내는 지표인 분산이 360,000에서 640,000으로 커졌기 때문이다.

● 예제 7.6

월매출액의 분산을 360,000으로 하고, 선정된 영세기업의 개수를 100개로 대체하여 모집단 평균에 대한 95%의 신뢰구간을 구하시오.

풀이

$1-\alpha=0.95$이므로 신뢰구간 공식은 $\left[\bar{x}-z_{2.5\%}\left(\dfrac{\sigma}{\sqrt{n}}\right),\ \bar{x}+z_{2.5\%}\left(\dfrac{\sigma}{\sqrt{n}}\right)\right]$. 여기서 $z_{2.5\%}=1.96$.
$n=100$을 대입하면, 모집단 평균 μ에 대한 95% 신뢰구간은 $[2,499,882.4,\ 2,500,117.6]$이다.

[예제 7.4]와 비교해 설명해보자. 신뢰수준 95%하에서 표본크기를 25에서 100으로 증가하였더니 신뢰구간의 크기가 470.4에서 $235.2(=2,500,117.6-2,499,882.4)$로 축소되었다. 이처럼 신뢰구간이 작아진 이유는 표본크기를 확대하면 모집단 평균을 더 정확하게 예측할 수 있기 때문이다.

4. 신뢰수준의 해석

신뢰수준 95%의 신뢰구간이 $[\bar{x}-1.96\sigma_{\bar{X}},\ \bar{x}+1.96\sigma_{\bar{x}}]$이므로, 95%의 확률로 모집단 평균 μ가 이 신뢰구간 내에 있다는 의미로 해석한다고 하였다. 그러나 이것은 편의상의 해석이며 정확한 해석은 아니다. $P(\bar{X}-1.96\sigma_{\bar{x}}<\mu<\bar{X}+1.96\sigma_{\bar{x}})=0.95$이므로 μ가 이 신뢰구간 내에 있을 확률이 95%인 것처럼 보이나, μ는 확률변수가 아니기 때문에 그렇게 해석할 수 없다. 예를 들어 모집단 평균 μ가 5라고 하면, 숫자 5가 $[\bar{x}-1.96\sigma_{\bar{X}},\ \bar{x}+1.96\sigma_{\bar{X}}]$에 포함되거나 포함되지 않거나 둘 중 하나일 뿐(즉 확률이 0이거나 1임)이다.

신뢰수준인 95%에 대한 해석을 꼭 해야 한다면 다소 복잡하지만 다음과 같이 한다. 예를 들어 설명해보자. 평균이 50, 표준편차가 10인 모집단으로부터 표본크기가 10인 표본을 추출하여 신뢰구간을 구하려고 한다. 신뢰구간 $\bar{x}\pm1.96\sigma_{\bar{x}}$을 구하면 $\bar{x}\pm6.20$이 된다. $\bar{x}$의 값이 어떤 표본에서 44이고 다른 표본에서 35이며, 또 다른 표본에서 52가 될 수 있다. 이에 따라 신뢰구간이 44 ± 6.20, 35 ± 6.20, 52 ± 6.20가 된다. 이처럼 $\bar{x}$ 값은 다양하게 나올 수 있고, 이에 따라 신뢰구간도 다양하게 나온다. 이들 중 모평균 50을 포함한 신뢰구간이 있는가 하면 이를 포함하지 않은 신뢰구간도 있다. 44 ± 6.20와 52 ± 6.20은 모평균 50을 포함하고 있으나, 35 ± 6.20은 이를 포함하고 있지 않다. 신뢰수준 95%란 신뢰구간 중에서 모평균을 포함하는 비율로 해석된다. 나머지 5%는 모평균을 포함하고 있지 않다. 이해를 돕기 위해 https://www.geogebra.org/m/tRAjcM2v에서 시뮬레이션을 해보자. 다음 [그림 7.8]은 신뢰수준 90%에서 표본크기가 50인 표본을 100번 추출한 시뮬레이션의 결과이다. 이 시뮬레이션은 모비율에 대한 구간추정으로 모비율이 0.5로 전제되어 있다. 그러나 편이를 위해

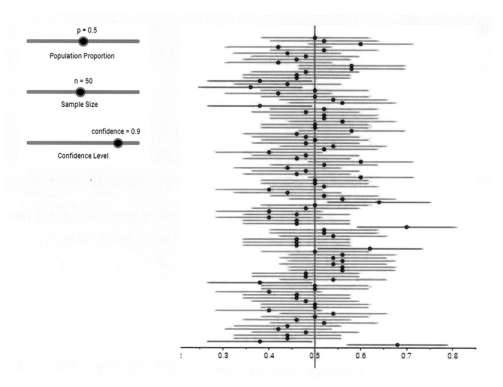

그림 7.8 신뢰수준에 대한 해석

0.5가 모평균이라고 생각하자.

　이 그림에서 초록색과 빨간색은 90%의 신뢰구간을 표시하고 있다. 신뢰구간에서 굵은 점은 점추정값이다. 모평균 0.5를 포함한 신뢰구간은 초록색으로, 이를 포함하지 않은 신뢰구간은 빨간색으로 표시하였다. 신뢰구간 100개 중에서 91개의 신뢰구간이 모평균을 포함하고 있고, 나머지 9개는 모평균을 포함하고 있지 않다. 100개 중 91개의 비율인 91%가 신뢰수준 90%와 유사함을 확인할 수 있다. 90%라고 하여 표본 100개 중에서 꼭 90개가 모평균을 포함하는 것은 아니다. 그러나 표본추출 횟수를 늘리면 90%에 수렴할 것이다. 이 사이트에서 신뢰수준을 70%, 80%, 95% 등으로 다양하게 바꿔 보자. 그러면 신뢰수준에 대한 해석을 좀 더 잘 이해할 수 있다.

5. 모평균 μ의 구간추정: 모집단 분산 σ^2을 모르는 경우

앞 절에서 모평균 μ의 신뢰구간을 추정하는 통계량으로 Z를 사용했다.

$$Z = \frac{\bar{X} - \mu}{\sigma/\sqrt{n}}$$

이 통계량의 분모에 σ가 사용되었으므로, σ를 아는 경우에 한 해 이를 사용할 수 있다. 그러나 모평균 μ를 알지 못해 추정하는 상황하에서 모집단의 σ를 안다고 가정하는 것은 모순일 수 있다. 모평균 μ를 알지 못하는 상황이라면 σ도 모르는 경우가 많기 때문이다. σ를 모른다면 이를 대체할 수 있는 값은 이의 추정량인 S이므로 통계량은 $\dfrac{\overline{X} - \mu}{S/\sqrt{n}}$로 바뀐다. 그러나 이 통계량은 더 이상 표준정규분포를 따르지 않고, 자유도(degrees of freedom)가 $n-1$인 t 분포(Student's t-distribution)를 따른다.[4]

$\overline{X} \sim N\left(\mu, \dfrac{\sigma^2}{n}\right)$이면,

$$T = \frac{\overline{X} - \mu}{S/\sqrt{n}} \sim t_{n-1}$$

[그림 7.9]는 표준정규분포와 t 분포를 보여주고 있다.

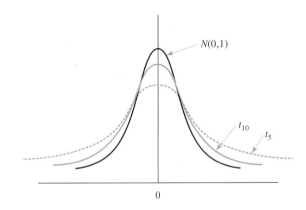

그림 7.9 t 분포의 모양

위 그림에서 보는 바와 같이 t 분포는 표준정규분포와 상당히 비슷하다. 평균은 동일하게 0이나, t 분포가 표준정규분포보다 꼬리가 더 두껍다. 자유도가 클수록 t 분포는 뾰족해지면서 표준정규분포와 비슷해지고, 자유도가 무한대일 때 표준정규분포와 일치한다.

t 분포의 특징을 요약하면 다음과 같다.

① 평균 0을 중심으로 좌우대칭(symmetrical)이다.

② 분포의 형태는 자유도에 의해 결정된다.

---

4 Gosset이라는 학자가 Student라는 필명으로 논문을 발표했기 때문에 t 분포를 Student t 분포라고도 부른다. $T = \dfrac{\overline{X} - \mu}{S/\sqrt{n}}$에서 대문자 T를 사용한 것은 확률변수이기 때문이다.

③ 표준정규분포보다 꼬리(tail)가 두껍다.

④ 자유도가 클수록, 즉 표본크기가 클수록 표준정규분포와 유사해진다.

$t_{5\%}$은 오른쪽 꼬리(붉은색으로 표시) 면적을 5%로 하는 t값이다([그림 7.10] 참조). 즉 $P(T > t_{5\%}) = 5\%$. 이때 유의할 점은 $t_{5\%}$의 값이 자유도, 즉 $n - 1$의 크기에 따라 다르다는 점이다.

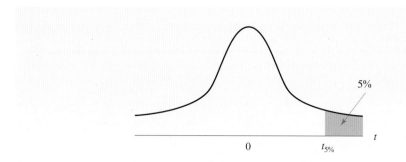

그림 7.10 $t_{5\%}$의 의미

다음 t 분포표([표 7.1])를 사용하여 표본크기가 11일 때 $t_{5\%}$의 값을 구하려면, 자유도(df)가 10이고 오른쪽 꼬리면적이 0.05에 해당되는 숫자를 찾으면 된다. 즉 1.812이다.

표 7.1 $t_{5\%}$의 값 찾기

자유도	오른쪽 꼬리면적	
	0.05	0.025
…		
5	2.015	2.571
10	1.812	2.228
15	1.753	2.131
20	1.725	2.086
…	…	…
∞	1.645	1.960

주: [부록]의 t 분포표 중 일부임

● 예제 7.7

t 분포표를 사용하여 다음 값들을 구하거나 물음에 답하시오.

① 표본크기가 16일 때, $t_{5\%}$와 $t_{2.5\%}$의 값

② 자유도가 9일 때 $t_{5\%}$의 값

③ 자유도가 무한인 경우, $t_{5\%}$와 $t_{2.5\%}$의 값이 각각 1.645와 1.960으로 표준정규분포표에서 나온 값과 동일한 이유를 설명하시오.

풀이

① $n=16$이므로 $df=n-1=15$. t 분포표에 따라 $t_{5\%}=1.753$, $t_{2.5\%}=2.131$이다.

② $df=9$. t 분포표에 따라 $t_{5\%}=1.833$이다. Excel에서 함수 'T.INV(0.05,9)'을 사용하면 왼쪽 꼬리면적을 5%로 하는 t 값인 -1.833이 나온다. 부호를 $+$로 바꿔 주면 오른쪽 꼬리면적을 5%로 하는 t 값인 1.833이 나온다. http://homepage.divms.uiowa.edu/~mbognar/applets/t.html에 있는 애플릿을 활용하면 답과 함께 시각적으로 볼 수 있다.

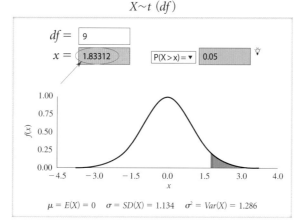

Student's t-Distribution

$X \sim t\,(df)$

③ 자유도가 무한인 경우 t 분포는 표준정규분포와 일치하기 때문이다.

이제 σ를 모를 때의 신뢰구간 공식을 찾아보자. σ를 모르므로 이를 사용할 수 없고, 대신 추정값인 s로 대체한다. 그러면 신뢰구간 공식은 $\bar{x} \pm t_{\alpha/2}\left(\dfrac{s}{\sqrt{n}}\right)$로 바뀐다. 앞에서 기술한 바와 같이 t 분포는 표본크기가 커질수록 표준정규분포에 접근한다. 그렇다면 표본크기가 어느 정도일 때 t 분포와 표준정규분포의 차이가 무시할 정도로 미미하다고 간주할 수 있을까? 일반적으로 표본크기가 30 이상이면 두 분포의 차이가 무시할 정도라고 판정하고 있다. 즉 표본크기가 30 이상이면 신뢰구간의 공식에서 t 분포의 값 대신에 표준정규분포의 값을 대체해도 무리가 없다. 그러므로 표본크기가 30 이상이면서 모분산을 모르는 경우, $t_{\alpha/2}$ 대신 $z_{\alpha/2}$을 사용해도 된다.

σ^2을 모를 때 모평균 μ에 대한 $100(1-\alpha)$% 신뢰구간

① $n < 30$인 경우, $\left[\overline{x} - t_{\alpha/2}\left(\dfrac{s}{\sqrt{n}}\right), \overline{x} + t_{\alpha/2}\left(\dfrac{s}{\sqrt{n}}\right)\right]$

② $n \geq 30$인 경우, $\left[\overline{x} - t_{\alpha/2}\left(\dfrac{s}{\sqrt{n}}\right), \overline{x} + t_{\alpha/2}\left(\dfrac{s}{\sqrt{n}}\right)\right]$ 또는 $\left[\overline{x} - z_{\alpha/2}\left(\dfrac{s}{\sqrt{n}}\right), \overline{x} + z_{\alpha/2}\left(\dfrac{s}{\sqrt{n}}\right)\right]$

● **예제 7.8**

경기도에 소재한 영세기업의 월매출액을 조사하기 위해 100개의 영세기업을 임의로 선정하여 월매출액을 조사해 보니 평균이 2,500,000원이고 분산 s^2이 360,000(표준편차는 600원)인 것으로 나타났다. 경기도의 영세기업 월매출액의 평균에 대한 95%의 신뢰구간을 구하시오.

풀이

확률변수 X가 영세기업의 월매출액이라 하자. $s^2 = 360,000$, $n = 100$이다. 표본크기가 30 이상이므로 $\overline{X}$가 정규분포에 근사하다. 그러므로 $\left[\overline{x} - z_{\alpha/2}\left(\dfrac{s}{\sqrt{n}}\right), \overline{x} + z_{\alpha/2}\left(\dfrac{s}{\sqrt{n}}\right)\right]$의 공식을 사용한다. $1 - \alpha = 0.95$, $z_{2.5\%} = 1.96$. 그러므로 신뢰구간은 $[2,499,882.4, 2,500,117.6]$이다.

Ⅳ 모비율에 대한 구간추정

앞 장에서 설명한 바와 같이 비율이란 '찬성 비율' 또는 '불량률'과 같이 특정 사건이 발생할 상대적 도수를 말한다. 모비율 p와 표본비율 $\hat{P}$의 통계적 관계를 다시 정리하면 다음과 같다.

- 평균: $E(\hat{P}) = p$
- 분산: $\text{Var}(\hat{P}) = \dfrac{p(1-p)}{n}$
- 분포형태: 표본이 충분히 크면($np \geq 10$이고 $n(1-p) \geq 10$인 경우) $\hat{P}$은 정규분포에 근사하다.

앞에서 신뢰구간의 일반공식은 '점추정값±오차한계'라고 배웠다. 여기서 점추정값은 $\hat{p}$이다. 오차한계는 $z_{\alpha/2}\sqrt{\dfrac{p(1-p)}{n}}$인데 모비율 p를 알지 못해 추정하는 상황이므로 p를 사용할 수 없다. 대신 $\hat{p}$으로 대체한다. 표본이 충분히 큰 경우, $\hat{P}$의 분포가 정규분포에 근사하므로 표준정규분포의 z값을 사용한다. 만약 표본크기가 작으면 $\hat{P}$의 분포를 모르므로 신뢰구간을 추정할 수 없다.

모비율 p에 대한 $100(1-\alpha)\%$ 신뢰구간(표본이 충분히 큰 경우)

$$\left[\hat{p} - z_{\alpha/2}\sqrt{\frac{\hat{p}(1-\hat{p})}{n}}\ ,\ \hat{p} + z_{\alpha/2}\sqrt{\frac{\hat{p}(1-\hat{p})}{n}}\ \right]$$

● 예제 7.9

XYZ 회사에서 400명의 소비자를 대상으로 자사의 텔레비전 광고에 대한 인지도를 조사한 결과 240명이 인지한다고 하였다. 표본비율을 계산하고, 광고 인지도에 대한 99%의 신뢰구간을 구하시오.

풀이

표본비율은 표본에서 광고를 인지한 소비자의 비율을 의미하며, 그 값은 $\hat{p} = \frac{240}{400} = 0.6$이다. 표본이 충분히 크므로 신뢰수준 99%의 신뢰구간은 다음과 같다.

$$\left[\hat{p} - z_{\alpha/2}\sqrt{\frac{\hat{p}(1-\hat{p})}{n}}, \hat{p} + z_{\alpha/2}\sqrt{\frac{\hat{p}(1-\hat{p})}{n}}\right]$$

$$= \left[0.6 - 2.575\sqrt{\frac{0.6(1-0.6)}{400}}, 0.6 + 2.575\sqrt{\frac{0.6(1-0.6)}{400}}\right]$$

$$= [0.537, 0.663]$$

여담: 자유도

표본분산을 $\frac{\Sigma(x_i-\bar{x})^2}{n-1}$라고 하였다. 분모가 n이 아니고 $n-1$이다. 왜 $n-1$을 사용하는지에 대해 매우 궁금해한다. 수학적으로는 아주 단순하다. $E\left[\frac{\Sigma(x_i-\bar{x})^2}{n-1}\right]=\sigma^2$, $E\left[\frac{\Sigma(x_i-\bar{x})^2}{n}\right]\neq\sigma^2$이기 때문이다.

자유도라는 개념으로 설명할 수도 있다. 표본분산의 자유도는 $n-1$이다. 자유도란 '독립적인' 정보의 수 또는 자료의 수로, 모분산을 추정하는 데 필요한 '독립적인' 자료의 수가 $n-1$이란 뜻이다.

-10, $+10$의 두 관찰값으로 구성되어 있는 표본을 보자. 모집단의 평균을 추정하는 데 몇 개의 '독립적인' 정보가 필요할까? -10, $+10$의 두 개가 필요하다. 일반화하여 표본크기가 n이라면, 필요한 '독립적인' 정보는 n개이다. 그러므로 자유도는 n이다.

이제 모집단 분산을 추정하는 경우를 보자. 모분산을 추정하려면 평균 $\bar{x}$를 알아야 한다. 평균은 0이고 한 관찰값이 -10이라면, 다른 관찰값은 자동적으로 $+10$이다. 따라서 표본이 두 개의 관찰값으로 구성되어 있어도 '독립적인' 정보는 한 개에 불과하다. 일반화하여 표본크기가 n이라면 '독립적인' 정보는 $n-1$개이다.

표본크기가 3으로 10, 20과 알려지지 않은 다른 값으로 구성되어 있는 표본에 대해 다음 질문을 답해 보자.

① 이 표본을 이용하여 모평균을 추정할 수 있는가? '독립적인' 정보가 추가적으로 필요한가?
② 표본평균이 20이다. 모분산을 추정할 수 있는가? '독립적인' 정보가 추가적으로 필요한가?

①의 경우, 모평균을 추정할 수 없다. 모평균을 추정하려면 또 하나의 '독립적인' 정보가 필요하다. ②의 경우, 추정할 수 있다. 왜냐하면 세 번째의 값은 30이 확실하기 때문이다. 추가적으로 '독립적인' 정보가 필요하지 않다. 자유도가 2이다.

모분산의 공식에는 $N-1$ 대신 왜 N을 사용하느냐고 질문할 수 있다. $\frac{\Sigma(x_i-\mu)^2}{N}$은 정의이다. 모분산을 $\frac{\Sigma(x_i-\mu)^2}{N}$라고 정해 놓았으므로 $N-1$을 사용할 수 없다. $\frac{\Sigma(x_i-\mu)^2}{N-1}$을 모집단 산포도의 측정수단으로 사용할 수 있으나, 이런 경우 다른 이름을 붙여야 한다.

여담: 우리나라의 온실가스 감축 선언

온실가스란 지구온난화를 일으키는 6가지 기체를 말하는데, 이산화탄소(CO_2), 메탄(CH_4), 아산화질소(N_2O) 등이 포함한다. 온난화에 미치는 영향은 아산화질소가 메탄보다 높고, 메탄이 이산화탄소보다 높다. 그럼에도 불구하고 이산화탄소가 지구 온난화의 주범으로 지목되고 있다. 그 이유는 이산화탄소가 온실가스 중 77%를 차지하고 있고, 산업화와 더불어 배출량이 급격히 증가하고 있기 때문이다.

2008년은 온실가스 감축에 대해 선진국들이 관심을 갖고 문제를 해결하려고 하던 때였다. 2008년 G8 정상회담에 초청된 이명박 대통령은 온실가스 감축에 대해 "얼리무버(early mover)가 되겠다"라고 했다. 그 후 2009년 11월, 그는 "세계와 더불어 살아가는 글로벌 시대에 한국도 글로벌 인식으로 대응"해야 하다면 다음과 같이 발표하였다.

① 국내 온실가스 배출량을 2020년까지 배출전망치(BAU) 대비 30%를 감축한다.

반면에 유럽연합(EU)은 다음과 같이 결정했다.

② 2020년의 온실가스 배출량을 1990년 대비 20%를 감축한다.

①와 ② 중에서 어느 것이 더 많이 줄이는 것일까? ①은 추정치를, ②는 1990년의 실젯값을 기준으로 했고, 감축 규모는 각각 30%와 20%라는 점이 다르다. 30%가 수치 상으로 더 크기 때문에 우리나라가 EU보다 더 적극적으로 온실가스를 줄이려는 것처럼 보인다. 실제 그럴까?

우선 배출전망치(BAU)에 대해 알아보자. 배출전망치 BAU는 business as usual의 약자이다. 의도적인 감축 노력을 하지 않고 추세로 진행할 때 배출될 온실가스의 총량을 말한다. 결국 추정을 해야 하는데, 자의적인 여지가 많다. 뻥튀기를 하면 할수록 30% 감축은 쉬워진다(교토 의정서에 따라, 개발도상국은 2020 BAU 기준으로 감축 목표를 정할 수 있었다).

2009년 당시 정부는 배출량을 매년 평균 2.1% 증가를 가정했다. 2001년~2009년의 평균 증가율은 1.97%였고, 당시 우리나라 경제성장률이 지속적으로 하락하고 있다는 점에서 뻥튀기라는 의견이 많았다. 정부는 2020 BAU를 7.76억톤으로 추정하였고, 30%를 감축한다고 했으므로 목표 배출량은 5.43억톤이었다. 그러나 그후 정부는 이 감축 계획은 불가능하다고 실토하고, 2015년 우리나라 정부는 온실가스 감축 계획을 다음과 같이 수정하였다.

③ 국내 온실가스 배출량을 2030년까지 배출전망치(BAU) 대비 37%를 감축한다.

또한 감축 분 37% 중 25.7%는 국내에서 감축을 하지만 나머지 11.3%는 외국으로부터 배출권을 구입하겠다는 계획이었다. 결국 '37% 감축'의 의미는 일반 국민이 생각하는 37%의 감축이 아니고, '적절히' 뻥튀기한 가상의 숫자에서 25.7% 감축할 예정인 셈이다.

여기서 보듯이 추정은 편의에 따라 '적절하게' 뻥튀기도 하고 줄일 수도 있다. 이를 방지하는 유일한 방법은 명확한 추정 공식에 의거하여 계산하게 하는 것이다. 그래서 추정을 포함한 많은 통계학 공식이 복잡할 수밖에 없다.

이 사례에서 보듯이 통계치를 목표로 잡으면, 바람직한 방향으로 나가기보다는 다른 수치를 조작해 목표를 달성하려는 경우가 많다. 통계의 기초는 과학이지만, 똑똑한 사람은 예술로 만들어 버리기 때문이다.

연습문제

문제에 대한 답은 http://blog.naver.com/kryoo에 있습니다.

복습 문제

7.1 추정량과 추정값을 구분하시오.

7.2 모집단에서 무작위로 다음과 같은 표본을 얻었다.

$$10 \qquad 20 \qquad 30$$

모집단 평균과 모집단 분산의 점추정값을 구하시오.

7.3 평균제곱오차(MSE)는 무엇이고, 좋은 추정량이 되기 위해서는 어떤 조건을 만족해야 하는가?

7.4 불편추정량이란 무엇인가? 불편성이 좋은 추정량이 될 수 있는 요건 중 하나인 이유는 무엇인가?

7.5 효율성을 만족하려면 추정량 중에서 분산이 가장 작으면 되는가?

7.6 특정 모수를 추정하려고 하는데, 점추정값이 10이고 오차한계가 3이다. 신뢰구간은 어떻게 되는가?

7.7 두 국가의 내년도 인플레이션을 구간으로 추정하려고 한다. 국가 A는 B에 비해 인플레이션의 변동성이 높다. 어느 국가의 신뢰구간이 더 클까?

7.8 μ에 대한 신뢰구간을 추정할 때 σ가 사용된다. 만약 σ를 모른다면 어떤 값으로 대체하는 것이 좋은가?

7.9 μ와 p에 대한 신뢰구간을 추정할 때, 점추정값과 오차한계는 각각 얼마인가?

7.10 표본크기가 충분히 크지 못한 경우에 모비율에 대한 신뢰구간을 추정할 수 있는가?

응용 문제

7.11 표본평균 $\bar{X}$로 모평균을 추정하려고 한다. 이때 표본추출오차의 크기는 얼마인가? 이 크기는 어떤 요인에 의해 영향을 받는가?

7.12 모분산이 100으로 알려진 정규모집단에서 표본크기 25의 표본을 추출한 결과 표본평균이 15로 드러났다. 95% 신뢰수준에서 모평균을 추정할 때 오차한계와 신뢰구간을 구하시오.

7.13 모분산이 25로 알려져 있다. 다음의 각 경우에 모평균에 대한 95%의 신뢰구간을 구할 수 있는 지를 설명하고, 구할 수 있다면 구하시오.

① 분포가 알려지지 않은 모집단에서 표본크기 16의 표본을 추출한 결과 표본평균이 20으로 드러났다.

② 분포가 알려지지 않은 모집단에서 표본크기 100의 표본을 추출한 결과 표본평균이 20으로 드러났다.

③ 정규분포를 따르는 모집단에서 표본크기 16의 표본을 추출한 결과 표본평균이 20으로 드러났다.

7.14 정규분포를 따르는 모집단에서 표본크기 25의 표본을 추출하니 표본평균이 12이고 표본분산이 36으로 조사되었다. 99% 신뢰수준에서 모평균의 신뢰구간을 구하시오.

7.15 전국 대학생의 통계학 점수 중에서 9명의 점수를 뽑으니 다음과 같다. 전국 대학생의 통계학 점수가 정규분포를 따른다는 가정하에 모집단 평균점수에 대한 95% 신뢰구간을 구하시오.

75	54	89	62	71	80	95	79	69

7.16 어느 정당에 대한 지지도를 알아보기 위해 1,000명에게 전화로 문의한 결과 450명이 지지한다고 대답하였다. 이 정당에 대한 국민의 지지도를 95% 유의수준에서 구간추정하시오.

7.17 (고난이) 모분산을 추정하는 추정량 S^2과 Q^2을 다음과 같이 정의하자.

$$S^2 = \frac{\sum_{i=1}^{n} (X_i - \overline{X})^2}{(n-1)}, \quad Q^2 = \frac{\sum_{i=1}^{n} (X_i - \overline{X})^2}{n}$$

S^2은 불편추정량이나 Q^2은 불편추정량이 아님을 보이시오.

7.18 어느 이동통신사의 상품 가입자 중 100명을 대상으로 조사한 결과, 월평균 수입이 550만원으로 나타났다. 모집단 표준편차는 560만원으로 알려져 있다.

① 신뢰수준 90%에서 모집단 평균에 대한 신뢰구간을 추정하시오.

② 신뢰수준 95%에서 모집단 평균에 대한 신뢰구간을 추정하시오.

③ 신뢰수준이 증가함에 따라 신뢰구간의 범위가 어떻게 변하는가?

7.19 어느 연구소의 분석결과에 따르면 여름 휴가기간에 한 가정이 지출한 액수의 평균이 42만원으로 나타났다. 이 분석은 100가구를 대상으로 하였으며, 표본의 표준편차는 30만원이다.

① 한 가정이 지출한 액수의 평균에 대한 점추정값을 구하시오.

② 신뢰수준 95%에서 오차한계를 구하시오.

③ 신뢰수준 95%에서 신뢰구간을 추정하시오.

7.20 100명을 대상으로 한 설문조사에서 70명이 '예'라고 응답하고 나머지 30명이 '아니요'라고 응답하였다. '예'라고 응답한 모집단 비율에 대한 점추정값은 얼마인가? '아니요'라고 응답한 모집단 비율에 대한 점추정값은 얼마인가?

7.21 (고난이) 모평균의 추정량을 $\dfrac{X_1 + X_2 + X_3}{3}$ (X_1, X_2, X_3은 각각 첫 번째, 두 번째, 세 번째 관찰점)으로 하기로 하였다. 이 추정량이 불편성, 효율성, 일치성을 만족하는가?

7.22 (고난이) 표본평균인 $\overline{X}\left[= \dfrac{\sum X_i}{n} \right]$가 불편성과 일치성을 만족하는지 대략적으로 보이시오. 새로운 추정량을 $\overline{\overline{X}} = \dfrac{X_1 + X_2}{2}$라 하자($X_1$과 X_2는 독립적으로 추출된다고 가정). $n > 2$일 때 표본평균이 새로운 추정량에 비해 분산이 작음을 보이시오. 새로운 추정량이 일치성을 만족하지 않음을 보이시오.

7.23 https://www.geogebra.org/m/tRAjcM2v에서 모비율이 0.5, 표본크기가 50인 모집단으로부터 표본을 100번 추출한 시뮬레이션을 보여주고 있다. 신뢰수준을 75%에서 95%로 서서히 늘리면서 모평균이 신뢰구간 내에 존재하는 개수가 어떻게 변화하는지 확인하시오.

CHAPTER 8

가설검정 – 모집단이 하나인 경우

제 약사가 개발한 진통제 신약의 진통 효과가 평균 12시간 이상을 지속하는지 확인하고 싶은데, 방법 중 하나는 전 국민을 대상으로 임상실험을 하는 것이다. 그러나 이는 현실적으로 불가능하기 때문에 국민 중 일부를 대상으로 임상실험을 하여 확인할 수도 있다. 이런 방법을 가설검정이라 한다. 이 장에서 다루는 가설검정의 대상은 모평균, 모비율, 모분산이다.

I 가설검정의 개념

모수에 대한 가설이 있을 때, 그 가설이 옳은지 확인할 필요가 있다. 이를 확인하는 방법으로 모집단의 전수를 조사할 수 있고 표본을 조사할 수도 있다. 이 중 표본조사를 통해 모집단에 대한 가설이 옳은지를 확인하는 통계기법을 **가설검정**(hypothesis testing)이라 한다. '가설(hypothesis)'이란 모수에 대한 주장 또는 명제를 말하며, '검정(testing)'이란 가설의 타당성을 확인하는 과정을 말한다. 예를 들어 어느 제약사가 진통제 신약을 개발했는데, 사람마다 진통제 효과가 조금씩 다르나 평균 12시간 이상인 것으로 예상하고 있다. 이를 확인하기 위해 1,000명의 일반인을 대상으로 임상실험을 했다면 이때 모수, 가설, 표본은 다음과 같다.

- 모수 μ: 진통제 효과의 평균 지속 시간
- 모수에 대한 가설: 진통제 효과가 평균 12시간 이상을 지속한다.
- 표본: 1,000명을 대상으로 한 임상실험 결과

가설검정은 제7장에서 공부한 추정과 비슷한 점이 있으나 다른 점도 있다. 가설검정과 추정은 모두 표본의 자료를 토대로 모수에 대한 정보를 추론한다는 점은 동일하나, 전자는 가설이 합당한지 판별하는 것이고 후자는 모수의 값을 추측한다는 점이 다르다. 쉽게 설명하면 가설검정은 '예' 또는 '아니요'의 형식으로 답하는 True-False 문제라면, 추정은 답을 구체적으로 제시해야 하는 주관식 문제이다. 앞에서 언급한 신약의 예를 보자. 표본으로 1,000명의 일반인을 대상으로 임상실험을 했는데, 이 자료를 토대로 "신약의 진통 효과가 평균 12시간 이상 지속할 거라는 가설이 합당한가?"라는 질문에 '예' 또는 '아니요'로 답해야 한다. 이게 가설검정이다. 반면에 모집단에서 진통의 평균 지속 시간이 얼마냐는 주관적인 질문에 "평균 지속 시간이 13.6시간이다."와 같이 답을 제시하는 게 추정이다.

가설검정은 다음의 순서에 따라 진행한다.

가설의 설정 분석자가 가설을 정한다.

↓

검정통계량의 선정 가설검정에 필요한 검정통계량을 정한다.

↓

유의수준의 결정 판정 오류의 발생 가능성을 정한다.

↓

검정규칙의 결정 가설을 채택/기각할 (검정통계량의) 범위를 정한다.

↓

자료수집 및 검정통계량 계산 표본용 자료를 수집하고 검정통계량을 계산한다.[1]

↓

가설의 채택/기각 결정 가설의 채택 여부를 결정한다.

앞의 순서 중에서 가설의 설정과 유의수준의 결정에 대해서는 이 절에서 설명하고, 나머지에 대해서는 추후 설명한다.

1. 가설의 설정

모수에 대한 가설을 정립하는 것이 첫 번째 단계이다. 가설을 설정할 때 **귀무가설**(null hypothesis)과 **대립가설**(alternative hypothesis)이라는 두 가설을 동시에 제시한다. 어떤 명제가 귀무가설 혹은 대립가설이 되어야 하는지에 대한 획일적 구분은 없지만, 일반적으로 귀무가설은 이미 알려진 명제로 설정되는 반면, 대립가설은 주장하거나 또는 확인하고 싶은 명제로 설정된다. 그리고 귀무가설은 Ho로, 대립가설은 Ha로 표기한다. 예를 들어 기존에 알려진 과학이론이 있는데 어느 학자가 새로운 이론을 주장한다면, 기존 이론이 옳다는 것을

---

[1] 자료수집은 다루지 않고 생략한다.

귀무가설로 하고 새로운 이론이 옳다는 것을 대립가설로 한다. 즉 귀무가설과 대립가설을 다음과 같이 설정한다.

$$\begin{cases} \text{Ho} : \text{기존의 과학 이론이 옳다.} \\ \text{Ha} : \text{새로운 이론이 옳다.} \end{cases}$$

이 예에서 새로운 이론이 옳다는 것을 입증할 만한 충분한 증거가 없다면 이미 많은 검증 단계를 거친 기존의 과학이론이 옳다고 판정하고, 새로운 이론이 옳다는 것을 입증할 충분한 증거가 있다면 새로운 이론이 옳다고 판정하는 것이 합리적이다. 이런 논리를 일반화하면 대립가설을 입증할 충분한 증거가 없을 때 귀무가설을 채택하고, 반대로 대립가설을 입증할 충분한 증거가 있을 때 대립가설을 채택(귀무가설을 기각)한다고 말할 수 있다.

● **예제 8.1**

형사법정에서 판사는 피의자의 유·무죄 여부를 판결해야 한다. 이때 판사가 설정한 귀무가설과 대립가설을 무엇이며 귀무가설의 채택(기각)과 대립가설의 채택(기각)은 어떤 의미인가?

풀이
우리나라 형법은 무죄추정의 원칙을 기본 원리로 하고 있다. 따라서 혐의를 입증할 만한 충분한 증거가 나타나야 유죄로 판결되므로 귀무가설과 대립가설은 다음과 같다.

$$\begin{cases} \text{Ho} : \text{피의자는 무죄이다.} \\ \text{Ha} : \text{피의자는 유죄이다.} \end{cases}$$

귀무가설의 채택은 판사의 무죄판결을 의미하며, 대립가설의 채택은 유죄판결을 뜻한다.

만약 귀무가설과 대립가설이 뒤바뀐다면 어떻게 될까?

$$\begin{cases} \text{Ho} : \text{피의자는 유죄이다.} \\ \text{Ha} : \text{피의자는 무죄이다.} \end{cases}$$

무죄임을 입증할 충분한 증거가 있어야 무죄판결이 내려진다. 그러므로 충분한 증거가 없다면 귀무가설이 채택, 즉 유죄판결이 내려지게 된다. 피의자는 스스로 무죄임을 입증해야 하며, 검찰은 유죄의 증거를 수집한 필요가 없다. 만약 몸이 불편하여 변호를 못한다면 유죄판결이 내려진다.

모집단의 모수는 숫자이므로 모수에 대한 가설은 특정 숫자나 구간으로 표현된다. 모수를 θ라 하고 수치를 θ_0라 하면, 귀무가설과 대립가설은 다음의 세 형태로 나뉜다.[2]

귀무가설과 대립가설의 세 유형

① $\begin{cases} \text{Ho}: \theta = \theta_0 \\ \text{Ha}: \theta \neq \theta_0 \end{cases}$ ② $\begin{cases} \text{Ho}: \theta \leq \theta_0 \\ \text{Ha}: \theta > \theta_0 \end{cases}$ ③ $\begin{cases} \text{Ho}: \theta \geq \theta_0 \\ \text{Ha}: \theta < \theta_0 \end{cases}$

다음과 같은 가설도 생각해볼 수 있다.

$\begin{cases} \text{Ho}: \theta < \theta_0 \\ \text{Ha}: \theta \geq \theta_0 \end{cases}$ $\begin{cases} \text{Ho}: \theta > \theta_0 \\ \text{Ha}: \theta \leq \theta_0 \end{cases}$

그러나 =부호는 항상 귀무가설에 포함되어야 한다는 원칙에 따라 앞에서 언급한 세 형태만 존재한다.[3]

1.1 귀무가설은 채택될 수 있는가?

앞에서 귀무가설은 이를 반박할 만한 충분한 증거가 없는 경우에 '채택'한다고 하여 '채택'이라는 단어를 사용했으나 유의해야 할 점이 있다. 어느 화학물질의 안정성에 대한 검정이 몇 차례 이루어졌다 해서 안정적이다 확증할 수 없으므로 '해당 화학물질이 안정적이다'라는 가설을 채택할 수는 없다. 왜냐하면 장기간 사용한 후에야 부작용이 드러날 수도 있기 때문이다. 1930년대에 개발된 염화불화탄소(CFC)는 1960년대까지 안정적인 물질로 인식되었다. 다른 화학물질과 쉽게 반응하지 않고 독성도 없었기 때문이다. 당시 가설검정을할 때 불안정적이라는 증거가 없다고 하여 '염화불화탄소가 안정적이다'라는 가설을 채택할 수는 없다. 그 이후 안정적이지 않다는 증거가 드러날지도 모르기 때문이다. 실제, 염화불화탄소는 오존층에서 매우 불안정적이고 오존층 파괴의 주범으로 1970년대 이후 확인되었다.

그러므로 귀무가설이나 대립가설을 '채택(accept)'할 수는 없고, 대신 '기각하지 못한다(fail to reject)'라고 표현하는 것이 적절하다. 그러나 '기각'과 '못한다'라는 부정어를 반복 사용하면 독자들을 이해시키기 어렵기 때문에 이 책에서는 '기각하지 못한다'는 표현 대신에 간명한 '채택한다'라는 표현을 사용한다.

---

2 세 형태의 모든 귀무가설에 부등호 없이 Ho : $\theta = \theta_0$로 설정하는 통계학 책도 상당수 있다.

3 이 원칙이 나온 배경은 '검정규칙의 결정'을 참고하시오.

2. 유의수준의 결정

모수에 대한 가설이 타당한가를 알려면 모집단을 전수조사하는 것이 가장 이상적이나, 현실적으로 불가능하기 때문에 표본조사를 통해 이를 판정한다고 하였다. 그러나 표본조사로는 완전하게 올바른 판정을 기대할 수 없으며, 다음과 같은 두 가지 오류를 범할 가능성이 있다.

- 설정된 귀무가설이 사실인데도 이를 기각하는 오류
- 설정된 귀무가설이 허위인데도 이를 채택하는 오류

이 오류를 이해하기 위해 앞에서 언급한 형사법정의 예를 다시 보자. 이 예에서 귀무가설과 대립가설이 다음과 같이 설정되었다.

$$\begin{cases} \text{Ho : 피의자는 무죄이다.} \\ \text{Ha : 피의자는 유죄이다.} \end{cases}$$

피의자가 죄를 범했느냐의 여부에 따라 실제 죄가 없는 경우와 있는 경우로 나눌 수 있다. 실제 죄가 없는 경우는 'Ho이 사실'로, 실제 죄가 있는 경우는 'Ho이 허위'로 표현할 수 있다. 한편 판사는 주어진 증거를 근거로 피의자의 유·무죄 여부를 판정하므로, 판결은 '무죄판결'과 '유죄판결'로 나뉜다. 'Ho 채택'은 피의자가 무죄라는 가설을 채택한 것이므로 무죄판결에 해당되고, 'Ho 기각'은 피의자가 무죄라는 가설을 기각한 것이므로 유죄판결에 해당된다. 이를 표로 나타내면 [표 8.1]과 같다.

표 8.1 형사법정에서 제1종 오류와 제2종 오류

실제 상황 판사의 판결	Ho이 사실 (실제 죄가 없음)	Ho이 허위 (실제 죄가 있음)
Ho 채택(무죄판결)	옳은 결정	제2종 오류
Ho 기각(유죄판결)	제1종 오류	옳은 결정

실제 죄가 없는(Ho이 사실) 피의자가 무죄판결 받는다(Ho 채택)면 사회적으로 옳은 결정이며, 실제 죄가 있는(Ho이 허위) 피의자가 유죄판결 받는다(Ho 기각)면 이 또한 사회적으로 옳은 결정이다. 그러나 실제 죄가 없는(Ho이 사실) 피의자가 유죄판결 받는다(Ho 기각)면 사회적으로 잘못된 결정이며, 또한 실제 죄가 있는(Ho이 허위) 피의자가 무죄판결 받는다(Ho 채택)면 사회적으로 잘못된 결정이다. 이 두 잘못된 결정 중에서 전자를 **제1종 오류**(type I error)라 부르며 후자를 **제2종 오류**(type II error)라 부른다.

오류의 유형

제1종 오류: Ho이 사실임에도 불구하고 이를 기각하는 오류

제2종 오류: Ho이 허위임에도 불구하고 이를 채택하는 오류

제1종 오류가 발생할 확률을 **유의수준**(significance level)이라 하며 α로 표기한다. 반면에 제2종 오류가 발생할 확률은 β로 표기한다. $1 - \beta$는 허위인 Ho을 기각하는 확률로 **검정력** (power of test)이라 한다.

$\alpha = P$(Ho 기각 | Ho이 사실): 유의수준

$\beta = P$(Ho 채택 | Ho이 허위)

● **예제 8.2**

( ) 안의 단어 중에서 맞는 단어를 고르시오.

성인남자의 평균 키가 동양인은 165 cm이고, 서양인은 175 cm라 하자. 3명으로 구성된 집단의 평균 키($\bar{X}$)를 기준으로 이들이 동양인인지 서양인인지 파악하려고 한다. 이를 위해 다음과 같은 가설을 설정하였다.

$\begin{cases} \text{Ho : 이 집단 사람들은 동양인이다.} \\ \text{Ha : 이 집단 사람들은 서양인이다.} \end{cases}$

이 집단의 평균 키($\bar{X}$)가 (크면, 작으면) 동양인이라 판정하고, 반대로 평균 키가 (크면, 작으면) 서양인이라 판정하는 것이 합리적이다. 예를 들어 170 cm를 경계로 하여 평균 키가 170 cm 미만이면 동양인이라 판정하고 그 이상이면 서양인이라 판정하기로 정했다 하자. 만약 3명의 키가 170 cm, 180 cm, 190 cm라면 평균 키가 180 cm이므로 (동양인, 서양인) 이라고 판정해야 한다. 만약 이들이 서양인이라면 정확하게 판정한 셈이나, 동양인이라면 (제1종, 제2종) 오류를 범한 꼴이다. 다른 집단의 평균 키가 167 cm라면 (동양인, 서양인)이라고 판정해야 한다. 만약 이들이 동양인이라면 정확하게 판정한 셈이나, 서양인이라면 (제1종, 제2종) 오류를 범한 꼴이다.

풀이

작으면, 크면, 서양인, 제1종, 동양인, 제2종

[예제 8.2]의 가설을 다시 인용해보자.

$\begin{cases} \text{Ho : 이 집단 사람들은 동양인이다.} \\ \text{Ha : 이 집단 사람들은 서양인이다.} \end{cases}$

일반적으로 동양인이 서양인보다 키가 작으므로, 표본의 평균 키가 작으면 동양인이고 크면 서양인일 가능성이 높다. 이를 근거로 표본의 평균 키가 170 cm보다 작으면 동양인이고 이보다 크면 서양인이라고 판정하기로 하자. 그러나 이 판정방법은 100% 완벽한 것은 아니다. 왜냐하면 동양인이라 할지라도 키가 큰 사람이 있고, 서양인이라 할지라도 키가 작은 사람도 있기 때문이다.

이를 이해하기 위해 [그림 8.1]에서 (a)를 보자. 수직 점선을 경계로 이보다 표본의 평균값이 작으면 동양인으로 판정하고, 크면 서양인으로 판정하기로 하자. 이 그림에서 위의 분

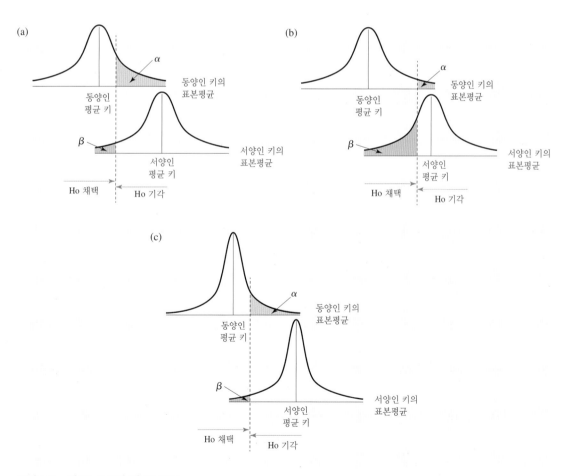

그림 8.1   제1종 오류와 제2종 오류

포는 동양인 키의 표본평균 분포를 나타내고 아래의 분포는 서양인 키의 표본평균 분포를 나타낸다. 동양인임에도 불구하고 표본평균값이 수직 점선보다 크면 Ho을 기각하는 제1종 오류를 범하게 되고 이 확률은 α로 파란색으로 된 면적과 같다. 서양인임에도 불구하고 표본평균값이 수직 점선보다 작으면 Ha를 기각(즉 Ho을 채택)하는 제2종 오류를 범하게 되고 이 확률은 β로 붉은색으로 된 면적과 같다.

만약 붉은색 수직 점선인 경계선을 오른쪽으로 이동하면 그림 (b)처럼 되는데, 위와 아래의 분포가 변하지 않은 상태에서 수직 경계선이 오른쪽으로 이동했기 때문에 α값은 작아지는 반면 β값이 커지는 것을 알 수 있다. 즉 수직 점선을 오른쪽으로 이동하면 제1종 오류의 발생 가능성은 축소되나 제2종 오류의 발생 가능성이 커진다. 그림으로 표현하지는 않았으나, 수직 점선을 왼쪽으로 이동하면 제1종 오류의 발생 가능성은 커지나 제2종 오류의 발생 가능성은 작아진다.

수직 점선을 그대로 유지한 채 표본크기를 크게 하면 그림 (a)에서 그림 (c)로 바뀐다. 표본크기가 커지면 동양인 키와 서양인 키의 표본평균에 대한 분산($\sigma_{\bar{X}}^2 = \sigma^2/n$)이 작아지므로 분포의 형태가 뾰족해진다. 그림 (c)에서 보듯이 그림 (a)에 비해 α와 β값이 동시에 작아지게 된다. 즉 표본크기가 커지면 제1종 오류와 제2종 오류의 발생 가능성을 동시에 줄일 수 있다.

Ⅱ 모집단 평균에 대한 가설검정

모평균 μ에 대한 가설이 타당한가를 표본자료를 사용하여 확인해보자. 이를 **모집단 평균에 대한 가설검정**(hypothesis testing for the population mean)이라 한다. 모평균에 대한 가설을 검정할 때 사용할 표본의 정보는 표본평균 $\bar{x}$와 표본크기 n이다. 표본평균 $\bar{x}$는 모평균의 추정값이므로 이 값으로 모평균의 값을 어느 정도 짐작할 수 있다. 표본크기 n은 크면 클수록 표본평균이 모평균을 더 정확하게 추정하고, 작을수록 부정확하게 추정한다. 그러므로 n은 모평균을 얼마나 정확하게 추정하는지를 나타낸다.

1. 가설의 설정

전 절에서의 모수 θ와 수치 θ_0을 각각 μ와 μ_0으로 대체하면 다음과 같은 세 유형의 가설이 나온다.

모평균에 대한 검정을 할 때 가설의 3유형

① $\begin{cases} \text{Ho} : \mu = \mu_0 \\ \text{Ha} : \mu \neq \mu_0 \end{cases}$ ② $\begin{cases} \text{Ho} : \mu \leq \mu_0 \\ \text{Ha} : \mu > \mu_0 \end{cases}$ ③ $\begin{cases} \text{Ho} : \mu \geq \mu_0 \\ \text{Ha} : \mu < \mu_0 \end{cases}$

● 예제 8.3

어느 회사가 생산한 부품의 지름이 평균 30 cm였다. 새로운 공정시스템을 도입했는데 이로 인해 부품의 지름에 영향을 주었을 것으로 생각하고 있다. 공정시스템의 도입으로 인해 ① 부품의 지름 평균이 바뀌었는지, ② 부품의 지름 평균이 더 커졌는지, ③ 부품의 지름 평균이 더 작아졌는지에 대한 검정을 하는 데 필요한 가설을 설정하시오.

풀이

$\mu =$ 새 공정시스템 도입 후 생산된 부품의 지름 평균

① $\begin{cases} \text{Ho} : \mu = 30 \\ \text{Ha} : \mu \neq 30 \end{cases}$ ② $\begin{cases} \text{Ho} : \mu \leq 30 \\ \text{Ha} : \mu > 30 \end{cases}$ ③ $\begin{cases} \text{Ho} : \mu \geq 30 \\ \text{Ha} : \mu < 30 \end{cases}$

2. 검정통계량의 선정

설정된 가설의 타당성 여부를 확인하기 위해 사용할 수단을 **검정통계량**(test statistic)이라 한다. 모평균 μ에 대한 검정이므로 이의 추정량인 $\bar{X}$를 검정통계량으로 사용할 수 있다. 이 책에서는 $\bar{X}$ 대신 $\frac{\bar{X} - \mu}{\sigma/\sqrt{n}}$를 사용한다. $\bar{X}$가 정규분포를 따르면 $\frac{\bar{X} - \mu}{\sigma/\sqrt{n}}$는 표준정규분포를 따른다. 귀무가설에 따라 μ의 값이 μ_0이므로 다음과 같이 나타낼 수 있다.[4]

$$Z = \frac{\bar{X} - \mu_0}{\sigma/\sqrt{n}} \sim N(0, 1)$$

이 검정통계량 Z의 분모에 σ가 포함되어 있기 때문에 σ를 알고 있는 경우에 이 검정통계량을 사용할 수 있다. 만약 σ를 알지 못한다면 다음과 같이 σ의 추정량인 S로 대체해야 하며, 이때의 검정통계량은 자유도가 $n-1$인 t 분포를 따른다.

$$T = \frac{\bar{X} - \mu_0}{S/\sqrt{n}} \sim t_{n-1}$$

---

4 $\bar{X}$가 정규분포를 따를 때에 한해 이 검정통계량을 사용할 수 있다는 점에 유의하자. 따라서 모집단이 정규분포를 따르거나 표본크기가 30 이상인 경우에만 가설검정을 수행할 수 있으며, 이런 조건이 만족하지 않으면 검정 자체가 불가능하다.

3. 유의수준의 결정

전 절에서 이미 설명하였다.

4. 검정규칙의 결정

검정규칙이란 귀무가설을 채택하거나 기각할 범위를 말한다. 이 범위는 가설의 유형에 따라 다르다. 다음의 유형을 보자.

$$\begin{cases} \text{Ho} : \mu = \mu_0 \\ \text{Ha} : \mu \neq \mu_0 \end{cases}$$

이해를 돕기 위해 다음의 예로 시작해보자. 인간은 동양인, 서양인, 호빗(hobbit)족의 세 인종이 있고 이들의 평균 키는 각각 165 cm, 175 cm, 100 cm라 하자. $\mu = 165$는 동양인, $\mu \neq 165$는 호빗족이나 서양인이라는 의미이다. 표본이 동양인이 아니라는 심증을 갖고 있다. 이를 검정하기 위해 문장으로 표현한 귀무가설과 대립가설은 다음의 왼쪽과 같고, μ를 이용해 표현하면 오른쪽과 같다.

$$\begin{cases} \text{Ho} : \text{동양인이다.} \\ \text{Ha} : \text{호빗족이나 서양인이다.} \end{cases} \Rightarrow \begin{cases} \text{Ho} : \mu = 165 \\ \text{Ha} : \mu \neq 165 \end{cases}$$

검정규칙을 찾는 것이 복잡하므로 다음의 질문에 답하면서 단계적으로 찾아보자.

① $\bar{X}$ 또는 $Z \left[= \dfrac{\bar{X} - \mu_0}{\sigma / \sqrt{n}} \right]$의 값이 대략 얼마일 때 귀무가설을 채택 또는 기각하는 것이 합리적인가?

이에 대한 해답을 구하기 위해 다음의 질문부터 보자. 표본평균이 각각 다음과 같다면 어느 인종이라고 판단하는 것이 옳은가?

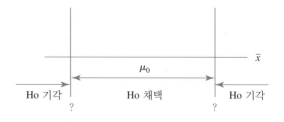

㉠ 90 cm, ㉡ 100 cm, ㉢ 110 cm, ㉣ 120 cm, ㉤ 130 cm, ㉥ 140 cm, ㉦ 150 cm, ㉧ 160 cm, ㉨ 170 cm, ㉩ 180 cm, ㉪ 190 cm

120 cm 이하의 경우에는 호빗족이고, 160 cm는 동양인이고, 180 cm 이상은 서양인일 가능성이 아주 높다. 대략적

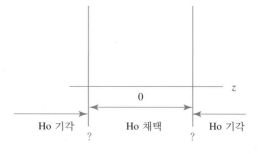

으로 표본의 평균 키가 아주 작거나 아주 크면 귀무가설을 기각하고, 표본평균의 키가 165 cm($=\mu_0$) 전후이면 귀무가설을 채택하는 것이 합리적이다. 표본평균이 커지면 z가 커지고 표본평균이 작아지면 z가 작아지므로, 검정통계량값 z가 아주 작거나 크면 귀무가설을 기각하고 이 값이 0 전후이면 귀무가설을 채택하는 것이 합리적이다. 이를 그림으로 나타내면 앞의 그림과 같다. 그러나 130 cm나 140 cm의 경우에는 호빗족인지 동양인인지 애매모호하고, 170 cm의 경우에도 동양인인지 서양인인지 애매모호하다. 즉 Ho의 채택과 기각을 나누는 경계가 명확하지 않다. 이 경계를 **임계치**(critical value)라 한다.

② 임계치는 정확히 얼마인가?

유의수준 α란 Ho이 사실일 때 Ho을 기각할 확률이므로 이 문장을 (i) Ho이 사실, (ii) Ho을 기각할 확률의 두 문장으로 나눠 그림으로 옮겨 보자([그림 8.2]).

(i) 'Ho이 사실'이란 $\mu=\mu_0$이므로 이때의 $\overline{X}$와 $Z\left[=\dfrac{\overline{X}-\mu_0}{\sigma/\sqrt{n}}\right]$의 분포를 위에 있는 그림 위에 덧붙인다. 그러면 다음의 그림으로 나타난다([그림 8.2]에서 덧붙인 부분이 (i)로 표시).

(ii) Ho을 기각하는 영역은 그림에서 둥근 점선으로 표시되며 'Ho을 기각할 확률'이란 기각 영역에 있는 확률밀도함수 아래의 면적([그림 8.2]에서 붉은색 부분)으로 표시된다([그림 8.2]에서 (ii)로 표시).

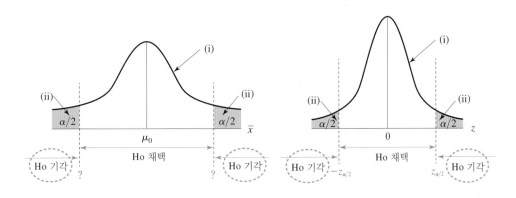

그림 8.2   Ho : $\mu=\mu_0$에 대한 검정

결국 임계치는 표준정규분포에서 양쪽 꼬리의 면적을 $\alpha/2$로 하는 Z값이다. 이들을 각각 $-z_{\alpha/2}$와 $+z_{\alpha/2}$로 표기한다. $\overline{X}$의 분포에 대해서도 동일한 방법으로 임계치를 구할 수 있으나, 검정통계량을 Z로 하기로 하였으므로 생략한다.

③ 검정규칙 확정

검정통계량의 값 $z\left[=\dfrac{\overline{X}-\mu_0}{\sigma/\sqrt{n}}\right]$가 채택/기각 영역 중 어디에 있는가에 따라 Ho의 채택 여

부를 결정한다. 즉

검정통계량의 값 z가 $\begin{cases} -z_{\alpha/2}$와 $+z_{\alpha/2}$ 사이에 있으면 Ho 채택 \\ $z < -z_{\alpha/2}$ 또는 $z > z_{\alpha/2}$을 만족하면 Ho 기각 \end{cases}$

모분산 σ^2을 모르는 경우, σ가 S로 대체되어 검정통계량은 T로 대체된다.

$$T = \frac{\overline{X} - \mu_0}{S/\sqrt{n}} \sim t_{n-1}$$

검정통계량의 값 t가 $\begin{cases} -t_{\alpha/2}$와 $+t_{\alpha/2}$ 사이에 있으면 Ho 채택 \\ $t < -t_{\alpha/2}$ 또는 $t > t_{\alpha/2}$을 만족하면 Ho 기각 \end{cases}$

표본크기가 30 이상이면 $\frac{\overline{X} - \mu_0}{S/\sqrt{n}}$가 표준정규분포에 근사하다.

5. 검정통계량 계산

표본을 추출하여 $\frac{\overline{x} - \mu_0}{\sigma/\sqrt{n}}$ 또는 $\frac{\overline{x} - \mu_0}{S/\sqrt{n}}$을 계산한다.

6. 가설의 채택/기각 결정

표준정규분포표나 t-분포표에서 찾은 임계치와 검정통계량값을 비교하여 검정규칙에 따라 Ho의 채택 여부를 결정한다.

● 예제 8.4

아라곤 주식회사는 공구를 제작하고 있다. 그런데 기존에 사용하던 공구제조기계를 동일 기종의 새로운 기계로 대체하였다. 기존의 기계를 사용하여 생산된 공구의 지름은 평균이 10 cm이고 분산(σ^2)이 4.0인 정규분포를 따르고 있다. 새로운 기계가 생산하는 공구의 지름 평균이 기존 기계가 생산한 제품과 다르다는 심증을 갖고 있어, 이를 검증하기 위해 새로 도입된 기계를 사용하여 만든 제품 중 25개를 임의로 선택하여 지름을 재어보니 지름 평균이 10.4 cm로 나타났다. μ를 정의하고 ① 가설의 설정, ② 검정통계량의 선정, ③ 유의수준의 결정, ④ 검정규칙의 결정, ⑤ 자료수집 및 검정통계량 계산, ⑥ 가설의 채택/기각 결정의 순서에 따라 검정하시오. $\alpha = 5\%$로 하시오. 분산은 바뀌지 않았다고 가정한다.

풀이

μ = 새로운 기계로 생산된 공구의 지름 평균

① 가설의 설정: $\begin{cases} \text{Ho} : \mu = 10 \\ \text{Ha} : \mu \neq 10 \end{cases}$

② 검정통계량의 선정: $Z\left[= \dfrac{\bar{X} - \mu_0}{\sigma/\sqrt{n}} \right]$

③ 유의수준: $\alpha = 5\%$

④ 검정규칙을 그림으로 표현하면

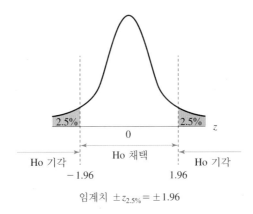

임계치 $\pm z_{2.5\%} = \pm 1.96$

⑤ 검정통계량 계산: $z\left[= \dfrac{\bar{x} - \mu_0}{\sigma/\sqrt{n}} \right] = \dfrac{10.4 - 10}{2/\sqrt{25}} = 1.00$

⑥ 가설의 채택/기각 결정: 검정통계량의 값 1.00은 임계치 ± 1.96 사이에 있으므로 귀무가설을 채택한다. 즉 새로운 기계를 사용할 때 생산된 공구의 지름 평균이 10 cm가 아니라는 충분한 증거가 없다.

● 예제 8.5

위 예에서 표본크기를 25에서 100으로 바꾸고 검정하시오. 검정결과가 달라지는 이유를 설명하시오.

풀이

검정통계량의 값은

$$z\left[= \frac{\bar{x} - \mu_0}{\sigma/\sqrt{n}} \right] = \frac{10.4 - 10}{2/\sqrt{100}} = 2.00$$

검정통계량의 값 2.00은 임계치 ± 1.96의 범위를 벗어나므로 귀무가설을 기각한다. 즉 새로운 기계를 사용할 때 생산된 공구의 지름 평균은 더 이상 10 cm가 아니라는 것이 통계적 판단이다. [예제 8.4]의 판정과 달라진 이유는 본문에서 설명한다.

표본평균 $\bar{x}$가 10.4 cm로 모평균 10 cm와 차이가 나는 이유는 다음 중 하나이다. ① 표본이 소속된 모집단의 평균이 10 cm가 아니거나, ② 모평균은 10 cm인데 표본추출 과정에서 우연히 표본평균이 10.4 cm가 나와서이다. ①이라고 판단하여 귀무가설을 기각하려면 모평균이 10 cm가 아니라는 충분한 증거가 있어야 한다. 따라서 핵심은 0.4 cm($=10.4-10$)의 차이가 충분한 증거가 되느냐이다. 표본이 크다면 표본평균이 모평균을 정확하게 추정하므로, 0.4 cm의 차이는 충분한 증거가 될 수 있다. 그러나 표본이 작으면 표본평균이 모평균을 부정확하게 추정하므로 이 차이는 충분한 증거가 될 수 없다.

● 예제 8.6

주식회사 ABC는 공구를 제작하고 있다. 그런데 기존에 사용하던 공구제조기계를 동일 기종의 새로운 기계로 대체하였다. 기존의 기계를 사용하여 생산된 공구의 지름은 평균이 10 cm인 정규분포를 따르고 있으나, 분산은 알려져 있지 않다. 새로운 기계가 생산하는 공구의 지름 평균이 기존 기계가 생산한 제품과 다르다는 심증을 갖고 있어, 이를 검증하기 위해 새로 도입된 기계를 사용하여 만든 제품 중 25개를 임의로 선택하여 지름을 재어 보니 지름 평균이 10.4 cm이고 분산(s^2)이 4.0인 것으로 드러났다. 유의수준 5%에서 검정하시오. 분산은 바뀌지 않았다고 가정한다.

풀이
$\mu=$새로운 기계로 생산된 공구의 지름 평균

① 가설의 설정: $\begin{cases} \text{Ho} : \mu = 10 \\ \text{Ha} : \mu \neq 10 \end{cases}$

② 검정통계량의 선정: 모분산 σ의 값을 알지 못하므로 검정통계량: $T\left[=\dfrac{\bar{X}-\mu_0}{S/\sqrt{n}}\right]$를 사용한다.

③ 유의수준: $\alpha=5\%$

④ 검정규칙을 그림으로 표현하면

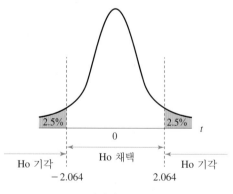

$df=24$, 임계치 $\pm t_{2.5\%}=\pm 2.064$

⑤ 검정통계량 계산: $t\left[=\dfrac{\bar{x}-\mu_0}{s/\sqrt{n}}\right]=\dfrac{10.4-10}{2/\sqrt{25}}=1.00$

⑥ 가설의 채택/기각 결정: 검정통계량의 값 1.0은 임계치 ±2.064 사이에 있으므로 귀무가설을 채택한다. 즉 새로운 기계를 사용할 때 생산된 공구의 지름 평균이 10 cm가 아니라는 충분한 증거가 없다.

---

7. 다른 유형의 검정규칙

7.1 $\begin{cases} \text{Ho} : \mu \leq \mu_0 \\ \text{Ha} : \mu > \mu_0 \end{cases}$ 의 경우

키가 작은 종족($\mu \leq 165$)과 키가 큰 종족($\mu > 165$)의 두 부류가 있다고 가정하자. 표본의 종족이 키 큰 종족이라는 심증이 있어, 이를 확인하기 위해 다음과 같이 가설을 설정하였다.

$\begin{cases} \text{Ho} : \mu \leq 165 \\ \text{Ha} : \mu > 165 \end{cases}$

앞에서와 같이 다음의 계속되는 질문에 답하면서 검정규칙을 찾아보자.

① $\bar{X}$ 또는 $Z\left[=\dfrac{\bar{X}-\mu_0}{\sigma/\sqrt{n}}\right]$의 값이 대략 얼마일 때 귀무가설을 채택 또는 기각하는 것이 합리적인가?

표본평균이 작으면 키 작은 종족이고, 표본평균이 크면 키 큰 종족이라고 판정하는 것이 합리적이다. 그러므로 $\bar{x}$나 z의 채택/기각영역은 옆의 그림과 같다. 그러나 아직 Ho의 채택과 기각의 경계인 임계치는 정확히 알지 못한다.

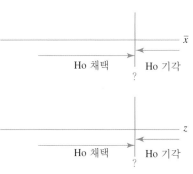

② 임계치는 정확히 얼마인가?

유의수준 α란 Ho이 사실일 때 Ho을 기각할 확률이므로 이 문장을 (i) Ho이 사실, (ii) Ho을 기각할 확률의 두 문장으로 나눠 그림으로 나타내 보자.

(i) 'Ho이 사실'이란 $\mu \leq \mu_0$로 구간인데, 그 구간 중 $\mu = \mu_0$일 때의 $\bar{X}$와 $Z\left[=\dfrac{\bar{X}-\mu_0}{\sigma/\sqrt{n}}\right]$의 분포를 앞의 그림 위에 덧붙이면 다음의 그림으로 나타난다([그림 8.3]에서 덧붙인 부분이 (i)로 표시).

(ii) Ho을 기각하는 영역은 둥근 점선으로 표시되어 있으며, 'Ho을 기각할 확률'이란 기각

영역의 확률밀도함수 아래의 면적([그림 8.3]에서 붉은색 부분)이다([그림 8.3]에서 (ii)로 표시).

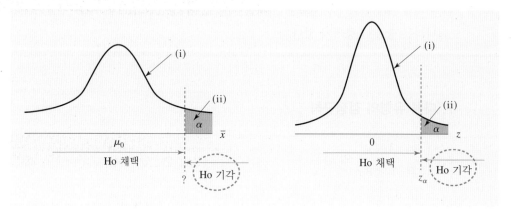

그림 8.3 Ho : $\mu \leq \mu_0$에 대한 검정

임계치는 표준정규분포에서 오른쪽 꼬리의 면적을 α로 하는 Z값으로, z_α로 표기한다. $\overline{X}$의 분포에 대해서도 동일한 방법으로 임계치를 구할 수 있으나 생략한다.

③ 검정규칙 확정

검정통계량의 값 $z\left[= \dfrac{\overline{x} - \mu_0}{\sigma/\sqrt{n}}\right]$가 채택/기각 영역 중 어디에 있는가에 따라 Ho의 채택 여부를 결정하면 된다. 즉

검정통계량의 값 z가 $\begin{cases} z \leq z_\alpha \text{을 만족하면 Ho 채택} \\ z > z_\alpha \text{을 만족하면 Ho 기각} \end{cases}$

모분산 σ^2을 모르는 경우, σ가 s로 대체되어 검정통계량은 T로 대체된다.

$$T = \frac{\overline{X} - \mu_0}{S/\sqrt{n}} \sim t_{n-1}$$

검정통계량의 값 t가 $\begin{cases} t \leq t_\alpha \text{을 만족하면 Ho 채택} \\ t > t_\alpha \text{을 만족하면 Ho 기각} \end{cases}$

표본크기가 30 이상이면 $\dfrac{\overline{X} - \mu_0}{S/\sqrt{n}}$가 정규분포에 근사하다.

● 예제 8.7

주식회사 ABC는 공구를 제작하고 있다. 그런데 기존에 사용하던 공구제조기계를 동일 기종의 새로운 기계로 대체하였다. 기존의 기계를 사용하여 생산된 공구의 지름은 평균이 10

cm이고 분산(σ^2)이 4.0인 정규분포를 따르고 있다. 새로운 기계가 생산하는 공구의 지름 평균이 기존의 기계가 생산한 제품보다 크다는 심증을 갖고 있어, 이를 검증하기 위해 새로 도입된 동일 기종의 기계를 사용하여 만든 제품 중 25개를 임의로 선택하여 지름을 재어보니 지름 평균이 10.4 cm이다. 유의수준 5%에서 검정하시오.

풀이

μ = 새로운 기계로 생산된 공구의 지름 평균

① 가설의 설정: $\begin{cases} \text{Ho} : \mu \leq 10 \\ \text{Ha} : \mu > 10 \end{cases}$

② 검정통계량의 선정: $Z\left[= \dfrac{\overline{X} - \mu_0}{\sigma/\sqrt{n}}\right]$

③ 유의수준: $\alpha = 5\%$

④ 검정규칙을 그림으로 표현하면

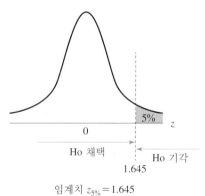

임계치 $z_{5\%} = 1.645$

⑤ 검정통계량 계산: $z\left[= \dfrac{\overline{x} - \mu_0}{\sigma/\sqrt{n}}\right] = \dfrac{10.4 - 10}{2/\sqrt{25}} = 1.00$

⑥ 가설의 채택/기각 결정: 검정통계량의 값 1.00은 임계치 1.645보다 작으므로 귀무가설을 채택한다. 즉 새로운 기계를 사용할 때 생산된 제품의 지름 평균이 증가했다는 충분한 증거가 없다.

7.2 $\begin{cases} \text{Ho} : \mu \geq \mu_0 \\ \text{Ha} : \mu < \mu_0 \end{cases}$ 의 경우

키가 큰 종족($\mu \geq 165$)과 키가 작은 종족($\mu < 165$)의 두 부류가 있다고 가정하자. 표본의 종족이 키 작은 종족이라는 심증이 있어, 다음과 같이 가설을 설정하였다.

$$\begin{cases} Ho : \mu \geq 165 \\ Ha : \mu < 165 \end{cases}$$

① $\bar{X}$ 또는 $Z\left[=\dfrac{X-\mu_0}{\sigma/\sqrt{n}}\right]$의 값이 대략 얼마일 때 귀무가설을 채택 또는 기각하는 것이 합리적인가?

표본평균이 크면 키 큰 종족이고, 표본평균이 작으면 키 작은 종족이라고 판정하는 것이 합리적이다. 그러므로 $\bar{x}$나 z의 채택/기각영역은 옆의 그림과 같다.

② 임계치는 정확히 얼마인가?

유의수준 α란 Ho이 사실일 때 Ho을 기각할 확률이므로 이 문장을 (i) Ho이 사실, (ii) Ho을 기각할 확률의 두 문장으로 나눠 그림으로 옮겨 보자. (i)의 'Ho이 사실', 즉 $\mu=\mu_0$일 때의 $\bar{X}$와 Z의 분포가 [그림 8.4]에서 (i)로 표시되고, (ii)의 'Ho을 기각할 확률'이 붉은색 부분으로 표시된다([그림 8.4]에서 (ii)로 표시).

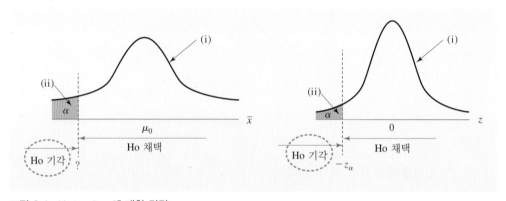

그림 8.4 Ho : $\mu \geq \mu_0$에 대한 검정

결국 임계치는 표준정규분포에서 왼쪽 꼬리의 면적을 α로 하는 Z값으로 $-z_\alpha$로 표기한다. $\bar{X}$의 분포에 대해서도 동일한 방법으로 임계치를 구할 수 있으나, 생략한다.

③ 검정규칙 확정

검정통계량의 값 $z\left[=\dfrac{x-\mu_0}{\sigma/\sqrt{n}}\right]$와 임계치를 비교하여 Ho의 채택 여부를 결정한다. 즉

검정통계량의 값 z가 $\begin{cases} z \geq -z_\alpha$을 만족하면 Ho 채택 \\ z < -z_\alpha$을 만족하면 Ho 기각 \end{cases}$

모분산 σ^2을 모르는 경우, σ가 S로 대체되어 검정통계량은 T로 대체된다.

$$T = \frac{X - \mu_0}{S/\sqrt{n}} \sim t_{n-1}$$

검정통계량의 값 t가 $\begin{cases} t \geq -t_\alpha \text{을 만족하면 Ho 채택} \\ t < -t_\alpha \text{을 만족하면 Ho 기각} \end{cases}$

표본크기가 30 이상이면 $\dfrac{\overline{X} - \mu_0}{S/\sqrt{n}}$가 정규분포에 근사하다.

● 예제 8.8

주식회사 DEF는 공구를 제작하고 있다. 그런데 기존에 사용하던 공구제조기계를 동일 기종의 새로운 기계로 대체하였다. 기존의 기계를 사용하여 나온 제품의 공구 지름은 평균이 10 cm이고 분산(σ^2)이 4.0인 정규분포를 따르고 있다. 새로운 기계가 생산하는 공구의 지름 평균이 기존의 기계가 생산한 제품보다 작다는 심증을 갖고 있어, 이를 검증하기 위해 새로 도입된 기계를 사용하여 만든 제품 중 25개를 임의로 선택하여 지름을 재어 보니 지름 평균이 8.0 cm이다. 유의수준 5%에서 검정하시오.

풀이

μ = 새로운 기계를 사용할 때 생산된 제품의 지름 평균

① 가설의 설정: $\begin{cases} \text{Ho} : \mu \geq 10 \\ \text{Ha} : \mu < 10 \end{cases}$

② 검정통계량의 선정: $Z\left[= \dfrac{\overline{X} - \mu_0}{\sigma/\sqrt{n}}\right]$

③ 유의수준: $\alpha = 5\%$

④ 검정규칙을 그림으로 표현하면

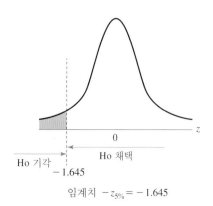

임계치 $-z_{5\%} = -1.645$

⑤ 검정통계량 계산: $z\left[=\dfrac{\bar{x}-\mu_0}{\sigma/\sqrt{n}}\right]=\dfrac{8.0-10}{2/\sqrt{25}}=-5.00$

⑥ 가설의 채택/기각 결정: 검정통계량의 값 -5.00은 임계치 -1.645보다 작으므로 귀무가설을 기각한다. 즉 새로운 기계를 사용할 때 생산된 제품의 지름 평균은 작아졌다는 것이 통계적 판단이다.

8. 양측검정과 단측검정

양측검정(two-tailed test)은 Ho : $\mu=\mu_0$ 형태의 검정을 말하는데, [그림 8.5]의 왼쪽 그림과 같이 양쪽의 두 측면(꼬리, tail)에 임계치가 존재하기 때문에 '양측'이란 용어를 사용하고 있다. 반면에 **단측검정**(one-tailed test)은 Ho : $\mu\leq\mu_0$ 또는 Ho : $\mu\geq\mu_0$ 형태의 검정을 말하는데, 임계치가 한 측면에만 존재하기 때문에 '단측'이란 용어를 사용하고 있다.

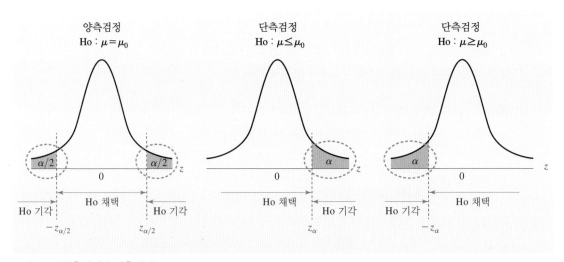

그림 8.5 양측검정과 단측검정

9. 모평균 검정순서의 요약

모평균 μ에 대한 가설검정 순서를 요약하면 다음과 같다.

순서	내용
① 가설의 설정	$\begin{cases} \text{Ho}: \mu = \mu_0 \\ \text{Ha}: \mu \neq \mu_0 \end{cases}$ $\begin{cases} \text{Ho}: \mu \leq \mu_0 \\ \text{Ha}: \mu > \mu_0 \end{cases}$ $\begin{cases} \text{Ho}: \mu \geq \mu_0 \\ \text{Ha}: \mu < \mu_0 \end{cases}$ 중 하나의 형태로 가설을 표현
② 검정통계량의 선정	모분산 σ^2의 값을 아느냐 여부에 따라 $Z\left[= \dfrac{\overline{X} - \mu_0}{\sigma/\sqrt{n}}\right]$ 또는 $T\left[= \dfrac{\overline{X} - \mu_0}{S/\sqrt{n}}\right]$ 선택 표본크기가 30 이상이면 $\dfrac{\overline{X} - \mu_0}{S/\sqrt{n}}$가 표준정규분포에 근사
③ 유의수준의 결정	제1종 오류와 제2종 오류를 감안하여 결정
④ 검정규칙의 결정	Ho을 채택하는 경우는 각각 $-z_{\alpha/2} \leq z \leq +z_{\alpha/2}$ $z \leq +z_\alpha$ $z \geq -z_\alpha$
⑤ 검정통계량 계산	$z\left[= \dfrac{\bar{x} - \mu_0}{\sigma/\sqrt{n}}\right]$ 또는 $t\left[= \dfrac{\bar{x} - \mu_0}{s/\sqrt{n}}\right]$ 계산
⑥ 가설의 채택/기각 결정	임계치와 검정통계량값을 비교하여 Ho의 채택 여부 결정

10. p-값을 이용한 가설검정

지금까지 검정통계량을 이용한 검정방법에 대해 설명하였다. 이와는 다른 접근방법인 p-값을 이용한 방법을 소개한다. p-값을 정의하면 다음과 같다.[5]

> p-값(p-value)이란 귀무가설이 사실이라는 가정하에서 관측된 결과보다 극단적인 결과가 발생할 확률이다.

Ho : $\mu \leq \mu_0$ 하에서 표본평균 $\bar{x}$가 3으로 나타났다고 하자. [그림 8.6]에 네 개의 그림이 있다. 이 중 왼쪽의 두 그림부터 보자. 이 두 그림은 귀무가설이 사실일($\mu = \mu_0$) 때 $\bar{x}$와 Z의 분포를 보여주고 있다. '관측된 결과'는 표본평균 $\bar{x}$가 3이다. 표본평균이 3보다 '극단적인 결과가 발생할 확률'은 $P(\overline{X} > 3)$로 [그림 8.6]의 왼쪽 위에 있는 빗금 친 부분의 면적과 같다. 표본평균 3과 동일한 위치에 있는 z가 $\dfrac{3 - \mu_0}{\sigma/\sqrt{n}}$이므로 p-값은 $P\left(Z > \dfrac{3 - \mu_0}{\sigma/\sqrt{n}}\right)$이며, 왼쪽 아래에 있는 빗금 친 부분의 면적으로 표시된다. 한편 오른쪽에 있는 두 그림은 검정통계량을 활용한 기존의 검정방법이다.

---

5 p-값을 귀무가설이 기각되는 최소의 유의수준이라 정의하기도 한다.

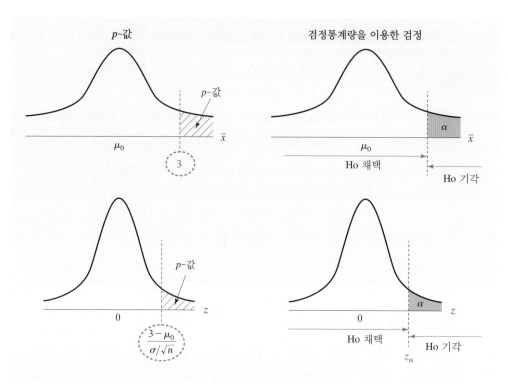

그림 8.6 p-값과 검정통계량을 활용한 검정방법(Ho : $\mu \leq \mu_0$인 경우)

● 예제 8.9

귀무가설이 Ho : $\mu \leq 0$으로 설정되어 있다. $\overline{X}$는 정규분포를 따르고, 평균과 표준오차가 각각 0과 2이다. $\bar{x}$가 3일 때 p-값을 구하시오.

풀이

- 표준정규분포표 활용: p-값 $= P(\overline{X} > 3) = P\left(Z > \dfrac{3-0}{2}\right) = P(Z > 1.5) = 0.0668$

- Excel 활용: 함수 '$= 1 - \text{NORM.DIST}(3,0,2,\text{TRUE})$'을 사용하여 구할 수 있다.

- 애플릿 활용: http://homepage.divms.uiowa.edu/~mbognar/applets/normal.html에서 다음과 같은 방법으로 p-값을 구할 수 있다. 이 애플릿에서 X와 σ의 기호를 각각 $\overline{X}$와 표준오차로 간주해야 한다.

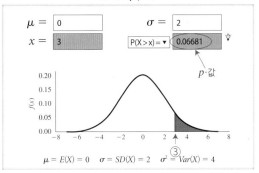

[그림 8.6]에서 왼쪽의 두 그림을 오른쪽의 두 그림에 겹쳐 놓으면 p-값과 α의 크기에 따라 [그림 8.7]의 왼쪽 또는 오른쪽과 같이 된다.

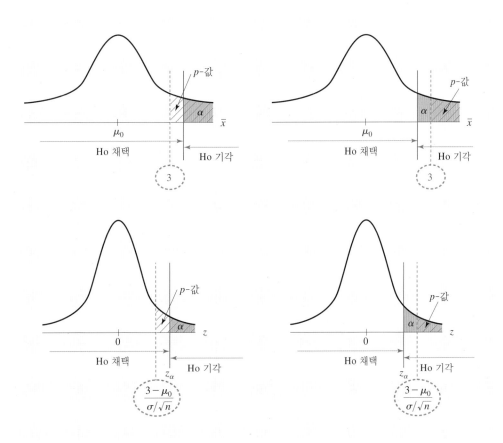

그림 8.7 p-값과 α의 비교

[그림 8.7]의 왼쪽 그림은 p-값이 α보다 큰 경우이다. 이때 표본평균 3과 $\dfrac{3-\mu_0}{\sigma/\sqrt{n}}$이 채택영역에 있음을 알 수 있다. 만약 반대로 p-값이 α보다 작은 경우에는 오른쪽 그림처럼 표본평균 3과 $\dfrac{3-\mu_0}{\sigma/\sqrt{n}}$이 기각영역에 있다. 그러므로 p-값과 α의 크기를 비교하면 귀무가설의 채택 여부를 알 수 있다. p-값 $\geq\alpha$이면 귀무가설을 채택하고, p-값 $<\alpha$이면 귀무가설을 기각한다.

● 예제 8.10

귀무가설이 Ho : $\mu\leq0$으로 설정되어 있고, p-값은 6.68%이다. α의 값이 다음과 같을 때 귀무가설의 채택/기각 여부를 결정하시오.

① $\alpha=1\%$ ② $\alpha=5\%$ ③ $\alpha=10\%$ ④ $\alpha=15\%$

풀이

①과 ②의 경우 p-값 $\geq\alpha$이므로 귀무가설을 채택하고, ③과 ④의 경우 p-값 $<\alpha$이므로 귀무가설을 기각한다. ②와 ③의 경우를 그림으로 보면 다음과 같다. 이 그림에서 α는 붉은색의 면적이다. p-값은 $\bar{x}$의 오른쪽 빗금 면적이다.

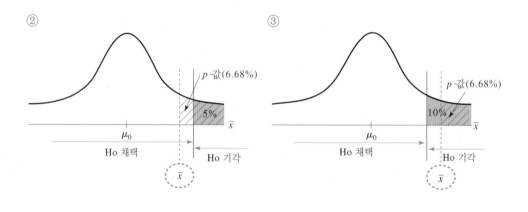

귀무가설이 Ho : $\mu\geq\mu_0$의 형태인 경우에는 p-값의 위치는 왼쪽에 있다([그림 8.8] 참조). 예를 들어 표본평균이 1로 관측되었다면, 더 '극단적인 결과가 발생할 확률'은 $P(\bar{X}<1)$로 [그림 8.8]의 왼쪽에 있는 빗금 친 부분의 면적과 같다. 이 확률은 $P\!\left(Z<\dfrac{1-\mu_0}{\sigma/\sqrt{n}}\right)$와 동일하며 이 그림의 오른쪽에 나타나 있다. 이 경우에도 Ho : $\mu\leq\mu_0$의 경우와 마찬가지로 p-값이 α보다 큰 경우 표본평균 1과 $\dfrac{1-\mu_0}{\sigma/\sqrt{n}}$이 채택영역에 있어 귀무가설을 채택한다. 반대로 p-값이 α보다 작은 경우 표본평균 1과 $\dfrac{1-\mu_0}{\sigma/\sqrt{n}}$이 기각영역에 있어 귀무가설을 기각한다.

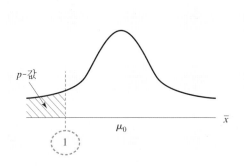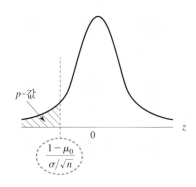

그림 8.8 p-값(Ho : $\mu \geq \mu_0$인 경우)

양측검증의 경우에는 다소 복잡하다. [그림 8.9]를 보자. Ho : $\mu = \mu_0$의 양측검정에서 표본평균 $\bar{x}$가 3으로 나타났다 하자. 이보다 '극단적인 결과가 발생할 확률'은 $P(\bar{X} > 3)$로 [그림 8.9]의 왼쪽 위에 있는 빗금 친 부분의 면적과 같다. 그러나 이 면적을 p-값이 아닌 p-값의 1/2로 간주한다. 이렇게 해야 $\dfrac{p\text{-값}}{2}$과 오른쪽 기각영역의 확률인 $\dfrac{\alpha}{2}$를 비교, 즉 p-값과 α를 비교할 수 있기 때문이다.

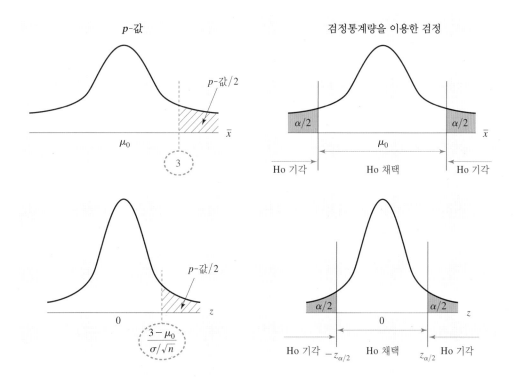

그림 8.9 양측검정에서의 p-값

p-값의 개념과 이를 이용한 검정방법을 요약하면 다음과 같다.

표본에서 계산된 표본평균이 $\bar{x}_0$이고 검정통계량값이 $z_0 \left[= \dfrac{\bar{x}_0 - \mu_0}{\sigma/\sqrt{n}} \right]$이다. p-값은

① $\begin{cases} \text{Ho} : \mu \leq \mu_0 \\ \text{Ha} : \mu > \mu_0 \end{cases}$ 이면, p-값 $= P(\overline{X} > \bar{x}_0) = P(Z > z_0)$

② $\begin{cases} \text{Ho} : \mu \geq \mu_0 \\ \text{Ha} : \mu < \mu_0 \end{cases}$ 이면, p-값 $= P(\overline{X} < \bar{x}_0) = P(Z < z_0)$

③ $\begin{cases} \text{Ho} : \mu = \mu_0 \\ \text{Ha} : \mu \neq \mu_0 \end{cases}$ 이면, $z_0 \leq 0$일 때 p-값 $= 2 \cdot P(\overline{X} < \bar{x}_0) = 2 \cdot P(Z < z_0)$

$\qquad\qquad\qquad\qquad\qquad\quad z_0 > 0$일 때 p-값 $= 2 \cdot P(\overline{X} > \bar{x}_0) = 2 \cdot P(Z > z_0)$

검정규칙은

p-값 $\geq \alpha$이면 귀무가설을 채택한다.

p-값 $< \alpha$이면 귀무가설을 기각한다.

검정통계량 대신에 p-값을 활용하여 검정하는 방법의 장점을 알아보자. 의사결정자가 검정통계량을 이용하여 유의수준 5%에서 귀무가설을 기각한 경우, 더 낮은 유의수준에서도 귀무가설을 기각할 수 있는지 알기 어렵다. 예를 들어, 더 낮은 수준인 유의수준 3%에서 귀무가설의 기각 여부를 알려면 다시 임계치를 찾고 이를 검정통계량값과 비교해야 하기 때문이다. 그러나 p-값을 사용하면 이런 문제점을 해결할 수 있다. 예를 들어 p-값이 4%라면 귀무가설이 유의수준 5%에서 기각되나 유의수준 3% 이하에서 기각되지 않는다는 것을 알 수 있다. 즉 p-값을 활용하면 귀무가설을 채택/기각하는 유의수준을 바로 알 수 있는 장점이 있다.

● 예제 8.11

귀무가설이 Ho : $\mu \leq 10$으로 설정되어 있고, p-값은 10%이다. α의 값이 얼마보다 클 때 귀무가설을 기각하는가?

풀이

p-값 $< \alpha$이면 귀무가설을 기각한다. p-값이 10%이므로 α의 값이 10%를 상회해야 귀무가설을 기각한다. 이에 따라 p-값을 귀무가설을 기각할 수 있는 최소의 유의수준이라고 부르기도 한다.

Ⅲ 모비율에 대한 가설검정

표본자료를 사용하여 모비율 p에 대한 가설이 타당한가를 검정해보자. 이를 **모집단 비율에 대한 가설검정**(hypothesis testing for the population proportion)이라 한다. 모비율에 대한 가설을 검정할 때 표본에서 중요한 정보는 표본비율 $\hat{p}$과 표본크기 n이다. 표본비율은 모비율의 추정값이고, 표본크기는 표본비율이 모비율을 얼마나 정확하게 추정하는지 알려 주기 때문이다. 표본이 큰 경우($np \geq 10$이고 $n(1-p) \geq 10$인 경우)에 한해 $\hat{P}$은 정규분포에 근사하다. 표본이 작으면 $\hat{P}$의 분포를 모르므로 검정 자체를 수행할 수 없다.

1. 가설의 설정

이 장 첫 절에서의 모수 θ와 수치 θ_0을 각각 p와 p_0으로 대체하면 다음과 같은 세 유형의 가설이 나온다.

$$(1) \begin{cases} \text{Ho} : p = p_0 \\ \text{Ha} : p \neq p_0 \end{cases} \qquad (2) \begin{cases} \text{Ho} : p \leq p_0 \\ \text{Ha} : p > p_0 \end{cases} \qquad (3) \begin{cases} \text{Ho} : p \geq p_0 \\ \text{Ha} : p < p_0 \end{cases}$$

2. 검정통계량의 선정

모비율을 p_0이라 가정하고 n이 충분히 크면 $\hat{P}$은 정규분포에 근사하다. 이에 따라 검정통계량은 다음과 같다.

$$Z = \frac{\hat{P} - p_0}{\sqrt{p_0(1 - p_0)/n}} \sim N(0, 1)$$

3. 유의수준의 결정

유의수준의 결정은 모평균에 대한 검정을 할 때와 동일하다.

4. 검정규칙의 결정

모평균에 대한 검정에서 검정규칙을 정할 때의 논리가 그대로 적용된다. 모평균 대신 모비율이란 점만 다를 뿐이다.

$4.1 \begin{cases} \text{Ho} : p = p_0 \\ \text{Ha} : p \neq p_0 \end{cases}$ 의 경우

검정통계량의 값 z가 $\begin{cases} -z_{\alpha/2}$와 $z_{\alpha/2}$ 사이에 있으면 Ho 채택 \\ $z < -z_{\alpha/2}$ 또는 $z > z_{\alpha/2}$을 만족하면 Ho 기각 \end{cases}$

4.2 $\begin{cases} \text{Ho} : p \leq p_0 \\ \text{Ha} : p > p_0 \end{cases}$ 의 경우

검정통계량의 값 z가 $\begin{cases} z \leq z_\alpha$을 만족하면 Ho 채택 \\ $z > z_\alpha$을 만족하면 Ho 기각 \end{cases}$

4.3 $\begin{cases} \text{Ho} : p \geq p_0 \\ \text{Ha} : p < p_0 \end{cases}$ 의 경우

검정통계량의 값 z가 $\begin{cases} z \geq -z_\alpha$을 만족하면 Ho 채택 \\ $z < -z_\alpha$을 만족하면 Ho 기각 \end{cases}$

이를 그림으로 그리면 [그림 8.10]과 같다.

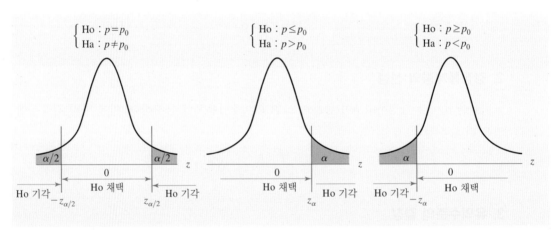

그림 8.10   모비율에 대한 검정

5. 검정통계량 계산

검정통계량 Z의 값을 계산한다.

6. 가설의 채택/기각 결정

검정통계량의 값과 임계치를 비교하여 결정한다.

● 예제 8.12

어떤 상품에 대한 인지율이 과거에 20%였다. 이 상품을 생산하는 회사는 인지도를 높이기 위해 라디오 광고를 시작했다. 이 광고로 소비자 인지도가 향상된 것으로 생각하고, 광고 효과를 분석하기 위해 1,000명의 소비자를 대상으로 조사한 결과 220명이 인지한다고 응답했다. 5%의 유의수준에서 라디오 광고로 인해 소비자의 인지율이 향상되었는지 검정하시오.

풀이

p = 모집단에서의 소비자 인지율, $\hat{p}$ = 표본에서의 소비자 인지율

$$\hat{p} = 220/1{,}000 = 0.22$$

① 가설의 설정: $\begin{cases} \text{Ho}: p \leq 0.20 \ \Longleftarrow \ \text{인지율이 향상되지 않았다.} \\ \text{Ho}: p > 0.20 \ \Longleftarrow \ \text{인지율이 향상되었다.} \end{cases}$

② 검정통계량의 선정: $Z = \dfrac{\hat{P} - p_0}{\sqrt{p_0(1 - p_0)/n}}$

③ 유의수준: $\alpha = 5\%$

④ 검정규칙을 그림으로 표현하면

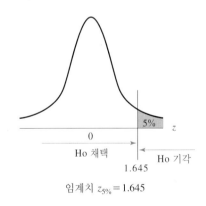

임계치 $z_{5\%} = 1.645$

⑤ 검정통계량 계산: $\hat{p} = 0.22$이므로

$$z = \frac{\hat{p} - p_0}{\sqrt{p_0(1 - p_0)/n}} = \frac{0.22 - 0.20}{\sqrt{0.20(1 - 0.20)/1{,}000}} = 1.5811$$

⑥ 가설의 채택/기각 결정: 검정통계량의 값 1.5811은 임계치 1.645보다 작으므로 귀무가설을 채택한다. 즉 해당 상품에 대한 소비자의 인지율이 향상되었다는 충분한 증거가 없다.

IV 모분산에 대한 가설검정

모분산 σ^2에 대한 가설이 타당한가를 확인해 보자. 이를 **모집단 분산에 대한 가설검정**(hypothesis testing for the population variance)이라 한다. 모분산에 대한 가설을 검정할 때 표본의 중요한 정보는 표본분산 s^2과 표본크기 n이다. 표본분산은 모분산의 추정값이고, 표본크기는 표본분산이 모분산을 얼마나 정확하게 추정하고 있는지를 나타내기 때문이다.

1. 가설의 설정

이 장 첫 절에서의 모수 θ와 수치 θ_0을 각각 σ^2과 σ_0^2으로 대체하면 다음과 같은 세 유형의 가설이 나온다.

$$(1) \begin{cases} \text{Ho} : \sigma^2 = \sigma_0^2 \\ \text{Ha} : \sigma^2 \neq \sigma_0^2 \end{cases} \quad (2) \begin{cases} \text{Ho} : \sigma^2 \leq \sigma_0^2 \\ \text{Ha} : \sigma^2 > \sigma_0^2 \end{cases} \quad (3) \begin{cases} \text{Ho} : \sigma^2 \geq \sigma_0^2 \\ \text{Ha} : \sigma^2 < \sigma_0^2 \end{cases}$$

2. 검정통계량의 선정

모분산 σ^2에 대한 가설검정에 사용될 검정통계량은 다음과 같다. 이 검정통계량은 자유도가 $n-1$인 χ^2 분포를 따른다.[6]

$$V = \frac{(n-1)S^2}{\sigma_0^2} \sim \chi_{n-1}^2$$

3. 유의수준의 결정

유의수준의 결정은 모평균이나 모비율에 대한 검정을 할 때와 동일하다.

4. 검정규칙의 결정

4.1 $\begin{cases} \text{Ho} : \sigma^2 = \sigma_0^2 \\ \text{Ha} : \sigma^2 \neq \sigma_0^2 \end{cases}$ 의 경우

양측검정이므로 [그림 8.11]과 같이 χ^2 분포의 두 측면에 기각영역이 설정된다.

---

6 제6장 참조.

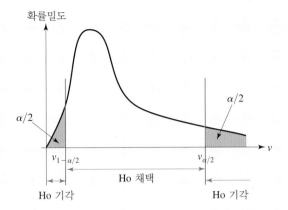

그림 8.11 모분산에 대한 양측검정

위 그림에서 $\nu_{1-\alpha/2}$와 $\nu_{\alpha/2}$은 $P(V > \nu_{1-\alpha/2}) = 1 - \alpha/2$, $P(V > \nu_{\alpha/2}) = \alpha/2$를 만족하는 값이다.

검정통계량의 값 ν가 $\begin{cases} \nu_{1-\alpha/2}$와 $\nu_{\alpha/2}$ 사이에 있으면 Ho 채택 \\ $\nu < \nu_{1-\alpha/2}$ 또는 $\nu > \nu_{\alpha/2}$를 만족하면 Ho 기각 \end{cases}$

4.2 $\begin{cases} \text{Ho} : \sigma^2 \leq \sigma_0^2 \\ \text{Ha} : \sigma^2 > \sigma_0^2 \end{cases}$ 의 경우

이 경우 [그림 8.12]와 같이 χ^2 분포의 오른쪽 측면에 기각영역이 설정된다.

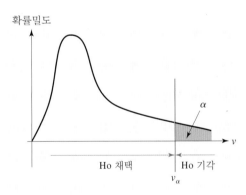

그림 8.12 모분산에 대한 단측검정(Ho : $\sigma^2 \leq \sigma_0^2$의 경우)

검정통계량의 값 ν가 $\begin{cases} \nu \leq \nu_\alpha$을 만족하면 Ho 채택 \\ $\nu > \nu_\alpha$을 만족하면 Ho 기각 \end{cases}$

$4.3 \begin{cases} \text{Ho} : \sigma^2 \geq \sigma_0^2 \\ \text{Ha} : \sigma^2 < \sigma_0^2 \end{cases}$ 의 경우

이 경우 [그림 8.13]과 같이 χ^2 분포의 왼쪽 측면에 기각영역이 설정된다.

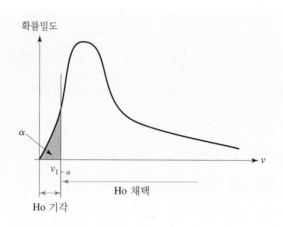

그림 8.13 모분산에 대한 단측검정(Ho : $\sigma^2 \geq \sigma_0^2$의 경우)

검정통계량의 값 v가 $\begin{cases} v \geq v_{1-\alpha}\text{를 만족하면 Ho 채택} \\ v < v_{1-\alpha}\text{를 만족하면 Ho 기각} \end{cases}$

임계치를 찾는 방법은 다음 예제에서 다룬다.

5. 검정통계량 계산

검정통계량 V의 값을 계산한다.

6. 가설의 채택/기각 결정

검정통계량의 값과 임계치를 비교하여 결정한다.

● 예제 8.13

어떤 제품의 길이에 대한 분산이 과거에 0.3이었다. 그러나 최근 작업자의 교체로 분산이 바뀌었다고 경영진은 생각하고 있다. 이를 확인하기 위해 10개의 제품을 임의로 선정하여 길이를 측정한 결과 다음과 같은 자료를 얻었다. 유의수준 5%에서 모분산이 0.3과 다를 것 이라는 가설을 검정하시오.

10.35, 11.26, 10.01, 10.95, 11.12, 10.67, 11.03, 10.98, 10.78, 11.10 ($s^2 = 0.1499$)

풀이

$\sigma^2 =$ 작업자 교체 후 생산된 제품 길이의 분산

① 가설의 설정: $\begin{cases} \text{Ho} : \sigma^2 = 0.3 \\ \text{Ha} : \sigma^2 \neq 0.3 \end{cases}$

② 검정통계량의 선정: $V = \dfrac{(n-1)S^2}{\sigma_0^2} \sim \chi_{n-1}^2$

③ 유의수준: $\alpha = 5\%$

④ 검정규칙을 그림으로 표현하면

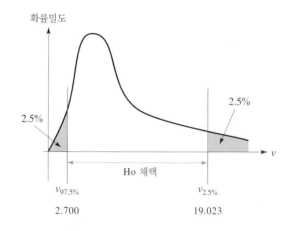

자유도(df)가 9이므로 임계치의 값을 χ^2 분포표에서 찾으면 각각 2.700과 19.023이다.

Excel에서는 '=CHISQ.INV.RT(0.975,9)'와 '=CHISQ.INV.RT(0.025,9)'를 구한다. http://homepage.divms.uiowa.edu/~mbognar/applets/chisq.html의 애플릿을 활용하여 구할 수도 있다.

⑤ 검정통계량 계산: $s^2 = 0.1499$이므로

$$v = \frac{(n-1)s^2}{\sigma_0^2} = \frac{(10-1)(0.1499)}{0.3} = 4.497$$

⑥ 가설의 채택/기각 결정: 검정통계량의 값 4.497은 임계치 2.700과 19.023 사이에 있으므로 Ho을 채택한다. 즉 표본의 자료로 미루어 볼 때 모분산 σ^2이 0.3과 다르다는 충분한 증거가 없다.

여담: 항우울제의 약효

임상시험에서 항우울제 복용자 중 60%가 우울증 증상이 현저하게 완화되었다고 발표되었다. 우리가 배운 가설검정을 이용하여 통계적 검증을 거친 것이다. 그렇다면 이들 약은 그만큼 효과가 있을까?

E. Turner 등은 1987년부터 2004년까지 FDA(미국 식품의약청)으로부터 승인을 받기 위해 제출된 모든 항우울제 임상시험 결과를 분석했고, 이를 2008년 학술지에 발표했다. 21개의 약을 대상으로 수행한 74번의 연구 결과가 분석 대상이었다. FDA는 74건 중 38건의 임상시험에 대해 약효가 있고, 나머지 36건에 대해 약효가 없다고 판정했다. 제약사나 연구자는 앞의 38건 중 37건을 의학지에 발표했고, 나머지 36건 중 14건을 의학지에 발표했다. 14건 중 11건은 약효가 있다고 발표하였다.

제약회사는 자신에게 유리하다고 생각하는 임상시험 결과를 발표하고 그렇지 않은 결과를 숨기는 경향이 있음이 확인되었다. 심지어 약효가 없음에도 불구하고 약효가 있다고 날조한다는 것도 확인되었다.

에크먼(Ekman)에 의하면 거짓은 '왜곡'과 '은폐'의 두 유형으로 나뉜다. '왜곡'은 허위 사실을 진실인 것처럼 말하는 것이고, '은폐'는 사실의 전체나 상당 부분을 말하지 않는 것이다. 약은 인간의 생명을 다루므로 거짓이 없어야 한다. 그럼에도 불구하고 약효가 없는 결과를 약효가 있는 것으로 왜곡하는 비율은 31%(36건 중 11건)이고, 은폐하는 비율은 61%(36건 중 22건)이다. 약효가 없는 결과에 대한 거짓의 비율은 무려 92%나 된다.

결국, 의사와 소비자는 자신이 들은 통계적 결과는 매우 호도되어 있다는 점에 유의해야 한다. 이런 문제를 인지한 미국 정부는 최근 임상시험 시작 전에 신고한 임상시험의 결과는 공개하도록 법제화했다.

정치의 세계로 들어가 보자. 정치인들은 선거여론조사의 결과를 자주 발표한다. 통계의 가설검정을 이용하여 '과학'임을 강조하기도 한다. 그러나 여론조사 중 자신에게 유리한 것만 발표하기 때문에 이들의 발표를 믿을 수 없다. 이런 문제를 방지하려면 어떤 조치를 해야 할까? 사전에 신고한 여론조사는 꼭 공개하게 하고, 그렇지 않은 여론조사는 공표하지 못하게 한다면 이런 우려를 불식시킬 수 있다. 우리나라 정부가 이를 법제화했고, 중앙선거여론조사심의위원회가 위반한 자에게 벌칙을 부과하고 있다.

진실은 변함이 없다. 반면 통계는 변함이 가능하다. (Mark Twain)

하나의 자료로 상반된 결론을 낼 수 있는 유일한 학문이 통계이다. (Evan Esar)

여담: 고학력 여성은 결혼을 못하나? 안하나?

어느 석사학위 논문의 내용이 방송과 신문에 보도되었다. "여성의 학력이 높을수록 결혼을 잘 하지 않는다"라는 게 주 내용이었다. 여성의 교육 수준이 올라갈수록 자신과 비슷한 배우자를 찾기가 더 어려워지기 때문이라고 나름 해석했다. 쉽게 표현하면 고학력 여성이 결혼을 '못한다'라는 것이다. 2000년 미혼이었던 524명을 10년간 추적한 결과, 석·박사 출신 여성의 결혼 비율은 대졸 여성에 비해 58.3% 낮은 것이 그 증거라 했다. 다음과 같이 가설을 설정하며 귀무가설을 기각하였다.

$$\begin{cases} \text{Ho : 고학력 여성의 결혼율이 일반의 결혼율과 차이 없다.} \\ \text{Ha : 고학력 여성의 결혼율이 일반의 결혼율보다 낮다.} \end{cases}$$

그러나 짚고 넘어가야 할 점이 있다. 대학원에 진학하여 박사학위를 받으려면 최소한 7, 8년이 소요되고 시간강사나 연구소의 경력까지 쌓아 제대로 된 직장을 잡으면 40세 가까이 된다. 그러므로 결혼을 원하는 여성은 대학원 진학을 꺼리고, 그렇지 않은 여성이 대학원에 진학한다. 결국 결혼을 하지 않으려는 여성이 고학력이 되니, 결혼을 '안한다'라는 면도 감안해야 한다.

이해를 돕기 위해 미혼 여성이 100명 있으며, 이중 결혼을 원하는 여성이 60명, 그렇지 않은 여성이 40명이라 하자. 결혼을 원하는 여성은 대학원을 기피하는 경향이 있으므로 10%만이 대학원을 진학하고, 그렇지 않은 여성은 대학원 진학을 기피하지 않으므로 30%가 대학원을 진학한다고 가정하자. 이 상황을 그림으로 표현하면 다음과 같다.

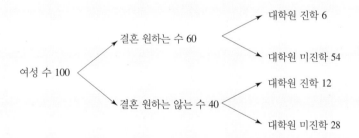

전체 여성 중에서 결혼을 원하는 비율은 60%(=60/100)이다. 대학원에 진학하지 않은 여성 중 결혼을 원하는 비율은 66%(=54/82)이다. 반면, 대학원에 진학한 여성 중 결혼을 원하는 비율은 33%(=6/18)로 낮다.

연습문제   문제에 대한 답은 http://blog.naver.com/kryoo에 있습니다.

복습 문제

8.1 가설검정이란 무엇인가? 추정과의 차이는 무엇인가?

8.2 검정통계량을 사용하여 가설을 검정할 때 검정의 순서는 어떻게 되는가?

8.3 아무런 증거가 발견되지 않았다면 다음 각각의 경우에 어느 이론이 옳은 것인가?

    ① $\begin{cases} \text{Ho : 기존의 과학이론이 옳다.} \\ \text{Ha : 새로운 이론이 옳다.} \end{cases}$

    ② $\begin{cases} \text{Ho : 새로운 이론이 옳다.} \\ \text{Ha : 기존의 과학이론이 옳다.} \end{cases}$

8.4 어느 독재국가에서 유죄로 기소된 경우 특별한 증거가 없어도 법원은 유죄로 판결하고 있다. 이런 경우 '피의자가 무죄이다'와 '피의자가 유죄이다'라는 가설 중에서 어느 것이 귀무가설이 되는가?

8.5 현재의 제조방법은 시간당 평균 200원의 비용을 발생시키고 있다. 다른 공장에서는 원가 절감을 위해 신공법을 사용하고 있다. 공장장은 신공법이 원가절감에 도움을 주는지 검정하고 싶어 한다. 이 경우 적절한 귀무가설과 대립가설을 설정하시오.

8.6 유의수준 α를 5%로 정하였다. 이에 대한 해석이 맞는 것은 다음 중 어느 것인가?

    ① Ho이 허위일 확률이 5%이다.

    ② Ho이 사실일 때 Ho을 기각할 확률이 5%이다.

    ③ Ho을 기각할 확률이 5%이다.

8.7 Ho : $\mu \leq 10$로 귀무가설이 설정되어 있다. $\bar{X}$의 값이 20 이하이면 귀무가설을 채택하기로 하였다. 이때 제1종 오류가 발생할 확률을 면적으로 표시하시오. 검정규칙이 바뀌어 $\bar{X}$의 값이 30 이하이면 귀무가설을 채택하기로 하였다면 이 확률이 커진 것인가 아니면 작아진 것인가?

8.8 다음의 각 경우에 가설의 3유형이 어떻게 되는가?

    ① 모집단 평균에 대한 가설을 검정할 때

    ② 모집단 분산에 대한 가설을 검정할 때

    ③ 모집단 비율에 대한 가설을 검정할 때

8.9 다음의 각 경우에 검정통계량은 어떻게 되는가?

① 모집단 평균에 대한 가설을 검정할 때

② 모집단 분산에 대한 가설을 검정할 때

③ 모집단 비율에 대한 가설을 검정할 때

8.10 양측검정을 하려고 한다. 다음의 각 경우에 검정규칙은 어떻게 되는가?

① 모집단 평균에 대한 가설을 검정할 때

② 모집단 분산에 대한 가설을 검정할 때

③ 모집단 비율에 대한 가설을 검정할 때

8.11 p-값이란 무엇인가?

8.12 $\bar{X}$의 값이 3이다. 다음의 각 경우에 p-값을 그림으로 표현하시오.

① 귀무가설이 Ho : $\mu \leq 2$로 설정된 경우

② 귀무가설이 Ho : $\mu \geq 6$로 설정된 경우

③ 귀무가설이 Ho : $\mu = 6$로 설정된 경우

응용 문제

8.13 명품을 취급하는 면세점은 소위 짝퉁을 취급하지 않았다. 면세점에서 구입할 외제제품이 정품인지 짝퉁인지를 검증하려고 할 때, '제품이 정품이다'와 '제품이 짝퉁이다'라는 두 가설 중 어느 것이 귀무가설이 되어야 하는가? 골목길에 나타난 보따리장수가 명품을 판매한다고 할 때, 위 두 가설 중 어느 것이 귀무가설이 되어야 하는가?

8.14 제1종 오류의 가능성을 축소하면 제2종 오류의 가능성은 높아지는가?

8.15 모집단 평균에 대한 가설을 검정하는 두 가지 방법은 무엇인가? 각 방법은 귀무가설의 채택 여부를 결정할 때 무엇과 무엇을 비교하는가?

8.16 귀무가설과 대립가설이 다음과 같다.

$$\begin{cases} \text{Ho} : \mu \leq 100 \\ \text{Ha} : \mu > 100 \end{cases}$$

표본평균 $\bar{x}$가 다음과 같을 때, 귀무가설을 기각할 가능성이 제일 높은 경우는 언제인가?

① 60   ② 90   ③ 120   ④ 150

8.17 Ho : $\mu = 100$으로 귀무가설이 설정되어 있다. $\bar{X}$의 값을 보고 귀무가설의 기각여부를 결정하려

고 하는데, 다음 4개의 $\bar{X}$ 값 중에서 두 가지 경우에 귀무가설을 기각하기로 하였다면 어느 경우일까?

① 60　　　　　　② 90　　　　　　③ 110　　　　　　④ 160

8.18 Ho : $\mu = 100$으로 귀무가설이 설정되어 있다. $Z\left[= \dfrac{\bar{X} - 100}{\sigma/\sqrt{n}} \right]$을 검정통계량으로 선정하였다. 다음의 4개의 Z값 중에서 한 가지 경우에 귀무가설을 기각하기로 하였다면 어느 경우일까?

① -2.10　　　　② -2.00　　　　③ 1.05　　　　④ 2.56

8.19 Ho : 모수 $= 0.7$로 귀무가설이 설정되어 있다. 유의수준은 5%이다. 다음의 각 경우에 채택영역과 기각영역을 그림으로 표현하시오.
① 모집단 평균에 대한 가설을 검정할 때
② 모집단 분산에 대한 가설을 검정할 때
③ 모집단 비율에 대한 가설을 검정할 때

8.20 Ho : 모수 ≤ 0.7로 귀무가설이 설정되어 있다. 유의수준은 5%이다. 다음의 각 경우에 채택영역과 기각영역을 그림으로 표현하시오.
① 모집단 평균에 대한 가설을 검정할 때
② 모집단 분산에 대한 가설을 검정할 때
③ 모집단 비율에 대한 가설을 검정할 때

8.21 24개월 된 암소 한우의 몸무게는 평균 310 kg이라 한다. 어느 농장에서 새로운 브랜드의 고급육을 육성하기 위해 새로운 기법을 적용했는데, 관계 당국은 이 기법으로 암소의 몸무게가 변화했는지 검정하려고 한다. 이 농장에서 사육된 24개월 된 암소 한우 50마리를 대상으로 조사한 결과 몸무게의 평균은 320 kg이고 표준편차가 30 kg인 것으로 드러났다. 유의수준 5%에서 새로운 기법에 의해 암소의 몸무게가 변화하였는지를 검정하시오.

8.22 문제 8.21의 동일한 표본자료를 사용하여 새로운 기법으로 암소의 몸무게가 증가하였다는 생각을 검정하시오.

8.23 문제 8.22에서 p-값을 구하고, 이를 이용하여 가설을 검정하시오.

8.24 국립암센터에서 금연성공률에 대해 조사한 결과, 금연 시도 후 1년까지의 금연성공률은 평균 20%로 나타났다. 50대 이상 흡연자의 금연성공률이 일반 흡연자에 비해 더 높을 것이라는 믿음을 갖고 있으며, 이를 확인하기 위해 50대 이상 흡연자 1,000명을 표본으로 실시한 조사에서 250명이 금연에 성공한 것으로 나타났다. 유의수준 5%에서 일반 흡연자에 비해 50대 이상의

흡연자의 금연성공률이 높은지를 검정하시오.

8.25 서울시는 신호등 체계의 개선으로 광화문사거리에서 신촌로터리까지의 승용차 소요시간이 평균 25분에서 20분으로 축소되었다고 발표하였다. 그러나 일부 운전자들은 평상시의 소요시간이 과거보다 축소되었으나, 정체 시의 소요시간은 훨씬 더 늘어났다고 주장하였다. 신호등 체계를 개선하기 전 승용차 소요시간의 표준편차는 6분으로 알려졌는데, 서울시는 표준편차가 바뀌었다는 심증을 가지고 있으며 이를 검증하기 위해 승용차 30대를 대상으로 소요시간의 표준편차를 측정한 결과 8분으로 조사되었다. 신호등 체계의 개선 후 승용차 소요시간의 분산이 변경되었는지 유의수준 1%에서 검정하시오.

8.26 문제 8.25에서 신호등 체계의 개선 후 승용차 소요시간의 분산이 늘어났는지 유의수준 1%에서 검정하시오.

8.27 검정규칙이 다음과 같다면 귀무가설과 대립가설은 어떻게 설정되어 있고 유의수준은 얼마로 결정되어 있는 것일까?

① $Z\left[=\dfrac{\overline{X}-20}{\sigma/\sqrt{n}}\right]$의 값이 $-z_{2.5\%}$와 $z_{2.5\%}$ 사이에 있으면 귀무가설을 채택한다.

② $Z\left[=\dfrac{\overline{X}-20}{\sigma/\sqrt{n}}\right]$의 값이 $z_{2.5\%}$ 이하이면 귀무가설을 채택한다.

③ $Z\left[=\dfrac{\hat{P}-0.3}{\sqrt{0.3(1-0.3)/n}}\right]$의 값이 $-z_{2.5\%}$와 $z_{2.5\%}$ 사이에 있으면 귀무가설을 채택한다.

④ $V\left[=\dfrac{(n-1)S^2}{100}\right]$의 값이 $v_{95\%}$와 $v_{5\%}$ 사이에 있으면 귀무가설을 채택한다.

8.28 귀무가설이 Ho : $\mu \le 10$으로 설정되어 있다. 모집단의 표준편차는 50으로 알려져 있다. $\overline{X}$의 값이 20이라면 p-값은 얼마인가? 귀무가설을 기각할 유의수준은 얼마인가?($n=100$)

8.29 귀무가설이 Ho : $\mu = 10$으로 설정되어 있다. 모집단의 표준편차는 50으로 알려져 있다. $\overline{X}$의 값이 20이라면 p-값은 얼마인가? 귀무가설을 기각할 유의수준은 얼마인가?($n=100$)

8.30 처리과정은 A, B의 두 종류가 있다. 어느 물질이 A라는 처리과정을 통과하면 60%의 확률로 5 g가 되고, 40%의 확률로 10 g가 된다. 이 물질이 B라는 처리과정을 통과하면 30%의 확률로 7 g가 되고, 70%의 확률로 12 g가 된다. 귀무가설과 대립가설을 다음과 같이 설정한 다음, 무게를 보고 어느 처리과정을 거쳐 왔는지 판정하려고 한다.

$\begin{cases} \text{Ho : 처리과정 A를 통과하였다.} \\ \text{Ha : 처리과정 B를 통과하였다.} \end{cases}$

① 8 g를 임계치로 하여 8 g 이하이면 처리과정 A를 통과한 것으로 판정(Ho 채택)하고, 8 g를 초과하면 처리과정 B를 통과한 것으로 판정(Ho 기각)하기로 하였다. 제1종 오류와 제2종 오류는 무엇이며, 이들의 확률인 α와 β는 각각 얼마인가?

② 임계치를 11 g로 한다면 α와 β는 각각 얼마인가?

③ 제1종 오류와 제2종 오류를 모두 없게 하는 임계치는 존재할 수 있는가?

8.31 https://www.geogebra.org/m/Zxh4TRYf에 들어가 보자. 이 사이트에서 ① 기본화면에서 α와 β의 값을 확인하고, ② 수직경계선을 오른쪽으로 이동시키면 α와 β의 값에 어떤 변화가 있는가? ② 표본크기를 늘리면 α와 β의 값에 어떤 변화가 있는가?

8.32 [예제 8.6]에서 p-값을 구하시오. 유의수준이 얼마 이상이면 귀무가설을 기각하는가?

8.33 귀무가설과 대립가설이 $\begin{cases} \text{Ho} : \sigma^2 = \sigma_0^2 \\ \text{Ha} : \sigma^2 \neq \sigma_0^2 \end{cases}$와 같이 설정되었다. α가 10%이고 자유도가 15일 때 임계치를 구하시오.

8.34 모집단 평균은 50이거나 80이다. 귀무가설을 Ho : $\mu=50$이라고 설정하였다. 다음 그림에서 실선은 귀무가설이 사실일 때 $\overline{X}$의 분포이고, 점선은 귀무가설이 허위($\mu=80$)일 때 $\overline{X}$의 분포이다.

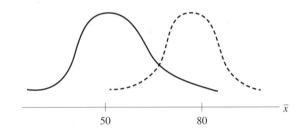

① 60을 경계로 하여 그 이하이면 귀무가설을 채택하고, 초과하면 귀무가설을 기각하기로 정하였다. 그림에서 α와 β의 면적을 표시하시오.

② 70을 경계로 하여 그 이하이면 귀무가설을 채택하고, 초과하면 귀무가설을 기각하기로 정하였다. 그림에서 α와 β의 면적을 표시하시오.

③ 경계를 60에서 70으로 이동하면 제1종 오류와 제2종 오류가 발생할 가능성은 각각 어떻게 변하는가?

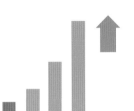

CHAPTER 9

두 모집단 비교에 대한 검정

제8장은 표본의 자료를 이용하여 모평균, 모비율, 모분산과 같은 모수에 대한 검정을 공부하였다. 여기서 모집단은 하나였다. 이 개념을 확대하면 두 집단을 비교할 수 있다. 예를 들면 남녀의 비교, 두 기업의 비교, 두 정당의 비교, 두 지역의 비교 등을 꼽을 수 있다. 제9장에서 이를 공부한다. 두 모집단의 평균을 비교하려면, 이 모집단에서 추출된 표본의 표본평균을 비교하면 된다. 마찬가지로 모비율을 비교하려면 표본비율을 비교하고, 모분산을 비교하려면 표본분산을 비교하면 된다.

I 두 모집단 평균의 차이에 대한 검정: 표본추출이 독립적인 경우

두 모집단의 모평균을 비교하려면, 이들 모집단으로부터 추출된 표본평균을 비교하여 추론할 수 있다. [그림 9.1]의 왼쪽 그림에서 두 모평균 μ_1과 μ_2가 동일한지, 한쪽이 더 큰지를 검정하려면 두 모집단에서 추출된 표본의 평균 $\bar{x}_1$와 $\bar{x}_2$의 크기를 비교하여 추론하면 된다. 그러나 더 좋은 방법은 μ_1과 μ_2의 차인 $\mu_1 - \mu_2$에 대한 검정을 하는 것이다([그림 9.1]의 오른쪽 그림). $\mu_1 - \mu_2 = 0$이면 두 모평균이 동일하다는 의미이고, $\mu_1 - \mu_2 > 0$은 모집단 1의 모평균이 더 크고 $\mu_1 - \mu_2 < 0$은 모집단 1의 모평균이 더 작다는 의미이다.

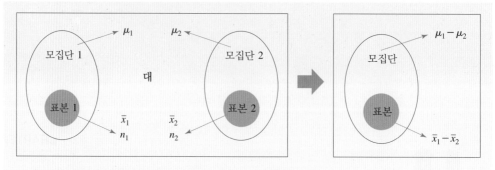

두 모집단 평균의 비교에 대한 검정은 모평균 차이에 대한 검정으로도 가능하다.

그림 9.1 두 모집단의 평균 비교

1. $\bar{X}_1 - \bar{X}_2$와 $\mu_1 - \mu_2$의 통계적 관계

$\bar{X}_1 - \bar{X}_2$의 개념을 이해하기 위해 다음 예제를 보자.

● 예제 9.1

모집단 1은 20, 30, 40으로 구성되어 있고 모집단 2는 10, 20, 30으로 구성되어 있다. 표본 크기 n_1과 n_2를 동일하게 2로 하고 복원추출을 전제로 할 때 $\bar{X}_1$, $\bar{X}_2$, $\bar{X}_1 - \bar{X}_2$가 취할 값과 확률을 구하시오.

풀이

모집단 1에서 추출될 표본은 (20, 20), (20, 30), ⋯, (40, 40)이며, 모집단 2에서 추출될 표본은 (10, 10), (10, 20), ⋯, (30, 30)이다. 이에 따라 표본과 표본평균은 다음과 같다.

모집단 1과 모집단 2의 표본과 표본평균

모집단 1에서 표본추출		모집단 2에서 표본추출	
표본	$\bar{x}_1$	표본	$\bar{x}_2$
20, 20	20	10, 10	10
20, 30	25	10, 20	15
20, 40	30	10, 30	20
30, 20	25	20, 10	15
30, 30	30	20, 20	20
30, 40	35	20, 30	25
40, 20	30	30, 10	20
40, 30	35	30, 20	25
40, 40	40	30, 30	30

이 표를 이용하여 표본평균 $\bar{X}_1$와 $\bar{X}_2$의 표본분포(확률분포)를 구하면 다음과 같다.

$\bar{X}_1$와 $\bar{X}_2$의 표본분포(확률분포)

모집단 1에서 표본추출		모집단 2에서 표본추출	
$\bar{x}_1$	확률	$\bar{x}_2$	확률
20	1/9	10	1/9
25	2/9	15	2/9
30	3/9	20	3/9
35	2/9	25	2/9
40	1/9	30	1/9

$\bar{X}_1 = 20$일 때 $\bar{X}_1 - \bar{X}_2$는 $(20-10)$, $(20-15)$, $\cdots$, $(20-30)$의 값을 취한다. $\bar{X}_2 = 25$일 때는 $(25-10)$, $(25-15)$, $\cdots$, $(25-30)$의 값을 취한다. 이렇게 계속하면 $\bar{X}_1 - \bar{X}_2$가 취할 값과 확률은 다음과 같다.

$\bar{X}_1 - \bar{X}_2$의 값과 확률

$\bar{x}_1 - \bar{x}_2$	확률	$\bar{x}_1 - \bar{x}_2$	확률	⋯⋯	$\bar{x}_1 - \bar{x}_2$	확률
$(20-10)=10$	1/81	$(25-10)=15$	2/81	⋯⋯	$(40-10)=30$	1/81
$(20-15)=5$	2/81	$(25-15)=10$	4/81	⋯⋯	$(40-15)=25$	2/81
$(20-20)=0$	3/81	$(25-20)=5$	6/81	⋯⋯	$(40-20)=20$	3/81
$(20-25)=-5$	2/81	$(25-25)=0$	4/81	⋯⋯	$(40-25)=15$	2/81
$(20-30)=-10$	1/81	$(25-30)=-5$	2/81	⋯⋯	$(40-30)=10$	1/81

$\bar{X}_1 - \bar{X}_2$와 $\mu_1 - \mu_2$의 통계적 관계를 구하면 다음과 같다.

- $\bar{X}_1 - \bar{X}_2$의 기댓값: $E(\bar{X}_1 - \bar{X}_2) = E(\bar{X}_1) - E(\bar{X}_2) = \mu_1 - \mu_2$
- $\bar{X}_1 - \bar{X}_2$의 분산: $\text{Var}(\bar{X}_1 - \bar{X}_2) = \text{Var}(\bar{X}_1) + \text{Var}(\bar{X}_2) - 2\text{Cov}(\bar{X}_1, \bar{X}_2)$

두 모집단에서의 표본추출이 독립적이라면[1] $\text{Cov}(\bar{X}_1, \bar{X}_2) = 0$이므로

$$\text{Var}(\bar{X}_1 - \bar{X}_2) = \text{Var}(\bar{X}_1) + \text{Var}(\bar{X}_2) = \frac{\sigma_1^2}{n_1} + \frac{\sigma_2^2}{n_2}$$

이제 $\bar{X}_1 - \bar{X}_2$가 어떤 분포를 따르는지 파악해보자. 제6장에서 X_1(또는 X_2)이 정규분포를 따르면 $\bar{X}_1$(또는 $\bar{X}_2$)도 정규분포를 따르고, X_1(또는 X_2)이 정규분포를 따르지 않는 경우에 표본크기 n_1(또는 n_2)이 30 이상이면 $\bar{X}_1$(또는 $\bar{X}_2$)의 분포가 정규분포에 근사하다고 배웠다(202쪽 참조). 또한 제5장에서 정규분포를 따르는 두 확률변수의 선형결합도 정규분포를 따른

---

1 '표본추출이 독립적'의 의미는 다음 절에서 설명한다.

다고 하였다(170쪽 참조). 이 논리를 이용하면 다음과 같이 정리할 수 있다.

- $\bar{X}_1 - \bar{X}_2$의 분포 형태: ① 두 모집단이 정규분포를 따르면 $\bar{X}_1 - \bar{X}_2$는 정규분포를 따르고, ② 두 모집단이 정규분포를 따르지 않더라도 자유도가 30 이상이면 $\bar{X}_1 - \bar{X}_2$는 정규분포에 근사하다.[2]

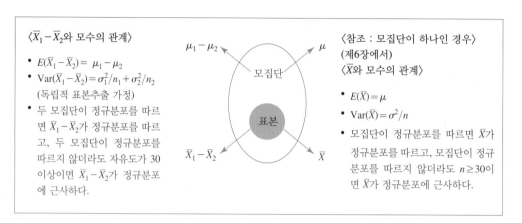

2. 두 모집단 평균의 차이에 대한 검정

2.1 가설의 설정

두 모집단 평균의 비교는 [표 9.1]과 같이 모평균의 차이에 대한 검정으로 표현할 수 있다.

표 9.1 모평균 차이에 대한 가설 설정

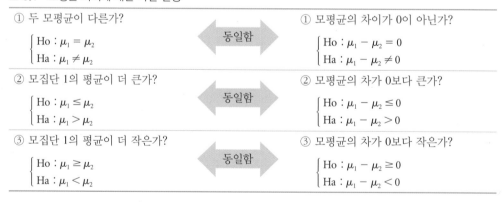

[표 9.1]에서 오른쪽과 같은 방식으로 검정하는 경우 모평균의 차이를 0에서 다른 숫자로

---

2 여기서 자유도란 두 모집단의 차이로 구성된 모집단으로부터 추출된 표본의 자유도를 말한다. 모집단이 하나인 경우 표본크기로 정규분포 여부를 정했으나, 모집단이 2개인 경우에는 자유도를 기준으로 정규분포 여부를 정한다. 그 이유는 자유도와 표본크기의 관계가 상황에 따라 달라지기 때문이다.

확대할 수 있다. 예를 들어, 모집단 1과 모집단 2의 모평균 차이가 3인지 아닌지를 검정하려면 귀무가설을 $Ho : \mu_1 - \mu_2 = 3$과 같이 설정하면 된다. 모평균의 차이를 0 대신에 μ_0로 대체하여 일반화하면 다음과 같다.

$$
\begin{cases} Ho : \mu_1 - \mu_2 = \mu_0 \\ Ha : \mu_1 - \mu_2 \neq \mu_0 \end{cases} \qquad \begin{cases} Ho : \mu_1 - \mu_2 \leq \mu_0 \\ Ha : \mu_1 - \mu_2 > \mu_0 \end{cases} \qquad \begin{cases} Ho : \mu_1 - \mu_2 \geq \mu_0 \\ Ha : \mu_1 - \mu_2 < \mu_0 \end{cases}
$$

2.2 검정통계량의 선정

두 모집단 평균의 차이인 $\mu_1 - \mu_2$에 대한 검정이므로, 추정량은 $\overline{X}_1 - \overline{X}_2$이고 표준오차는 $\sqrt{\dfrac{\sigma_1^2}{n_1} + \dfrac{\sigma_2^2}{n_2}}$이다. 따라서 검정통계량은 $Z = \dfrac{(\overline{X}_1 - \overline{X}_2) - \mu_0}{\sqrt{\dfrac{\sigma_1^2}{n_1} + \dfrac{\sigma_2^2}{n_2}}}$이며, 평균이 0이고 분산이 1인 표준정규분포를 따른다.

2.3 유의수준의 결정

유의수준 α를 정한다.

2.4 검정규칙의 결정

① $\begin{cases} Ho : \mu_1 - \mu_2 = \mu_0 \\ Ha : \mu_1 - \mu_2 \neq \mu_0 \end{cases}$ 의 경우

검정통계량의 값 z가 $\begin{cases} -z_{\alpha/2}$와 $z_{\alpha/2}$ 사이에 있으면 Ho 채택 \\ $z < -z_{\alpha/2}$ 또는 $z > z_{\alpha/2}$를 만족하면 Ho 기각 \end{cases}

② $\begin{cases} Ho : \mu_1 - \mu_2 \leq \mu_0 \\ Ha : \mu_1 - \mu_2 > \mu_0 \end{cases}$ 의 경우

검정통계량의 값 z가 $\begin{cases} z \leq z_{\alpha}$를 만족하면 Ho 채택 \\ $z > z_{\alpha}$을 만족하면 Ho 기각 \end{cases}

③ $\begin{cases} Ho : \mu_1 - \mu_2 \geq \mu_0 \\ Ha : \mu_1 - \mu_2 < \mu_0 \end{cases}$ 의 경우

검정통계량의 값 z가 $\begin{cases} z \geq -z_{\alpha}$를 만족하면 Ho 채택 \\ $z < -z_{\alpha}$를 만족하면 Ho 기각 \end{cases}

이를 그림으로 표현하면 [그림 9.2]와 같다.

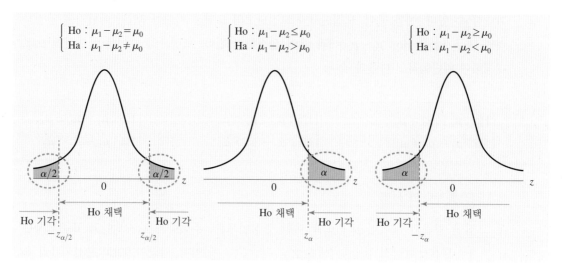

그림 9.2 두 모집단 평균 차이에 대한 검정규칙

2.5 검정통계량 계산

검정통계량 Z의 값을 계산한다.

2.6 가설의 채택/기각 결정

제8장과 동일하다.

● 예제 9.2

대도시와 지방의 학생 간에 통계학 실력에 차이가 있는지 분석하기 위해 무작위로 추출된 대도시 20명과 지방 16명을 대상으로 통계학 시험을 치른 결과 다음과 같은 자료를 얻었다. 대도시와 지방의 통계학 점수가 정규분포를 따르고 모분산이 모두 100이라고 알려져 있다. 대도시 지역 학생들의 평균 점수가 지방 학생들의 평균 점수보다 높다는 주장에 대해 유의수준 5%에서 검정하시오.

대도시	65	75	83	75	89	95	80	69	76	79
학생 점수	81	90	75	72	83	92	61	87	62	80
지방 학생	54	65	91	76	79	78	84	97	88	75
점수	72	68	76	85	72	88				

풀이

$\mu_1 =$ 대도시 학생들의 통계학 점수 평균, $\mu_2 =$ 지방 학생들의 통계학 점수 평균

$\bar{x}_1 = 78.45$, $\bar{x}_2 = 78.00$

① 가설의 설정:
$$\begin{cases} \text{Ho}: \mu_1 - \mu_2 \leq \mu_0 \\ \text{Ha}: \mu_1 - \mu_2 > \mu_0 \end{cases}$$

② 검정통계량의 선정: $Z = \dfrac{(\overline{X}_1 - \overline{X}_2) - \mu_0}{\sqrt{\dfrac{\sigma_1^2}{n_1} + \dfrac{\sigma_2^2}{n_2}}}$

③ 유의수준: 5%

④ 검정규칙을 그림으로 표현하면

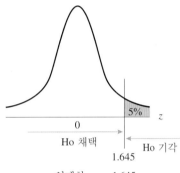

임계치 $z_{5\%} = 1.645$

⑤ 검정통계량의 계산: $z = \dfrac{(\bar{x}_1 - \bar{x}_2) - \mu_0}{\sqrt{\dfrac{\sigma_1^2}{n_1} + \dfrac{\sigma_2^2}{n_2}}} = \dfrac{(0.45) - 0}{\sqrt{\dfrac{100}{20} + \dfrac{100}{16}}} = 0.1342$

⑥ 가설의 채택/기각 결정: 검정통계량의 값 0.1342는 1.645보다 작으므로 Ho을 채택한다. 즉 대도시 학생들의 통계학 점수 평균이 지방 학생들의 평균보다 높다는 충분한 증거가 없다.

〈Excel 이용〉데이터 분석 기능(데이터 > 데이터 분석 > z-검정: 평균에 대한 두 집단)을 이용하여 풀 수 있다.

이에 대한 결과는 다음과 같다.

z-검정: 평균에 대한 두 집단		
	변수 1	변수 2
평균	78.45	78
기지의 분산	100	100
관측수	20	16
가설 평균차	0	
z 통계량	0.1342	
P(Z<=z) 단측 검정	0.4466	
z 기각치 단측 검정	1.645	
P(Z<=z) 양측 검정	0.8933	
z 기각치 양측 검정	1.9600	

'z 통계량'이 0.1342로 'z 기각치 단측검정' 1.645보다 작으므로 Ho를 채택한다.

---

3. σ_1^2과 σ_2^2을 알지 못하는 경우의 검정통계량

σ_1^2과 σ_2^2 대신 추정량인 S_1^2과 S_2^2을 활용한다.

① 두 모집단의 분산이 동일하지 않은 경우($\sigma_1^2 \neq \sigma_2^2$)

모분산 σ_1^2과 σ_2^2을 추정량인 S_1^2과 S_2^2으로 대체한다. 따라서 검정통계량은 다음과 같다.

$$T = \frac{(\overline{X}_1 - \overline{X}_2) - \mu_0}{\sqrt{\dfrac{S_1^2}{n_1} + \dfrac{S_2^2}{n_2}}} \sim t_{df}$$

자유도(df)는 $\dfrac{(s_1^2/n_1 + s_2^2/n_2)^2}{\dfrac{(s_1^2/n_1)^2}{n_1-1} + \dfrac{(s_2^2/n_2)^2}{n_2-1}}$이다.

자유도가 30 이상인 경우에는 이 검정통계량이 표준정규분포에 근사하다.

② 두 모집단의 분산이 동일한 경우($\sigma_1^2 = \sigma_2^2$)

①의 방법이 일견 떠오르나, 더 좋은 방법이 있다. 표본크기를 늘리면 더 정확하게 추정할 수 있는데, 그 방법을 다음의 토의예제에서 보자.

▌ 토의예제

모집단 1은 10세 한국인의 키로 구성되어 있고, 모집단 2는 20세 미국인의 키로 구성되어 있다. 두 모집단의 평균은 동일하지 않다. 그러나 두 모집단의 분산이 동일하다. 모집단 1로부터 110, 120, 130의 표본이 추출되었고($s_1^2 = 100$), 모집단 2로부터 170, 180의 표본이 추출되었다($s_2^2 = 50$). 모집단의 분산을 추정하는 좋은 방법이 있을까?

풀이

두 모집단의 분산은 동일하다. 그러나 두 표본을 하나로 묶어 110, 120, 130, 170, 180을 하나의 표본으로 보고 모분산을 추정하면 지나치게 크게 나올 가능성이 높다. 왜냐하면 10세 한국인 키는 110~130 전후에 분포하고 있고, 20세 미국인 키는 170~180 전후에 분포하고 있기 때문이다. 그러므로 두 표본을 하나로 묶을 수는 없다. 표본분산이 50과 100으로 상이하지만 모분산은 동일하므로 모분산은 50~100 사이 또는 그 전후일 가능성이 매우 높다. 그러므로 이 두 표본분산을 같이 활용하면 모분산 추정을 개선시킬 수 있다. 표본 1의 표본크기($n_1 = 3$)가 표본 2($n_2 = 2$)보다 크므로 s_1^2이 s_2^2보다 모분산을 더 정확하게 추정한다. 따라서 모분산을 s_1^2와 s_2^2의 가중평균으로 추정하되, s_1^2에 가중치를 크게 부여하는 것이 좋다.

이 **토의예제**의 핵심 포인트를 다시 보자. 한 표본에 따르면 모분산이 50이라 추정하고, 다른 표본에 따르면 모분산이 100이라 추정하고 있다. 그러므로 50과 100의 가중평균을 모분산의 추정값으로 삼으면 된다. 이때 두 표본의 자유도의 상대적 크기를 가중치로 삼는다. 이에 따라 모분산의 추정량은 다음과 같다. 이런 분산을 pooled variance라고 부른다.

$$S_P^2 = \frac{(n_1 - 1)S_1^2 + (n_2 - 1)S_2^2}{n_1 + n_2 - 2}$$

아랫첨자의 p는 pooled의 첫자이다. 검정통계량은 다음과 같다.

$$T = \frac{(\overline{X}_1 - \overline{X}_2) - \mu_0}{\sqrt{\dfrac{S_P^2}{n_1} + \dfrac{S_P^2}{n_2}}} \sim t_{n_1 + n_2 - 2}$$

이때 자유도(df)는 $n_1 + n_2 - 2$이다.

● 예제 9.3

대도시와 지방의 학생 간에 통계학 실력에 차이가 있는지 분석하기 위해 무작위로 추출된 대도시 학생 20명과 지방 학생 16명을 대상으로 통계학 시험을 치른 결과 다음과 같은 자료를 얻었다.

대도시 학생 점수 $\bar{x}_1 = 78.45$, $s_1^2 = 92.47$, $n_1 = 20$

지방 학생 점수 $\bar{x}_2 = 78.00$, $s_2^2 = 116.67$, $n_2 = 16$

대도시 학생 점수	65	75	83	75	89	95	80	69	76	79
	81	90	75	72	83	92	61	87	62	80
지방 학생 점수	54	65	91	76	79	78	84	97	88	75
	72	68	76	85	72	88				

대도시와 지방의 통계학 점수가 정규분포를 따른다는 가정하에, 두 지역의 통계학 평균점수가 다르다는 주장을 검정하시오. 대도시 학생들과 지방 학생들의 통계학 점수의 모분산이 (1) 다르다는 가정과, (2) 같다는 가정하에 검정하시오. 유의수준은 5%이다.

풀이

μ_1 = 대도시 학생들의 통계학 점수 평균, μ_2 = 지방 학생들의 통계학 점수 평균

(1) 두 모집단의 분산이 동일하지 않다는($\sigma_1^2 \neq \sigma_2^2$) 가정하에서

① 가설의 설정: $\begin{cases} \text{Ho} : \mu_1 - \mu_2 = 0 \\ \text{Ha} : \mu_1 - \mu_2 \neq 0 \end{cases}$

② 검정통계량의 선정: $T = \dfrac{(\overline{X}_1 - \overline{X}_2) - \mu_0}{\sqrt{\dfrac{S_1^2}{n_1} + \dfrac{S_2^2}{n_2}}}$

③ 유의수준: 5%

④ 검정규칙을 그림으로 표현하면

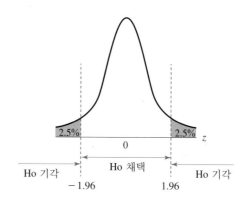

자유도는 $df = \dfrac{(92.47/20 + 116.67/16)^2}{\dfrac{(92.47/20)^2}{20 - 1} + \dfrac{(116.67/16)^2}{16 - 1}} \approx 30$이므로 정규근사를 이용하여 임계치

를 $\pm z_{2.5\%} = \pm 1.96$으로 한다. t 분포표를 사용하여 임계치를 $\pm t_{2.5\%} = \pm 2.042$로 할 수도 있다.

⑤ 검정통계량 계산: $z = \dfrac{(\bar{x}_1 - \bar{x}_2) - \mu_0}{\sqrt{\dfrac{s_1^2}{n_1} + \dfrac{s_2^2}{n_2}}} = \dfrac{(0.45) - 0}{\sqrt{\dfrac{92.47}{20} + \dfrac{116.67}{16}}} = 0.130$

⑥ 가설의 채택/기각 결정: 검정통계량의 값 0.130은 임계치 ±1.96 사이에 존재하므로 Ho을 채택한다. 즉 대도시 학생들의 통계학 점수 평균이 지방 학생들의 평균과 차이가 있다는 충분한 증거가 없다.

〈Excel 이용〉 데이터 분석 기능(데이터 > 데이터 분석 > t-검정: 이분산 가정 두 집단)을 이용하여 풀 수 있다.

	A	B	C	D	E	F	G	H	I	J	K	L	M	N	O	P	Q	R	S	T
1	65	75	83	75	89	95	80	69	76	79	81	90	75	72	83	92	61	87	62	80
2	54	65	91	76	79	78	84	97	88	75	72	68	76	85	72	88				

t-검정: 이분산 가정 두집단

변수 1 입력 범위(1): $A$1:$T$1
변수 2 입력 범위(2): $A$2:$P$2
가설 평균차(E):
□ 이름표(L)
유의 수준(A): 0.05

출력 옵션
○ 출력 범위(O):
◉ 새로운 워크시트(P):
○ 새로운 통합 문서(W)

[확인] [취소] [도움말(H)]

이에 대한 결과는 다음과 같다.

t-검정: 이분산 가정 두 집단		
	변수 1	변수 2
평균	78.45	78
분산	92.471	116.667
관측수	20	16
가설 평균차	0	
자유도	30	
t 통계량	0.130	
P(T<=t) 단측 검정	0.449	
t 기각치 단측 검정	1.697	
P(T<=t) 양측 검정	0.897	
t 기각치 양측 검정	2.042	

't 통계량'이 0.130으로 't 기각치 양측 검정' ±2.042 범위 내에 있으므로 Ho을 채택한다.

Excel에서는 임계치를 정할 때 정규근사를 사용하지 않고, t 분포를 이용한다.

(2) 두 모집단의 분산이 동일하다는($\sigma_1^2 = \sigma_2^2$) 가정하에서

① 가설의 설정: $\begin{cases} \text{Ho} : \mu_1 - \mu_2 = 0 \\ \text{Ha} : \mu_1 - \mu_2 \neq 0 \end{cases}$

② 검정통계량의 선정: $T = \dfrac{(\overline{X_1} - \overline{X_2}) - \mu_0}{\sqrt{\dfrac{S_p^2}{n_1} + \dfrac{S_p^2}{n_2}}}$, 여기서 $S_p^2 = \dfrac{(n_1-1)S_1^2 + (n_2-1)S_2^2}{n_1 + n_2 - 2}$

③ 유의수준: 5%

④ 검정규칙을 그림으로 표현하면

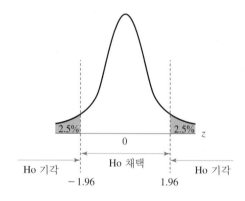

자유도는 $df = n_1 + n_2 - 2 = 20 + 16 - 2 = 34$이다.

자유도가 30 이상이므로 정규근사를 이용하여 임계치를 $\pm z_{2.5\%} = \pm 1.96$으로 한다.

⑤ 검정통계량 계산

$s_p^2 = \dfrac{(n_1-1)s_1^2 + (n_2-1)s_2^2}{n_1 + n_2 - 2} = \dfrac{(20-1)(92.47) + (16-1)(116.67)}{20 + 16 - 2} = 103.15$이므로

$z = \dfrac{(\overline{x_1} - \overline{x_2}) - \mu_0}{\sqrt{\dfrac{s_p^2}{n_1} + \dfrac{s_p^2}{n_2}}} = \dfrac{(0.45) - 0}{\sqrt{\dfrac{103.15}{20} + \dfrac{103.15}{16}}} = 0.132$

⑥ 가설의 채택/기각 결정: 검정통계량의 값 0.1321은 임계치 ±1.96의 범위 내에 존재
하므로 Ho을 채택한다. 즉 대도시 학생들의 통계학 점수 평균이 지방 학생들의 평균
과 차이가 있다는 충분한 증거를 찾을 수 없다.

〈Excel 이용〉 데이터 분석 기능(데이터 > 데이터 분석 > t-검정: 등분산 가정 두 집단)을
이용하여 풀 수 있다.

	A	B	C	D	E	F	G	H	I	J	K	L	M	N	O	P	Q	R	S	T
1	65	75	83	75	89	95	80	69	76	79	81	90	75	72	83	92	61	87	62	80
2	54	65	91	76	79	78	84	97	88	75	72	68	76	85	72	88				

t-검정: 등분산 가정 두집단

입력
변수 1 입력 범위(1): $A$1:$T$1
변수 2 입력 범위(2): $A$2:$P$2
가설 평균차(E):
☐ 이름표(L)
유의 수준(A): 0.05

출력 옵션
○ 출력 범위(O):
⦿ 새로운 워크시트(P):
○ 새로운 통합 문서(W)

확인
취소
도움말(H)

t-검정: 등분산 가정 두 집단		
	변수 1	변수 2
평균	78.45	78
분산	92.471	116.667
관측수	20	16
공동(Pooled) 분산	103.146	
가설 평균차	0	
자유도	34	
t 통계량	0.132	
P(T<=t) 단측 검정	0.448	
t 기각치 단측 검정	1.691	
P(T<=t) 양측 검정	0.896	
t 기각치 양측 검정	2.032	

't 통계량'이 0.132로 't 기각치 양측 검정' ±2.032 범위 안에 있으므로 귀무가설을 채택한다. Excel은 정규근사를 하지 않고 자유도가 34인 임계치를 구한다.

Ⅱ 두 모집단 평균의 차이에 대한 검정: 쌍체비교

전 절인 'I. 두 모집단 평균의 차이에 대한 검정: 표본추출이 독립적인 경우'는 표본추출이 독립적인 상황에 대한 분석이었다. 여기서 '표본추출 독립'이란 두 모집단에서 추출될 표본 간에 연관성이 없다는 의미이다. 반면에 독립적이 아니라는 것은 한 모집단에서 어떤 표본요소가 추출되면 그와 쌍(pair)을 이루는 표본요소가 다른 모집단에서 추출되는 경우를 뜻한다. 후자와 같은 경우의 검정을 **쌍체비교**(paired comparison test)라 부른다.

표본추출이 독립적인 경우와 쌍체비교를 그림으로 표현하면 [그림 9.3]과 같다.

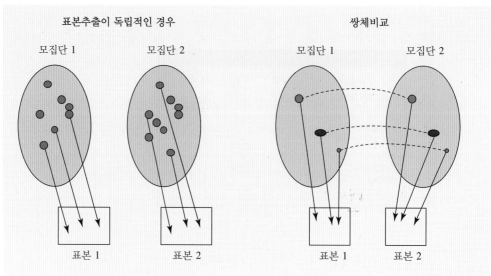

표본추출이 독립적인 경우, 모집단 1에서 어떤 표본 요소가 추출되었다 하여 모집단 2에서 대응되는 특정 표본요소가 추출될 필요가 없다.

쌍체비교의 경우, 모집단 1에서 어떤 표본 요소가 추출되었다면 모집단 2에서 그에 대응되는 표본요소가 추출된다.

그림 9.3 표본추출이 독립적인 경우와 쌍체비교

다음의 예제를 통해 두 개념의 차이를 이해하자.

● 예제 9.4

두 모집단 평균의 차이에 대한 검정을 하려고 한다. 다음의 경우는 독립적 표본추출 시의 검정인가? 아니면 쌍체비교에 해당되는가?

① 서울시민과 부산시민 중 어느 지역 주민의 평균 키가 더 큰가?

② 남편과 부인 중 누가 IQ가 더 높은가?

③ 왼손과 오른손 중에서 어느 손의 힘이 더 쎈가?

④ 새끼돼지와 송아지 중 몸무게가 더 나가는 것은?

⑤ 성형수술 전이 더 이쁜가 아니면 후가 더 이쁜가?

풀이

두 모집단에서 추출될 표본이 쌍을 이루어야 하는가에 달려 있다.

① 서울시민 중 김○○의 키가 표본으로 추출되었다 하자. 김○○의 키가 추출된 것이 부산시민 중에서 누구를 뽑아야 하는지에 영향을 주지 않으므로 독립적 추출에 해당된다.

② 남편과 부인을 비교하려면 동일한 가정에 속해야 한다. 즉 남편 중에서 김○○의 IQ가 표본으로 추출되었다면 부인 중에서는 김○○의 부인의 IQ가 추출되어야 한다. 쌍체비

교에 해당된다.

그 외에도 쌍체비교를 하는 것이 좋은 경우는 ③, ⑤이다.

1. 통계량과 모수의 통계적 관계

두 모집단에 있는 쌍의 자료가 $(X_1, Y_1), \cdots, (X_N, Y_N)$이고, i번째 쌍의 차이가 $D_i(D_i = X_i - Y_i)$라 하자. 이제 $D_1, D_2, \cdots, D_N$로 구성된 새로운 모집단이 탄생한다. 이 모집단의 평균을 μ_D, 분산을 σ_D^2라 하자.[3] 표본크기 n인 표본의 평균을 $\overline{D}$라 하면 통계량 $\overline{D}$와 모수의 관계는 다음과 같다.

$$E(\overline{D}) = \mu_D$$
$$\mathrm{Var}(\overline{D}) = \sigma_D^2/n$$

D가 정규분포를 따르면 $\overline{D}$가 정규분포를 따르고, D가 정규분포를 따르지 않더라도 표본크기 n이 크면($n \geq 30$) $\overline{D}$는 정규분포에 근사하다. $\overline{D}$가 정규분포를 따른다면 검정통계량으로 $\dfrac{\overline{D} - \mu_D}{\sigma_D/\sqrt{n}}$을 사용하고, 모분산을 모르는 경우 $\dfrac{\overline{D} - \mu_D}{S_D/\sqrt{n}}$로 대체한다. 이들은 각각 표준정규분포와 t 분포를 따른다. 여기서 S_D는 표본의 표준편차이다.

$$Z = \frac{\overline{D} - \mu_D}{\sigma_D/\sqrt{n}} \sim N(0, 1), \quad T = \frac{\overline{D} - \mu_D}{S_D/\sqrt{n}} \sim t_{n-1}$$

● 예제 9.5

모집단 1은 40, 50, 60으로 구성되어 있고, 모집단 2는 10, 30, 20으로 구성되어 있다. (40, 10), (50, 30), (60, 20)이 각각의 쌍을 이루고 있다. D로 구성된 모집단을 구하시오. 복원추출을 가정하고 표본크기 n이 2일 때, 표본평균 $\overline{D}$의 표본분포(확률분포)를 구하고 평균과 분산을 계산하시오.

풀이

모집단 1과 모집단 2로부터 D로 구성된 모집단 구하기

	모집단 1	모집단 2	D로 구성된 모집단
첫 번째 쌍	40	10	30
두 번째 쌍	50	30	20
세 번째 쌍	60	20	40

D로 구성된 모집단은 {30, 20, 40}이다.

---

3 대문자 D는 확률변수를 뜻하고, 소문자 d는 특정 수치를 뜻한다.

$n=2$일 때 $\bar{D}$의 표본분포(확률분포)는 다음과 같다.

$\bar{d}$	20	25	30	35	40
확률	1/9	2/9	3/9	2/9	1/9

$E(\bar{D}) = (1/9)20 + (2/9)25 + (3/9)30 + (2/9)35 + (1/9)40 = 30$

$\text{Var}(\bar{D}) = (1/9)(20-30)^2 + \cdots + (1/9)(40-30)^2 = 100/3$

[예제 9.5]는 쌍체비교의 사례이다. 만약 I절의 독립적인 표본추출을 가정한다면 모집단 차이인 $X_1 - X_2$로 구성된 모집단은 [예제 9.5]와 다르다.

$X_1 = 40$일 때 $X_1 - X_2$는 $30(=40-10)$, $10(=40-30)$, $20(=40-20)$ 중 하나를 취할 수 있고, $X_1 = 50$일 때 $X_1 - X_2$는 $40(=50-10)$, $20(=50-30)$, $30(=50-20)$ 중 하나를 취할 수 있고, $X_1 = 60$일 때 $X_1 - X_2$는 $50(=60-10)$, $30(=60-30)$, $40(=60-20)$ 중 하나를 취할 수 있다.

그러므로 두 모집단의 차이인 $X_1 - X_2$로 구성된 모집단의 확률분포는 다음과 같다.

$x_1 - x_2$	10	20	30	40	50
확률	1/9	2/9	3/9	2/9	1/9

2. μ_D에 대한 가설검정

2.1 가설의 설정

쌍체비교의 경우 다음과 같이 세 가지 형태가 있다.[4]

두 모평균의 차이가 있는지에 대한 검정	첫 번째 모평균이 큰지에 대한 검정	첫 번째 모평균이 작은지에 대한 검정
$\begin{cases} \text{Ho} : \mu_D = 0 \\ \text{Ha} : \mu_D \neq 0 \end{cases}$	$\begin{cases} \text{Ho} : \mu_D \leq 0 \\ \text{Ha} : \mu_D > 0 \end{cases}$	$\begin{cases} \text{Ho} : \mu_D \geq 0 \\ \text{Ha} : \mu_D < 0 \end{cases}$

2.2 검정통계량의 선정

모집단의 σ_D^2을 모른다고 가정하면 쌍체비교에서 사용될 검정통계량은 다음과 같고, 이 검정통계량은 자유도가 $n-1$인 t 분포를 따른다.

---

4 이 책에서는 가정된 값을 0으로 하였으나, 다른 숫자로 대체할 수도 있다.

$$T = \frac{\overline{D} - 0}{S_D/\sqrt{n}} \sim t_{n-1}$$

2.3 유의수준의 결정

유의수준 α를 정한다.

2.4 검정규칙의 결정

검정규칙을 그림으로 요약하면 [그림 9.4]와 같다.

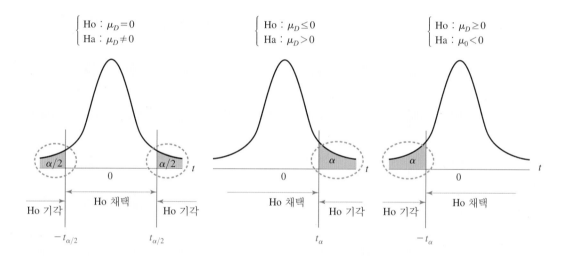

그림 9.4 쌍체비교의 검정규칙

2.5 검정통계량 계산

검정통계량 T의 값을 계산한다.

2.6 가설의 채택/기각 결정

제8장과 동일하다.

● 예제 9.6

주식회사 ABC는 새로 도입된 안전 프로그램의 효과를 분석하기로 하였다. 이를 위해 작업
반 6개를 임의로 골라, 사고로 인한 손실시간을 프로그램 시행 전과 시행 후로 나눠 조사한
결과를 다음과 같이 얻었다.

(단위: 시간)

작업반 번호	1	2	3	4	5	6
시행 전	11	25	36	24	45	27
시행 후	17	20	43	20	37	32

① 작업반별 손실시간의 차이(d_i)를 계산하시오.

② 작업별 손실시간 차이의 평균 $\bar{d}$를 구하시오.

③ 차이(d_i)의 표준편차 s_D를 구하시오.

④ 모집단에서 손실시간의 차이가 정규분포를 따른다고 가정하자. 안전 프로그램 도입으로 손실시간의 평균이 바뀌었다는 심증을 유의수준 5%에서 검정하시오.

풀이

①

작업반 번호	1	2	3	4	5	6
시행 전	11	25	36	24	45	27
시행 후	17	20	43	20	37	32
d_i	-6	5	-7	4	8	-5

② $\bar{d} = -0.17$

③ $s_D = 6.55$

④ (i) 가설의 설정: $\begin{cases} \text{Ho} : \mu_D = 0 \\ \text{Ha} : \mu_D \neq 0 \end{cases}$

(ii) 검정통계량의 선정: $T = \dfrac{\bar{D} - 0}{S_D/\sqrt{n}}$

(iii) 유의수준: 5%

(iv) 검정규칙을 그림으로 표현하면

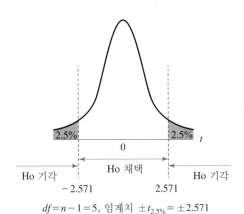

$df = n - 1 = 5$, 임계치 $\pm t_{2.5\%} = \pm 2.571$

(v) 검정통계량 계산: $\overline{d}$는 -0.17이고 표준편차 s_D는 6.55이므로 검정통계량의 값은 다음과 같다.

$$t = \frac{\overline{d} - 0}{s_D/\sqrt{n}} = \frac{-0.17 - 0}{6.55/\sqrt{6}} = -0.064$$

(vi) 가설의 채택/기각 결정: 검정통계량의 값 -0.064는 임계치 ± 2.571의 범위 안에 있으므로 귀무가설을 채택한다. 즉 안전 프로그램의 도입이 사고로 인한 손실시간에 영향을 준다는 충분한 증거가 없다.

⟨Excel 이용⟩ 데이터 분석 기능(데이터 > 데이터 분석 > t-검정: 쌍체비교)을 이용하여 풀 수 있다.

	A	B	C	D	E	F
1	11	25	36	24	45	27
2	17	20	43	20	37	32

t-검정: 쌍체비교

입력
변수 1 입력 범위(1): $A$1:$F$1
변수 2 입력 범위(2): $A$2:$F$2
가설 평균차(E):
☐ 이름표(L)
유의 수준(A): 0.05

출력 옵션
○ 출력 범위(O):
◉ 새로운 워크시트(P):
○ 새로운 통합 문서(W)

확인
취소
도움말(H)

이에 대한 결과는 다음과 같다.

t-검정: 쌍체 비교		
	변수 1	변수 2
평균	28	28.167
분산	133.6	114.167
관측수	6	6
피어슨 상관 계수	0.8291	
가설 평균차	0	
자유도	5	
t 통계량	-0.062	
P(T<=t) 단측 검정	0.476	
t 기각치 단측 검정	2.015	
P(T<=t) 양측 검정	0.953	
t 기각치 양측 검정	2.571	

't 통계량'이 -0.062로 't 기각치 양측 검정' ± 2.571의 범위 안에 있으므로 귀무가설을 채택한다.

Ⅲ 두 모집단 비율의 차이에 대한 검정

두 모집단의 모비율이 각각 p_1과 p_2라 하자. 이때 두 모비율이 동일한지, 한쪽이 더 큰지를 검정할 수 있다. 이를 수행하려면 각 모집단에서 표본을 추출한 후, 두 표본비율인 $\hat{p}_1$과 $\hat{p}_2$를 비교하면 된다. 그러나 더 좋은 방법은 두 모비율의 차이에 대한 검정을 하는 것이다 ([그림 9.5] 참조).

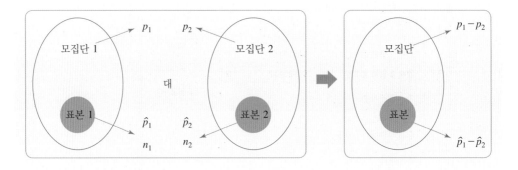

그림 9.5 두 모집단 비율의 비교

1. $\hat{P}_1 - \hat{P}_2$와 $p_1 - p_2$의 통계적 관계

$\hat{P}_1 - \hat{P}_2$의 개념을 파악하기 위해 다음의 예제를 보자.

● 예제 9.7

첫 번째 항아리에 빨간색 구슬 1개와 검은색 구슬이 2개가 담겨 있고, 두 번째 항아리에는 빨간색 구슬 2개와 검은색 구슬 1개가 담겨 있다. p_1과 p_2를 각각의 항아리에서 빨간색 구슬을 꺼낼 확률이라고 하자. 표본크기를 모두 2로($n_1 = n_2 = 2$) 복원추출을 할 때 $\hat{P}_1 - \hat{P}_2$가 취할 값과 확률을 구하시오.

풀이

모든 표본과 표본비율

모집단 1 : (R, B_1, B_2)에서		모집단 2 : (R_1, R_2, B)에서	
표본	$\hat{p}_1$	표본	$\hat{p}_2$
R, R	1	R_1, R_1	1
R, B_1	1/2	R_1, R_2	1
R, B_2	1/2	R_1, B	1/2
B_1, R	1/2	R_2, R_1	1
B_1, B_1	0	R_2, R_2	1
B_1, B_2	0	R_2, B	1/2
B_2, R	1/2	B, R_1	1/2
B_2, B_1	0	B, R_2	1/2
B_2, B_2	0	B, B	0

주: R, B는 각각 빨간색, 검은색 구슬을 뜻함. 아래첨자 1, 2는 각각 첫 번째와 두 번째 구슬을 뜻함.

표본비율의 표본분포(확률분포)

모집단 1에서의 표본추출		모집단 2에서의 표본추출	
$\hat{p}_1$	확률	$\hat{p}_2$	확률
0	4/9	0	1/9
1/2	4/9	1/2	4/9
1	1/9	1	4/9

$\hat{P}_1 - \hat{P}_2$이 취할 값과 확률

$\hat{p}_1 - \hat{p}_2$	확률	$\hat{p}_1 - \hat{p}_2$	확률	$\hat{p}_1 - \hat{p}_2$	확률
$(0-0)=0$	4/81	$(1/2-0)=1/2$	4/81	$(1-0)=1$	1/81
$(0-1/2)=-1/2$	16/81	$(1/2-1/2)=0$	16/81	$(1-1/2)=1/2$	4/81
$(0-1)=-1$	16/81	$(1/2-1)=-1/2$	16/81	$(1-1)=0$	4/81

이 예제를 이용하여 $\hat{P}_1 - \hat{P}_2$와 $p_1 - p_2$의 통계적 관계를 구하면 다음과 같다.

- $\hat{P}_1 - \hat{P}_2$의 기댓값: $E(\hat{P}_1)=p_1$과 $E(\hat{P}_2)=p_2$이므로, $E(\hat{P}_1 - \hat{P}_2)=E(\hat{P}_1)-E(\hat{P}_2)=p_1 - p_2$
- $\hat{P}_1 - \hat{P}_2$의 분산: 표본추출이 독립적이라는 가정과 $\mathrm{Var}(\hat{P}_1)=\dfrac{p_1(1-p_1)}{n_1}$, $\mathrm{Var}(\hat{P}_2)=\dfrac{p_2(1-p_2)}{n_2}$ 을 이용하면, $\mathrm{Var}(\hat{P}_1 - \hat{P}_2)=\mathrm{Var}(\hat{P}_1)+\mathrm{Var}(\hat{P}_2)=\dfrac{p_1(1-p_1)}{n_1}+\dfrac{p_2(1-p_2)}{n_2}$
- $\hat{P}_1 - \hat{P}_2$의 분포 형태: 제6장에서 본 바와 같이, n_1과 n_2가 충분히 크면($n_j p_j \geq 10$와 $n_j(1-p_j) \geq 10$, $j=1, 2$) $\hat{P}_1$과 $\hat{P}_2$이 각각 정규분포에 근사하므로(208쪽 참조), 선형결합 $\hat{P}_1 - \hat{P}_2$도 정규분포에 근사하다(170쪽 참조).

2. 두 모집단 비율의 차이에 대한 검정

2.1 가설의 설정

두 모집단 비율의 비교는 두 비율이 다른지 아니면 한쪽이 더 큰지 또는 작은지를 검정하는 것을 말한다. 이것은 두 비율의 차이가 0인지, 0보다 큰지, 0보다 작은지의 여부를 검정하는 것과 동일하다. 그러므로 두 모집단 비율의 비교는 [표 9.2]와 같이 모비율 차이에 대한 검정으로 표현할 수 있다. 이 표에서 모비율의 차이를 0으로 하였으나, 이를 다른 숫자로 확대할 수 있다. 그러나 이 책에서는 0으로 한정한다.

표 9.2 모비율 차이에 대한 가설 설정

2.2 검정통계량의 선정

$Z = \dfrac{(\hat{P}_1 - \hat{P}_2) - 0}{\sqrt{\dfrac{p_1(1 - p_1)}{n_1} + \dfrac{p_2(1 - p_2)}{n_2}}}$ 은 평균이 0이고 분산이 1인 표준정규분포를 따른다. 그런데

이를 검정통계량으로 사용할 수 없다. 왜냐하면 p_1과 p_2를 모르기 때문이다. 이 값은 추정량인 $\hat{P}_1$과 $\hat{P}_2$으로 대체할 수 있으나 좀 더 좋은 방법이 있다.

귀무가설에서와 같이 $p_1 = p_2$라면, 추정량 $\hat{P}_1$과 $\hat{P}_2$는 동일한 모수를 두 표본에서 따로따로 추정하고 있는 셈이다. 두 표본을 하나로 묶는다면 표본크기를 늘릴 수 있어 좀더 정확하게 추정할 수 있다.

묶여진 표본의 표본 비율은 $\dfrac{X_1 + X_2}{n_1 + n_2}$ 가 된다. 여기서 X_1과 X_2는 표본에서의 성공횟수이다. 이 비율을 추정량으로 삼는다.

$$\overline{P} = \frac{X_1 + X_2}{n_1 + n_2}$$

그러면 검정통계량은 다음과 같이 바뀐다.

$$Z = \frac{(\hat{P}_1 - \hat{P}_2) - 0}{\sqrt{\overline{P}(1 - \overline{P})\left(\dfrac{1}{n_1} + \dfrac{1}{n_2}\right)}}$$

2.3 유의수준의 결정

유의수준 α를 정한다.

2.4 검정규칙의 결정

검정규칙을 그림으로 표현하면 [그림 9.6]과 같다.

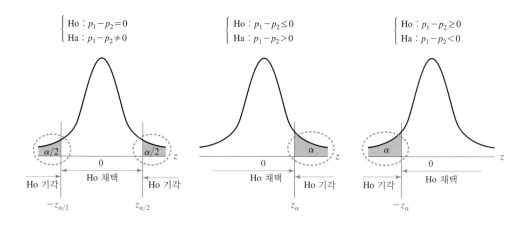

그림 9.6　두 모비율 차이에 대한 검정규칙

2.5 검정통계량 계산

검정통계량 Z의 값을 계산한다.

2.6 가설의 채택/기각 결정

제8장과 동일하다.

● 예제 9.8

어느 정당이 국민들로부터 어느 정도의 지지를 받고 있는지 파악하기 위해 작년과 올해 두 차례에 걸쳐 설문조사를 하였다. 작년에는 표본 500명을 대상으로 조사한 결과 300명이 이 정당을 지지했고, 올해는 표본 400명을 대상으로 조사한 결과 220명이 이 정당을 지지한다고 하였다. 이 정당에 대한 지지율이 변함이 없다는 귀무가설에 대해 두 비율 간에 차이가 있다는 대립가설을 유의수준 5%에서 검정하시오.

풀이

p_1 = 올해의 정당지지율

p_2 = 전년도의 정당지지율

$\hat{p}_1 = \dfrac{220}{400} = 0.55, \;\; \hat{p}_2 = \dfrac{300}{500} = 0.6$

① 가설의 설정: $\begin{cases} \text{Ho} : p_1 - p_2 = 0 \\ \text{Ha} : p_1 - p_2 \neq 0 \end{cases}$

② 검정통계량의 선정: $Z = \dfrac{(\hat{P}_1 - \hat{P}_2) - 0}{\sqrt{\overline{P}(1 - \overline{P})\left(\dfrac{1}{n_1} + \dfrac{1}{n_2}\right)}}$

③ 유의수준: $\alpha = 5\%$

④ 검정규칙을 그림으로 표현하면

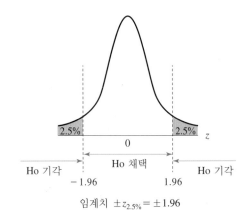

임계치 $\pm z_{2.5\%} = \pm 1.96$

⑤ 검정통계량 계산

$\overline{p} = \dfrac{x_1 + x_2}{n_1 + n_2} = \dfrac{300 + 220}{500 + 400} = 0.578$이므로

$z = \dfrac{(0.55 - 0.6) - 0}{\sqrt{0.578(1 - 0.578)\left(\dfrac{1}{500} + \dfrac{1}{400}\right)}} = -1.51$

⑥ 가설의 채택/기각 결정: 검정통계량의 값 -1.51은 임계치 ± 1.96 범위 내에 있으므로 귀무가설을 채택한다. 즉 이 정당에 대한 지지율이 변화했다는 충분한 증거가 없다.

Ⅳ 두 모집단 분산 비교에 대한 검정

모집단 1과 모집단 2의 분산을 각각 σ_1^2과 σ_2^2이라 하자. 두 모집단 분산의 비교는 σ_1^2/σ_2^2을 활용한다. 이 값이 1이면 두 분산이 동일하고($\sigma_1^2 = \sigma_2^2$), 1보다 크면 모집단 1의 분산이 더 크고($\sigma_1^2 > \sigma_2^2$), 1보다 작으면 모집단 1의 분산이 더 작다($\sigma_1^2 < \sigma_2^2$). σ_1^2과 σ_2^2의 추정량은 각각 S_1^2과 S_2^2이므로 S_1^2/S_2^2의 값으로 이를 짐작할 수 있다.

1. S_1^2/S_2^2의 분포

우선 표본분산의 비율 S_1^2/S_2^2의 개념을 파악하기 위해 다음의 간단한 예제를 보자.

● **예제 9.9**

모집단 1은 20, 30, 40으로 구성되어 있고 모집단 2는 10, 20, 30으로 구성되어 있다. 표본 크기 n_1과 n_2가 모두 2인 비복원추출 방식으로 추출하면 S_1^2과 S_2^2의 표본분포는 다음과 같다.

S_1^2의 표본분포		S_2^2의 표본분포	
s_1^2	확률	s_2^2	확률
50	2/3	50	2/3
200	1/3	200	1/3

S_1^2/S_2^2의 표본분포를 구하시오.

풀이

S_1^2의 값이 50일 때 S_1^2/S_2^2은 50/50, 50/200의 값을 취하고, S_1^2의 값이 200일 때 S_1^2/S_2^2은 200/50, 200/200의 값을 취한다. 그러므로 S_1^2/S_2^2가 취하는 값은 0.25, 1, 4 중 하나이다. 표본분산 비율(S_1^2/S_2^2)의 표본분포(확률분포)를 구하면 다음과 같다.

s_1^2/s_2^2	0.25	1	4
확률	2/9	5/9	2/9

두 모집단이 정규분포를 따르고 두 모분산이 동일하다고($\sigma_1^2 = \sigma_2^2$) 가정하면, 표본분산의 비율(S_1^2/S_2^2)은 분자의 자유도가 $n_1 - 1$이고, 분모의 자유도가 $n_2 - 1$인 F 분포를 따른다.[5]

---

5 독립적인 확률변수 U_1, U_2가 각각 자유도가 ν_1, ν_2인 χ^2 분포를 따른다면 다음의 확률변수 F는 자유도가 ν_1, ν_2인 F 분포를 따른다. $F = \dfrac{U_1/\nu_1}{U_2/\nu_2} \sim F(\nu_1, \nu_2)$

이를 다음과 같이 표현한다.

$$F = \frac{S_1^2}{S_2^2} \sim F_{(n_1-1,\, n_2-1)}$$

여기서 앞의 F는 확률변수이고, 뒤의 F는 분포를 뜻한다.

F 분포의 다양한 형태는 [그림 9.7]에 나타나 있다. F 분포를 시각적으로 보려면 http://homepage.divms.uiowa.edu/~mbognar/에서 'F Distribution'을 클릭하시오.

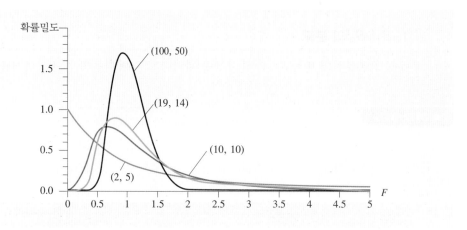

그림 9.7 F 분포의 형태

주: (· , ·)는 분자와 분모의 자유도임

이제 F 분포표를 이용하여 임계치의 값을 찾아보자. 다음 [그림 9.8]에서 $F_{5\%}$은 오른쪽 꼬리면적을 5%(붉은색으로 표시)로 하는 F 값을 뜻한다.[6] 즉 $P(F > F_{5\%}) = 5\%$.

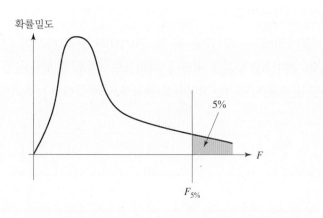

그림 9.8 $F_{5\%}$의 의미

---

6 이 책에서 확률변수는 대문자로, 수치는 소문자로 표기하였으나 이 절에서는 수치도 대문자 F로 표기한다. 확률밀도함수 f와 혼동을 피하기 위해서이다.

$F_{5\%}$의 값에 영향을 주는 자유도는 2개, $n_1 - 1$과 $n_2 - 1$이라는 점에 유의하자. 분자의 자유도 $n_1 - 1$의 값이 5이고, 분모의 자유도 $n_2 - 1$의 값이 10일 때 $F_{5\%}$의 값을 구해 보자. $\alpha = 5\%$일 때의 F 분포표인 [표 9.3]에서 분자의 자유도 5와 분모의 자유도 10에 대응되는 숫자인 3.326이 $F_{5\%}$의 값이다.

표 9.3 F 분포표($\alpha = 5\%$일 때)

					분자의 자유도				
		1	2	3	4	5	6	7	…
분모의 자유도	1								
	2								
	…								
	9								
	10					3.326			
	…								

Excel을 이용하여 임계치를 구할 수도 있다. 'F.INV'나 'F.INV.RT'라는 함수를 이용한다. F.INV(95%,5,10)나 F.INV.RT(5%,5,10)의 값을 구한다. 전자에서 95%는 임계치의 왼쪽 꼬리면적을, 후자에서 5%는 오른쪽 꼬리면적을 뜻한다.

● 예제 9.10

자유도가 (10, 30)인 F 분포에서 $P(F > F_{5\%}) = 5\%$를 만족하는 $F_{5\%}$의 값을 구하시오.

풀이

- F 분포표 활용: [부록]의 F 분포표 중 오른쪽 꼬리면적이 5%인 경우를 찾는다. $F_{5\%} = 2.165$.
- Excel 활용: '=F.INV.RT(5%,10,30)' 또는 '=F.INV(95%,10,30)'을 사용하여 구한다.
- 애플릿 활용 : http://homepage.divms.uiowa.edu/~mbognar/applets/f.html에서 답을 구한다.

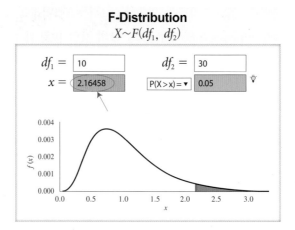

2. σ_1^2/σ_2^2에 대한 검정

σ_1^2/σ_2^2의 값을 보자. 두 모분산의 크기가 같다면 이 값이 1이고, σ_1^2이 σ_2^2보다 크다면 이 값은 1보다 크고, 반면에 σ_2^2보다 작다면 이 값은 1보다 작다.

2.1 가설의 설정

두 모분산의 크기가 다른가 아니면 한쪽이 큰가에 대한 검정을 하기 위한 가설의 유형은 다음과 같다.

① 두 모분산이 다른가?	② 모분산 1이 더 큰가?	③ 모분산 1이 더 작은가?
$\begin{cases} \text{Ho} : \dfrac{\sigma_1^2}{\sigma_2^2} = 1 \text{ [또는 } \sigma_1^2 = \sigma_2^2] \\ \text{Ha} : \dfrac{\sigma_1^2}{\sigma_2^2} \neq 1 \text{ [또는 } \sigma_1^2 \neq \sigma_2^2] \end{cases}$	$\begin{cases} \text{Ho} : \dfrac{\sigma_1^2}{\sigma_2^2} \leq 1 \text{ [또는 } \sigma_1^2 \leq \sigma_2^2] \\ \text{Ha} : \dfrac{\sigma_1^2}{\sigma_2^2} > 1 \text{ [또는 } \sigma_1^2 > \sigma_2^2] \end{cases}$	$\begin{cases} \text{Ho} : \dfrac{\sigma_1^2}{\sigma_2^2} \geq 1 \text{ [또는 } \sigma_1^2 \geq \sigma_2^2] \\ \text{Ha} : \dfrac{\sigma_1^2}{\sigma_2^2} < 1 \text{ [또는 } \sigma_1^2 < \sigma_2^2] \end{cases}$

2.2 검정통계량의 선정

두 모집단 분산의 비율인 σ_1^2/σ_2^2에 대한 검정에 필요한 검정통계량은 S_1^2/S_2^2이다. 앞에서 설명한 바와 같이 이 검정통계량은 분자의 자유도가 $n_1 - 1$이고, 분모의 자유도가 $n_2 - 1$인 F 분포를 따른다.

$$F = \frac{S_1^2}{S_2^2} \sim F_{(n_1-1,\ n_2-1)}$$

2.3 유의수준의 결정

유의수준 α를 정한다.

2.4 검정규칙의 결정

① $\begin{cases} \text{Ho} : \sigma_1^2/\sigma_2^2 = 1 \\ \text{Ha} : \sigma_1^2/\sigma_2^2 \neq 1 \end{cases}$ 의 경우

양측검정이므로 [그림 9.9]와 같이 검정통계량 S_1^2/S_2^2의 값이 $F_{1-\alpha/2}$와 $F_{\alpha/2}$ 사이에 존재하면 귀무가설을 채택하고 그렇지 않으면 귀무가설을 기각한다.

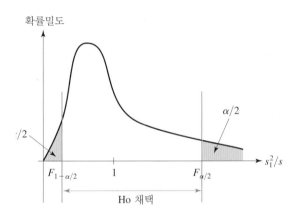

그림 9.9 두 모집단 분산의 비교에 대한 양측검정

그러나 문제는 $F_{1-\alpha/2}$의 값이 부록에 있는 F 분포표에서 주어지지 않는다는 점이다. 이 문제를 해결하는 쉬운 법은 큰 표본분산이 소속된 모집단을 모집단 1로 하고, 작은 표본분산이 소속된 모집단을 모집단 2로 한다. 이럴 경우 검정통계량 S_1^2/S_2^2의 값이 1보다 작을 수 없으므로 임계치 $F_{1-\alpha/2}$와 비교할 필요가 없고 다른 임계치 $F_{\alpha/2}$와 비교하면 된다.

이때의 검정규칙은 다음과 같다.

검정통계량 $F = \dfrac{S_1^2}{S_2^2}(S_1^2 \geq S_2^2$이라 가정)의 값이 $\begin{cases} F \leq F_{\alpha/2}$을 만족하면 Ho 채택 \\ F > F_{\alpha/2}$을 만족하면 Ho 기각 \end{cases}$

② $\begin{cases} \text{Ho} : \sigma_1^2/\sigma_2^2 \leq 1 \\ \text{Ha} : \sigma_1^2/\sigma_2^2 > 1 \end{cases}$ 의 경우

이때 검정규칙은 다음과 같다.

$$\text{검정통계량 } F = \frac{S_1^2}{S_2^2} \text{의 값이} \begin{cases} F \le F_\alpha \text{을 만족하면 Ho 채택} \\ F > F_\alpha \text{을 만족하면 Ho 기각} \end{cases}$$

이를 그림으로 표현하면 다음과 같다.

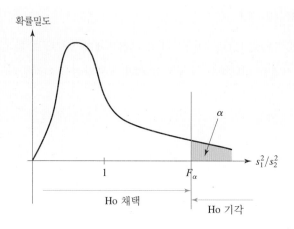

그림 9.10   Ho: $\sigma_1^2 \le \sigma_2^2$에 대한 검정

③ $\begin{cases} \text{Ho} : \sigma_1^2/\sigma_2^2 \ge 1 \\ \text{Ha} : \sigma_1^2/\sigma_2^2 < 1 \end{cases}$ 의 경우

두 표본분산 중 큰 게 소속된 모집단을 모집단 1로 하면 이 유형의 검정을 할 필요가 없다.

2.5 검정통계량 계산

검정통계량 F의 값을 계산한다.

2.6 가설의 채택/기각 결정

제8장과 동일하다.

● 예제 9.11

증권운용사 소속 펀드매니저와 은행 소속 펀드매니저 간의 투자 위험도를 비교하기 위해 각각 12명과 10명의 펀드매니저를 선정하여 투자수익률을 조사하였더니 증권운용사 펀드매니저의 수익률은 평균이 8%이고 표준편차(위험도)가 15%로 조사되었다. 반면, 은행 소속 펀드매니저의 수익률은 평균이 7%이고, 표준편차(위험도)가 12%로 나타났다. 두 업종에 소속된 펀드매니저의 수익률이 정규분포를 따른다고 가정할 때 2%의 유의수준에서 두 모집단의 표준편차에 차이가 있다는 주장에 대해 검정하시오.

풀이

증권 쪽의 표준편차가 더 크므로 이를 모집단 1로 삼는다. 모집단 1과 2의 수익률 표준편차를 각각 σ_1과 σ_2로 하자.

① 가설의 설정: $\begin{cases} \text{Ho} : \sigma_1^2 = \sigma_2^2 \\ \text{Ha} : \sigma_1^2 \neq \sigma_2^2 \end{cases}$

② 검정통계량의 선정: $F = \dfrac{S_1^2}{S_2^2}$

③ 유의수준: $\alpha = 2\%$

④ 검정규칙을 그림으로 표현하면

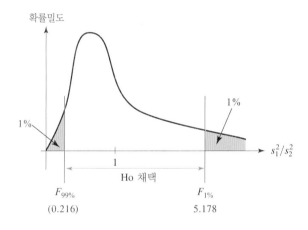

자유도는 $(12-1, 10-1)$이므로 $F_{1\%} = 5.178$

⑤ 검정통계량 계산: $s_1^2 = (15\%)^2$, $s_2^2 = (12\%)^2$이므로,

$$F = \frac{s_1^2}{s_2^2} = \frac{(15\%)^2}{(12\%)^2} = 1.5625$$

⑥ 가설의 채택/기각 결정: 검정통계량의 값 1.5625는 임계치 5.178보다 작으므로 귀무가설을 채택한다. 즉 두 집단 투자수익률의 표준편차에 차이가 있다는 충분한 증거가 없다.

여담: 암발생률

2012년 암발생건수(인구 100,000명당)

국가명	암발생건수	국가명	암발생건수
한국	307.77	니제르	63.24
미국	317.97	시에라리온	92.27

출처: 영국 암연구소(Cancer Research UK)

두 모집단 비교에 대한 검정을 하면, 당연히 우리나라의 암발생건수가 니제르나 시에라리온 두 나라보다 높다고 판정된다. 그럼, 검정 결과에 따라 우리나라의 암발생이 높은 것일까?

맞긴 맞지만, 오해의 소지가 있다. 암발생률에 영향을 주는 가장 큰 요소는 나이이다. 아래 그래프를 보면, 나이가 많아질수록 암발생 가능성이 높아지고, 50세경부터 급격히 상승함을 확인할 수 있다.

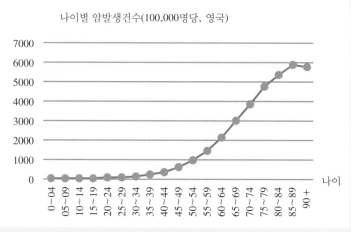

주:영국 암연구소(Cancer Research UK)의 자료 사용

암발생건수와 평균수명이 함께 나타나 있는 다음 표를 보자.

국가명	암발생건수	평균수명 (국가 순위)	국가명	암발생건수	평균수명 (국가 순위)
한국	307.77	82.3세(11위)	니제르	63.24	61.8세(155위)
미국	317.97	79.3세(31위)	시에라리온	92.27	50.1세(183위)

주: 평균수명은 WHO, 2015년 기준. ()은 183개국 중 순위

이 표로부터 암발생건수와 평균수명이 밀접한 관계가 있음을 확인할 수 있다. 니제르 국민은 수명이 짧아 암발생건수가 적고, 우리나라 국민은 노인의 삶을 살기 때문에 암발생건수가 많을 뿐이다.

과학의 비극은 그릇된 왜곡된 사실에 의해 진정한 가설이 폐기되는 것이다. (Thomas Huxley)

여담: 혼다의 굴욕(도난이 가장 많은 차량?)

미국의 보험범죄국(National insurance Crime Bureau)은 보험과 관련된 범죄를 연구를 해오고 있다. 여기서 2016년 중 가장 도난이 많았던 차량의 모델을 발표하였다.

2016년에 도난이 많은 차량 모델 순위

순위	제조사 및 모델명	총 도난 대수	가장 많이 도난 당한 모델연도 (도난 차량 수)
1	혼다 어코드	50,427	1997 (7,527)
2	혼다 시빅	49,547	1998 (7,578)
3	포드 픽업 (대형)	32,721	2006 (2,986)
4	쉐보레 픽업 (대형)	31,238	2004 (2,107)
5	토요타 캄리	16,732	2016 (1,113)
6	닛산 알티마	12,221	2015 (1,673)

출처: 미국 보험범죄국

가장 많이 도난 당한 모델은 혼다(Honda)의 어코드(Accord)로, 총 50,427대가 도난 당했다. 이 중 7,527대는 1997년형이었다. 2위는 혼다 시빅(Civic)이다. 일본 회사인 혼다가 판매하는 어코드와 시빅은 미국에서 가장 인기 있는 차종이었으며, 미국의 컴슈머리포트에서 최고의 자동차로 여러 해 선정되어 왔다.

검정을 하면, 다른 회사의 모델보다 혼다의 도난 차량수가 많다고 판정될 것이다. 실제 도난이 많은 차일까? 결론 내리기 전에 몇 가지 집고 넘어가야 할 게 있다.

첫째, 도난 건수 대신에 도난 비율을 봐야 한다. 운행 대수가 많을수록 그만큼 도난 수가 많기 때문이다. 그러나 운행 대수에 대한 통계를 찾지 못해 도난비율을 구할 수 없었다. 둘째, 도난에 미치는 요인을 파악할 필요가 있다. 도난에 영향을 주는 가장 큰 요인은 도어락 시스템이다. 도어락 시스템은 매년 개선되고 있다. 그러므로 연식이 오래된 차량일수록 도난이 많을 수밖에 없다. 이 표에서 2000년 이전의 모델은 혼다의 어코드와 시빅뿐이다. 도어락 시스템이 낙후되어 도난이 많을 수밖에 없는 연식이다. 다른 모델의 2000년 이전 연식이 이 표에 왜 없을까? 그 이유는 이미 대부분 폐차되었기 때문이다. 반면, 혼다가 생산한 차량은 내구성이 좋아 20년이나 운행되었다.

결국, '도난 1위는 혼다'라는 불명예를 뒤집어 쓴 것은, 아이러니하게 이 회사가 생산한 자동차의 내구성이 너무 좋기 때문이다. 표면 상으로는 불명예이지만, 내면을 살펴보면 명예로운 일이다.

2016년형 승용차만을 대상으로 도난 건수와 도난 비율을 파악해 보았다.

(계속)

도난 대수와 비율(2016년형 중에서)

제조사/모델	2016년형 도난 차량수 (순위)	2016년형 판매량 (순위)	도난차량수/판매량 (도난 비율)
토요타 캄리	1,113 (1)	388,618 (4)	0.268%
닛산 알티마	1,063 (2)	307,380 (11)	0.346%
토요타 코롤라	982 (3)	756,420 (5)	0.130%
다지 차저	945 (4)	95,437 (58)	0.991%
포드 퓨전	914 (5)	265,840 (13)	0.344%
현대 소나타	887 (6)	199,416 (22)	0.445%
…	…	…	…
혼다 어코드	493 (16)	345,225 (9)	0.143%
혼다 시빅	−	366,927 (6)	−

출처: 미국 보험범죄국

　도난 비율은 2016년형 판매량 중 도난 차량수의 비율로 계산했다. 이 비율 1위는 다지 차저로 무려 0.991%나 된다. 100대 중 1대 꼴로 도난 당한 셈이다. 2위는 현대자동차의 소나타로 0.445%이다. 200대 중 1대 꼴로 도난 당했다. 혼다 어코드 2016년형의 도난 비율은 0.143%에 그쳤다. 시빅은 도난 대수가 상위 25위에 포함되지 않아 발표에서 제외되었다. 어코드나 시빅은 도난이 별로 없는 차량임을 확인할 수 있다.

복습 문제

9.1 $X_1 \sim N(\mu_1,\ \sigma_1^2)$, $X_2 \sim N(\mu_2,\ \sigma_2^2)$이고 X_1과 X_2는 독립이다. $X_1 - X_2$의 기댓값, 분산, 분포 형태는 어떻게 되는가? 이 두 모집단에서 각각 표본크기가 10인 표본을 독립적으로 추출할 때 $\bar{X}_1 - \bar{X}_2$의 기댓값, 분산, 분포 형태는 어떻게 되는가?

9.2 $X_1 \sim N(\mu_1,\ \sigma_1^2)$, $X_2 \sim N(\mu_2,\ \sigma_2^2)$이고 X_1과 X_2는 독립이다. $X_1 + X_2$의 기댓값, 분산, 분포 형태는 어떻게 되는가? 이 두 모집단에서 각각 표본크기가 10인 표본을 독립적으로 추출할 때 $\bar{X}_1 + \bar{X}_2$의 기댓값, 분산, 분포 형태는 어떻게 되는가?

9.3 p_1과 p_2은 각각 두 모집단의 모비율이다. 이 두 모집단에서 표본크기 n_1과 n_2으로 추출된 표본의 표본비율은 각각 $\hat{P}_1$과 $\hat{P}_2$이다. $\hat{P}_1$과 $\hat{P}_2$의 기댓값과 분산을 구하시오. $\hat{P}_1 - \hat{P}_2$의 기댓값, 분산, 분포 형태를 설명하시오.

9.4   두 모집단의 평균 비교에 대한 검정을 하려고 한다. 가설의 3유형은 무엇인가? 모집단의 평균 차이에 대한 검정을 한다면 이 3유형은 어떻게 바뀌는가?

9.5   ① Ho : $\mu_1 = 5$라는 귀무가설에 대해 검정할 때 검정통계량은 무엇인가?
      ② Ho : $\mu_1 - \mu_2 = 0$이라는 귀무가설에 대해 검정할 때 검정통계량은 무엇인가?

9.6   ① Ho : $p_1 = 0$이라는 귀무가설에 대해 검정할 때 검정통계량은 무엇인가?
      ② Ho : $p_1 - p_2 = 0$이라는 귀무가설에 대해 검정할 때 검정통계량은 무엇인가?

9.7   표본추출이 독립적인 경우와 그렇지 않은 경우의 차이는 무엇인가?

9.8   통계학 강의를 듣기 전과 후의 통계학 실력을 비교하려고 한다. 만약 표본추출을 독립적으로 한다면 어떤 문제점이 발생할 수 있는가?

9.9   두 모집단 분산의 크기를 비교하기 위한 검정을 하려고 한다. 이때 검정통계량은 무엇인가?

9.10   자유도가 (10, 60)일 때 $F_{2.5\%}$의 위치를 F 분포표에서 표시하고, 다음의 방법을 이용하여 그 값을 구하시오.
      ① 부록에 있는 F 분포표 이용   ② Excel 이용
      ③ http://homepage.divms.uiowa.edu/~mbognar/applets/f.html 이용

응용 문제

9.11 모집단 1과 모집단 2의 평균이 각각 μ_1과 μ_2이고, 분산이 각각 σ_1^2과 σ_2^2이다. 이들 모집단에서 추출된 표본평균을 각각 $\bar{X}_1$와 $\bar{X}_2$라 하자. 다음의 질문에 답하시오.

① $\bar{X}_1 - \bar{X}_2$, $\bar{X}_1 + \bar{X}_2$의 평균을 구하시오.

② 두 모집단에서의 표본추출이 독립적이라는 가정하에 $\bar{X}_1 - \bar{X}_2$, $\bar{X}_1 + \bar{X}_2$의 분산을 구하시오.

③ $\bar{X}_1 - \bar{X}_2$가 정규분포를 따르려면 어떤 조건을 만족해야 하나?

9.12 분산이 다른 두 모집단으로부터 독립적으로 추출된 표본자료는 다음과 같다.

표본 1	표본 2
$n_1 = 40$	$n_2 = 30$
$\bar{x}_1 = 7.5$	$\bar{x}_2 = 9.0$
$s_1 = 2.0$	$s_2 = 3.0$
자유도 = 48	

① 두 모집단의 평균이 다르다는 심증에 대해 검정하려고 할 때 가설을 설정하시오.

② 검정통계량의 공식과 값을 구하시오.

③ 유의수준 5%에서 통계적 결론은 무엇인가?

9.13 한 창업자가 삼겹살 식당을 창업하려고 한다. 지역 A와 지역 B 중에서 고르려고 하는데, 지역 A의 고객 1인당 평균매출액이 더 낮다는 심증을 확인하기 위해 표본을 무작위로 추출하여 다음과 같은 자료를 얻었다.

지역	매출액(단위: 천원)									
A	14	5	9	16	29	8	24	17	8	10
	12	8	6	15	11					
B	20	15	13	17	12	14	10	19	16	9

$n_1 = 15$, $n_2 = 10$, $\bar{x}_1 = 12.8$, $\bar{x}_2 = 14.5$, $s_1^2 = 44.6000$, $s_2^2 = 13.1667$

① 두 지역의 매출액이 모두 정규분포를 따르고, 두 지역의 분산이 다르다고 가정하자. 지역 A의 고객 1인당 평균매출액이 더 낮다는 주장에 대해 검정하시오. 유의수준은 5%로 하시오.

② 지역 A의 분산이 더 크다는 대립가설을 5%의 유의수준에서 검정하시오.

9.14 다이어트에 효과적인 신약을 개발 중인데, 약효가 있는지 확인하기 위해 10명을 대상으로 투약 전과 투약 후의 몸무게를 조사하였다. 그 결과 다음과 같다.

(단위: kg)

실험자 번호	1	2	3	4	5	6	7	8	9	10
투약 전	65	72	45	52	55	85	74	62	98	57
투약 후	62	73	44	48	56	86	68	60	95	55

① 실험자별 몸무게의 차이(d_i)를 계산하시오.

② 몸무게 차이의 평균 $\bar{d}$를 구하시오.

③ d_i의 표준편차인 s_D를 구하시오.

④ 모집단에서 투약 전과 후의 몸무게가 각각 정규분포를 따른다고 가정하고, 신약의 약효가 있다는 생각에 대해 유의수준 5%에서 검정하시오.

9.15 인터넷 쇼핑몰은 구매자가 상품 리뷰에 참가하도록 독려하고 있다. 쇼핑몰 1과 쇼핑몰 2에서 구매자가 상품 리뷰에 어느 정도 참여하고 있는지 조사하였다. 다음은 표본자료이다.

	쇼핑몰 1	쇼핑몰 2
구매자 수	$n_1 = 1,500$	$n_2 = 2,000$
리뷰 참여자 수	600	1,200

① 구매자 중 상품 리뷰에 응한 표본비율은 얼마씩인가?

② 두 쇼핑몰의 상품 리뷰 참여비율이 다를 것이라는 대립가설에 대해 유의수준 5%에서 검정하시오.

9.16 모집단 1은 30, 40으로 구성되어 있고 모집단 2는 10, 20으로 구성되어 있다. 30과 10이 쌍이고, 40과 20이 쌍이다. 모집단 3을 모집단 1과 모집단 2의 차이라 하자.

① 표본추출이 독립적이면 모집단 3의 구성은 어떻게 되는가?

② 쌍체비교를 한다면 모집단 3의 구성은 어떻게 되는가?

9.17 [예제 9.5]는 쌍체비교의 사례이다. 만약 I절의 독립적인 표본추출을 가정한다면 모집단 차이인 $X_1 - X_2$로 구성된 모집단은 어떻게 구성될까? 이 모집단에서 표본크기를 2로 하여 복원추출을 한다면 $\overline{X_1 - X_2}$의 표본분포(확률분포)는 어떻게 되는가?

9.18 10명의 소비자에게 두 종류의 수제맥주를 주고 맛에 대한 점수를 1(나쁨)부터 10(좋음)까지의 수치로 표시하도록 하였다. 맥주의 선호도에 대해 검정하려고 할 때 독립적 표본추출과 쌍체비교 중에서 어느 방법이 더 좋은가?

9.19 http://homepage.divms.uiowa.edu/~mbognar/에서 'F Distribution'을 클릭한다. 자유도가 작을 때와 클 때의 F 분포 모양을 비교하고 설명하시오.

CHAPTER **10**

분산분석

두 집단의 평균을 비교하려면 제9장에서와 같은 검정방법을 사용하면 된다. 그러나 이 방법은 3개 이상의 집단으로 확장하여 사용할 수 없다는 단점이 있다. 물론 3개 이상의 모집단을 비교할 때 2개씩을 한 쌍으로 묶어 제9장에서 공부한 방법을 이용할 수도 있으나, 이럴 경우 여러 차례 비교해야 하는 번거로움이 있다. 예를 들어 A, B, C의 세 집단을 비교할 때는 A와 B, B와 C, C와 A의 세 번을 비교해야 한다. A, B, C, D의 네 집단을 비교할 때는 A와 B, A와 C, A와 D, B와 C, B와 D, C와 D의 여섯 차례($_4C_2$) 비교해야 한다.

·이 장에서 공부하는 분산분석은 세 집단 이상의 평균을 동시에 비교할 수 있다. 모집단의 평균을 비교하려면 제9장에서와 같이 이들 모집단에서 추출된 표본의 평균을 비교해야 하지만, 분산분석에서는 분산을 사용하고 있다는 점이 특이하다.

I 분산의 역할

분산분석은 말 그대로 분산을 이용한다. 분산의 역할을 이해하기 위해 다음의 토의예제를 보자.

토의예제

모집단 1, 2, 3, 4, 5로부터 표본 1, 2, 3, 4, 5가 다음과 같이 추출되었다.

①	표본 1	표본 2
	10	17
	14	14
	12	11
	6	9
	8	19
표본평균	10	14
표본분산	10	17

②	표본 3	표본 4
	10	15
	12	14
	11	12
	8	13
	9	16
표본평균	10	14
표본분산	2.5	2.5

③	표본 1	표본 5
	10	23
	14	20
	12	17
	6	15
	8	25
표본평균	10	20
표본분산	10	17

①, ②, ③에서 제9장의 방법을 사용하여 두 모집단의 평균이 다른지 검정하고, 표본평균의 차이와 표본분산의 크기가 어떤 영향을 주는지 분석하시오.

풀이

Excel의 결과를 활용하여 ①과 ②를 비교해보자.

①
t-검정: 이분산 가정 두 집단	변수 1	변수 2
평균	10	14
분산	10	17
관측수	5	5
가설 평균차	0	
자유도	7	
t 통계량	-1.721	
P(T<=t) 단측 검정	0.064	
t 기각치 단측 검정	1.895	
P(T<=t) 양측 검정	0.129	
t 기각치 양측 검정	2.365	

②
t-검정: 이분산 가정 두 집단	변수 1	변수 2
평균	10	14
분산	2.5	2.5
관측수	5	5
가설 평균차	0	
자유도	8	
t 통계량	-4	
P(T<=t) 단측 검정	0.002	
t 기각치 단측 검정	1.860	
P(T<=t) 양측 검정	0.004	
t 기각치 양측 검정	2.306	

표본평균은 ①이 10과 14, ②가 10과 14로 ①과 ②가 동일하다. 그러나 표본분산은 ①이 10과 17, ②가 2.5와 2.5로 ②가 작다. ①에서 검정통계량의 값이 −1.721이고 임계치가 ± 2.365이므로 $H_0 : \mu_i = \mu_j$를 채택하나, ②에서는 검정통계량의 값이 −4이므로 $H_0 : \mu_i = \mu_j$를 기각한다. 이를 통해 표본분산이 크면 이 귀무가설을 채택할 가능성이 높고, 작으면 기각할 가능성이 높다고 유추할 수 있다. 이제 ①과 ③을 비교해보자.

①	t-검정: 이분산 가정 두 집단		
		변수 1	변수 2
	평균	10	14
	분산	10	17
	관측수	5	5
	가설 평균차	0	
	자유도	7	
	t 통계량	-1.721	
	P(T<=t) 단측 검정	0.064	
	t 기각치 단측 검정	1.895	
	P(T<=t) 양측 검정	0.129	
	t 기각치 양측 검정	2.365	

③	t-검정: 이분산 가정 두 집단		
		변수 1	변수 2
	평균	10	20
	분산	10	17
	관측수	5	5
	가설 평균차	0	
	자유도	7	
	t 통계량	-4.303	
	P(T<=t) 단측	0.002	
	t 기각치 단측	1.895	
	P(T<=t) 양측	0.004	
	t 기각치 양측	2.365	

표본평균의 차이는 ①이 4(=14-10)이고, ③이 10(=20-10)이다. 반면에 표본분산은 10과 17로 동일하다. ①에서 Ho : $\mu_i = \mu_j$를 채택하나, ③에서는 검정통계량의 값이 -4.303이므로 Ho : $\mu_i = \mu_j$를 기각한다. 이를 통해 표본평균의 차이가 작으면 귀무가설을 채택할 가능성이 높고, 차이가 크면 귀무가설을 기각할 가능성이 높다고 유추할 수 있다. 그런데 이 차이의 크기는 표본평균의 분산으로 나타낼 수 있다. 표본평균의 분산이란 ①에서 10과 14의 분산을 말하며, ③에서는 10과 20의 분산을 말한다. 표본평균의 차이가 클수록 표본평균의 분산이 커지므로, 표본평균의 분산이 클수록 귀무가설을 기각할 가능성이 높다고 유추할 수 있다. ①, ②, ③의 결과를 종합해 보면 다음과 같은 결론이 도출된다. 모집단 1과 2의 2개가 있을 때,

표본분산이 작을수록, 그리고 표본평균의 분산이 클수록 Ho : $\mu_1 = \mu_2$를 기각할 가능성이 높다.

검정통계량의 식으로도 동일한 결론이 유도된다. $T = \dfrac{(\overline{X}_1 - \overline{X}_2) - \mu_0}{\sqrt{\dfrac{S_1^2}{n_1} + \dfrac{S_2^2}{n_2}}}$에서 분산 S_1^2과 S_2^2이

작을수록 T 값이 커진다. 또한 $\overline{X}_1 - \overline{X}_2$의 차이, 즉 $\overline{X}_1$와 $\overline{X}_2$의 분산이 클수록 T 값이 커짐을 확인할 수 있다.

Ⅱ 분산분석의 기본 개념

분산분석의 기본 개념을 이해하기 위해 다음의 사례를 보자. 택시를 이용하여 한 지점에서 다른 지점으로 가려고 하는데, 세 가지 경로가 있다. 이 경로를 a, b, c로 표시하고 각 경로로 5번씩 운행한 소요시간은 [표 10.1]과 같다.

표 10.1 택시의 경로별 소요시간(단위: 분)

	경로 a	경로 b	경로 c
소요시간	26.0	20.0	26.0
	21.0	22.0	29.0
	22.0	25.0	19.0
	31.0	24.0	24.0
	30.0	19.0	22.0
표본평균	26.0	22.0	24.0
표본분산	20.5	6.5	14.5

[표 10.1]을 보면 경로 a, 경로 b, 경로 c의 평균소요시간이 각각 26분, 22분, 24분이다. 이처럼 평균소요시간에 차이가 나는 이유로 두 가지를 꼽을 수 있다. ① 경로별 (모집단) 평균소요시간이 다르거나, ② 표본조사 당시 교통혼잡도, 교통신호등 등 경로 외적 요인 때문이다. 우리의 관심사는 평균소요시간 차이가 ①과 ② 중 어느 요인 때문인지를 밝히는 일이다. 이제 관심사를 명확히 정리해보자.

- 표본에서 택시의 경로별 평균소요시간이 2분(=26분−24분, 24분−22분)이나 4분(=26분−22분) 정도의 편차[1]가 난다면 경로 a, b, c의 (모집단) 평균소요시간에 차이가 있기 때문인가? 아니면 다른 요인 때문인가?

먼저 표본에서 경로별 평균소요시간을 비교해 보자. 이 차이가 크면 모집단에서 평균소요시간에 편차가 있을 가능성이 높고, 만약 이 차이가 작다면 모집단에서 평균소요시간에 편차가 없을 가능성이 높다. 이제 경로 차이 이외의 다른 요인(교통혼잡도, 교통신호등 등의 요인)을 분석하자. 경로 차이에 따른 요인을 배제한 채 다른 요인의 영향을 분석하려면 동일한 경로에서 소요시간의 변동성을 파악하면 된다. 왜냐하면 경로가 동일하므로 소요시간의 차이는 경로 차이 이외의 다른 요인에 의해 발생된 것이기 때문이다. 다른 요인의 영향이 크다면 동일한 경로에서 소요시간에 큰 편차를 보일 것이며, 만약 다른 요인의 영향이 미미하다면 동일한 경로에서 소요시간에 작은 편차를 보일 것이다. [표 10.1]을 보자. 경로 a에서 소요시간은 21~31분이므로, 다른 요인으로 최대 10분 정도의 편차를 보이고 있다. 한편, 경로 b에서 19~25분과 경로 c에서 19~29분으로 각각 최대 6분과 10분의 차이를 보이고 있다. 즉 다른 요인인 교통혼잡도 등에 의해서도 최대 6~10분 정도의 편차가 나고 있음을 알 수 있다.

좀 더 이해를 돕기 위해 앞의 택시 사례에 지하철의 소요시간을 비교해보자. [표 10.2]는 택시와 지하철의 경로별 소요시간을 비교하여 보여주고 있다. 하단에서는 동일 경로에서의

---

1 편차는 관측치가 평균으로부터 떨어져 있는 정도로 정의하기도 하나, 이 장에서 편차는 두 값의 차이로 정의하고 있다.

최대 소요시간과 최소 소요시간을 그래프로 보여준다.

표 10.2 택시와 지하철의 경로별 소요시간 비교

택시 경로별 소요시간(단위: 분)				지하철 경로별 소요시간(단위: 분)		
경로 a	경로 b	경로 c		경로 d	경로 e	경로 f
26.0	20.0	26.0		26.0	21.5	24.3
21.0	22.0	29.0		26.3	22.0	23.7
22.0	25.0	19.0		26.7	21.2	24.6
31.0	24.0	24.0		25.3	22.7	24.0
30.0	19.0	22.0		25.7	22.6	23.4
표본평균 26.0	22.0	24.0	표본평균	26.0	22.0	24.0
표본분산 20.5	6.5	14.5	표본분산	0.290	0.435	0.225

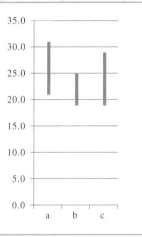

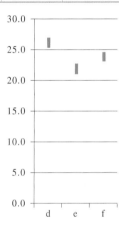

[표 10.2]의 왼쪽은 앞에서 본 택시 사례와 동일하다. 오른쪽은 경로 d, e, f에서 지하철의 소요시간을 보여주고 있다. 지하철의 경로별 평균소요시간은 26분, 22분, 24분으로 택시와 동일하다. 그러나 지하철은 동일한 경로에서의 소요시간 편차가 매우 작다. 경로 d에서는 25.3~26.7분, 경로 e에서는 21.2~22.7분, 경로 f에서는 23.4~24.6분으로 최대 편차가 각각 1.4분, 1.5분, 1.2분에 불과하다. 택시 사례에서 보여 준 최대 편차인 10분, 6분, 10분에 비해 매우 작다. 이 자료로 보아 동일한 경로에서 지하철은 택시에 비해 소요시간이 일정하다는 점을 알 수 있다. 최대 편차가 1.2~1.5분인 점을 감안한다면 2분 또는 4분 정도의 편차는 매우 크므로 경로 d, e, f의 모집단 평균소요시간에 차이가 있다고 말할 수 있다. 그러나 택시의 경우에는 사정이 다르다. 최대 편차가 6~10분이나 되므로 소요시간이 교통혼잡도에 따라 원래 들쭉날쭉하다. 즉 2~4분의 편차는 교통혼잡도에 의해서도 흔히 발생할 수 있는 상황이다. 그러므로 평균소요시간의 경로별 차이가 2분 또는 4분이 발생한다고 하여 a, b, c의 모집단 평균소요시간이 다르다고 말하기 힘든 상황이다.[2] 앞에서의 사례를 통해 얻은 내용을 정리하면 다음과 같이 요약할 수 있다.

- 표본에서 경로별 평균소요시간의 편차가 클수록 모집단에서 경로별 평균소요시간이 차이가 날 가능성이 높다.
- 표본의 동일한 경로에서 소요시간의 편차가 클수록 모집단에서 다른 요인의 영향이 클 가능성이 높다.

결국, 경로별 모집단 평균소요시간에 차이가 있느냐의 여부는 표본에서 경로별 평균소요시간의 편차와 동일 경로 내에서 소요시간의 편차의 상대적 크기에 달려 있다.

$$\frac{\text{경로별 평균 소요시간의 편차(표본)}}{\text{경로 내 소요시간의 편차(표본)}}$$

이 값이 크면 모집단에서 경로별 평균소요시간에 차이가 있고, 그렇지 않으면 차이가 없다고 해야 한다. 이와 같은 방법으로 여러 집단의 모평균을 비교할 수 있는 통계 기법을 **분산분석**(analysis of variance)이라 한다. '분산'이란 용어가 쓰인 것은, 편차의 크기가 분산으로 측정되므로 이 식의 분자와 분모는 각각 경로별 평균소요시간의 분산과 다른 요인에 의한 소요시간의 분산으로 나타낼 수 있기 때문이다.

Ⅲ 일원분산분석

일원분산분석(one-way analysis of variance, ANOVA)은 단 하나의 인자가 주는 영향을 조사할 때 사용하는 방법이다. 앞의 택시 사례에서 인자는 택시의 경로를, 지하철의 사례에서는 지하철의 경로를 말한다. 분산분석을 수행하려면 모집단에 대한 다음과 같은 가정이 사전에 만족되어야 한다.

- 각 모집단은 정규분포를 따른다.
- 모든 모집단은 동일한 분산을 갖는다.
- 표본은 각 모집단에서 독립적이며 무작위로 추출한다.

택시의 사례에서 a, b, c 경로 전체를 **처리**(treatment)라 하고 개별 경로 a, b, c를 처리 a, 처리 b, 처리 c라 부른다. 동일한 논리로 지하철의 경로 전체를 처리라 하고 d, e, f의 각각을 처리 d, 처리 e, 처리 f라 부른다. 다음의 [표 10.3]은 모집단과 표본의 표기 방법을 보여주고 있다.

---

2 추후 통계적인 검증이 필요함.

표 10.3 모집단과 표본에서의 표기방법

모집단의 표기방법

처리	처리 1(경로 a)	처리 2(경로 b)	...	처리 k
	모집단 1 (표본)	모집단 2 (표본)		모집단 k (표본)
각 처리의 모평균	μ_1	μ_2	$\cdots \mu_i \cdots$	μ_k

표본의 표기방법

관찰번호 \ 처리	처리 1의 표본	처리 2의 표본	...	처리 k의 표본
1	x_{11}	x_{21}		x_{k1}
2	x_{12}	x_{22}		x_{k2}
.	$\vdots$	$\vdots$		$\vdots$
.	x_{1j}	x_{2j}		x_{kj}
.	$\vdots$	$\vdots$		$\vdots$
n	x_{1n}	x_{2n}		x_{kn}
각 처리의 표본평균	$\bar{x}_1$	$\bar{x}_2$	$\cdots \bar{x}_i \cdots$	$\bar{x}_k$

[표 10.3]은 위와 아래의 두 표로 구성되어 있다. 이 중 위 표는 모집단을, 아래 표는 표본을 나타낸다. 이 표에 나타난 기호의 의미는 다음과 같다.

x_{ij}: i번째 처리에서 추출된 표본의 j번째 관찰값

$\bar{x}_i$: i번째 처리에서 추출된 표본의 평균

μ_i: i번째 처리의 모집단 평균

그리고 $\bar{x}$와 μ를 정의하면 다음과 같다.

- $\bar{x} = \frac{\sum_{i=1}^{k} \bar{x}_i}{k}$ ($\bar{x}$는 표본의 전체평균, sample grand mean)

- $\mu = \frac{\sum_{i=1}^{k} \mu_i}{k}$ (μ는 모집단의 전체평균, population grand mean)

앞에서 거론한 택시의 사례를 보면 경로 a, 경로 b, 경로 c는 각각 처리 1, 처리 2, 처리 3을 의미하고 경로 a의 관찰값인 26.0, 21.0, 22.0, 31.0, 30.0은 각각 $x_{11}, x_{12}, x_{13}, x_{14}, x_{15}$를 뜻한다. 각 처리의 표본크기는 n으로 모두 동일하다고 가정하였으나, 표본크기가 동일하지 않아도 일원분산분석을 적용할 수 있다. 모집단에서 관찰점 X_{ij}는 다음과 같이 표현할 수 있다.

〈모집단에서〉

$X_{ij} - \mu = (\mu_i - \mu) + (X_{ij} - \mu_i), i = 1, 2, \cdots, k, j = 1, 2, \cdots, N_i$

관찰값과 전체평균의 편차＝처리 차이로 의한 편차＋처리 이외의 다른 요인에 의한 편차

표본에서 표현하면 다음과 같다.

〈표본에서〉

$x_{ij} - \bar{x} = (\bar{x}_i - \bar{x}) + (x_{ij} - \bar{x}_i), i = 1, 2, \cdots, k, j = 1, 2, \cdots, n$

● 예제 10.1

앞의 택시 사례에서 $x_{ij} - x$, $\bar{x}_i - \bar{x}$, $x_{ij} - \bar{x}_i$의 값을 보이시오.

풀이

$\bar{x}_1 = 26.0, \bar{x}_2 = 22.0, \bar{x}_3 = 24.0, \bar{x} = 24.0$을 이용하여 계산한다.

[　] 안에 $x_{ij} - \bar{x} = (\bar{x}_i - \bar{x}) + (x_{ij} - \bar{x}_i)$의 값을 표시한다.

	경로 a(처리 1)	경로 b(처리 2)	경로 c(처리 3)
	26.0	20.0	26.0
	$[(+2) = (+2) + (0)]$	$[(-4.0) = (-2) + (-2.0)]$	$[(+2.0) = (0) + (+2.0)]$
	21.0	22.0	29.0
	$[(-3.0) = (+2) + (-5.0)]$	$[(-2.0) = (-2) + (0)]$	$[(+5.0) = (0) + (5.0)]$
	22.0	25.0	19.0
	$[(-2.0) = (+2) + (-4.0)]$	$[(+1.0) = (-2) + (+3.0)]$	$[(-5.0) = (0) + (-5.0)]$
	31.0	24.0	24.0
	$[(+7.0) = (+2) + (5.0)]$	$[(0) = (-2) + (2.0)]$	$[(0) = (0) + (0)]$
	30.0	19.0	22.0
	$[(+6.0) = (+2) + (4.0)]$	$[(-5.0) = (-2) + (-3.0)]$	$[(-2.0) = (0) + (-2.0)]$

〈표본에서〉의 식에서 양변을 제곱한 후 모든 i와 j에 대해 합하면

$$\sum_{i=1}^{k}\sum_{j=1}^{n}(x_{ij}-\bar{x})^2 = \sum_{i=1}^{k}\sum_{j=1}^{n}(\bar{x}_i-\bar{x})^2 + \sum_{i=1}^{k}\sum_{j=1}^{n}(x_{ij}-\bar{x}_i)^2 + 2\sum_{i=1}^{k}\sum_{j=1}^{n}(\bar{x}_i-\bar{x})(x_{ij}-\bar{x}_i)$$

이 되는데, $\sum_{i=1}^{k}\sum_{j=1}^{n}(\bar{x}_i-\bar{x})^2 = n\cdot\sum_{i=1}^{k}(\bar{x}_i-\bar{x})^2$이고 표본은 독립적으로 추출된다는 가정으로 인해 $\sum_{i=1}^{k}\sum_{j=1}^{n}(\bar{x}_i-\bar{x})(x_{ij}-\bar{x}_i) = 0$이므로

$$\sum_{i=1}^{k}\sum_{j=1}^{n}(x_{ij}-\bar{x})^2 = n\cdot\sum_{i=1}^{k}(\bar{x}_i-\bar{x})^2 + \sum_{i=1}^{k}\sum_{j=1}^{n}(x_{ij}-\bar{x}_i)^2$$

여기서 각 항을 다음과 같이 부른다.

- 총제곱합(total sum of squares, SST) $= \sum_{i=1}^{k}\sum_{j=1}^{n}(x_{ij}-\bar{x})^2$
- 처리제곱합(treatment sum of squares, SStr) $= n\cdot\sum_{i=1}^{k}(\bar{x}_i-\bar{x})^2$
- 잔차제곱합(residual(error) sum of squares, SSE) $= \sum_{i=1}^{k}\sum_{j=1}^{n}(x_{ij}-\bar{x}_i)^2$

각 항은 다음과 같이 해석된다.

- 총제곱합: 관찰점과 전체평균의 편차(제곱)를 합한 것이다.[3]
- 처리제곱합: 각 처리 평균과 전체평균의 편차(제곱)를 합한 것으로, 처리 차이로 인해 발생된 부분이다.
- 잔차제곱합: 관찰점과 해당 처리 평균의 편차(제곱)를 합한 것으로, 처리 이외의 다른 요인에 의해 발생된 부분이다.

위 3항의 관계는 다음과 같다.

$$\text{총제곱합(SST)} = \text{처리제곱합(SStr)} + \text{잔차제곱합(SSE)}$$

이들을 이용하여 분산분석표를 작성하면 다음과 같다.[4]

표 10.4 일원분석의 분산분석표

변동 요인	자유도	제곱합	제곱합의 평균	F값
처리 차이	$k-1$	SStr	$\text{MStr}\left[=\dfrac{\text{SStr}}{(k-1)}\right]$	$F\text{값}\left[=\dfrac{\text{MStr}}{\text{MSE}}\right]$
처리 외 다른 요인	$k(n-1)$	SSE	$\text{MSE}\left[=\dfrac{\text{SSE}}{k(n-1)}\right]$	
합계	$kn-1$	SST		

---

3 편차를 제곱하지 않은 상태에서 합하면 양($+$)과 음($-$)이 상쇄되어 0이 된다. 즉 $\sum_{i=1}^{k}\sum_{j=1}^{n}(x_{ij}-\bar{x}) = 0$이 되므로 이런 문제를 해소하기 위해 제곱한 것이다. SStr과 SSE도 동일한 논리로 제곱한 것을 합한 것이다.

4 표본크기가 동일하지 않은 경우, '처리 외 다른 요인'의 자유도는 $\sum_{i=1}^{k}n_i-k$ 이다.

여기서 MStr과 MSE는 SStr과 SSE를 자유도로 나눈 값으로, 제곱합의 평균인 셈이다. 여기서 M이 앞에 붙은 것은 평균의 영어단어인 mean의 첫 글자를 땄기 때문이다.

- MStr = treatment mean squares = $\dfrac{\text{SStr}}{(k-1)}$
- MSE = residual (error) mean squares = $\dfrac{\text{SSE}}{k(n-1)}$

$\dfrac{\text{MStr}}{\text{MSE}}$은 분자의 자유도 $(k-1)$과 분모의 자유도 $k(n-1)$로 구성된 F-분포를 따르며, 이 값을 확률변수 F로 표기한다.

$$F = \frac{\text{MStr}}{\text{MSE}} = \frac{\text{SStr}/(k-1)}{\text{SSE}/k(n-1)} \sim F_{(k-1,\,k(n-1))}$$

일원분산분석도 하나의 검정방법이므로 검정순서인 가설의 설정 → 검정통계량의 선정 → 유의수준의 결정 → 검정규칙의 결정 → 검정통계량 계산 → 가설의 채택/기각 결정의 순서를 따른다.

1. 가설의 설정

k개 모집단의 평균이 동일한가의 여부를 검정하는 것이므로 귀무가설과 대립가설을 다음과 같이 설정한다.

$$\begin{cases} \text{Ho} : \mu_1 = \mu_2 = \cdots = \mu_k \\ \text{Ha} : \text{적어도 하나의 모집단 평균은 같지 않다.} \end{cases}$$

2. 검정통계량의 선정

MStr와 MSE는 각각 처리 차이로 인한 편차의 크기와 다른 요인에 의한 편차의 크기를 나타낸 것으로 그 비율을 검정통계량으로 한다.

$$F = \frac{\text{MStr}}{\text{MSE}} = \frac{\text{SStr}/(k-1)}{\text{SSE}/k(n-1)} \sim F_{(k-1,\,k(n-1))}$$

3. 유의수준의 결정

유의수준 α를 정한다.

4. 검정규칙의 결정

MStr은 처리 차이로 인한 편차의 크기를 나타내고, MSE는 다른 요인에 의한 편차의 크기를 나타낸다.

$$F = \frac{\text{MStr}}{\text{MSE}} \approx \frac{\text{처리 차이로 인한 편차의 크기}}{\text{다른 요인에 의한 편차의 크기}}$$

처리 차이로 인한 편차의 크기(MStr)가 다른 요인에 의한 편차의 크기(MSE)보다 상대적으로 크면 처리 차이로 인한 모평균의 편차가 존재하고(처리효과가 다르고), 반대로 작으면 모평균의 편차가 존재하지 않을(처리효과가 동일할) 가능성이 높다. 그러므로 F값이 일정한 값(F_α)보다 크면 귀무가설을 기각하고 이보다 작으면 귀무가설을 채택한다([그림 10.1] 참조).

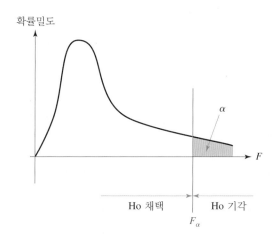

그림 10.1   일원분산 분석의 검정규칙

검정규칙을 요약하면 다음과 같다.

검정통계량의 값 F가 $\begin{cases} F \leq F_\alpha \text{를 만족하면 Ho 채택} \\ F > F_\alpha \text{를 만족하면 Ho 기각} \end{cases}$

5. 검정통계량 계산

분산분석표([표 10.4] 참조)를 이용하여 F값을 계산한다.

6. 가설의 채택/기각 결정

검정통계량값과 임계치를 비교하여 귀무가설의 채택 여부를 결정한다.

● 예제 10.2

앞의 택시 사례에서 a, b, c 세 경로의 모집단 평균소요시간에 차이가 있는지 유의수준 5%에서 검정하시오.

풀이

① 가설의 설정: $\begin{cases} \text{Ho} : \mu_a = \mu_b = \mu_c \\ \text{Ha} : \text{적어도 하나의 모집단 평균은 같지 않다.} \end{cases}$

② 검정통계량의 선정: $F = \dfrac{\text{MStr}}{\text{MSE}} = \dfrac{\text{SStr}/(k-1)}{\text{SSE}/k(n-1)} \sim F_{(k-1,\, k(n-1))}$

③ 유의수준: $\alpha = 5\%$

④ 검정규칙을 그림으로 표현하면

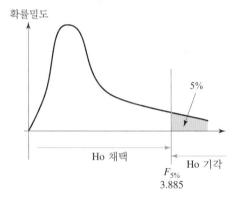

$df = (2,12)$, 임계치 $F_{5\%} = 3.885$

⑤ 검정통계량 계산: 분산분석표를 이용하여 검정통계량 F값을 계산한다.

분산분석표(analysis of variance table)

변동 요인	자유도	제곱합	제곱합의 평균	F값
처리 차이	2	40.000	20.000	1.446
처리 외 다른 요인	12	166.000	13.833	
합계	14	206.000		

⑥ 가설의 채택/기각 결정: F값 1.446은 임계치 3.885보다 작으므로 Ho을 채택한다. 즉 a, b, c의 세 경로의 모집단 평균소요시간이 다르다는 충분한 증거가 없다.

Excel의 분석도구 중 일원분산분석 메뉴(데이터 > 데이터 분석 > 분산분석: 일원 배치법)를 이용하면 쉽게 해결할 수 있다.

〈Excel 이용〉

'확인'을 클릭하면 다음과 같은 결과를 얻는다.

분산 분석: 일원 배치법

요약표

인자의 수준	관측수	합	평균	분산
Column 1	5	130	26	20.5
Column 2	5	110	22	6.5
Column 3	5	120	24	14.5

분산 분석

변동의 요인	제곱합	자유도	제곱 평균	F 비	P-값	F 기각치
처리	40	2	20	1.446	0.274	3.885
잔차	166	12	13.833			
계	206	14				

● 예제 10.3

앞의 지하철 사례에서 d, e, f 세 경로의 모집단 평균소요시간에 차이가 있는지 유의수준 5%에서 검정하시오.

풀이

① 가설의 설정: $\begin{cases} \text{Ho}: \mu_d = \mu_e = \mu_f \\ \text{Ha}: \text{적어도 하나의 모집단 평균은 같지 않다.} \end{cases}$

② 검정통계량의 선정: $F = \dfrac{\text{MStr}}{\text{MSE}} = \dfrac{\text{SStr}/(k-1)}{\text{SSE}/k(n-1)} \sim F_{(k-1,\,k(n-1))}$

③ 유의수준: $\alpha = 5\%$

④ 검정규칙을 그림으로 표현하면

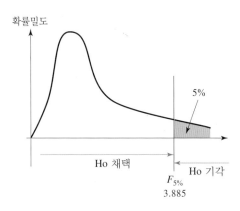

$df = (2,12)$, 임계치 $F_{5\%} = 3.885$

⑤ 검정통계량 계산: 분산분석표를 이용하여 검정통계량 F값을 계산한다.

일원분산분석의 분산분석표

변동 요인	자유도	제곱합	제곱합의 평균	F값
처리 차이	2	40.000	20.000	63.158
처리 외 다른 요인	12	3.800	0.317	
합계	14	43.800		

⑥ F값 63.158은 임계치 3.885보다 크므로 Ho을 기각한다. 즉 d, e, f의 세 경로의 모집단 평균소요시간이 동일하지 않다는 것이 통계적 판단이다.

Ⅳ 이원분산분석

앞에서 공부한 일원분산분석은 인자의 수가 하나인 반면, 이번에 배울 **이원분산분석**(two-way variance of analysis)은 인자의 수가 2개이다. 신입직원의 연봉을 보자. 연봉은 최종학력과 소속 회사의 업종에 의해 결정되므로 연봉을 결정하는 인자는 최종학력과 업종의 2개이다. 인자가 2개임에도 불구하고, 한 인자만 있다는 가정하에 분석하면 오류를 범할 수 있다. 예를 들어 소속 회사의 업종만을 인자로 하여 일원분산분석을 하는 경우, 최종학력을 감안하지 않고 표본을 추출한다면 연봉이 높은 업종에서 저학력의 신입사원과 연봉이 낮은 업종에서 고학력의 신입사원이 비교될 우려가 있다.

[표 10.5]는 이원분산분석에서 표본자료의 구조를 보여주고 있다. A와 B는 두 인자를 나타내고, 인자 A에 p개의 처리와 인자 B에 q개의 처리로 구성되어 있다.

표 10.5   이원분산분석에서 표본자료의 구조

인자 A의 처리 ＼ 인자 B의 처리	B_1	B_2	......	B_q	표본평균
A_1	x_{11}	x_{12}	......	x_{1q}	$\bar{x}_{1\circ}$
A_2	x_{21}	x_{22}	......	x_{2q}	$\bar{x}_{2\circ}$
...	⋮	⋮	⋮	⋮	
A_p	x_{p1}	x_{p2}	......	x_{pq}	$\bar{x}_{p\circ}$
표본평균	$\bar{x}_{\circ 1}$	$\bar{x}_{\circ 2}$	......	$\bar{x}_{\circ q}$	전체평균: $\bar{x}$

이 표에서 A_i와 B_j에 해당하는 실험이 한 차례만 이루어졌고 그 자료는 x_{ij}이다. 이런 경우를 '반복이 없는 이원분산분석'이라 한다. A_i와 B_j에 해당하는 실험이 여러 차례 이루어진 경우를 '반복이 있는 이원분산분석'이라고 부른다. 이 책에서는 반복이 없는 경우에 한해 공부한다.

앞의 표에서 평균의 기호는 다음과 같다.

인자 A의 처리 A_i의 표본평균: $\bar{x}_{i\circ} = \left(\dfrac{1}{q}\right)\sum_{j=1}^{q} x_{ij}$

인자 B의 처리 B_j의 표본평균: $\bar{x}_{\circ j} = \left(\dfrac{1}{p}\right)\sum_{i=1}^{p} x_{ij}$

표본의 전체평균: $\bar{x} = \left(\dfrac{1}{pq}\right)\sum_{i=1}^{p}\sum_{j=1}^{q} x_{ij}$

모집단 평균의 기호는 다음과 같다.

$\mu_{i\circ} =$ 인자 A의 처리 A_i의 모평균

$\mu_{\circ j} =$ 인자 B의 처리 B_j의 모평균

$\mu =$ 모집단의 전체평균

모집단에서 관찰점 X_{ij}는 다음과 같이 표현할 수 있다.

〈모집단에서〉

$X_{ij} - \mu = (\mu_{i\circ} - \mu) + (\mu_{\circ j} - \mu) + (X_{ij} - \mu_{i\circ} - \mu_{\circ j} + \mu)$, $i = 1, 2, \cdots, p$, $j = 1, 2, \cdots, q$

관찰값과 전체평균의 편차＝인자 A의 처리 차이로 의한 편차

　　　　　　　　　　＋인자 B의 처리 차이로 인한 편차＋다른 요인에 의한 편차

표본에서 표현하면 다음과 같다.

〈표본에서〉

$$x_{ij} - \bar{x} = (\bar{x}_{i\circ} - \bar{x}) + (\bar{x}_{\circ j} - \bar{x}) + (x_{ij} - \bar{x}_{i\circ} - \bar{x}_{\circ j} + \bar{x}), \ i = 1, 2, \cdots, p, \ j = 1, 2, \cdots, q$$

위 식의 양변을 제곱하여 i와 j에 대해 합하면 다음 식이 성립한다. 독립적 추출이라고 가정한다.

$$\sum_{i=1}^{p} \sum_{j=1}^{q} (x_{ij} - \bar{x})^2 = \sum_{i=1}^{p} \sum_{j=1}^{q} (\bar{x}_{i\circ} - \bar{x})^2 + \sum_{i=1}^{p} \sum_{j=1}^{q} (\bar{x}_{\circ j} - \bar{x})^2 + \sum_{i=1}^{p} \sum_{j=1}^{q} (x_{ij} - \bar{x}_{i\circ} - \bar{x}_{\circ j} + \bar{x})^2$$

$$= q \cdot \sum_{i=1}^{p} (\bar{x}_{i\circ} - \bar{x})^2 + p \cdot \sum_{j=1}^{q} (\bar{x}_{\circ j} - \bar{x})^2 + \sum_{i=1}^{p} \sum_{j=1}^{q} (x_{ij} - \bar{x}_{i\circ} - \bar{x}_{\circ j} + \bar{x})^2$$

- 편차의 총제곱합(SST) $= \sum_{i=1}^{p} \sum_{j=1}^{q} (x_{ij} - \bar{x})^2$
- 인자 A의 처리 차이로 인한 편차 제곱합(SS_A) $= q \cdot \sum_{i=1}^{p} (\bar{x}_{i\circ} - \bar{x})^2$
- 인자 B의 처리 차이로 인한 편차 제곱합(SS_B) $= p \cdot \sum_{j=1}^{q} (\bar{x}_{\circ j} - \bar{x})^2$
- 잔차제곱합(SSE) $= \sum_{i=1}^{p} \sum_{j=1}^{q} (x_{ij} - \bar{x}_{i\circ} - \bar{x}_{\circ j} + \bar{x})^2$

이들은 다음과 같은 관계가 있다. 다음 식의 ( )에 SST, SS_A, SS_B, SSE의 자유도가 표시되어 있다.

$$\text{SST} \quad = \quad SS_A \quad + \quad SS_B \quad + \quad \text{SSE}$$
$$(자유도) \quad (pq - 1) \quad (p - 1) \quad (q - 1) \quad (p-1)(q-1)$$

이를 이용하여 분산분석표를 작성하면 [표 10.6]과 같다.

표 10.6 이원분석의 분산분석표

변동 요인	자유도	제곱합	제곱합의 평균	F값
인자 A의 처리 차이	$p-1$	SS_A	$MS_A\left[=\dfrac{SS_A}{(p-1)}\right]$	$F_A = \dfrac{MS_A}{MSE}$
인자 B의 처리 차이	$q-1$	SS_B	$MS_B\left[=\dfrac{SS_B}{(q-1)}\right]$	$F_B = \dfrac{MS_B}{MSE}$
처리 외 다른 요인	$(p-1)(q-1)$	SSE	$MSE\left[=\dfrac{SSE}{(p-1)(q-1)}\right]$	
합계	$pq-1$	SST		

앞의 표에서 MS_A, MS_B, MSE는 SS_A, SS_B, SSE를 각각 자유도로 나눈 값이다. 여기서 M이 앞에 붙은 것은 평균의 영어단어인 mean의 첫 글자를 땄기 때문이다. F값은 인자 A에 대한 것과 인자 B에 대한 것으로 구분되어, 각각 F_A와 F_B로 표시한다.

가설의 설정 → 검정통계량의 선정 → 유의수준의 결정 → 검정규칙의 결정 → 검정통계량 계산 → 가설의 채택/기각 결정의 순서에 따라 검정한다.

1. 가설의 설정

귀무가설과 대립가설은 각각 인자 A에 대한 것과 인자 B에 대한 것으로 구분하여 가설을 설정한다.

인자 A에 대한 가설

처리 A_i에서의 평균값을 $\mu(A_i)$라 하면 귀무가설과 대립가설은 다음과 같다.

$$\begin{cases} \text{Ho} : \mu(A_1) = \mu(A_2) = \cdots = \mu(A_p) \\ \text{Ha} : \text{적어도 하나의 모집단 평균은 같지 않다.} \end{cases}$$

인자 B에 대한 가설

처리 B_j에서의 평균값을 $\mu(B_j)$라 하면 귀무가설과 대립가설은 다음과 같다.

$$\begin{cases} \text{Ho} : \mu(B_1) = \mu(B_2) = \cdots = \mu(B_q) \\ \text{Ha} : \text{적어도 하나의 모집단 평균은 같지 않다.} \end{cases}$$

2. 검정통계량의 선정

MS_A와 MS_B는 인자 A와 인자 B의 처리 차이로 인한 편차의 크기를, MSE는 다른 요인에 의한 편차의 크기를 나타낸 것이므로 그 비율은 다음과 같다.

$$\frac{\text{MS}_A \text{ 또는 } \text{MS}_B}{\text{MSE}} \approx \frac{\text{처리 차이로 인한 편차의 크기}}{\text{다른 요인에 의한 편차의 크기}}$$

이 비율은 F 분포를 따른다. 결국, 인자 A와 B에 대해 검정할 때 사용되는 검정통계량은 다음과 같다.

$$F_A = \frac{\text{MS}_A}{\text{MSE}} = \frac{\text{SS}_A/(p-1)}{\text{SSE}/(p-1)(q-1)} \sim F_{(p-1,\,(p-1)(q-1))}$$

$$F_B = \frac{\text{MS}_B}{\text{MSE}} = \frac{\text{SS}_B/(q-1)}{\text{SSE}/(p-1)(q-1)} \sim F_{(q-1,\,(p-1)(q-1))}$$

3. 유의수준의 결정

유의수준 α를 정한다.

4. 검정규칙의 결정

F값이 크면 모평균의 편차가 존재할 가능성이 높고, F값이 작으면 모평균의 편차가 존재하지 않을 가능성이 높다. 그러므로 F값이 일정한 값(F_α)보다 크면 귀무가설을 기각하고, 이 값보다 작으면 귀무가설을 채택한다([그림 10.2] 참조).

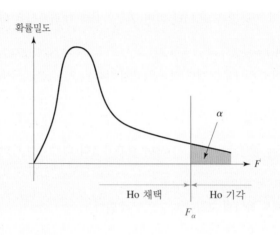

그림 10.2   이원분산 분석의 검정규칙

검정규칙을 요약하면 다음과 같다.

$$\text{검정통계량의 } F \text{값이} \begin{cases} F \leq F_\alpha \text{을 만족하면 Ho 채택} \\ F > F_\alpha \text{을 만족하면 Ho 기각} \end{cases}$$

5. 검정통계량 계산

[표 10.6]과 같은 분산분석표를 이용하여 F값을 계산한다.

6. 가설의 채택/기각 결정

검정통계량의 값과 임계치를 비교하여 귀무가설의 채택 여부를 결정한다.

● 예제 10.4

이원분산분석을 하기 위해 다음과 같이 자료를 수집하였다.

타이어의 마모율 (단위: %)

인자 A의 처리 ＼ 인자 B의 처리	B_1	B_2	B_3	표본평균
A_1	10	20	30	20
A_2	11	18	34	21
A_3	9	19	32	20
표본평균	10	19	32	$\bar{x}=20.3$

① Ho : $\mu(A_1)=\mu(A_2)=\mu(A_3)$의 귀무가설을 기각하겠는가? 앞에서 배운 공식적 검정과정 없이 논리적으로 설명해보시오.

② Ho : $\mu(B_1)=\mu(B_2)=\mu(B_3)$의 귀무가설을 기각하겠는가? 앞에서 배운 공식적 검정과정 없이 논리적으로 설명해보시오.

풀이

① A_1, A_2, A_3의 표본평균은 최대 1($=21-20$)의 차이밖에 없다. A_1 내의 편차는 20($=30-10$), A_2 내의 편차는 23($=34-11$), A_3 내의 편차는 23($=32-9$)이다. 그러므로 인자 A의 처리 차이로 인한 영향은 작은 반면 다른 요인에 의한 영향은 매우 크다. 귀무가설을 채택할 가능성이 높다.

② B_1, B_2, B_3의 표본평균은 최대 22($=32-10$)의 차이가 있다. B_1 내의 편차는 2($=11-9$), B_2 내의 편차는 2($=20-18$), B_3 내의 편차는 4($=34-30$)로 작다. 그러므로 인자 B의 처리 차이로 인한 영향은 큰 반면 다른 요인에 의한 영향은 매우 작다. 귀무가설을 기각할 가능성이 높다.

● 예제 10.5

자동차 타이어의 마모상태를 조사하기 위한 일환으로 타이어의 공기압과 운행지역을 다르게 하여 타이어의 마모율을 분석하려고 한다. 동일한 제품의 타이어를 사용하되, 공기압을 높음(A_1), 보통(A_2), 낮음(A_3)으로 나누고 운행지역을 B_1, B_2, B_3, B_4의 4유형으로 구분한 후 실험하여 다음과 같은 결과를 얻었다. (마모율이 10이란 타이어 홈의 깊이가 10%가 줄었다는 의미이다.)

타이어의 마모율 (단위: %)

인자 A의 처리 ／ 인자 B의 처리	B_1	B_2	B_3	B_4	표본평균
A_1	10	12	9	11	10.50
A_2	9	11	10	9	9.75
A_3	17	16	14	16	15.75
표본평균	12	13	11	12	$\bar{x} = 12$

타이어의 평균마모율이 공기압이나 운행지역에 따라 차이가 있는지를 유의수준 5%에서 검정하시오.

풀이

① 가설의 설정: 처리 A_i에서의 평균값을 $\mu(A_i)$라 하면, 귀무가설과 대립가설을 다음과 같이 설정한다.

$$\begin{cases} \text{Ho} : \mu(A_1) = \mu(A_2) = \mu(A_3) \\ \text{Ha} : \text{적어도 하나의 모집단 평균은 같지 않다.} \end{cases}$$

처리 B_j에서의 평균값을 $\mu(B_j)$라 하면, 귀무가설과 대립가설을 다음과 같이 설정한다.

$$\begin{cases} \text{Ho} : \mu(B_1) = \mu(B_2) = \mu(B_3) = \mu(B_4) \\ \text{Ha} : \text{적어도 하나의 모집단 평균은 같지 않다.} \end{cases}$$

② 검정통계량의 선정: 인자 A와 B에 대해 검정할 때 검정통계량은 각각 다음과 같다.

$$F_A = \frac{\text{MS}_A}{\text{MSE}} = \frac{\text{SS}_A/(p-1)}{\text{SSE}/(p-1)(q-1)} \sim F_{(p-1,\ (p-1)(q-1))}$$

$$F_B = \frac{\text{MS}_B}{\text{MSE}} = \frac{\text{SS}_B/(q-1)}{\text{SSE}/(p-1)(q-1)} \sim F_{(q-1,\ (p-1)(q-1))}$$

③ 유의수준: $\alpha = 5\%$

④ 검정규칙을 그림으로 표현하면 다음과 같다.

$p = 3$, $q = 4$이므로,

인자 A: $df = (2, 6)$, 임계치 $F_{5\%}$는 5.143

인자 B: $df = (3, 6)$, 임계치 $F_{5\%}$는 4.757

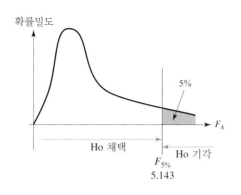
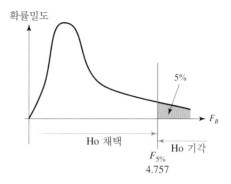

⑤ 검정통계량 계산

분산분석표를 이용하여 검정통계량 F값을 계산한다.

변동 요인	자유도	제곱합	제곱합의 평균	F값
인자 A의 처리 차이	2	85.50	42.75	39.46
인자 B의 처리 차이	3	6.00	2.00	1.85
처리 외 다른 요인	6	6.50	1.08	
합계	11	98.00		

따라서 $F_A = 39.46$, $F_B = 1.85$

⑥ 가설의 채택/기각 결정: $F_A(=39.46) > F_{5\%}(=5.143)$이므로 Ho을 기각한다. 즉 공기압의
정도에 따라 타이어의 마모가 차이가 있다는 것이 통계적 판단이다.

한편, $F_B(=1.85) < F_{5\%}(=4.757)$이므로 Ho을 채택한다. 즉 운행지역 차이가 타이어의 마
모에 영향을 준다는 충분한 증거가 없다.

앞의 예는 Excel의 분석도구 중 이원분산분석 메뉴(데이터 > 데이터 분석 > 분산분석: 반
복 없는 이원 배치법)를 이용하면 쉽게 해결할 수 있다.

⟨Excel 이용⟩

'확인'을 클릭하면 다음과 같은 결과를 얻는다.

	A	B	C	D	E	F	G
1	분산 분석: 반복 없는 이원 배치법						
2							
3	요약표	관측수	합	평균	분산		
4	Row 1	4	42	10.5	1.667		
5	Row 2	4	39	9.75	0.917		
6	Row 3	4	63	15.75	1.583		
7							
8	Column 1	3	36	12	19		
9	Column 2	3	39	13	7		
10	Column 3	3	33	11	7		
11	Column 4	3	36	12	13		
12							
14	분산 분석						
15	변동의 요인	제곱합	자유도	제곱 평균	F 비	P-값	F 기각치
16	인자 A(행)	85.50	2	42.750	39.462	0.000	5.143
17	인자 B(열)	6.00	3	2.000	1.846	0.239	4.757
18	잔차	6.50	6	1.083			
19							
20	계	98.00	11				

연습문제　　　문제에 대한 답은 http://blog.naver.com/kryoo에 있습니다.

복습 문제

10.1 [표 10.1]을 보고 답하시오. 소요시간이 다른 것은 (i) 경로 차이 또는 (ii) 혼잡, 신호등 등 다른 요인 때문이다. (i)과 (ii)는 이 표의 소요시간에 어떤 영향을 주는가?

10.2 두 모집단의 평균을 비교하기 위해 검정통계량으로 $T = \dfrac{(\overline{X}_1 - \overline{X}_2) - \mu_0}{\sqrt{\dfrac{S_1^2}{n_1} + \dfrac{S_2^2}{n_2}}}$ 을 선정하였다. 표본 내의 변동성이 크면 이 검정통계량의 어떤 값이 어떻게 변하는가? 두 표본평균의 차이가 크면 이 검정통계량의 어떤 값이 어떻게 변하는가? 분산분석으로 검정할 때 이들은 각각 검정통계량 F에 어떤 영향을 미치는가?

10.3 다음 중에서 t 검정으로 검정할 수 있는 경우는 어느 것인가? 분산분석으로 검정할 수 있는 경우는 어느 것인가?
① Ho : $\mu_1 = \mu_2$　　　　　　　② Ho : $\mu_1 \geq \mu_2$
③ Ho : $\mu_1 = \mu_2 = \mu_3$　　　　　④ Ho : $\mu_1 = \mu_2 \leq \mu_3$

10.4 일원분산분석을 하기 위해 귀무가설과 대립가설을 다음과 같이 설정하였다. 맞는가?
$$\begin{cases} \text{Ho} : \mu_1 = \mu_2 = \mu_3 \\ \text{Ha} : \mu_1 \neq \mu_2 \neq \mu_3 \end{cases}$$

10.5 일원분산분석을 하려고 한다. 모집단에서 특정한 관찰점 X_{ij}는 모집단의 전체 평균 μ와 차이가 있다. 이 차이를 처리 차이와 다른 요인에 의한 편차로 구분하시오.

10.6 처리 차이로 인한 영향이 있는지 분석하기 위해 일원분산분석을 하였다. 처리 1, 2, 3의 표본평균만을 비교하지 않고 각 처리 내의 표본분산을 구하는 이유는 무엇인가?

10.7 인자가 A와 B인 이원분산분석을 하려고 한다. 모집단에서 특정한 관찰점 X_{ij}는 모집단의 전체 평균 μ와 차이가 있다. 이 차이는 어떤 편차들로 구성되어 있는가?

10.8 인자가 A와 B인 이원분산분석을 하려고 한다. 귀무가설과 대립가설을 설정하고, 그 의미를 설명하시오.

10.9 $F = \dfrac{\text{MStr}}{\text{MSE}}$에서 분자와 분모의 의미를 설명하시오. 귀무가설을 기각할 때는 F값의 크기가 작을 때인가, 클 때인가?

응용 문제

10.10 모집단 1, 2, 3, 4로부터 각각 다음과 같이 표본 1, 2, 3, 4가 추출되었다. 표본 2는 표본 1의 자료보다 4씩 크고, 표본 3은 표본 1의 자료보다 5씩 크다. 표본 4는 표본 2와 평균이 동일하나, 분산이 매우 작아 0.25이다. 다음 문제에서 유의수준은 5%이다.

	표본 1	표본 2	표본 3	표본 4
	20	24	25	23.5
	24	28	29	24.0
	22	26	27	24.5
	16	20	21	24.5
	18	22	23	23.5
표본평균	20	24	25	24
표본분산	10	10	10	0.25

① 모집단 1과 모집단 2의 모평균이 동일하지 않다는 대립가설에 대해, (i) t 분포를 이용하여 검정(두 모집단의 분산이 다르다고 가정)하고, (ii) 분산분석표를 작성하여 검정하시오.

② 모집단 1과 모집단 3의 모평균이 동일하지 않다는 대립가설에 대해, (i) t 분포를 이용하여 검정(두 모집단의 분산이 다르다고 가정)하고, (ii) 분산분석표를 작성하여 검정하시오.

③ 모집단 1과 모집단 4의 모평균이 동일하지 않다는 대립가설에 대해, (i) t 분포를 이용하여 검정(두 모집단의 분산이 다르다고 가정)하고, (ii) 분산분석표를 작성하여 검정하시오.

④ 모집단 1과 모집단 2의 모평균이 동일하다는 귀무가설이 채택되었으나, 모집단 1과 모집단 3의 모평균이 동일하다는 귀무가설을 기각한 이유는 무엇인가? 표본평균의 분산으로도 설명할 수 있는가?

⑤ 모집단 1과 모집단 2의 모평균이 동일하다는 귀무가설이 채택되었으나, 모집단 1과 모집단 4의 모평균이 동일하다는 귀무가설을 기각한 이유는 무엇인가?

⑥ 모집단 1, 모집단 2, 모집단 4의 모평균이 동일하다는 귀무가설에 대한 검정 결과는 어떨 것으로 예상되는가?

10.11 3개의 저가항공사에 대한 선호도를 조사한 결과 다음과 같다. 점수가 높을수록 높은 선호도를 의미한다.

	항공사 a	항공사 b	항공사 c
	10	4	8
	6	8	9
	7	8	7
	9	7	9
	7	8	9
평균	7.8	7	8.4
분산	2.16	2.4	0.64

세 항공사에 대한 선호점수 평균에 차이가 있는지 유의수준 5%에서 검정하시오.

10.12 일원분산분석을 수행하기 위해 4개의 모집단으로부터 각각 6개의 표본이 추출되었다. Excel의 결과는 다음과 같다.

분산분석

변동의 요인	제곱합	자유도	제곱평균	F비	p-값	F 기각치
처리	121.365	?	40.455	?	0.030	3.098
잔차	?	?	11.026			
계	341.880	?				

① 분산분석표에서 ?로 표시된 칸을 메우시오.

② 유의수준 5%하에서 4개 모집단의 평균이 동일한 것이라는 귀무가설을 기각할 수 있는가?

10.13 비료의 브랜드와 지역에 따라 벼의 수확량이 다른지를 파악하려고 한다. 이를 위해 가장 많이 판매되고 있는 네 가지의 비료 브랜드(B_1, B_2, B_3, B_4)를 다섯 지역(A_1, A_2, A_3, A_4, A_5)에 뿌려 수확량을 조사하였다. 그 결과는 다음과 같다. 벼의 수확량이 각각 비료의 브랜드와 지역에 따라 차이가 있는지를 유의수준 5%에서 검정하시오.

인자 A의 처리 ＼ 인자 B의 처리	B_1	B_2	B_3	B_4	표본평균
A_1	15	15	19	18	16.75
A_2	16	19	18	19	18.00
A_3	17	11	17	15	15.00
A_4	10	12	20	14	14.00
A_5	15	13	9	11	12.00
표본평균	14.60	14.00	16.60	15.40	$\bar{x} = 15.15$

10.14 경로 A1, A2가 있다. 경로를 5차례씩 따라가며 소요
시간을 측정해보았다. 교통수단 1에서의 결과는 ①에,
교통수단 2에서의 결과는 ②에 표시되어 있다. 초록
점은 5차례의 소요시간이고, 빨간 점은 이들의 평균이
다. Y축은 소요시간이다.

교통수단 1과 교통수단 2 중에서 어느 교통수단이 정
확한 시간에 도착할 가능성이 높은가? 소요시간이 다
른 것은 (i) 경로의 차이 때문이거나 (ii) 다른 요인 때
문이다. ①과 ②에서 각각 어느 요인의 역할이 더 클
까?

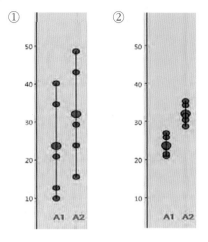

10.15 3개 공장의 불량률을 비교하기 위해 4일간의 자료를 수집하였다. 다음의 자료는 100개당 불량
품의 개수를 보여 주고 있다. 공장 세 곳의 불량품 개수의 평균이 동일하지 않은지 유의수준
5%에서 검정하시오.

	공장 a	공장 b	공장 c
	6.2	5.1	10.0
	9.7	8.1	9.0
	7.1	10.7	8.2
	8.5	8.1	7.4
평균	7.9	8.0	8.7
분산	2.4	5.2	1.2

10.16 일원분산분석을 하기 위해 다음과 같이 자료를 수집하였다.

		자료				표본평균
①	처리 1	10	9	10	9	9.5
	처리 2	15	18	16	16	15.5
②	처리 3	10	20	30	40	25
	처리 4	9	25	25	45	26

①의 자료를 이용하여 Ho : $\mu_1 = \mu_2$의 귀무가설을 기각하겠는가? 앞에서 배운 공식적 검정과정
없이 논리적으로 설명해보시오.

②의 자료를 이용하여 Ho : $\mu_3 = \mu_4$의 귀무가설을 기각하겠는가? 앞에서 배운 공식적 검정과정
없이 논리적으로 설명해보시오.

STATISTICS

CHAPTER 11

상관분석과 회귀분석

지금까지 공부한 추정과 가설검정은 주로 확률변수가 하나인 경우를 다루었다. 그러나 이 장에서는 확률변수가 2개 이상인 경우를 다룬다. 이런 경우 두 변수 간의 관계가 분석 대상이 된다. 예를 들어, 두 변수가 광고비와 매출액이라면 광고비를 확대하면 매출액이 증가하는지, 증가한다면 얼마나 증가하는지 등에 관한 사항이 연구 대상이다. 또 다른 예로 환율과 수출액이라면 환율의 변동에 따라 수출액이 변화되는지, 변화된다면 얼마나 변화되는지 등이 주요 분석 대상이다. 2개 이상의 변수 간 관계를 파악하기 위해 사용되는 통계기법이 상관분석과 회귀분석이다. 상관분석이란 두 변수 간에 관계가 있는지, 있다면 어느 정도의 관계가 있는지를 분석하는 반면 회귀분석이란 두 변수를 관계식으로 표현하여 분석한다.

I 상관분석

상관분석(correlation analysis)이란 두 확률변수 간의 연관성을 분석하는 기법이다. 제4장에서 공분산과 상관계수를 사용하여 두 변수 간의 선형관계의 강도를 분석하였다. 이 개념을 기초로 하여 모집단과 표본에서의 상관계수를 계산하는 방법을 공부하고, 표본의 자료를 토대로 모집단의 상관관계를 추론하는 방법을 알아보자.

1. 모집단과 표본의 상관계수 공식

상관계수는 모집단과 표본에서 달리 표현된다. 다음 그림을 보자.

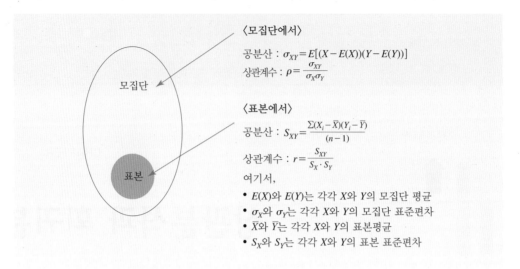

〈모집단에서〉

공분산 : $\sigma_{XY} = E[(X - E(X))(Y - E(Y))]$

상관계수 : $\rho = \dfrac{\sigma_{XY}}{\sigma_X \sigma_Y}$

〈표본에서〉

공분산 : $S_{XY} = \dfrac{\Sigma(X_i - \bar{X})(Y_i - \bar{Y})}{(n-1)}$

상관계수 : $r = \dfrac{S_{XY}}{S_X \cdot S_Y}$

여기서,

- $E(X)$와 $E(Y)$는 각각 X와 Y의 모집단 평균
- σ_X와 σ_Y는 각각 X와 Y의 모집단 표준편차
- $\bar{X}$와 $\bar{Y}$는 각각 X와 Y의 표본평균
- S_X와 S_Y는 각각 X와 Y의 표본 표준편차

그림 11.1 공분산과 상관계수의 표기방법

[그림 11.1]에서 보듯이 상관계수는 모집단과 표본에서 기호를 달리 표기하는데 전자는 ρ, 후자는 r로 표기하고, 영어로 rho, gamma로 읽는다. 공분산도 모집단과 표본에서 기호를 달리 표기하는데 전자는 σ_{XY}, 후자는 S_{XY}로 표기한다.[1] 표본의 공분산을 계산할 때 $n-1$로 나눈다는 점에 유의하자.

● 예제 11.1

돼지우리에서 3마리의 돼지를 임의로 뽑아 키와 몸무게를 조사한 결과 다음과 같다. 키와 몸무게의 공분산과 상관계수를 구하시오.

관찰점	키(cm)	몸무게(kg)
1	40	20
2	50	30
3	60	10

풀이

키와 몸무게를 각각 X와 Y라 하자.

---

1 제4장에서 공분산을 $Cov(X, Y)$로 표기하였으나, 이 장에서는 모집단의 공분산을 표본의 공분산과 구분하기 위해 σ_{XY}로 표기한다. σ_{XY}와 ρ는 모수이며, S_{XY}와 r은 통계량이다. 이 책에서 통계량은 대문자로 표기하여 왔으나, 추후 공부할 R^2과 구분하기 위해 소문자인 r로 표기한다.

(x, y)	$x_i - \bar{x}$	$y_i - \bar{y}$	$(x_i - \bar{x})(y_i - \bar{y})$
(40, 20)	-10	0	0
(50, 30)	0	$+10$	0
(60, 10)	$+10$	-10	-100

그러므로 $s_{XY} = \dfrac{\sum(x_i - \bar{x})(y_i - \bar{y})}{(n-1)} = \dfrac{-100}{2} = -50$

$s_X = s_Y = 10$이므로 $r = \dfrac{-50}{(10 \cdot 10)} = -0.5$

⟨Excel 이용⟩ 모집단의 공분산은 함수 'COVARIANCE.P(array1, array2)'를, 표본의 공분산은 함수 'COVARIANCE.S(,)'를 사용하여 계산한다. 상관계수는 모집단에서나 표본에서나 동일하게 CORREL(array1, array2)의 공식을 사용한다.

	A	B
1	40	20
2	50	30
3	60	10
4		
5	=COVARIANCE.S(A1:A3,B1:B3)	
6	=CORREL(A1:A3,B1:B3)	

2. 모집단의 상관관계에 대한 검정

표본의 자료를 이용하여 모집단에서 두 확률변수 간에 상관관계가 존재하는지 검정할 수 있다. 즉 모집단의 상관계수가 0인지($\rho = 0$) 여부를 검정할 수 있다. 제8장에서 본 바와 같이 가설검정은 ① 가설의 설정, ② 검정통계량의 선정, ③ 유의수준의 결정, ④ 검정규칙의 결정, ⑤ 검정통계량 계산, ⑥ 가설의 채택/기각 결정의 순서에 따른다.

① 가설의 설정

모집단에서 두 확률변수 간의 상관관계가 없으면 $\rho = 0$으로, 상관관계가 있으면 $\rho \neq 0$으로 표현한다.

$\begin{cases} \text{Ho} : \rho = 0 \ (\text{모집단에서 두 확률변수 간의 상관관계가 없다.}) \\ \text{Ha} : \rho \neq 0 \ (\text{모집단에서 두 확률변수 간의 상관관계가 있다.}) \end{cases}$

② 검정통계량의 선정

검정통계량은 다음과 같다. 모집단의 두 확률변수가 정규분포를 따른다는 가정하에 귀무가설이 사실($\rho=0$)일 때 자유도가 $n-2$인 t 분포를 따른다.

$$T = \frac{r}{\sqrt{\dfrac{1-r^2}{n-2}}} \sim t_{n-2}$$

③ 유의수준의 결정

유의수준 α를 정한다.

④ 검정규칙의 결정

검정통계량의 값 t가 $\begin{cases} -t_{\alpha/2}\text{와 } t_{\alpha/2} \text{ 사이에 있으면 Ho 채택} \\ t < -t_{\alpha/2} \text{ 또는 } t > t_{\alpha/2} \text{을 만족하면 Ho 기각} \end{cases}$

이를 그림으로 표현하면 다음과 같다.

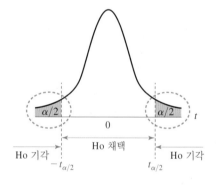

⑤ 검정통계량 계산, ⑥ 가설의 채택/기각 결정은 제8장과 동일하다.

● 예제 11.2

우리나라 주식시장의 KOSPI 지수 상승률과 미국의 S&P500 지수 상승률 간의 관계를 알아보기 위해 20개월 간의 월간 자료를 분석한 결과, 상관계수가 0.25로 나타났다. 국제적인 동조화 현상으로 두 지수 상승률 간에 상관관계가 있다는 주장에 대해 유의수준 5%에서 검정하시오.

풀이

① 가설의 설정 $\begin{cases} \text{Ho} : \rho = 0 \text{ (모집단에서 상관관계가 없다.)} \\ \text{Ha} : \rho \neq 0 \text{ (모집단에서 상관관계가 있다.)} \end{cases}$

② 검정통계량의 선정: $T = \dfrac{r}{\sqrt{\dfrac{1-r^2}{n-2}}} \sim t_{n-2}$

③ 유의수준: $\alpha = 5\%$

④ 검정규칙을 그림으로 표현하면

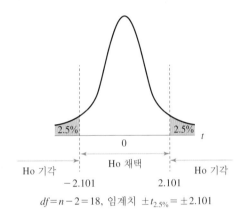

$df = n - 2 = 18$, 임계치 $\pm t_{2.5\%} = \pm 2.101$

⑤ 검정통계량 계산: $t = \dfrac{r}{\sqrt{\dfrac{1-r^2}{n-2}}} = \dfrac{0.25}{\sqrt{\dfrac{1-0.25^2}{20-2}}} = 1.095$

⑥ 가설의 채택/기각 결정: 검정통계량의 값 1.095는 임계치 ± 2.101의 범위 안에 있으므로 Ho을 채택한다. 즉 모집단에서 KOSPI 지수 상승률과 S&P500 지수 상승률 간의 상관계수가 있다는 충분한 증거가 없다.

Ⅱ 단순회귀분석

확률변수 Y의 예측값을 구하는 문제를 보자. 쉽게 떠오르는 예측값은 제4장에서 배운 바와 같이 Y의 기댓값인 $E(Y)$의 값이다. 그런데 Y와 관련 있는 추가적 정보 x가 있다면 해당 정보를 전제로 하는 기댓값, 즉 조건부 기댓값이 더 좋은 예측값이 된다. 이런 논리를 가지고 다음의 토의예제를 이용하여 회귀분석의 개념을 이해해보자.

▌토의예제

등 뒤에 서 있는 여대생의 키를 추정하려고 하는데, 뒤를 돌아볼 수도 없고 추가적인 정보
도 없다. 이때 가장 합리적인 예측값은 얼마인가? 만약 아버지의 키를 안다면 어떻게 예측
할 수 있을까?

풀이

확률변수 Y를 우리나라 여대생의 키라 하자. 여대생이라는 거 외에 추가적 정보가 없으므
로 예측값은 여대생 신장의 기댓값, 즉 $E(Y)$이다. 만약 전체 여대생의 평균 키가 160 cm라
면 예측값은 160 cm이다. 여대생의 아버지 키가 180 cm라는 사실을 알게 된다면, 이를 활
용하여 더 정확하게 예측할 수 있다. 왜냐하면 여대생의 신장은 아버지의 신장과 밀접한 관
계가 있기 때문이다. 이때 최선의 예측값은 $E(Y \mid x = 180)$이다. 여기서 x는 아버지의 키이
다. 아버지 키가 클수록 딸의 키도 클 가능성이 높으므로 160 cm보다 높게 예측될 것이다.
$E(Y)$와 $E(Y \mid x = 180)$의 개념 차이를 이해하려면, 전자는 전체 여대생의 평균 신장으로, 후
자는 아버지 신장이 180 cm인 여대생들만의 평균 신장으로 생각하면 된다.

　　부녀간 키를 보여주는 산점도는 다음과 같다고 하자.

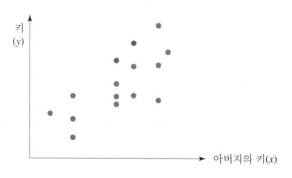

여기서 y축의 '키'는 '여대생의 키'임

다음 그림을 보자. 전체 여대생 키의 평균 $E(Y)$는 모든 관찰점의 Y 좌표 평균을 말하며 왼
쪽 그림에 표시되어 있다. 오른쪽 그림을 보자. 아버지 키가 180 cm인 여대생은 3명으로,
보라색 타원형 안에 3개의 점으로 표시되어 있다. 이들 세 명의 평균키가 $E(Y \mid x = 180)$으로
이 값이 165 cm이다.

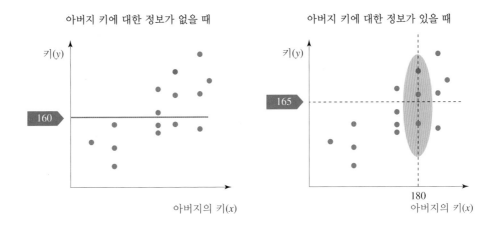

$E(Y \mid x)$를 x의 함수로 표현하여 $E(Y \mid x) = -9.6 + 0.97 \cdot x$라 하면, 아버지의 키가 180 cm일 때 여대생의 키는 165 cm($= -9.6 + 0.97 \cdot (180)$)로 예측한다.

여대생의 실제 키는 $E(Y \mid x)$와 차이가 날 수 있으므로 오차를 감안하여 다음과 같이 표현한다.

$$Y = E(Y \mid x) + 오차 = -9.6 + 0.97 \cdot x + 오차$$

회귀분석(回歸分析, regression analysis)이란 두 변수 간의 관계를 식(式)으로 표현하여 통계적으로 분석하는 기법이다. 앞의 토의예제에서 두 변수란 아버지의 키와 딸인 여대생의 키를 말한다. 두 변수 간의 관계를 분석한다는 점에서 상관분석과 동일하다. 그러나 상관분석은 두 변수 간에 상관관계가 있는지, 있다면 어느 정도인지를 분석하는 반면에 회귀분석은 두 변수 간의 관계를 '$Y = -9.6 + 0.97 \cdot x + 오차$'와 같은 식으로 표현한다는 점이 다르다.

두 변수를 식으로 표현하기 위해서는 두 변수 간에 인과관계가 존재해야 한다. 영향을 주는 변수를 **독립변수**(independent variable), 영향을 받는 변수를 **종속변수**(dependent variable)라 한다. 독립변수는 x, 종속변수는 Y로 표기한다.[2] 다음의 예를 통해 독립변수와 종속변수를 구분해보자.

● 예제 11.3

다음 문장에서 독립변수와 종속변수가 무엇인가?

① 온도가 높으면 캔맥주의 판매량이 증가한다.

---

2 독립변수는 확률변수일 수도 있고 아닐 수도 있다. 우선 아닌 것으로 가정하여 독립변수를 소문자 x로 표기한다. 종속변수는 확률변수이므로 대문자 Y로 표기한다.

② 경제성장률이 상승할 것으로 예상되면 주가는 상승한다.

③ CO_2의 발생량이 많아지면 지구의 온도는 상승한다.

풀이

① 독립변수: 온도, 종속변수: 캔맥주의 판매량

② 독립변수: 경제성장률의 예상 상승률, 종속변수: 주가

③ 독립변수: CO_2의 발생량, 종속변수: 지구의 온도

독립변수와 종속변수를 명확히 구분해야 한다. 일반적으로 범죄율이 높은 지역에 경찰관이 많이 있고, 그렇지 않은 지역에 경찰관이 적다. 이때 두 변수는 범죄율과 경찰관 수이다. 두 변수 중 원인은 범죄율이고, 결과는 경찰관 수이다. 즉 독립변수는 범죄율이, 종속변수는 경찰관 수여야 한다. 만약 독립변수를 경찰관 수로, 종속변수를 범죄율로 하면 잘못된 해석이 나온다. 경찰관이 많을수록 범죄율이 높아진다라고 잘못 해석할 수 있다.

단순회귀분석(simple regression analysis)이란 독립변수의 개수가 하나인 경우를 말한다. $E(Y|x)$와 독립변수 x의 관계가 선형이 아닐 수도 있으나, 이 책에서는 선형인 경우에 한한다.

● **예제 11.4**

어느 맥주회사에서 광고비와 매출액 자료를 이용하여 광고비와 매출액의 관계를 분석하려고 한다. 광고비는 독립변수, 매출액은 종속변수로 하여 분석한 결과 다음과 같은 관계식을 얻었다.

$$E[\text{매출액}|\text{광고비}] = 10 + 5 \cdot \text{광고비 (단위: 억 원)}$$

이 식을 이용하여 광고비가 10, 12인 경우 매출액은 각각 얼마로 추정되는가? 매출액 목표가 80일 때 광고비를 얼마 투입해야 하는가? 이 분석은 상관분석에 비해 어떤 장점이 있는가?

풀이

이 식을 이용하면 광고비 수준에 따라 평균매출액이 얼마나 될지를 파악할 수 있다. 광고비가 10인 경우 매출액의 기댓값은 $60(=10+5 \cdot (10))$이고, 12인 경우 매출액의 기댓값은 $70(=10+5 \cdot (12))$이다. 또한 매출액 목표가 주어진 경우 그 목표를 달성하기 위해서 광고비가 얼마나 투입되어야 하는지도 파악할 수 있다. 예를 들어 매출액 목표가 80이라면, 약 14 정도의 광고비가 투입되어야 한다. 회귀분석의 장점을 알아보자. 상관분석은 광고비와 매출액 간에 상관관계가 있는지, 있다면 어느 정도인지를 알려줄 뿐이며 매출액의 예측값

을 알려 주지 않는다. 그러나 회귀분석은 알려준다.

이 예제에서 광고비가 10일 때, 실제 매출액은 기댓값인 60과 차이가 날 가능성이 있다. 실제 매출액과 예측값의 차이를 오차라 하면, 실제 매출액을 다음과 같이 표현할 수 있다.

$$\text{매출액} = E[\text{매출액} \mid \text{광고비}] + \text{오차} = 10 + 5 \cdot \text{광고비} + \text{오차}$$

1. 회귀모형의 표현

[예제 11.4]에서 광고비는 독립변수이고 매출액은 종속변수이므로, x와 Y로 일반화하면 다음과 같이 표현할 수 있다.

$$Y = 10 + 5 \cdot x + \text{오차}$$

여기서 오차란 광고비(x) 이외의 다른 요인이 주는 영향을 나타낸다. 예를 들어 광고비가 10인데 매출액이 65로 드러났다면 광고비 이외의 다른 요인에 의한 영향은 5(= 65 − (10 + 5 · 10))이다. 다른 요인에는 날씨, 타 주류의 가격변화, 경제·사회의 변화 등 수없이 많은 요소를 포함하는데 이런 요소들은 주 관심 대상이 아니기 때문에 이들의 영향을 뭉뚱그려 오차로 표현한다. 만약 앞의 식을 $y = 10 + 5 \cdot x$로 표현하였다면 다른 요인의 영향이 배제되어 바람직하지 않다.[3]

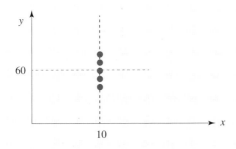

왼쪽 그림은 x값이 10일 때 Y의 분포를 보여 준다. Y의 값은 평균적으로 60, 즉 $E(Y \mid x = 10) = 60$이나, 다른 요인의 영향에 따라 60보다 크거나 작을 수 있다.

그림 11.2 Y의 값은 확정적이 아니다.

[그림 11.2]는 x가 10일 때 Y의 분포이다. x가 7, 13, 16일 때 Y의 분포는 [그림 11.3]의 파란 점으로 표시되어 있다.

---

3 $Y = 10 + 5 \cdot x + $ 오차와 같은 모형을 확률적 모형(probabilistic model)이라 하고, $y = 10 + 5 \cdot x$와 같은 모형을 확정적 모형(deterministic model)이라 한다. 주어진 x값에 대해 y의 값이 전자는 불확실하나 후자는 확정되기 때문에 '확률적'과 '확정적'이란 용어를 사용한다.

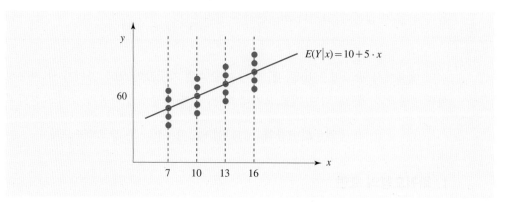

그림 11.3 다양한 x에 따른 Y의 값

이 평균을 연결한 선이 $E(Y\,|\,x) = 10 + 5 \cdot x$이다. x의 값이 7일 때 Y의 값은 45보다 크거나 작을 수 있으나 평균은 45이다. x의 값이 13, 16일 때 동일한 논리를 펼칠 수 있으며, Y의 평균은 다음과 같다.

x	7	10	13	16
$E(Y\,|\,x)$	45	60	75	90

이제 모집단과 표본에서의 회귀모형을 일반 형태로 표현해보자.

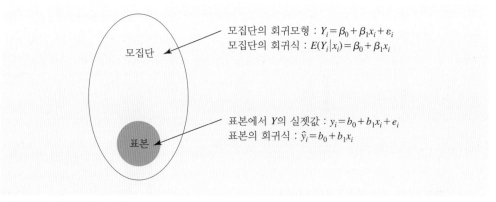

그림 11.4 회귀모형의 표현

앞의 회귀모형에서 나온 기호들을 해석하면 다음과 같다.

- 모집단 **회귀모형**(regression model): Y와 x의 관계식
- 모집단 **회귀식**(regression equation): $E(Y\,|\,x)$과 x의 관계를 표현한 식(직선으로 가정)
- β_0: 모집단 회귀모형의 **절편계수**(intercept coefficient)
- β_1: 모집단 회귀모형의 **기울기계수**(slope coefficient)

- ε_i: 모집단의 **오차항**(error term)
- b_0: 표본 회귀식의 **절편계수**로 β_0의 추정량
- b_1: 표본 회귀식의 **기울기계수**로 β_1의 추정량[4]
- e_i: 표본의 **잔차**(residual)

모집단의 회귀모형인 $Y_i = \beta_0 + \beta_1 x_i + \varepsilon_i$와 회귀식인 $E(Y_i \mid x_i) = \beta_0 + \beta_1 x_i$를 살펴보자. 독립변수의 값이 x_i일 때 종속변수의 평균값은 $E(Y_i \mid x_i)$이며, 종속변수의 실젯값은 확률변수로 Y_i로 표현한다. 종속변수의 실젯값은 다른 요인에 의해서도 영향을 받는데, 이 영향은 ε_i로 표현한다. ε_i는 확률변수이다. ε_i는 평균이 0이고 분산이 일정한 정규분포를 따른다고 가정하자. 즉 $\varepsilon_i \sim N(0, \sigma_\varepsilon^2)$. 이에 따라 Y_i는 평균이 $\beta_0 + \beta_1 \cdot x_i$이고 분산이 σ_ε^2인 정규분포를 따르게 된다. 즉 $Y_i \sim N(\beta_0 + \beta_1 x_i, \sigma_\varepsilon^2)$이다.

β_1은 x가 한 단위 증가할 때 Y가 얼마나 민감하게 변하는가를 나타내고, β_0은 x의 값이 0일 때 Y의 평균값을 나타낸다. 예를 들어 모집단의 회귀모형이 $Y_i = 10 + 5x_i + \varepsilon_i$라면, x가 한 단위 증가할 때마다 Y는 평균적으로 5단위 증가하고, $x = 0$일 때 Y의 평균값은 10이다. x와 Y를 각각 광고비와 매출액이라 하면, 광고비를 1억 원 더 투입할 때마다 매출액은 평균 5억 원 증가하고, 광고를 전혀 하지 않을 때 평균 매출액은 10억 원으로 예상된다고 해석할 수 있다.

그러나 모집단의 회귀모형은 현실적으로 활용할 수 없다. 왜냐하면 모집단 회귀모형의 계수인 β_0, β_1을 알 수 없기 때문이다. 대신 이들을 추정한다. 이들 추정량을 각각 b_0, b_1라 표기하고, $E(Y_i \mid x_i)$의 추정값을 $\hat{y}_i$라 하면 표본회귀식은 $\hat{y}_i = b_0 + b_1 x_i$로 나타낼 수 있다. 실제 관찰값 y_i는 $\hat{y}_i$와 일치하지 않을 가능성이 있으므로 '$y_i = \hat{y}_i +$ 오차'의 형태로 표현할 수 있다. 이 오차를 e_i로 표기하고 잔차라 부른다. 그러므로 표본에서 실젯값 y_i는 $y_i = b_0 + b_1 x_i + e_i$라고 표현한다.

● 예제 11.5

아래의 5개 표본 자료를 이용하여 회귀식을 구한 결과 표본회귀식이 $\hat{y}_i = 9.31 + 2.71 x_i$와 같이 나왔다. 이때 2.71을 해석하고 $\hat{y}_i$와 e_i의 값을 구하시오.

관찰점	x	y
1	5	22
2	4	20
3	9	35
4	6	24
5	2	16

---

4 추정량은 확률변수이므로 대문자로 표기하는 것이 원칙이나 모수인 β와 혼동하기 쉬워 소문자로 표기한다.

풀이

2.71이란 x가 한 단위 증가(감소)할 때 y가 평균 2.71 단위 증가(감소)한다는 의미이다.

x	y	$\hat{y}_i\ [=9.31+2.71x_i]$	$e_i\ [=y_i-\hat{y}_i]$
5	22	22.86	-0.86
4	20	20.15	-0.15
9	35	33.70	1.30
6	24	25.57	-1.57
2	16	14.73	1.27

2. 표본의 회귀식 구하기: 최소제곱법

다음 그림을 보자.

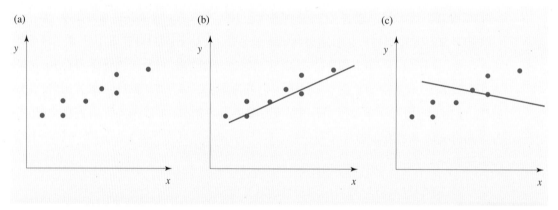

그림 11.5   회귀식 구하기

위 그림 중에서 (a)는 x와 y의 관찰된 값을 산점도로 나타낸 것이다. x와 y의 관계가 (a)와 같을 때 이들 관계를 잘 나타내는 회귀식을 어떻게 구해야 할까? 이 질문에 대한 답을 하기 위해 그림 (b)와 (c)의 직선을 비교해보자. 이 중 어느 직선이 더 바람직한 회귀식인가? 바람직한 회귀식이란 주어진 x에 대해 y값을 정확하게 예측할 수 있어야 한다. 그러기 위해 직선이 관찰점을 잘 대변할 수 있어야 한다. 이런 점에서 그림 (b)의 직선이 (c)의 직선보다 더 좋은 회귀식이다.

그러면 이제 남은 문제는 어떻게 회귀식을 (c)와 같이 도출하지 않고 (b)와 같이 도출할 수 있느냐이다. 이에 대한 답을 하기 위해 [그림 11.6]을 보자.

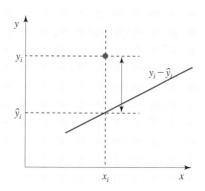

그림 11.6 최소제곱법의 이론적 근거

이 그림에서 x의 값이 x_i일 때 y의 실젯값은 y_i이고 회귀선 상의 값(또는 예측값)은 $\hat{y}_i$이다. 실젯값과 예측값의 차이인 $y_i - \hat{y}_i$을 추정오차라고 부른다. 추정오차 총합을 계산하기 위해 합하면 $\Sigma(y_i - \hat{y}_i)$이 되나, 이렇게 하면 양($+$)과 음($-$)이 상쇄되는 문제를 발생시킨다. 이런 문제를 해결하기 위해 추정오차를 제곱한 다음 더한다. 그러면 $\Sigma(y_i - \hat{y}_i)^2$이 된다. 결국, $\Sigma(y_i - \hat{y}_i)^2$을 최소화하는 회귀식을 구하면 되는데, 회귀식을 구하는 것은 곧 b_0과 b_1을 구한다는 것과 같다.

$$\underset{b_0, b_1}{\text{Minimize}} \sum(y_i - \hat{y}_i)^2 = \underset{b_0, b_1}{\text{Minimize}} \sum(y_i - b_0 - b_1 x_i)^2$$

이를 b_0과 b_1에 대해 각각 편미분하여 얻은 식을 0으로 놓으면, 다음과 같은 연립방정식을 얻는다.

$$\begin{cases} -2\sum_{i=1}^{n}(y_i - b_0 - b_1 x_i) = 0 \\ -2\sum_{i=1}^{n} x_i(y_i - b_0 - b_1 x_i) = 0 \end{cases}$$

이를 정리하면 다음과 같다.

$$\begin{cases} \sum y_i = nb_0 + b_1 \sum x_i \\ \sum x_i y_i = b_0 \sum x_i + b_1 \sum x_i^2 \end{cases}$$

이 연립방정식을 풀면 b_0과 b_1의 값을 얻을 수 있다.

$$b_1 = \frac{n\sum x_i y_i - \sum x_i \sum y_i}{n\sum x_i^2 - (\sum x_i)^2} = \frac{\sum(x_i - \bar{x})(y_i - \bar{y})}{\sum(x_i - \bar{x})^2} = \frac{s_{XY}}{s_X^2} = r\frac{s_Y}{s_X}$$

$$b_0 = \bar{y} - b_1 \bar{x}$$

여기서 r은 독립변수와 종속변수의 상관계수이다.

이런 추정방법을 **최소제곱법**(least squares method)이라 한다. 이와 같이 불리는 이유는 추정오차의 제곱(squares)을 최소(least)화하기 때문이다.

● 예제 11.6

다음의 표는 주식 ABC와 KOSPI의 월간수익률을 보여 주고 있다. KOSPI 수익률을 독립변수로 하고, 주식 ABC의 수익률을 종속변수로 회귀식을 구할 때 기울기계수를 구하고 그 의미를 파악하시오.

관찰점	ABC의 수익률	KOSPI 수익률
1	2.00%	3.00%
2	−5.30%	−1.00%
3	12.00%	9.80%
4	7.40%	4.80%
5	−6.40%	−3.30%

$s_{XY} = 0.003993$, $s_X^2 = 0.002615$

풀이

$b_1 = \dfrac{s_{XY}}{s_X^2} \approx \dfrac{0.003993}{0.002615} = 1.527$이다. ABC의 수익률 변동폭은 KOSPI 수익률 변동폭의 평균 1.527배란 의미이다. KOSPI는 주식시장의 주가를 대표하는 지수이므로, 주식시장이 ±1% 변동할 때 주식 ABC의 주가는 평균 ±1.527%만큼 변동한다고 해석할 수 있다.

$b_1 = \dfrac{\sum(x_i - \bar{x})(y_i - \bar{y})}{\sum(x_i - \bar{x})^2}$의 공식을 사용하여 계산하려면 다음과 같이 한다.

y_i	x_i	$(x_i - \bar{x})$	$(y_i - \bar{y})$	$(x_i - \bar{x})(y_i - \bar{y})$	$(x_i - \bar{x})^2$
2.00%	3.00%	0.0034	0.0006	0.0000020	0.00001156
−5.30%	−1.00%	−0.0366	−0.0724	0.0026498	0.00133956
12.00%	9.80%	0.0714	0.1006	0.0071828	0.00509796
7.40%	4.80%	0.0214	0.0546	0.0011684	0.00045796
−6.40%	−3.30%	−0.0596	−0.0834	0.0049706	0.00355216
$\bar{y} = 1.94\%$	$\bar{x} = 2.66\%$	합계		0.0159738	0.01045920

$$b_1 = \frac{\sum(x_i - \bar{x})(y_i - \bar{y})}{\sum(x_i - \bar{x})^2} = \frac{0.0159738}{0.01045920} \approx 1.527$$

〈Excel 이용〉

① Excel sheet에 자료를 입력한다.

② 회귀분석 메뉴(데이터 > 데이터 분석 > 회귀분석)를 이용한다.

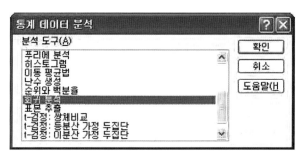

③ '회귀분석'이라는 작은 창이 나오면 Y와 X값의 셀 범위를 입력한 후 확인을 클릭한다.

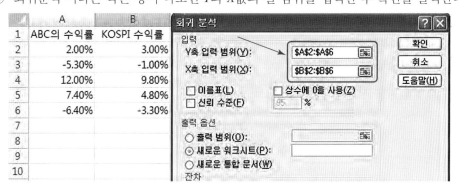

④ 별도의 sheet에 회귀분석 결과가 나온다.

	A	B	C	D	E	F	G	H	I
3	회귀분석 통계량								
4	다중 상관계수	0.9820							
5	결정계수	0.9643							
6	조정된 결정겨	0.9524							
7	표준 오차	0.0174							
8	관측수	5							
9									
10	분산 분석								
11		자유도	제곱합	제곱 평균	F 비	유의한 F			
12	회귀	1	0.0244	0.0244	81.0287	0.0029			
13	잔차	3	0.0009	0.0003					
14	계	4	0.0253						
15									
16		계수	표준 오차	t 통계량	P-값	하위 95%	상위 95%	하위 95.0%	상위 95.0%
17	Y 절편	-0.0212	0.0090	-2.3644	0.0990	-0.0498	0.0073	-0.0498	0.0073
18	X 1	1.5272	0.1697	9.0016	0.0029	0.9873	2.0672	0.9873	2.0672

회귀식은 $\hat{y}_i = -0.0212 + 1.5272x_i$로 나타났다.

● 예제 11.7

$b_1 = r\dfrac{s_Y}{s_X}$와 $b_0 = \bar{y} - b_1\bar{x}$를 이용하여 $\hat{y}_i - \bar{y}$와 $x_i - \bar{x}$의 관계를 상관계수로 표현하시오. 이 관계식을 사용하여 x_i와 y_i를 각각 i번째 아버지와 아들의 키라 할 때, 상관계수의 값이 ±1이 아니면 아들의 키가 평균에 회귀함을 보이시오.

풀이

$b_1 = r\dfrac{s_Y}{s_X}$와 $b_0 = \bar{y} - b_1\bar{x}$를 $\hat{y}_i = b_0 + b_1x_i$에 대입하면 다음과 같은 식이 도출된다.

$$\frac{\hat{y}_i - \bar{y}}{s_Y} = r\frac{x_i - \bar{x}}{s_X}$$

$-1 < r < 1$이면 $\left|\dfrac{\hat{y}_i - \bar{y}}{s_Y}\right| < \left|\dfrac{x_i - \bar{x}}{s_X}\right|$이다. 아들 키의 표준화된 절댓값이 아버지 키의 표준화된 절댓값보다 작다. 즉 아버지의 키가 평균보다 크면(작으면) 아들의 키는 평균보다 더 커지는(작아지는) 것이 아니라 작아진다(커진다). 즉 아들의 키는 평균에 회귀한다.

회귀분석에서 회귀(回歸)란 용어가 사용된 이유를 [예제 11.7]에서 알 수 있다. 회귀란 제자리로 돌아간다(going back)라는 의미로, Francis Galton(1822~1911)이 그의 논문 「Regression towards Mediocrity in Hereditary Stature」에서 현대 회귀분석의 이론적 단초를 제공하였다. 이 이론에 따르면 부모의 키와 관계없이 자녀의 키는 모집단의 평균(mediocrity)으로 회귀한다. 즉 부모의 키가 크다고 자녀의 키가 계속 큰 것이 아니라 작아

져, 평균 키로 회귀한다. 역으로 부모의 키가 작다면 자녀의 키는 커져 모집단의 평균 키로
회귀한다.

3. 모형의 성능(적합도) 평가

다음의 두 그림 (a)와 (b)는 모두 최소제곱법에 따라 회귀식을 도출하였다. (a)와 (b) 중 어
느 회귀식이 더 좋은가? 다르게 표현하면 어느 경우에 독립변수가 종속변수를 더 잘 예측
할 수 있는가?

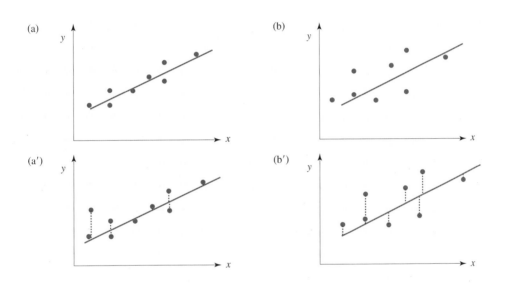

그림 11.7 회귀모형의 성능 비교

(a)의 잔차가 (a′)에, (b)의 잔차가 (b′)에 파란 수직점선으로 표시되어 있다. 관찰점의 y값
(y_i)과 예측값($\hat{y}_i$) 간의 차이인 잔차(e_i)의 값을 보면, (a′)가 (b′)보다 작기 때문에 (a)가 (b)에
비해 예측이 더 정확하다. 즉 e_i의 크기가 회귀모형의 성능을 평가하는 데 중요한 요인이 된
다. 이때 e_i의 크기를 절대적인 값 자체로 나타내거나 상대적인 크기로도 나타낼 수 있다.
전자에 해당되는 방법이 표준추정오차이고, 후자에 해당되는 방법이 결정계수이다.

표준추정오차

표본에서 **표준추정오차**(standard error of estimate, SEE)는 다음과 같이 정의한다.

> **표준추정오차**
>
> $$SEE = \sqrt{\frac{\sum(y_i - \hat{y}_i)^2}{n-2}} = \sqrt{\frac{\sum e_i^2}{n-2}}$$

 X의 값이 x_i일 때 실젯값이 y_i이고, 추정값은 $\hat{y}_i$이다. 이 차이인 $y_i - \hat{y}_i$은 추정오차이고, 이 추정오차를 표준편차의 형식으로 표현한 것이 표준추정오차이다. 표준추정오차의 값이 작을수록 Y에 대한 예측이 정확하고, 회귀모형의 성능이 좋다. 반대로, 표준추정오차의 값이 클수록 Y에 대한 예측이 부정확하고, 회귀모형의 성능이 나쁘다.

결정계수

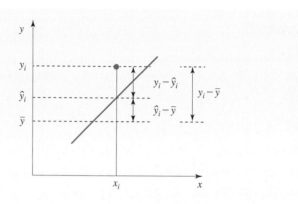

그림 11.8 결정계수의 의미

[그림 11.8]을 보자. 독립변수 없이 종속변수를 예측할 때 가장 좋은 예측값은 평균값 $\bar{y}$이다. 반면에 회귀분석을 통한 예측값은 $\hat{y}_i$이다. 실젯값은 y_i이므로, 회귀분석을 하지 않을 때 발생하는 오차는 $y_i - \bar{y}$이고, 회귀분석을 할 때 발생하는 오차는 $y_i - \hat{y}_i$이다. 결국 회귀분석으로 인해 $\hat{y}_i - \bar{y}$만큼의 오차가 축소되었다. 이를 정리하면 다음과 같다.

$$y_i - \bar{y} = (y_i - \hat{y}_i) + (\hat{y}_i - \bar{y})$$
회귀분석을 하지 않을 때의 오차
 = 회귀분석을 할 때의 오차 + 회귀분석으로 인해 축소된 오차

위 식의 양변에 Σ를 취하면 양과 음이 상쇄되므로, 이 문제를 해결하기 위해 양변을 제곱한다. 약간의 계산과정을 거치면 다음의 식을 얻는다.

$$\Sigma(y_i - \bar{y})^2 = \Sigma(y_i - \hat{y}_i)^2 + \Sigma(\hat{y}_i - \bar{y})^2$$

각 항을 해석하면 다음과 같다.[5]

---

5 SS는 sum of squares(제곱합)의 약자이다. T는 total, E는 error(표본에서는 residual), R은 regression의 첫자이다.

- $\Sigma(y_i - \bar{y})^2$을 **총제곱합**(SST)이라 한다. 회귀분석을 하지 않을 경우의 예측값이 $\bar{y}$이므로 이 때 발생되는 오차의 크기를 나타낸다.
- $\Sigma(y_i - \hat{y}_i)^2$을 **잔차제곱합**(SSE)이라 한다. 회귀분석을 할 경우의 예측값이 $\hat{y}_i$이므로 이때 발생되는 오차의 크기를 나타내며, 이 오차는 회귀식에 의해서도 설명되지 않는 부분이다.
- $\Sigma(\hat{y}_i - \bar{y})^2$을 **회귀제곱합**(SSR)이라 한다. 회귀분석으로 인해 축소된 오차의 크기를 나타내며, 이 오차는 회귀식에 의해 설명된 부분이다.

회귀분석을 이용하면 회귀제곱합(SSR)만큼 오차가 축소되므로, 총제곱합(SST) 중 회귀제곱합의 비율인 SSR/SST은 회귀분석으로 예측이 얼마나 개선되었는가를 비율로 나타낸 셈이다. 이 비율을 **결정계수**(coefficient of determination)라 하며, R^2이라는 기호로 표현한다. 이 비율이 높을수록 회귀식에 의해 오차가 더 축소된 셈이므로 더 정확하게 예측한다는 의미이다.

결정계수

$$R^2 = \frac{\Sigma(\hat{y}_i - \bar{y})^2}{\Sigma(y_i - \bar{y})^2} = \frac{SSR}{SST} = \frac{SST - SSE}{SST} = 1 - \frac{SSE}{SST}$$

R^2은 비율이므로 0과 1 사이의 값을 갖는다($0 \le R^2 \le 1$). 0이면 x가 y의 변동을 전혀 설명하지 못하고, 1이면 x가 y의 변동을 100% 설명한다는 의미이다. 그러므로 R^2이 0인 경우에는 회귀분석으로 예측의 정확도가 전혀 개선되지 않고, 1인 경우에는 회귀분석을 이용하면 완벽하게 예측이 가능하다. 이들의 상황을 그림으로 보면 [그림 11.9]와 같다.

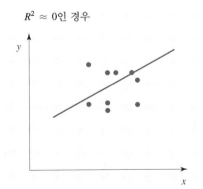
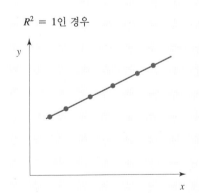

그림 11.9　R^2이 0 또는 1인 경우

표준추정오차와 결정계수의 비교

표준추정오차(SEE)는 일종의 표준편차이고, 결정계수(R^2)는 비율이므로 다음과 같은 특징이 있다.

- $0 \leq SEE < \infty$
- $0 \leq R^2 \leq 1$

SEE와 R^2 중 어느 지표가 더 좋은 지표일까? SEE는 일종의 표준편차이므로 측정단위를 바꾸면 값이 바뀐다. 예를 들어 측정단위를 m에서 cm로 바꾸면 SEE의 값은 100배가 된다. 그러므로 SEE의 값으로 원자료의 산점도를 상상하기 어렵다. 그러나 R^2은 측정단위를 바꿔도 그 값이 바뀌지 않는다. 예를 들어 측정단위를 m에서 cm로 바꿔도 R^2의 값은 바뀌지 않는다. 또한 R^2의 값이 0, 1일 때의 산점도를 알고 있으므로([그림 11.9] 참조), R^2의 값으로 원자료의 산점도를 근접하게 상상할 수 있다. 이런 점에서 R^2이 더 우수한 지표이다.

● **예제 11.8**

다음의 4개의 그림에서 SEE가 10인 경우는 어느 것인가? R^2이 0.6 정도인 경우는 어느 것인가? 다음 그림에서 빨간 선은 최소제곱법으로 구해진 회귀선이다.

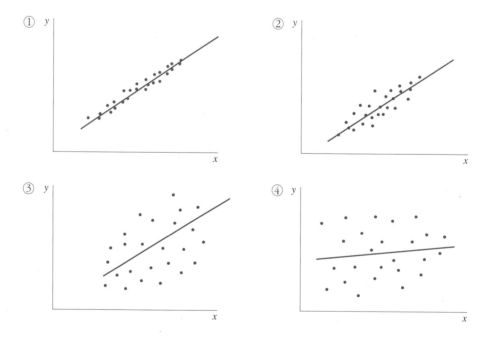

풀이

SEE의 값으로는 ①~④ 중에서 어느 것에 해당되는지 알 수 없다. R^2의 값을 보면, ①은 1

에 가깝고, ③과 ④는 0에 가깝고, ②는 0.6과 비슷하다.

● 예제 11.9

다음의 표본자료를 이용하여 회귀식을 구한 결과 회귀식이 $\hat{y}_i = 9.31 + 2.71 x_i$와 같이 나왔다. 이때 표준추정오차와 결정계수를 구하시오.

관찰점	x	y
1	5	22
2	4	20
3	9	35
4	6	24
5	2	16

풀이

x	y	$\hat{y}_i$	$e_i\,[=y_i-\hat{y}_i]$	e_i^2	$y_i-\bar{y}$	$(y_i-\bar{y})^2$
5	22	22.86	-0.86	0.74	-1.4	1.96
4	20	20.15	-0.15	0.02	-3.4	11.56
9	35	33.70	1.30	1.69	11.6	134.56
6	24	25.57	-1.57	2.46	0.6	0.36
2	16	14.73	1.27	1.61	-7.4	54.76
합계				6.53		203.20

표준추정오차: $\text{SEE} = \sqrt{\dfrac{\sum e_i^2}{n-2}} = \sqrt{\dfrac{6.53}{5-2}} = 1.48$

결정계수: $R^2 = 1 - \dfrac{\text{SSE}}{\text{SST}} = 1 - \dfrac{6.53}{203.20} = 0.97$

〈Excel 이용〉 아래의 회귀결과에서 결정계수(R^2), 표준추정오차(SEE), SSR, SSE, SST의 값을 찾을 수 있다.

회귀분석 통계량	
다중 상관계수	0.9838
결정계수	0.9679
조정된 결정계수	0.9572
표준 오차	1.4753
관측수	5

R^2

SEE

분산 분석

	자유도	제곱합	제곱 평균	
회귀	1	196.6701	196.6701	SSR
잔차	3	6.5299	2.176617	SSE
계	4	203.2		SST

	계수	표준 오차	t 통계량	P-값
Y 절편	9.3134	1.6222	5.7413	0.0105
X 1	2.7090	0.2850	9.5056	0.0025

앞의 예제에서 독립변수와 종속변수를 바꾸어 회귀분석을 하면 어떤 결과가 나올까? 독립변수와 종속변수를 바꾼 회귀분석 결과는 다음에 있다. 이 결과를 보면 매우 특이한 점이 나타난다. 추정계수, SSR, SSE, SST 등은 다르게 나타나나 결정계수(R^2)가 동일하게 0.9679란 점이다. 이것은 우연히 발생된 것이 아니다. 독립변수와 종속변수를 바꾸어도 두 변수의 통계적 관계는 동일하기 때문이다.

결정계수는 두 확률변수의 통계적 관계만을 설명한다. 인과관계의 존재 여부에 대해 전혀 설명하지 못하고, 어느 변수가 독립변수이고 종속변수인지 구분하지 못한다. 그러므로 결정계수가 높다 해서 인과관계가 존재한다거나 독립변수와 종속변수의 선정이 맞았다고 단정할 수는 없다.

회귀분석 통계량	
다중 상관계수	0.9838
결정계수	0.9679
조정된 결정계수	0.9572
표준 오차	0.5358
관측수	5

분산 분석

	자유도	제곱합
회귀	1	25.9388
잔차	3	0.8612
계	4	26.8

	계수	표준 오차
Y 절편	-3.1604	0.9116
X 1	0.3573	0.0376

4. 표본계수와 모집단 계수의 통계적 관계

모집단과 모회귀식이 [그림 11.10]의 상단 왼쪽에 있다. 나머지 5개의 그림은 이 모집단에서 추출된 8개의 자료를 이용하여 구한 표본회귀식이다. 이들 그림에서 보듯이 표본회귀식은 다양한 형태를 띠고 있다. 이는 추정된 기울기계수인 b_1 또는 절편계수 b_0이 표본마다 다르기 때문이다.

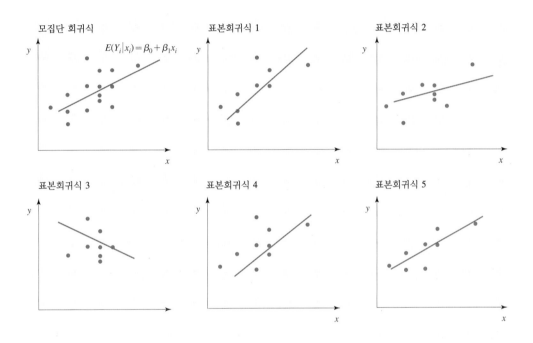

그림 11.10 다양한 표본회귀식

● 예제 11.10

다음은 모집단 자료이다. 표본크기를 4로 하여 회귀분석을 하려고 한다. Excel을 활용하여 모집단의 회귀계수와 표본의 회귀계수를 구하시오. 모집단의 회귀계수와 표본의 회귀계수는 일치하는가?

관찰점	x	y
1	5	22
2	4	20
3	9	35
4	6	24
5	2	16

풀이

관찰점 번호로 (1, 2, 3, 4), (1, 2, 3, 5), ···, (2, 3, 4, 5)의 총 5개의 표본을 추출하였다. 모집단과 5개 표본의 회계계수는 다음 표에 있다. 표본의 회귀계수는 Excel을 이용하여 구하였다. 이 표에서 보는 바와 같이 표본의 회귀계수는 모집단의 회귀계수와 다르고, 표본마다 다르다.

사용한 관찰점 번호	모집단 1, 2, 3, 4, 5	표본 1 1, 2, 3, 4	표본 2 1, 2, 3, 5	표본 3 1, 2, 4, 5	표본 4 1, 3, 4, 5	표본 5 2, 3, 4, 5
절편계수	9.313	6.821	9.404	12.000	9.400	9.570
기울기계수	2.709	3.071	2.769	2.000	2.700	2.701

b_1 또는 b_0의 값을 근거로 모회귀계수인 β_1과 β_0에 대한 추론을 하려면 $\beta_1(\beta_0)$과 $b_1(b_0)$의 통계적 관계를 파악해야 한다. 다음의 표는 이를 보여주고 있다.[6] 제6장에서 분석한 표본평균 $\overline{X}$와 모평균 μ의 통계적 관계와 유사하다. 제6장에서의 분석은 아래의 오른쪽에 나타나 있다.

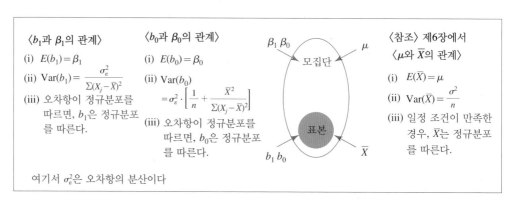

b_1과 b_0의 표준오차는 계산식이 복잡하여 공식을 생략하고 각각 σ_{b_1}과 σ_{b_0}로 표기하는 경우가 많다. 오차항 분산도 σ_ε^2로 표기한다. 이들 값을 모르는 경우 추정량을 사용한다. σ_ε^2, σ_{b_1}, σ_{b_0}의 추정량은 각각 S_e^2, S_{b_1}, S_{b_0}로 표기한다. 대부분의 컴퓨터 패키지에서 이들의 값을 자동으로 제공하고 있다.

---

6 증명은 생략한다.

5. 점추정과 구간추정

5.1 점추정

β_0과 β_1의 점추정량은 각각 b_0과 b_1이며,[7] 이들의 값이 점추정값이다.

5.2 구간추정

제7장에서 신뢰구간의 일반 공식은 '점추정값±오차한계'라 하였다(226쪽 참조). 이에 따라 신뢰수준 $1-\alpha$에서 β_1과 β_0에 대한 신뢰구간은 다음과 같다.

〈β_1에 대한 구간추정〉

$[b_1 - t_{\alpha/2}s_{b_1},\ b_1 + t_{\alpha/2}s_{b_1}]$

여기서 s_{b_1}은 b_1의 추정된 표준오차

〈β_0에 대한 구간추정〉

$[b_0 - t_{\alpha/2}s_{b_0},\ b_0 + t_{\alpha/2}s_{b_0}]$

여기서 s_{b_0}은 b_0의 추정된 표준오차

이때 t 분포의 자유도는 $n-2$이다.

● 예제 11.11

(자료는 [예제 11.6]과 동일) 다음의 표는 주식 ABC와 KOSPI의 월간수익률을 보여주고 있다. KOSPI 수익률을 독립변수로 하고, 주식 ABC의 수익률을 종속변수로 하여 회귀분석을 하려고 한다. Excel의 회귀분석 결과를 사용하여 다음의 질문에 답하시오.

ABC의 수익률	KOSPI 수익률
2.00%	3.00%
−5.30%	−1.00%
12.00%	9.80%
7.40%	4.80%
−6.40%	−3.30%

	계수	표준오차	t 통계량	p-값	하위 95%	상위 95%
y 절편	−0.0212	0.0090	−2.3644	0.0990	−0.0498	0.0073
x	1.5272	0.1697	9.0016	0.0029	0.9873	2.0672

① b_1과 b_0의 표준오차 추정값인 s_{b_1}과 s_{b_0}의 값을 구하시오.

② β_1과 β_0의 점추정값을 구하시오.

---

7 $E(b_0)=\beta_0$과 $E(b_1)=\beta_1$이므로 b_0과 b_1은 불편성을 만족한다. 가우스-마코프(Gauss-Markov) 정리에 따르면, 효율성도 만족한다.

③ β_1과 β_0에 대한 95% 신뢰구간을 추정하시오.

풀이

①

	계수	표준오차	t 통계량	p-값	하위 95%	상위 95%
y 절편	-0.0212	0.0090	-2.3644	0.0990	-0.0498	0.0073
x	1.5272	0.1697	9.0016	0.0029	0.9873	2.0672

$s_{b_1} = 0.1697$, $s_{b_0} = 0.0090$

② β_1과 β_0의 점추정값은 각각 b_1과 b_0의 값으로 1.5272와 -0.0212이다.

③ 자유도(df)가 3($=5-2$)이므로 $t_{2.5\%}=3.182$이다. β_1에 대한 95% 신뢰구간은 다음과 같다.

$$[b_1 - t_{\alpha/2}s_{b_1}, \; b_1 + t_{\alpha/2}s_{b_1}] = [1.5272 - (3.182 \times 0.1697), \; 1.5272 + (3.182 \times 0.1697)]$$
$$= [0.9872, 2.0672]$$

β_0에 대한 95% 신뢰구간은 다음과 같다.

$$[b_0 - t_{\alpha/2}s_{b_0}, \; b_0 + t_{\alpha/2}s_{b_0}] = [-0.0212 - (3.182 \times 0.0090), \; -0.0212 + (3.182 \times 0.0090)]$$
$$= [-0.0499, 0.0074]$$

Excel의 회귀결과에서도 신뢰수준 95%의 신뢰구간을 찾을 수 있다. β_1에 대한 95% 신뢰구간은 [0.9873, 2.0672], β_0에 대한 95% 신뢰구간은 [-0.0498, 0.0073]이다. 앞에서의 계산과 끝자리가 다른 것은 반올림 시점 때문이다.

---

6. 모집단 회귀계수에 대한 검정

회귀계수에 대한 검정은 제8장에서 설명된 검정 순서와 같은 방법으로 진행한다. 즉 ① 가설의 설정, ② 검정통계량의 선정, ③ 유의수준의 결정, ④ 검정규칙의 결정, ⑤ 검정통계량 계산, ⑥ 가설의 채택/기각 결정의 순서에 따른다.

6.1 가설의 설정

기울기계수에 대한 검정

우선 다음의 가설을 보자.

$$\begin{cases} \text{Ho} : \beta_1 = 0 \\ \text{Ha} : \beta_1 \neq 0 \end{cases}$$

이는 기울기계수의 숫자가 0인지를 검정하는 가설이나, 다른 중요한 의미를 지니고 있다. $\beta_1 = 0$이면 모회귀식이 $E(Y_i \mid x_i) = \beta_0 + 0x_i$가 되므로 독립변수 x의 값이 커지거나 작아지거나에 관계없이 종속변수 Y의 기댓값은 β_0으로 일정하다. 즉 $\beta_1 = 0$은 독립변수가 종속변수에게 영향을 주지 않는다는 의미이며, 반대로 $\beta_1 \neq 0$은 독립변수가 종속변수에게 영향을 준다는 의미이다. 다르게 해석하기도 한다. $\beta_1 = 0$이면 회귀모형은 $Y_i = \beta_0 + 0 + \varepsilon_i$가 된다. 종속변수 Y_i가 변동하면 이는 독립변수 때문이 아니고 ε_i의 변동 때문이다. 그러므로 $\beta_1 = 0$은 종속변수의 변동을 독립변수가 설명하지 못한다고 해석할 수 있다. 반면에 $\beta_1 \neq 0$은 종속변수의 변동을 독립변수가 설명한다고 해석할 수 있다.

귀무가설이 $\beta_1 = 0$인 경우를 살펴보았는데, 0이 아닌 다른 숫자로 대체되는 경우가 있다. 다음의 예를 보자.

$$\begin{cases} \text{Ho} : \beta_1 = 1 \\ \text{Ha} : \beta_1 \neq 1 \end{cases}$$

이것은 x가 한 단위 증가할 때 y도 동일하게 한 단위씩 증가하는가를 검정하려는 가설이다.

● 예제 11.12

경제학에서 쓰이는 피셔방정식은 다음과 같다.

명목이자율 = 실질이자율 + 예상되는 물가상승률

이 식에 따르면 명목이자율은 예상되는 물가상승률과 동일한 폭으로 상승해야 한다. 예를 들면, 예상되는 물가상승률이 5%라면, 명목이자율은 5%p 상승해야 한다. 이를 검정하기 위해 회귀모형 $Y_i = \beta_0 + \beta_1 x_i + \varepsilon_i$를 사용하자. 이때 β_0은 실질이자율이며, 독립변수 x는 예상되는 물가상승률이다. Ho : $\beta_1 = 0$와 Ho : $\beta_1 = 1$의 가설을 비교하시오.

풀이

Ho : $\beta_1 = 0$은 예상되는 물가상승률이 명목이자율에 영향을 주는지를 파악하기 위한 것이다. 피셔방정식은 예상되는 물가상승률과 동일한 폭으로 명목이자율이 상승한다는 주장이므로 다음과 같이 설정되어야 한다.

$$\begin{cases} \text{Ho} : \beta_1 = 1 \Leftarrow \text{예상되는 물가상승률과 동일한 폭으로 명목이자율이 상승한다.} \\ \text{Ha} : \beta_1 \neq 1 \Leftarrow \text{예상되는 물가상승률과 동일한 폭으로 명목이자율이 상승하지 않는다.} \end{cases}$$

절편계수에 대한 검정

우선 다음의 가설을 보자.

$$\begin{cases} \text{Ho} : \beta_0 = 0 \\ \text{Ha} : \beta_0 \neq 0 \end{cases}$$

이는 모회귀모형에서 절편계수가 0인가 아닌가를 검정하기 위한 가설이다. 그러나 절편계수에 대한 검정은 의미가 없는 경우가 많다. [그림 11.11]을 보면, 자료의 x값은 두 수직 점선 사이에만 존재한다. 따라서 x의 값이 두 수직 점선 사이에 있는 경우에 한해 예측해야 잘 맞으며, 이 범주를 벗어난 예측은 잘 맞지 않는다. 예를 들어, 명동 골목에 위치한 5~10평의 음식점의 평수(x)와 매출액(y)의 관계를 분석한 결과로 도출된 회귀식은 대략 5~10평의 음식점에 적용할 수 있다. 그러나 5~10평 범주 밖의 매출액에 대한 예측은 잘 맞지 않는다. 절편계수 β_0은 $x=0$일 때 y의 예측값이므로 이 범주를 벗어났다. 또한 예측할 필요성이 아예 없는 경우도 있다. 명동 골목의 예에서, $x=0$은 면적이 0이란 뜻이다. 그러나 식당의 면적이 0이라는 것은 실제 존재하지 않기 때문에 β_0에 대한 가설을 검정할 필요가 없다.

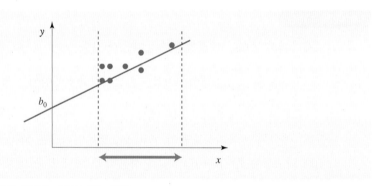

그림 11.11 절편계수에 대한 검정이 의미가 없는 경우

6.2 검정통계량의 선정

제8장에서 $\bar{X}$가 정규분포를 따를 때, 즉 $\bar{X} \sim N(\mu, \sigma^2/n)$일 때, σ^2의 값을 모른다면 검정통계량으로 $T = \dfrac{\bar{X} - \mu_0}{S/\sqrt{n}}$을 사용하였다. 이 장에서도 마찬가지로 b_j가 정규분포를 따를 때, 즉 $b_j \sim N(\beta_j, \sigma_{b_j}^2)$일 때 $\sigma_{b_j}^2$의 값을 모른다면 검정통계량으로 $T = \dfrac{b_j - \beta_{j_0}}{S_{b_j}}$을 사용한다. 여기서 β_{j_0}은 귀무가설에서 가정된 값이다. 이 검정통계량은 자유도가 $n-2$인 t 분포를 따른다.

6.3 유의수준의 결정

유의수준 α를 정한다.

6.4 검정규칙의 결정

① $\begin{cases} \text{Ho} : \beta_j = \beta_{j_0} \text{의 경우} \\ \text{Ha} : \beta_j \neq \beta_{j_0} \text{의 경우} \end{cases}$

제8장에서 공부한 내용을 적용하면 된다. 제8장에서의 $T = \dfrac{\overline{X} - \mu_0}{S/\sqrt{n}}$ 가 $T = \dfrac{b_j - \beta_{j_0}}{S_{b_j}}$ 로 대체되며, 자유도는 $n - 1$ 대신 $n - 2$ 이다.

검정통계량으로 b_j를 사용할 때

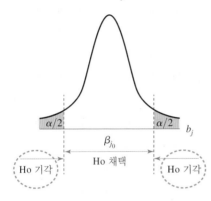

검정통계량으로 $T = \dfrac{b_j - \beta_{j_0}}{S_{b_j}}$ 을 사용할 때

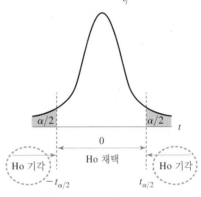

그림 11.12 검정규칙: Ho : $\beta_j = \beta_{j_0}$일 때

검정통계량 $T = \dfrac{b_j - \beta_{j_0}}{S_{b_j}}$을 사용할 때 검정규칙은 다음과 같다.

검정통계량의 값 t가 $\begin{cases} -t_{\alpha/2} \text{와 } t_{\alpha/2} \text{ 사이에 있으면 Ho 채택} \\ t < -t_{\alpha/2} \text{ 또는 } t > t_{\alpha/2} \text{을 만족하면 Ho 기각} \end{cases}$

표본크기가 30 이상인 경우에는 임계치 $\pm t_{\alpha/2}$ 대신 $\pm z_{\alpha/2}$를 사용해도 무방하다.

② $\begin{cases} \text{Ho} : \beta_j \leq \beta_{j_0} \\ \text{Ha} : \beta_j > \beta_{j_0} \end{cases}$ 와 $\begin{cases} \text{Ho} : \beta_j \geq \beta_{j_0} \\ \text{Ha} : \beta_j < \beta_{j_0} \end{cases}$

이에 대한 검정규칙은 [그림 11.13]에 정리하였다.

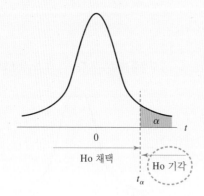 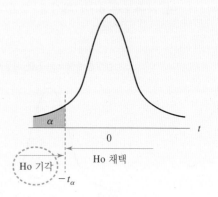

$$\begin{cases} \text{Ho} : \beta_j \leq \beta_{j_0} \text{ 의 경우} \\ \text{Ha} : \beta_j > \beta_{j_0} \end{cases} \qquad \begin{cases} \text{Ho} : \beta_j \geq \beta_{j_0} \text{ 의 경우} \\ \text{Ha} : \beta_j < \beta_{j_0} \end{cases}$$

- 검정규칙 : 검정통계량의 값 t가

$$\begin{cases} t \leq t_\alpha \text{를 만족하면 Ho 채택} \\ t > t_\alpha \text{를 만족하면 Ho 기각} \end{cases}$$

- 검정규칙 : 검정통계량의 값 t가

$$\begin{cases} t \geq -t_\alpha \text{를 만족하면 Ho 채택} \\ t < -t_\alpha \text{를 만족하면 Ho 기각} \end{cases}$$

표본크기가 30 이상인 경우에는 임계치 t_α 대신에 z_α를 사용해도 무방하다.

그림 11.13 검정규칙: Ho : $\beta_j \leq \beta_{j_0}$와 Ho : $\beta_j \geq \beta_{j_0}$의 경우

6.5 검정통계량 계산

표본의 자료를 검정통계량 공식 $T = \dfrac{b_j - \beta_{j_0}}{S_{b_j}}$에 대입하여 t를 계산한다.

6.6 가설의 채택/기각 결정

임계치와 검정통계량의 값을 비교하여 Ho의 채택 여부를 결정한다.

● 예제 11.13

사용된 자료와 회귀분석 결과는 다음과 같다.

사용된 자료

x	y
4	11
7	10
5	14
2	8
8	16
1	6

회귀분석 결과

	계수	표준오차	t 통계량
y 절편	5.8533	2.0117	2.9097
x	1.1067	0.3908	2.8319

독립변수 x가 종속변수 Y에 영향을 주는지를 유의수준 10%에서 검정하시오.

풀이

① 가설의 설정: $\begin{cases} \text{Ho} : \beta_1 = 0 \\ \text{Ha} : \beta_1 \neq 0 \end{cases}$

② 검정통계량의 선정: $T = \dfrac{b_1 - 0}{S_{b_1}} \sim t_{n-2}$

③ 유의수준: $\alpha = 10\%$

④ 검정규칙을 그림으로 표현하면

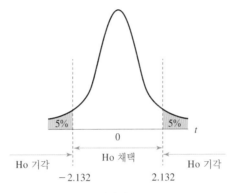

$df = n - 2 = 4$, 임계치 $\pm t_{5\%} = \pm 2.132$

⑤ 검정통계량 계산: $t = \dfrac{1.1067 - 0}{0.3908} = 2.8319$

  2.8319는 회귀분석 결과에도 나타나 있다.

⑥ 가설의 채택/기각 결정: 검정통계량의 값 2.8319는 임계치 ±2.132의 범위 밖에 있으므로 귀무가설을 기각한다. 독립변수가 종속변수에게 영향을 준다는 것이 통계적 판단이다.

● 예제 11.14

[예제 11.13]의 자료를 사용하여, 독립변수 x가 커질(작아질) 때 종속변수 Y도 함께 커지는지(작아지는지)를 유의수준 10%에서 검정하시오.

풀이

① 가설의 설정: $\begin{cases} \text{Ho} : \beta_1 \leq 0 \\ \text{Ha} : \beta_1 > 0 \end{cases}$

② 검정통계량의 선정: $T = \dfrac{b_1 - 0}{S_{b_1}} \sim t_{n-2}$

③ 유의수준: $\alpha = 10\%$

④ 검정규칙을 그림으로 표현하면

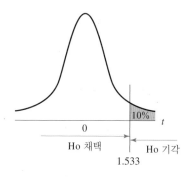

$df = 4$, 임계치 $t_{10\%} = 1.533$

⑤ 검정통계량 계산: $t = \dfrac{1.1067 - 0}{0.3908} = 2.8319$

⑥ 가설의 채택/기각 결정: 검정통계량의 값 2.8319는 임계치 1.533보다 크므로 귀무가설을 기각한다. 독립변수가 커질(작아질) 때 종속변수도 커진다(작아진다)는 것이 통계적 판단이다.

p-값을 이용한 검정

지금까지 설명한 가설검정은 검정통계량을 이용하였다. 이 방법 외에도 p-값을 사용하여 검정하는 방법이 있다. p-값의 정의는 제8장을 보시오. Excel에서 회귀분석 결과로 제공하는 p-값의 의미를 파악하기 위해 [그림 11.14]의 두 회귀분석 결과를 보자.

[그림 11.14]의 회귀분석 1과 회귀분석 2에서 기울기계수의 p-값은 동일하게 0.0473이다. 그러나 그 위치가 다르다는 점에 유의하자. p-값은 기울기계수가 양($+$)이면 오른쪽의 면적을, 음($-$)이면 왼쪽의 면적을 측정한다. 또한 Excel은 양측검정을 기준으로 p-값을 제공하는 관계로 오른쪽이나 왼쪽의 꼬리면적은 0.0473의 반인 0.02365(2.365%)이다. 즉 Excel에서 제공하는 p-값은 $2 \times P(T > |\text{검정통계량의 값}|)$를 나타낸다. 이 그림에서 귀무가설을 기각하려면, 양측검정에서는 유의수준이 4.73%보다 커야 하고, 단측검정에서는 유의수준이 2.365%보다 커야 한다.

〈회귀분석 1〉
사용된 자료

x_1	y
4	11
7	10
5	14
2	8
8	16
1	6

회귀분석 결과

	계수	표준오차	t 통계량	p-값
y 절편	5.8533	2.0117	2.9097	0.0437
x_1	1.1067	0.3908	2.8319	0.0473

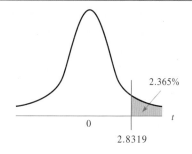

〈회귀분석 2〉
사용된 자료

x_2	y
5	11
2	10
4	14
7	8
1	16
8	8

회귀분석 결과

	계수	표준오차	t 통계량	p-값
y 절편	15.8133	2.0117	7.8608	0.0014
x_2	-1.1067	0.3908	-2.8319	0.0473

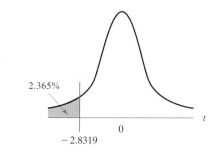

그림 11.14 p-값에 대한 해석

6.7 종속변수 Y에 대한 예측

어느 지역에 위치한 모든 소형식당의 면적(x)과 월간 매출액(y) 간의 모회귀식이 $E(Y_i \mid x_i) = 10 + 5x_i$와 같다 하자. 면적이 10 m²일 때, 매출액의 평균과 실제 액수는 다음과 같다.

- 평균매출액은 식 $E(Y \mid 10) = 10 + 5(10)$에 의해 60이다.
- 실제 매출액은 $y = 60 + \varepsilon$이다(여기서 ε은 오차항).

표본의 회귀식을 사용하여 예측할 때, 예측 대상은 모집단의 평균매출액인 $E(Y_i \mid x_i)$ 또는 실제 매출액인 y_i이다. 두 값은 다를 수 있다.

점예측

독립변수 값이 x_i일 때 종속변수의 평균인 $E(Y_i \mid x_i)$를 예측하려면 표본의 회귀식 $\hat{y}_i = b_0 + b_1 x_i$를 사용한다. 예를 들어 표본의 회귀식이 $\hat{y}_i = 8 + 6x_i$이고 독립변수 x의 값이 10일 때, $E(Y \mid x = 10)$의 예측값은 $\hat{y} = 8 + 6(10)$에 의해 68이다. 한편 종속변수 Y의 실젯값을 예측하면, $Y = 8 + 6(10) + e = 68 + e$인데 e의 평균값이 0이므로 68이다. 그러므로 독립변수의 값이 x_i일 때 $E(Y_i \mid x_i)$의 점예측값과 y_i의 점예측값은 일치하며, 그 값은 $\hat{y}_i$이다.

구간예측

구간으로 예측하는 대상은 $E(Y_i \mid x_i)$와 y_i의 두 종류가 있다. 이에 대한 공식이 복잡하므로 생략하고, 구간의 크기를 대략적으로나마 파악하기 위해 [그림 11.15]를 참조하자. 이 그림에서 보는 바와 같이 전자보다 후자의 구간이 더 크다.

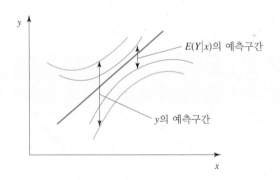

그림 11.15 y_i와 $E(Y_i \mid x_i)$에 대한 구간예측

Ⅲ 다중회귀분석

1. 다중회귀분석의 필요성과 표현

40인치 이상의 대형 LCD TV를 생산하는 회사 ABC가 이 제품의 월간판매량을 예측하기 위해 독립변수를 이 제품의 가격으로 하여 도출한 모집단 관계식이 다음과 같다고 가정해 보자.

$$월간판매량 \approx 12{,}000 - 0.7 \cdot (ABC의 \ 제품가격)$$

여기서, 가격의 단위는 천 원이다.

이 관계식은 경쟁회사 제품의 가격 변동에 의한 영향을 전혀 고려하고 있지 않다는 단점이 있다. 예를 들어 경쟁회사가 가격을 대폭 낮추면 ABC의 월간판매량이 급격히 떨어지고, 반대로 가격을 높이면 ABC의 월간판매량이 높아질 것이다. 그러므로 경쟁사의 제품가격이 포함된 관계식을 구해야 한다. 그 관계식이 다음과 같다고 가정하자.

$$월간판매량 \approx 12{,}000 - 0.7 \cdot (ABC의\ 제품가격) + 200 \cdot (경쟁사의\ 가격\ 인상률)$$

여기서, 가격과 인상률의 단위는 각각 천 원과 %이다.

이런 관계식에는 독립변수가 2개 이상이다. 이처럼 독립변수가 2개 이상일 때의 회귀분석을 **다중회귀분석**(multiple regression analysis)이라 한다.

다중회귀분석에서는 독립변수의 개수가 2개 이상이므로, 독립변수를 나타내는 표기방법이 단순회귀분석과 달라야 한다. 독립변수의 개수가 적을 수도 있고 많을 수도 있다. 그래서 독립변수의 개수를 일반화하여 k개라 하고, 독립변수를 x_1, x_2, $\cdots$, x_k라 표기한다.

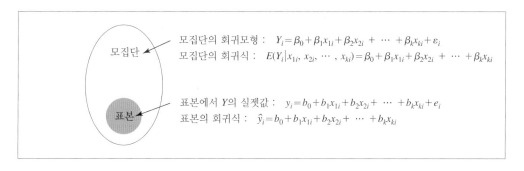

앞의 모형에서 나온 기호를 해석하면 다음과 같다.

- 모집단 회귀모형: Y와 x의 관계식
- 모집단 회귀식: Y의 평균값과 x의 관계를 표현한 식(직선으로 가정)
- x_{ji}: 독립변수 x_j의 i번째 관찰값
- β_0: 모집단 회귀모형의 **절편계수**
- β_j: 모집단 회귀모형에서 x_j의 **기울기계수**
- ε_i: 모집단의 **오차항**
- b_0: 표본 회귀식의 **절편계수**로 β_0의 추정량
- b_j: 표본 회귀식의 **기울기계수**로 β_j의 추정량
- e_i: 표본의 **잔차**

이해를 돕기 위해 x_{ji}에 대해 추가 설명을 하자. 독립변수와 종속변수의 값이 다음과 같이 관찰되었다 하자.

독립변수 1	독립변수 2	독립변수 3	종속변수
4	6	13	1.3
5	2	36	3.5
9	1	25	4.2
2	9	17	2.2
…	…	…	…

독립변수 1, 독립변수 2, 독립변수 3은 각각 x_1, x_2, x_3으로 표기한다. 그리고 관찰된 숫자 중 몇 개를 기호로 표기하면 다음과 같다.

독립변수 1	독립변수 2	독립변수 3	종속변수
4	6	⑬	1.3
⑤	2	36　x_{31}	3.5
9　x_{12}	①	25	4.2
2	9　x_{23}	17	②.2
…	…	…	…　y_4

Y와 x를 사용하여 LCD TV의 사례를 표기하면 다음과 같다.

$$Y_i = 12{,}000 - 0.7 \cdot x_{1i} + 200 \cdot x_{2i} + \varepsilon_i$$

여기서 -0.7은 x_1이 한 단위 증가할 때 종속변수가 평균 0.7단위 감소한다고 해석한다. 그런데 이 해석에 유의할 점은 다른 독립변수인 x_2가 변하지 않는다는 가정을 전제로 한다는 점이다. 따라서 -0.7을 정확하게 해석하려면 '다른 독립변수인 x_2가 고정된 상태에서 x_1만 한 단위 증가할 때 종속변수가 평균 0.7단위 감소한다'라고 해야 한다.

● 예제 11.15

표본의 실젯값이 $Y_i = 11{,}500 - 0.5 \cdot x_{1i} + 280 \cdot x_{2i} + e_i$일 때 다음의 질문에 답하시오. 여기서 x_1과 x_2는 각각 ABC의 제품가격(단위: 천 원)과 경쟁사의 가격인상률(단위: %)이고, Y는 ABC의 월간판매량이다.

① ABC는 자사의 제품가격을 그대로 유지하고 있으나, 경쟁사는 가격을 2% 인상하기로 했다. 이때 ABC의 월간판매량은 어떻게 변할 것인가?

② ABC는 자사의 제품가격을 100,000원 인상하기로 하였으나, 경쟁사는 가격을 그대로 유지하기로 했다면 ABC의 월간판매량은 어떻게 변할 것인가?

풀이

① x_1이 고정된 상태에서 x_2가 한 단위 증가하면 종속변수 Y는 평균 280단위 증가한다. 그러므로 x_2가 2단위 증가할 때 Y는 평균 560단위 증가한다. 즉 ABC의 월간판매량은 평균 560대 증가한다.

② x_2가 고정된 상태에서 x_1이 한 단위 증가하면 종속변수 Y는 평균 0.5단위 감소한다. 그러므로 x_1이 100단위(100,000원) 증가할 때 Y는 50단위 감소한다. 즉 ABC의 월간판매량은 평균 50대 감소한다.

2. 모형의 성능 평가

2.1 표준추정오차와 결정계수

단순회귀분석을 다룰 때, 회귀모형의 성능을 측정하는 방법으로 표준추정오차와 결정계수를 공부하였다. 다중회귀분석에서도 이들의 개념이 그대로 적용된다. 다만 자유도의 값이 바뀔 뿐이다.[8] 표준추정오차를 계산할 때의 분모는 $n-k-1$로 바뀌고 SSR, SSE, SST의 자유도가 다음과 같이 바뀐다.

- 표준추정오차: $SEE = \sqrt{\dfrac{\sum(y_i - \hat{y}_i)^2}{n-k-1}} = \sqrt{\dfrac{\sum e_i^2}{n-k-1}}$, k는 독립변수의 개수

- 결정계수: $R^2 = \dfrac{\sum(\hat{y}_i - \overline{y})^2}{\sum(y_i - \overline{y})^2} = \dfrac{SSR}{SST} = \dfrac{SST - SSE}{SST} = 1 - \dfrac{SSE}{SST}$,　$0 \le R^2 \le 1$

SSR, SSE, SST의 자유도

	SSR	SSE	SST
단순회귀분석	1	$n-2$	$n-1$
다중회귀분석	k	$n-k-1$	$n-1$

● 예제 11.16

회귀분석 결과가 다음과 같다.

분산분석	자유도	제곱합
회귀	2	38.8115
잔차	3	30.0219
계	5	68.8333

---

8 추정해야 할 계수가 $k+1$개(k개의 기울기계수와 1개의 절편계수)이므로, 자유도는 $n-(k+1)$이다.

독립변수의 개수와 표본크기는 얼마인가? 표준추정오차와 결정계수는 각각 얼마인가?

풀이

$k=2$, $n=6$이므로 표준추정오차 $= \sqrt{\dfrac{SSE}{6-2-1}} = \sqrt{\dfrac{30.0219}{3}} = 3.163$

결정계수 $= \dfrac{SSR}{SST} = \dfrac{38.8115}{68.8333} = 0.5638$

단순회귀분석을 할 때 결정계수는 회귀모형의 성능을 측정하는 우수한 방법이나, 다중회귀분석 시에는 문제점이 나타날 수 있다. 어떤 문제점이 발생하는지를 알기 위해 [그림 11.16]을 보자.

자료

y	x
11	4
10	3
14	5
8	6
16	7
6	2

회귀분석 결과

회귀분석 통계량	
다중 상관계수	0.6771
결정계수	0.4585
조정된 결정계수	0.3231 ← $\bar{R}^2$
표준오차	3.0527
관측수	6

그림 11.16 R^2과 $\bar{R}^2$: 단순회귀분석의 경우

독립변수가 하나인 회귀분석에서 결정계수의 값은 0.4585이다. 이제 독립변수 하나를 추가해보자. 어떤 변수를 추가할까 고민하다가 어제 3·6·9 게임을 했다는 생각에 새로운 독립변수의 관찰값으로 3, 6, 9, 3, 6, 9를 추가한 후 회귀분석을 하였다. 그 결과는 [그림 11.17]과 같다.

자료

y	x_1	x_2
11	4	3
10	3	6
14	5	9
8	6	3
16	7	6
6	2	9

회귀분석 결과

회귀분석 통계량	
다중 상관계수	0.7509
결정계수	0.5638
조정된 결정계수	0.2731 ← $\bar{R}^2$
표준오차	3.1634
관측수	6

그림 11.17 R^2과 $\bar{R}^2$: 독립변수를 추가한 경우

x_2의 추가로 결정계수의 값이 0.4585에서 0.5638로 향상되었다. 새로 추가된 x_2는 종속변수 y와 아무런 관계가 없음에도 불구하고 결정계수가 향상된 것이다. 그러므로 다중회귀분석에서 결정계수가 높다고 해서 모형의 성능이 우수하다고 확신할 수 없다. 독립변수의 개수가 많다면 결정계수의 값이 과대 계상되기 때문이다. 따라서 다중회귀분석에서 모형의 성능을 측정하려면 기존의 결정계수에 독립변수의 개수를 감안한 새로운 방법이 제시되어야 한다. 이 방법을 조정결정계수(adjusted coefficient of determination, $\bar{R}^2$)라 한다.

$$\bar{R}^2 = 1 - (1 - R^2)\left(\frac{n-1}{n-k-1}\right)$$

앞에서의 회귀분석 예를 다시 보자. 결정계수가 0.4585에서 0.5638로 증가하나, 조정결정계수의 값은 0.3231에서 0.2731로 감소한다. 이로 미루어 보아 모형의 성능은 개선되지 않았다고 판단할 수 있다.

● 예제 11.17

홍길동은 "회귀분석 결과의 일부가 아래와 같다. 회귀모형의 결정계수가 0.7253이므로 모형이 괜찮은 편이다"라고 주장하였다. 이에 대해 당신은 어떻게 반박할 것인가?

회귀분석 통계량	
다중 상관계수	0.8516
결정계수	0.7253
조정된 결정계수	0.0385
표준오차	8.7695
관측수	8

분산분석

	자유도	제곱합
회귀	5	406.0658
잔차	2	153.8092
계	7	559.875

풀이

결정계수가 0.7253으로 회귀모형이 괜찮은 것처럼 보이나, 조정결정계수는 0.0385로 매우 낮다. 두 계수의 차이가 큰 것은 독립변수의 개수가 5로 관측수 8에 비해 지나치게 많기 때문이다. 참고로, 관측수가 8일 때 독립변수의 개수를 7로 하면 결정계수는 1.0이다.

3. 표본 계수와 모집단 계수의 통계적 관계, 추정과 검정

3.1 표본 계수와 모집단 계수의 통계적 관계

표본 계수인 b_0, b_1, $\cdots$, b_j, $\cdots$, b_k와 모집단 계수의 통계적 관계는 다음과 같다. 단순회귀분석에서 공부한 바와 동일하다.

평균: $E(b_j) = \beta_j$

분산: $\sigma_{b_j}^2$로 표기(추정량은 $S_{b_j}^2$로 표기)

분포모양: 오차항이 정규분포를 따르면 b_j는 정규분포를 따른다.

3.2 모집단 계수에 대한 추정

점추정

단순회귀분석에서의 점추정과 동일하다. β_0, β_1, ⋯, β_j, ⋯, β_k의 점추정량은 b_0, b_1, ⋯, b_j, ⋯, b_k이며, 이들의 값이 점추정값이다.

구간추정

β_j에 대한 구간추정 또한 단순회귀분석에서와 동일하다.

β_j에 대한 구간추정: $[b_j - t_{\alpha/2}\, s_{b_j},\ b_j + t_{\alpha/2}\, s_{b_j}]$, $j = 0, 1, 2, \cdots, k$

3.3 모집단 계수에 대한 검정

독립변수의 개수가 k개이므로 가설검정은 두 가지 방법을 생각해볼 수 있다. 하나는 개별 독립변수가 종속변수에 영향을 주는지, 준다면 어떤 영향을 주는지 검정하는 것이다. 이를 t 검정이라고 한다. 다른 하나는 F 검정이라 불리는데, 추후에 다룬다. 다중회귀분석에서의 가설검정도 제8장에서와 같이 ① 가설의 설정, ② 검정통계량의 선정, ③ 유의수준의 결정, ④ 검정규칙의 결정, ⑤ 검정통계량 계산, ⑥ 가설의 채택/기각 결정의 순서에 따른다.

개별 모회귀계수에 대한 검정(t 검정)

① 가설의 설정

개별 모회귀계수에 대한 검정은 다음의 세 가지 유형이 있다.

$$\begin{cases} \text{Ho}: \beta_j = 0 \\ \text{Ha}: \beta_j \neq 0 \end{cases} \qquad \begin{cases} \text{Ho}: \beta_j \leq 0 \\ \text{Ha}: \beta_j > 0 \end{cases} \qquad \begin{cases} \text{Ho}: \beta_j \geq 0 \\ \text{Ha}: \beta_j < 0 \end{cases}$$

이 세 유형 중 첫 번째 유형에 대해 설명해 보자. 귀무가설인 $\beta_j = 0$은 독립변수 x_j가 종속변수에 영향을 주지 않는다. 혹은 종속변수의 변동을 독립변수 x_j가 설명하지 못한다고 해석할 수 있다. 이때 x_j 이외의 다른 독립변수의 값은 고정되어 있다는 전제에 유의할 필요가 있다. 위 세 가지 유형에서 0 대신에 다른 숫자로 대체할 수 있다.

$$\begin{cases} \text{Ho} : \beta_j = \beta_{j_0} \\ \text{Ha} : \beta_j \neq \beta_{j_0} \end{cases} \qquad \begin{cases} \text{Ho} : \beta_j \leq \beta_{j_0} \\ \text{Ha} : \beta_j > \beta_{j_0} \end{cases} \qquad \begin{cases} \text{Ho} : \beta_j \geq \beta_{j_0} \\ \text{Ha} : \beta_j < \beta_{j_0} \end{cases}$$

② 검정통계량의 선정

단순회귀분석에서와 같이 검정통계량은 $T = \dfrac{b_j - \beta_{j_0}}{S_{b_j}}$ 이다. 다만 자유도가 $n-2$ 대신 $n-k-1$이다.

검정통계량

$$T = \frac{b_j - \beta_{j_0}}{S_{b_j}} \sim t_{n-k-1}$$

③ 유의수준의 결정

유의수준 α를 정한다.

④ 검정규칙의 결정

(i) $\begin{cases} \text{Ho} : \beta_j = \beta_{j_0} \\ \text{Ha} : \beta_j \neq \beta_{j_0} \end{cases}$ 의 경우

자유도가 $n-k-1$이란 점이 다를 뿐, 나머지는 단순회귀분석과 동일하다. [그림 11.18] 의 두 그림 중 왼쪽 그림은 검정통계량으로 b_j를 사용할 때이고, 오른쪽 그림은 검정통계량으로 $T = \dfrac{b_j - \beta_{j_0}}{S_{b_j}}$을 사용할 때이다.

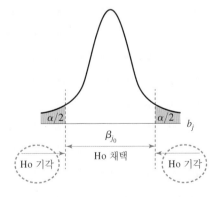 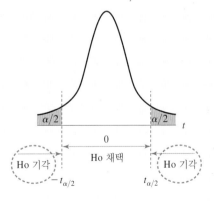

그림 11.18   검정규칙: Ho : $\beta_j = \beta_{j_0}$의 경우

검정통계량 $T = \dfrac{b_j - \beta_{j_0}}{S_{b_j}}$ 을 사용할 때 검정규칙은 다음과 같다.

검정통계량의 값 t가 $\begin{cases} -t_{\alpha/2}\text{와 } t_{\alpha/2} \text{ 사이에 있으면 Ho 채택} \\ t < -t_{\alpha/2} \text{ 또는 } t > t_{\alpha/2} \text{ 을 만족하면 Ho 기각} \end{cases}$

이때 자유도는 $n-k-1$이다. 자유도가 30 이상인 경우에는 임계치 $\pm t_{\alpha/2}$ 대신 $\pm z_{\alpha/2}$을 사용해도 무방하다.

(ii) $\begin{cases} \text{Ho} : \beta_j \le \beta_{j_0} \\ \text{Ha} : \beta_j > \beta_{j_0} \end{cases}$ 와 $\begin{cases} \text{Ho} : \beta_j \ge \beta_{j_0} \\ \text{Ha} : \beta_j < \beta_{j_0} \end{cases}$ 의 경우

이에 대한 검정규칙은 [그림 11.19]에 정리하였다.

$\begin{cases} \text{Ho} : \beta_j \le \beta_{j_0} \\ \text{Ha} : \beta_j > \beta_{j_0} \end{cases}$ 의 경우

• 검정규칙 : 검정통계량의 값 t가
$\begin{cases} t \le t_\alpha \text{를 만족하면 Ho 채택} \\ t > t_\alpha \text{를 만족하면 Ho 기각} \end{cases}$

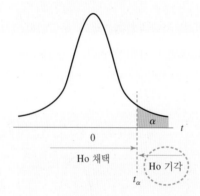

$\begin{cases} \text{Ho} : \beta_j \ge \beta_{j_0} \\ \text{Ha} : \beta_j < \beta_{j_0} \end{cases}$ 의 경우

• 검정규칙 : 검정통계량의 값 t가
$\begin{cases} t \ge -t_\alpha \text{를 만족하면 Ho 채택} \\ t < -t_\alpha \text{를 만족하면 Ho 기각} \end{cases}$

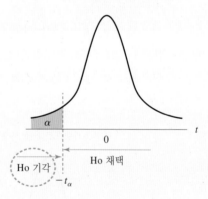

표본크기가 30 이상인 경우에는 임계치 t_α 대신에 z_α를 사용해도 무방하다.

그림 11.19 검정규칙: Ho : $\beta_j \le \beta_{j_0}$ 와 Ho : $\beta_j \ge \beta_{j_0}$ 의 경우

⑤ 검정통계량 계산

표본의 자료를 검정통계량 공식 $T = \dfrac{b_j - \beta_{j_0}}{S_{b_j}}$ 에 대입하여 t값을 계산한다.

⑥ 가설의 채택/기각 결정

임계치와 검정통계량의 값을 비교하여 Ho의 채택 여부를 결정한다.

● 예제 11.18

사용된 자료와 회귀분석 결과는 다음과 같다.

y	x_1	x_2
11	4	3
10	3	6
14	5	9
8	6	3
16	7	6
6	2	9

	계수	표준오차	t 통계량
y 절편	0.7923	5.9413	0.1334
x_1	1.5902	0.8101	1.9630
x_2	0.4809	0.5648	0.8514

독립변수 x_1과 x_2가 각각 종속변수 Y에 영향을 주는지를 유의수준 5%에서 검정하시오.

풀이

우선 독립변수 x_1이 종속변수에 영향을 주는지를 검정해보자.

① 가설의 설정: $\begin{cases} \text{Ho} : \beta_1 = 0 \\ \text{Ha} : \beta_1 \neq 0 \end{cases}$

② 검정통계량의 선정: $T = \dfrac{b_1 - 0}{S_{b_1}} \sim t_{n-k-1}$

③ 유의수준: $\alpha = 5\%$

④ 검정규칙을 그림으로 표현하면

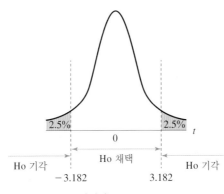

$df = 3$, 임계치 $\pm t_{2.5\%} = \pm 3.182$

⑤ 검정통계량 계산: $t = \dfrac{1.5902 - 0}{0.8101} = 1.9630$

⑥ 가설의 채택/기각 결정: 검정통계량의 값 1.9630이 임계치 ± 3.182의 범위 내에 존재하므로 귀무가설을 채택한다. x_1이 종속변수에게 영향을 준다는 충분한 증거가 없다.

이제 독립변수 x_2가 종속변수에 영향을 주는지를 검정해보자.

① 가설의 설정:
$$\begin{cases} \text{Ho} : \beta_2 = 0 \\ \text{Ha} : \beta_2 \neq 0 \end{cases}$$

② 검정통계량의 선정: $T = \dfrac{b_2 - 0}{S_{b_2}} \sim t_{n-k-1}$

③ 유의수준: $\alpha = 5\%$

④ 검정규칙을 그림으로 표현하면

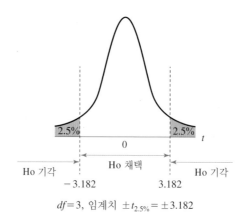

$df = 3$, 임계치 $\pm t_{2.5\%} = \pm 3.182$

⑤ 검정통계량 계산: $t = \dfrac{0.4809 - 0}{0.5648} = 0.8514$

⑥ 가설의 채택/기각 결정: 검정통계량의 값 0.8514가 임계치 ± 3.182의 범위 내에 존재하므로 귀무가설을 채택한다. x_2가 종속변수에게 영향을 준다는 충분한 증거가 없다.

전체 모회귀계수에 대한 동시적 검정(F 검정)

$Y_i = \beta_0 + \beta_1 x_{1i} + \beta_2 x_{2i} + \varepsilon_i$의 회귀모형을 보자. $\beta_1 = \beta_2 = 0$이면 $Y_i = \beta_0 + 0 + 0 + \varepsilon_i$이 된다. 종속변수 Y_i가 변동하면, 이는 독립변수 때문이 아니고 ε_i 때문이다. 그러므로 종속변수의 변동을 두 독립변수 중 어떤 것도 설명하지 못한다. 회귀모형을 사용하는 이유는 독립변수를 통해 종속변수를 좀 더 정확하게 예측하려는 데 있는데, 그런 목적을 전혀 달성하지 못한다. 즉, 회귀모형이 무의미하다. 두 기울기 계수 β_1, β_2 중 하나가 0이 아닌 경우를 보자. 예를 들어 $\beta_1 = 0$이고 $\beta_2 \neq 0$라 하자. 회귀모형은 $Y_i = \beta_0 + 0 + \beta_2 x_{2i} + \varepsilon_i$로 바뀌며, 종속변수 Y_i의 변동을 독립변수 x_{2i}가 설명할 수 있다. 회귀모형을 통해 종속변수에 대한 예측을 개선할 수 있으므로 회귀모형이 유의미하다.

이와 같이 회귀모형이 유의미한지 여부에 대한 검정을 F 검정이라 한다. 이렇게 부르는 이유는 검정통계량 $\dfrac{\text{SSR}/k}{\text{SSE}/(n-k-1)}$가 F분포를 따르기 때문이다. 이때 자유도는 k, $n-k-1$이다.

$$F = \frac{SSR/k}{SSE/(n-k-1)} \sim F_{(k, n-k-1)}$$

F 분포의 모양은 제9장의 [그림 9.7]을 참조하시오.

① 가설의 설정

독립변수가 두 개가 있는 경우, 가설은 다음과 같다.

$$\begin{cases} \text{Ho} : \beta_1 = \beta_2 = 0 \\ \text{Ha} : \beta_1 \neq 0 \text{이거나(또는)} \ \beta_2 \neq 0 \end{cases}$$
　　　　회귀모형이 무의미하다.
　　　　회귀모형이 유의미하다.

일반화하여 독립변수가 k개 있다 하면, 가설은 다음과 같이 바뀐다.

$$\begin{cases} \text{Ho} : \beta_1 = \beta_2 = \cdots = \beta_k = 0 \\ \text{Ha} : \beta_j \text{ 중 하나 이상은 0이 아니다.} \end{cases}$$
　　　　모형이 무의미하다.
　　　　모형이 유의미하다.

이때 유의할 점은 귀무가설에서 0인 경우에 한해 검정할 수 있다는 점이다. 0이 아닌 경우에는 검정할 수 없다.

● 예제 11.19

독립변수가 2개이다. F 검정을 하는 데 설정되는 가설은 ①과 ② 중 어느 것이 맞는가?

① $\begin{cases} \text{Ho} : \beta_1 = \beta_2 = 0 \\ \text{Ha} : \beta_1 \neq 0 \text{이고(그리고)} \ \beta_2 \neq 0 \end{cases}$　② $\begin{cases} \text{Ho} : \beta_1 = \beta_2 = 0 \\ \text{Ha} : \beta_1 \neq 0 \text{이거나(또는)} \ \beta_2 \neq 0 \end{cases}$

풀이

②가 맞다.

② 검정통계량의 선정

F 검정을 할 때 사용하는 검정통계량은 다음과 같다.

$$F = \frac{SSR/k}{SSE/(n-k-1)} \sim F_{(k, n-k-1)}$$

③ 유의수준의 결정

유의수준 α를 정한다.

④ 검정규칙의 결정

채택영역과 기각영역의 위치를 이해하기 위해 다음 예제를 보자.

● 예제 11.20

독립변수가 하나이다. 다음의 두 그림은 산점도와 회귀식을 보여주고 있다.

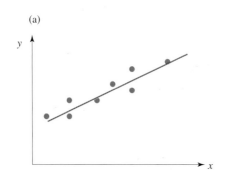

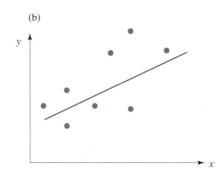

귀무가설과 대립가설은 다음과 같다.

$$\begin{cases} \text{Ho} : \beta_1 = 0 \\ \text{Ha} : \beta_1 \neq 0 \end{cases}$$

(a)와 (b)의 SSR은 동일하다. (a)와 (b) 중 F값이 큰 경우는 어느 것인가? F값이 어느 정도의 크기일 때 귀무가설을 채택/기각할까?

풀이

그림으로 보면 귀무가설은 (a)에서 기각하고 (b)에서 채택할 것이다. 그런데 (a)가 (b)보다 SSE가 작으므로 (a)의 F값이 더 크다. 따라서 귀무가설은 F값이 크면 기각하고 작으면 채택할 것으로 추론된다.

이 예제는 독립변수가 하나인 경우를 다뤘으나 2개 이상인 경우에도 그대로 적용된다. 즉 독립변수가 2개 이상인 경우에도, F값이 작으면 귀무가설을 채택하고 F값이 크면 귀무가설을 기각한다([그림 11.20] 참조).

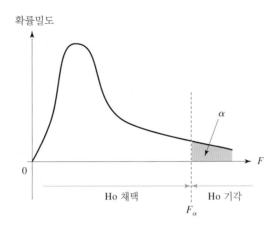

그림 11.20 F 검정의 채택영역과 기각영역

$$\text{검정통계량 } F\text{의 값이} \begin{cases} F \le F_\alpha \text{를 만족하면 Ho 채택} \\ F > F_\alpha \text{를 만족하면 Ho 기각} \end{cases}$$

여기서, F_α는 임계치이다.

⑤ 검정통계량 계산

표본의 자료를 검정통계량 공식 $F = \dfrac{\text{SSR}/k}{\text{SSE}/(n-k-1)}$에 대입하여 F값을 계산한다.

⑥ 가설의 채택/기각 결정

임계치와 검정통계량의 값을 비교하여 귀무가설의 채택 여부를 결정한다.

● 예제 11.21

회귀모형 $Y_i = \beta_0 + \beta_1 x_{1i} + \beta_2 x_{2i} + \varepsilon_i$이 사용한 자료와 분석결과가 다음과 같다.

사용된 자료

y	x_1	x_2
11	4	3
10	3	6
14	5	9
8	6	3
16	7	6
6	2	9

분산분석표

	자유도	제곱합	제곱 평균	F 비	유의한 F
회귀	2	38.8115	19.4057	1.9392	0.2880
잔차	3	30.0219	10.0073		
계	5	68.8333			

F 검정을 통해 회귀모형이 유의미한지 유의수준 5%에서 검정하시오.

풀이

① 가설의 설정: $\begin{cases} \text{Ho}: \beta_1 = \beta_2 = 0 \\ \text{Ha}: \beta_1 \neq 0 \text{ 또는 } \beta_2 \neq 0 \end{cases}$

② 검정통계량의 선정: $F = \dfrac{\text{SSR}/k}{\text{SSE}/(n-k-1)} \sim F_{(k, \, n-k-1)}$

③ 유의수준: $\alpha = 5\%$

④ 검정규칙을 그림으로 표현하면

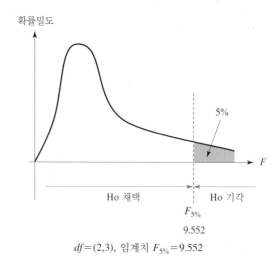

$df = (2,3)$, 임계치 $F_{5\%} = 9.552$

⑤ 검정통계량 계산: $\text{SSR} = 38.8115$, $\text{SSE} = 30.0219$이므로

$$F = \frac{38.8115/2}{30.0219/3} = 1.9392$$

이 값은 분산분석표의 'F 비'에 나와 있다. 19.4057과 10.0073을 각각 MSR(mean regression sum of squares)과 MSE(mean squared error)라고 하며 공식은 다음과 같다.

$$\text{MSR} = \frac{\text{SSR}}{k}, \quad \text{MSE} = \frac{\text{SSE}}{(n-k-1)}$$

분산 분석

	자유도	제곱합	제곱 평균	F 비	유의한 F
회귀	2	38.8115	19.4057	1.9392	0.2880
잔차	3	30.0219	10.0073		
계	5	68.8333			

⑥ 가설의 채택/기각 결정: 검정통계량의 값 1.9392는 임계치 9.552보다 작으므로 귀무가설을 채택한다. 즉, 회귀모형이 유의미하다는 충분한 증거가 없다.

독립변수가 두 개 이상인 경우, t 검정의 가설과 F 검정의 가설은 다르다. 그러나 독립변수가 한 개일 때는 어떨까? 회귀모형이 $Y_i = \beta_0 + \beta_1 x_{1i} + \varepsilon_i$이므로 F 검정의 귀무가설은 Ho : $\beta_1 = 0$이다. t 검정의 귀무가설과 동일하다. 그러면 검정결과도 동일할까? 답은 동일하다이다.

4. 더미변수

경력과 연봉 간의 관계를 파악하기 위해 변호사와 일반 직장인이 섞인 자료를 이용하여 회귀분석해보자. [그림 11.21]의 왼쪽 그림과 같이 경력이 동일한 경우 변호사의 연봉이 일반 직장인의 연봉보다 높게 나타나 있다. 이 자료를 사용하여 회귀분석을 하면 오른쪽과 같은 회귀선이 나온다. 그러나 이 회귀선은 변호사의 경력과 연봉의 관계를 잘 설명하지 못할 뿐 아니라 일반 직장인의 경력과 연봉의 관계도 잘 설명하지 못한다. 이런 현상이 발생한 것은 성향이 다른 2개의 자료를 섞은 상태에서 회귀분석을 했기 때문이다.

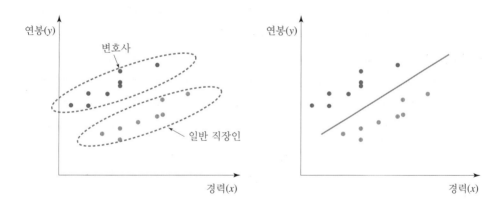

그림 11.21 두 그룹의 경력과 연봉의 관계

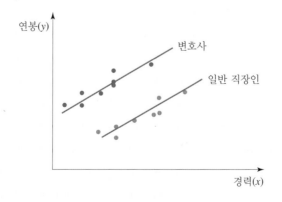

그림 11.22 2개의 회귀식을 사용한 경우

이런 경우 경력과 연봉의 관계를 잘 나타낼 수 있는 회귀식을 구하려면, 가장 먼저 떠오르는 방법은 변호사와 일반 직장인에 대해 별도의 회귀식을 구하는 일이다. [그림 11.22]에서와 같이 변호사에 대한 회귀식과 일반 직장인에 대한 회귀식을 각각 구할 수 있다.

그러나 더 좋은 방법은 **더미변수**(dummy variable)의 이용이다. 더미변수는 다음과 같다.

$$D_i = \begin{cases} 1, \text{ 변호사} \\ 0, \text{ 일반 직장인} \end{cases}$$

이를 사용하면 모회귀모형은 다음과 같다.

$$Y_i = \beta_0 + \beta_1 x_{1i} + \beta_2 D_i + \varepsilon_i$$

이 모회귀모형은 하나임에도 불구하고 두 회귀모형을 내재하고 있다. [그림 11.23]에서 보는 바와 같이 변호사에 대한($D_i = 1$) 회귀식의 y절편이 $\beta_0 + \beta_2$인 반면, 일반 직장인에 대한 ($D_i = 0$) 회귀식의 y절편이 β_0으로 두 회귀식의 간격이 β_2이다.

모회귀모형 : $Y_i = \beta_0 + \beta_1 x_{1i} + \beta_2 D_i + \varepsilon_i$

－변호사의 회귀모형 : $Y_i = \beta_0 + \beta_2 + \beta_1 x_{1i} + \varepsilon_i$

－일반 직장인의 회귀모형 : $Y_i = \beta_0 + \beta_1 x_{1i} + \varepsilon_i$

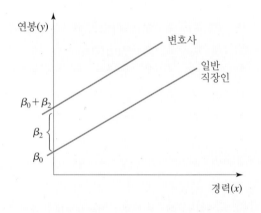

그림 11.23   더미변수를 사용할 때의 회귀모형

더미변수를 사용하면, 변호사와 일반 직장인의 연봉격차가 있는지 검정할 수 있다. 다음의 가설을 보자.

$$\begin{cases} \text{Ho} : \beta_2 = 0 \\ \text{Ha} : \beta_2 \neq 0 \end{cases}$$

y절편의 간격이 β_2이므로는 $\beta_2 = 0$이면 두 회귀식이 동일하고, $\beta_2 \neq 0$이면 두 회귀식의 절편이 다르다는 것을 의미한다. 그러므로 귀무가설은 경력이 동일한 변호사와 일반 직장인의 연봉차이가 없다는 의미이고, 대립가설은 연봉차이가 있다는 뜻이다.

● 예제 11.22

경력이 동일한 변호사와 일반 직장인의 연봉차이가 있는지를 확인하기 위해 자료를 수집하여 다음과 같은 더미변수를 사용하여 회귀분석하였다.

$$D_i = \begin{cases} 1, \text{변호사} \\ 0, \text{일반 직장인} \end{cases}$$

연봉(만원)	경력(년)	직업
5600	2.5	변호사
3200	2.6	일반
3600	3.2	일반
6500	3.5	변호사
7700	4.2	변호사
8200	5.5	변호사
4600	4.5	일반
5400	5.6	일반
6100	6.4	일반
9200	6.8	변호사
8200	9.6	일반

회귀분석 통계량	
다중 상관계수	0.9943
결정계수	0.9886
조정된 결정계수	0.9857
표본오차	234.8101
관측수	11

분산분석

	자유도	제곱합	제곱 평균
회귀	2	38228005	19114002
잔차	8	441086.4	55135.8
계	10	38669091	

	계수	표준오차	t 통계량
y 절편	1206.78	212.157	5.688
x_1	747.941	35.598	21.011
x_2	2867.485	145.126	19.759

주: x_2가 더미변수임

경력이 동일한 변호사와 일반 직장인의 연봉 격차가 있는지 유의수준 5%에서 검정하시오.

풀이

회귀모형은 $Y_i = \beta_0 + \beta_1 x_{1i} + \beta_2 D_i + \varepsilon_i$이다.

① 가설의 설정: $\begin{cases} \text{Ho} : \beta_2 = 0 \\ \text{Ha} : \beta_2 \neq 0 \end{cases}$

② 검정통계량의 선정: $T = \dfrac{b_2 - 0}{S_{b_2}} \sim t_{n-k-1}$

③ 유의수준: $\alpha = 5\%$

④ 검정규칙을 그림으로 표현하면

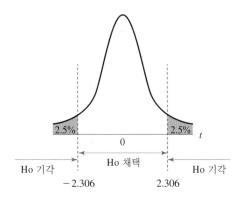

$$df = n - k - 1 = 11 - 2 - 1 = 8, \text{ 임계치 } \pm t_{2.5\%} = \pm 2.306$$

⑤ 검정통계량 계산:

$$t = \frac{2867.485 - 0}{145.126} = 19.759$$

⑥ 가설의 채택/기각 결정: 검정통계량의 값 19.759는 임계치 ±2.306 범위 밖에 존재하므로 귀무가설을 기각한다. 두 집단 간의 연봉차이가 있다는 것이 통계적 판단이다.

여담: 지구의 온도 추이

아래의 왼쪽 그림은 지구표면 온도로, 1951~1980년의 평균에 대비한 온도를 보여주고 있다. 검은 점은 연간평균온도, 빨간 선은 5년 이동 평균선이다. 시간을 독립변수에 놓고 지구 온도를 종속변수로 놓은 다음, 1910년 이후의 자료를 이용하여 회귀선을 도출하면 오른쪽 그림과 같이 나온다.

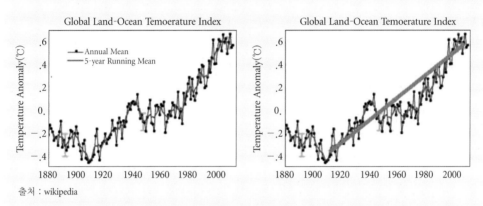

출처 : wikipedia

회귀선이 가파르게 우상향하므로 미래의 지구온도도 가파르게 상승할 것으로 예측할 수 있다. 좀 더 기간을 길게 잡아 보자. 다음 그림은 지난 500만 년 동안의 지구 온도를 보여준다. 이를 바탕으로 회귀선을 도출하면 푸른색 직선으로 나타난다. 이번의 회귀선은 우하향한다. 이로부터 미래의 지구 온도는 낮아질 것으로 예상된다.

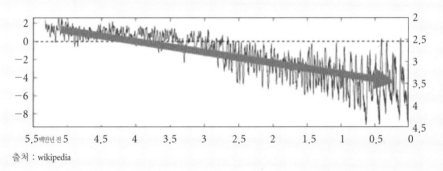

출처 : wikipedia

회귀분석을 할 때, 기간을 얼마나 길게 잡느냐에 따라 회귀 결과가 매우 상이하게 나타날 수 있다는 점을 보았다. 1883년에 출간된 마크 트웨인의 『미시시피강에서의 생활』에서 다음과 같은 글이 있다. 이 글을 읽고 상황을 설명해보길 바란다.

미시시피강 하류는 176년 동안 240마일가량 짧아졌다. 연평균 $1\frac{1}{3}$마일씩 짧아진 셈이다. 시각장애인이나 멍청이가 아니라면 100만 년 전(실루리아기, Old Oolitic Silurian Period)에 미시시피강 하류가 130만 마일이었다는 계산을 할 테고, 그 말은 곧 미시시피강이 멕시코 만까지 낚싯대처럼 길게 뻗어 있었다는 뜻이 된다. 앞으로 742년 뒤에는 미시시피강 하류의 길이가 $1\frac{3}{4}$마일밖에 되지 않으리라는 것도 쉽게 예측할 수 있다. 미시시피강 중간에 위치한 카이로시(cairo, illinois)와 하류 끝에 있는 뉴올리언스가 하나의 도시로 바뀌게 된다. 과학은 참으로 매력적이다. 하찮은 사실에서부터 굉장한 결과를 얻어낼 수 있으니 말이다.

연습문제 문제에 대한 답은 http://blog.naver.com/kryoo에 있습니다.

복습 문제

11.1 상관분석이란 무엇인가?

11.2 모집단과 표본의 상관계수는 어떤 기호로 표기하는가?

11.3 모집단에서 두 확률변수 간에 상관관계가 있는지에 대한 검정을 하려고 한다. 귀무가설과 대립가설을 어떻게 설정해야 하는가? 검정통계량은 무엇인가?

11.4 Y를 예측하려고 한다. 회귀분석을 하지 않는다면 가장 좋은 예측값은 무엇인가? X와 Y의 연관성을 이용하여 Y를 예측하려고 한다면 가장 좋은 예측값은 무엇인가?

11.5 독립변수가 1개이다. 모집단의 회귀모형과 회귀식, 표본의 실젯값과 회귀식은 어떻게 표기하는가?

11.6 모집단의 회귀모형이 $Y_i = \beta_0 + \beta_1 x_i + \varepsilon_i$이다. x_i는 확률변수가 아니다. ε_i는 평균이 0이고 분산이 σ_ε^2인 정규분포를 따른다면 Y_i의 평균, 분산, 분포 모양은 어떻게 되는가?

11.7 좋은 회귀식이란 예측할 때 예측값과 실젯값의 차이가 작은 경우이다. 예측값과 실젯값의 차이를 무엇이라 부르며, 이 차이를 최소로 하려면 어떻게 해야 하는가?

11.8 회귀모형이 얼마나 좋은가 나쁜가를 측정하는 방법은 어떤 것이 있는가?

11.9 모집단 회귀모형에서의 회귀계수를 알지 못하여 표본 회귀계수를 구하려고 한다. 표본 회귀계수는 모집단 회귀계수와 일치하는가?

11.10 회귀분석에서 추정이나 검정은 무엇에 대한 추정과 검정인가?

11.11 모집단 회귀계수에 대한 검정은 크게 두 방법이 있다. 이들을 어떤 검정이라고 부르는가?

11.12 회귀분석에서 추정이라는 용어와 예측이라는 용어가 사용된다. 각각 언제 사용되는가?

11.13 다중회귀분석에서 독립변수는 어떻게 표기하는가?

11.14 다음의 주장에 대해 논평하시오.

"다중회귀분석에서 SEE, 결정계수는 모형의 적정성을 나타내는 지표이다. 결정계수가 0.9면 회귀모형이 좋아 Y의 변동을 x가 잘 설명하고 있다."

11.15 독립변수의 개수가 2인 다중회귀분석을 하려고 한다. F 검정할 때 귀무가설과 대립가설을 설정하고 그 의미를 설명하시오.

응용 문제

11.16 독립변수가 하나일 때, 모집단의 회귀모형과 표본의 회귀모형은 어떻게 표현하는가? 모집단의 회귀모형에 있는 ε을 무엇이라고 부르는가? 표본의 회귀모형에서 ε은 무엇으로 대체되며 이를 어떻게 부르는가?

11.17 다음 세 그림 중 $Y_i = \beta_0 + \beta_1 x_i + \varepsilon_i$의 회귀모형으로 회귀분석을 할 수 있는 경우는 어느 것인가?

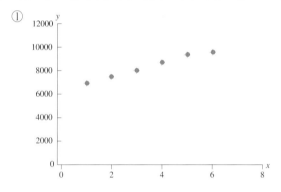

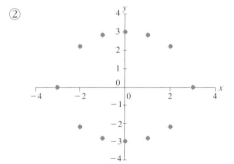

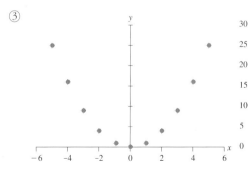

11.18 모형의 성능(적합도)에 관한 다음의 질문에 답하시오.

① 모형의 성능을 판단하는 지표는 무엇인가?

② 표준추정오차(SEE)가 50이라면 모형이 좋다고 말할 수 있는가?

③ 독립변수가 1개일 때, R^2이 0.95라면 모형이 좋다고 말할 수 있는가?

④ 종속변수의 측정 단위를 m에서 cm로 바꿨다면 표준추정오차(SEE)와 R^2의 값은 각각 바뀌는가?

11.19 남자 환자 8명을 대상으로 조사한 결과 키와 몸무게는 다음과 같다. Excel을 이용하여 문제를 풀어 보시오.

키(cm)	170	165	180	172	164	173	169	178
몸무게(kg)	72	61	82	70	63	67	72	82

① x축에 키를, y축에 몸무게를 놓고 산점도를 작성하시오.

② 표본의 상관계수 r의 값은 0.907이다. 모집단에서 상관관계가 있는지 검정하시오(유의수준 ＝5%).

③ 회귀식을 구하고, 기울기계수의 의미를 해석하시오.

④ 키가 몸무게에 영향을 주는지 유의수준 5%에서 검정하시오.

⑤ 결정계수를 구하고, 이 값이 상관계수의 제곱임을 보이시오.

⑥ 회귀식을 사용하여 키가 176 cm일 때 몸무게를 예측하시오. 이 회귀식을 사용하여 몸무게를 예측하면 정확하게 예측할 수 있는가?

⑦ 몸무게의 단위를 g으로 바꾸면 기울기계수, 표준추정오차(SEE), R^2은 각각 어떻게 변하는가?

11.20 최소제곱법은 어떤 제곱합을 최소화하는 것인가? 이 제곱합을 뭐라고 부르며 표준추정오차(SEE)와 어떤 관계가 있는가(독립변수가 하나인 경우)?

11.21 (x, y)가 각각 (4, 10), (6, 7), (5, 2) 등으로 관측되었고, 회귀식이 $\hat{y}=1+2x$이다. x의 값이 4, 6, 5일 때 $\hat{y}$과 e의 값은 각각 얼마인가?

11.22 표본자료를 이용하여 회귀분석한 결과 다음과 같다.

회귀분석 통계량

다중 상관계수	0.67
결정계수	＿＿＿
조정된 결정계수	0.34
표준오차	16.83
관측수	7.00

분산분석

	자유도	제곱합
회귀	1	——
잔차	5	1416.96
계	6	2593.71

	계수	표준오차
y 절편	4.88	16.35
x	5.24	2.57

① 표본의 회귀식을 구하시오.

② 회귀제곱합(SSR)과 결정계수를 구하시오.

③ 모집단의 기울기계수에 대한 점추정값과 95%의 신뢰구간을 구하시오.

④ 유의수준 5%에서 x가 Y에 영향을 주는지를 검정하시오.

⑤ 이 표에서 '다중 상관계수'는 x와 Y의 상관계수의 절댓값이다. 이 값과 결정계수의 관계는 어떻게 되는가?

11.23 우리나라의 프로 배구 경기인 V-리그에서 속공 수와 성공횟수를 분석하기 위해 속공 수가 10회 이상인 게임을 대상으로 조사한 결과, $\hat{y}_i = -1.5 + 0.81 x_i$와 같은 회귀식이 도출되었다. 여기서 x_i는 한 게임에서의 속공 수이고, y_i는 성공횟수이다. 다음의 질문에 답하시오.

① 속공을 20회 시도할 때 성공횟수를 예측하시오.

② 한 회의 속공을 더 시도한다면 성공횟수가 몇 회 늘어날 것으로 예측되는가?

③ 속공 수가 0개일 때 예측하는 것이 의미 있는가?

11.24 단순회귀분석에서의 x_i와 다중회귀분석에서의 x_i의 차이점은 무엇인가?

11.25 회귀모형의 적합도를 측정하는 방법에 대한 다음 질문에 답하시오.

① 다중회귀모형에서 R^2을 사용할 때의 문제점은 무엇인가?

② R^2의 값과 $\bar{R}^2$의 값이 차이가 크게 난다면 그 이유는 무엇인가?

11.26 도출된 표본회귀식이 $\hat{y}_i = 12 + 5.4 x_{1i} + 3.0 x_{2i} - 2.5 x_{3i}$이다.

① 12, 5.4, 3.0, -2.5의 의미를 설명하시오.

② 표본크기가 23이다. t 검정을 할 때 자유도를 구하시오.

③ x_1, x_2, x_3의 값이 각각 2, 3, 1일 때 y의 점예측값은 얼마인가?

11.27 2,000cc급 국산 중고차의 가격을 분석하기 위해 사용연한, SUV 여부, 총주행거리를 독립변수로 하여 자료를 수집하였다.

차량 가격(만 원)	사용연한(연)	SUV 여부	총주행(km)
1,250	6	0	75,000
2,300	1	1	1,200
1,750	3	1	10,500
1,500	2	0	52,000
700	8	0	95,000
1,200	5	1	62,000
2,100	2	1	12,000
1,560	5	0	42,000
1,900	2	0	22,000
1,400	6	0	71,000

주: 차량이 SUV이면 1을 부여하고 아니면 0을 부여

이 자료를 이용하여 회귀분석한 결과 다음과 같다.

회귀분석 통계량	
다중 상관계수	0.959
결정계수	_____
조정된 결정계수	_____
표본 오차	_____
관측수	10

분산분석

	자유도	제곱합	제곱평균	F 비	유의한 F
회귀	3	1824730		_____	0.001
잔차	_____	160310.2			
계		1985040			

	계수	표준오차	t 통계량
y 절편	2320.798	149.342	15.540
x_1	-47.553	53.294	_____
x_2	-98.323	137.836	_____
x_3	-0.012	0.004	_____

주: y는 자동차 가격, x_1은 사용연한, x_2은 SUV 여부(SUV이면 1을 부여), x_3는 총주행거리

① 모집단의 회귀모형은 무엇인가?

② 표본의 회귀식을 구하시오.

③ _____의 빈칸을 채우시오.

④ 모형의 성능(적합도)를 평가하시오.

⑤ x_1, x_2, x_3의 기울기계수에 대한 95% 신뢰구간을 구하시오.

⑥ 개별 독립변수가 중고차 가격의 변동을 설명하는지 검정하고, 이들 세 독립변수가 총괄적으로 중고차 가격의 변동을 설명하는지(회귀모형이 유의미한지) 검정하시오(유의수준 5%).

⑦ 사용연한이 3년, SUV가 아니고, 총주행거리가 40,000 km인 2,000cc급 국산 중고차의 가격은 얼마로 예측되는가?

11.28 마라톤대회에 참석한 일반인을 대상으로 남녀의 완주 시간에 차이가 있는지 검정하기 위해 완주 시간이 5시간 30분 이하인 마라토너를 대상으로 조사한 결과가 다음과 같다.

(단위: 시간)

여성	4.30	4.32	4.51	4.67	4.80
	4.86	4.90	5.10	5.24	5.29
남성	2.56	2.90	2.96	3.10	3.50
	3.56	3.78	4.20	4.21	4.92

① 제9장에서의 방법을 사용하여 두 모집단 평균이 다른지 유의수준 5%에서 검정하시오(두 모집단 분산이 동일하다고 가정하시오).

② $Y_i = \beta_0 + \beta_1 D_i + \varepsilon_i$, $D_i = \begin{cases} 1, \text{남성} \\ 0, \text{여성} \end{cases}$ 의 회귀모형을 이용하여 표본 회귀식을 구하고, 남녀 간에 차이가 있는지 유의수준 5%에서 검정하시오.

③ ①과 ②에서의 검정통계량과 임계치가 각각 일치하는가?

④ 유의수준 5%에서 F 검정을 하시오.

11.29 다음의 분산분석표를 보고 F 검정을 하려고 한다. 귀무가설, 대립가설을 설정하고 유의수준이 얼마 이상이어야 귀무가설을 기각하는가?

분산분석

	자유도	제곱합	제곱평균	F 비	유의한 F
회귀	1	132.071	132.071	98.613	0.010
잔차	2	2.679	1.339		
계	3	134.750			

11.30 다음의 자료를 이용하여 Excel로 회귀분석을 하려고 한다. 독립변수는 1개이다. 기울기계수에 대한 t값의 제곱이 F값과 같음을 보이시오. 또한 기울기계수의 p-값이 '유의한 F'와 동일하다는 것을 보이시오.

y	x
11	4
10	3
14	5
8	6
16	7
6	2

11.31 (고난이) 어느 증권사가 자신이 운용하는 펀드의 수익률을 종속변수로, KOSPI 수익률을 독립변수로 하여 회귀분석한 결과 $\hat{y}_i = 0.3\% + x_i$의 회귀식을 얻었다. 절편계수에 대한 다음과 같은 검정이 의미가 있는가?

$$\begin{cases} \text{Ho} : \beta_0 = 0 \\ \text{Ha} : \beta_0 \neq 0 \end{cases}$$

CHAPTER 12

기계학습

인간이 경험이나 학습을 통해 작업 능력을 향상시키는 것처럼, 컴퓨터가 스스로 학습을 하면서 작업 능력을 향상시키는 학문 분야를 기계학습(Machine Learning)라 한다. 기계학습은 2000년대 들어 급격한 발전을 이루게 되었다. 알파고가 바둑기사 이세돌을 이기면서 기계학습의 위력을 우리에게 알려 주었다.

Ⅰ 표본의 유형

모집단에서 표본을 추출하면, 이 표본 전체를 이용하여 통계분석을 수행해왔다. 제11장의 회귀분석이란 기법을 수행하기로 정했다면, 추출된 표본 전체에서 회귀모형을 도출한다. 표본 전체를 사용하는 이유는 표본크기를 최대로 하기 위해서이다. 그러나 기계학습에서는 한가지 기법만을 사용하지 않는다. 한 표본에서 다양한 기법을 활용했다면, 이 기법 중 하나를 선택해야 하는데 이를 위한 다른 표본이 필요하다. 다양한 기법을 동원해 다양한 모형을 만들 때 필요한 표본을 **훈련용 표본**(training sample)이라 한다. 여러 모형 중에서 하나를 선택할 때 필요한 표본을 **검증용 표본**(validation sample)이라 한다. 검증용 표본에서 하나의 모형이 선택되면, 이 모형의 성능을 평가하기 위한 표본을 **테스트용 표본**(test sample)이라 한다. 결국 추출된 표본은 훈련용 표본, 검증용 표본, 테스트용 표본의 셋으로 나뉜다.

Ⅱ CART와 로지스틱 함수

Y를 예측할 때, 이와 관련된 다른 변수를 활용하면 좀 더 정확하게 예측할 수 있다. 기계학습은 이런 방법을 자주 활용한다. 회귀분석도 Y를 예측할 때 다른 변수인 x를 사용하므로 기계학습에서 활용되는 기법 중 하나이다. 특히 종속변수가 연속적인 수치를 취하는 경우에는 더욱 그렇다. 그러나 강아지인가 고양이인가, 암인가 아닌가, 0 또는 1인가의 구분은 연속적이 아니므로 기존의 회귀분석을 활용하기 어렵다. 다른 방법을 활용하는 것이 더 바람직하다. 다음의 간단한 사례를 보자.

종양의 크기와 암 여부의 관계를 파악하기 위해, 종양을 갖고 있는 11명의 환자를 대상으로 조사한 결과는 다음과 같다.

종양 크기(cm)	0.5	0.8	1	1.2	1.5	1.8	2	2.5	2.6	3	3.5
암 여부	아님	아님	아님	아님	암	아님	암	아님	암	암	암

'아님'은 암이 아님을, '암'은 암임을 나타낸다. '아님'과 '암' 대신 각각 0과 1을 부여하면 다음 그래프와 같이 시각적으로 나타낼 수 있다.

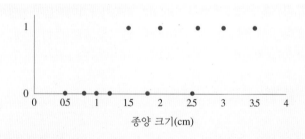

그림 12.1 종양 크기와 암의 관계

종양 크기가 2.0 cm일 때 암으로 판정해야 하나? 이런 질문에 답할 때 간편한 방법은 다음과 같이 구획을 나누는 것이다.

[그림 12.2]에서 종양 크기를 1.2 cm 미만, 1.2~2.55 cm 미만, 2.55 cm 이상의 3구획으로 나눴다. 1.2 cm 미만에서 관찰점 4개 중 0개가, 1.2~2.55 cm의 구간에서 4개 중 2개가, 2.55 cm 이상의 구간에서 3개 중 3개 모두 암이다. 그러므로 종양의 크기에 따라 암일 확률을 구간별로 각각 0%, 50%, 100%로 판정한다. 결국 2.0 cm라면 암일 확률이 50%라고 판정하면 된다.

이를 [그림 12.3] 같은 결정트리(decision tree)로 만들 수 있다. 이 그림에서 '종양 크기 <1.2'라고 쓰인 노드(node)에서 종양 크기가 "1.2보다 작은가?"라는 물음에 "그렇다"라

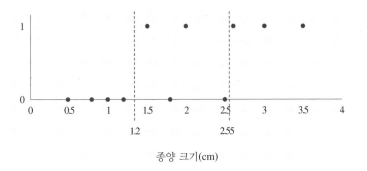

그림 12.2 구획으로 나누기

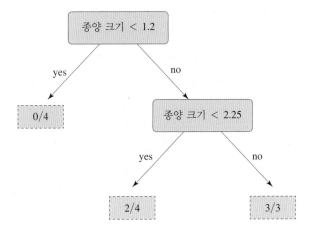

그림 12.3 결정트리

면 yes의 화살표를 따라가고, "아니다"라면 no의 화살표를 따라간다. 0/4란 관찰점 4개 중 0개가, 2/4는 관찰점 4개 중 2개가 암이란 뜻이다. 이런 방법을 **CART**(classification and regression tree)라 부른다.

만약 종양의 크기가 2.0 cm이면 암일 확률이 50%(=2/4)라고 판정한다. 이 방법은 구획의 경계에 따라 결과가 바뀐다는 문제점이 있다. 이보다 진보된 방법은 회귀분석의 활용이다. 종양 크기를 독립변수 x로, 암 여부를 종속변수 y로 놓고 회귀선을 구하면 $\hat{y} = -0.213 + 0.360x$이 나온다. 이 식이 [그림 12.4]에서 빨간 직선으로 표시되어 있다.

이 회귀식을 이용하면 종양의 크기가 2 cm일 때 $\hat{y}$의 값이 0.507이 나온다. $\hat{y}$의 값은 $Y=1$일 확률, 즉 $P(Y=1)$으로 해석한다. 따라서 종양의 크기가 2 cm라면 암일 확률은 50.7%이다. 그러나 이 회귀분석은 완벽하지 않다. 위 회귀식을 이용하여 종양 크기가 0.3 cm인 경우에 $\hat{y}$의 값이 $-0.105(=-0.213+0.360(0.3))$가 나온다. 암일 확률이 -10.5%라고 해석해

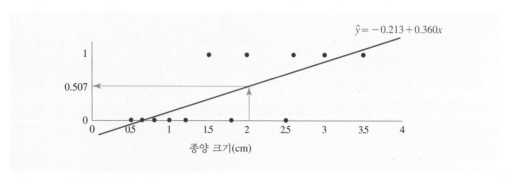

그림 12.4 선형회귀분석의 결과

야 하는데, 확률은 0 미만이 나올 수 없으므로 해석이 불가능하다.

이 문제는 회귀선을 직선으로 했기 때문이다. 만약 다음과 같이 비선형으로 구하면 문제가 해결된다.

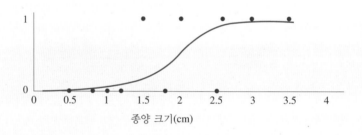

그림 12.5 비선형회귀선을 이용한 경우

이 빨간 곡선을 **로지스틱**(logistic) 함수라 부르며, 그 식은 다음과 같다.

$$y = \frac{1}{1 + e^{-(\beta_0 + \beta_1 x)}}$$

이 함수의 y값은 0 미만이나 1을 초과하지 않는다. 어려운 소프트웨어를 사용하지 않고 이 함수를 구하는 방법이 있다. Google의 검색창에서 stats.blue를 입력한 후, Logistic Regression Calculator(Single and Multiple)을 클릭한다. [그림 12.6]의 왼쪽처럼 데이터를 입력하면, 가운데 그림과 같이 모형과 그래프를 볼 수 있다. β_0, β_1의 추정값은 각각 -4.2192, 2.1362이다. 오른쪽 그림으로부터 종양 크기가 0.5 cm, 0.8 cm, …, 3.5 cm일 때 암일 확률이 각각 4.10%, 7.51%, …, 96.29%라고 예측하고 있다.

지금까지 독립변수가 1개인 경우를 다뤘으나, 그 수를 늘릴 수 있다. 다음 [그림 12.7]은 독립변수로 환자의 나이를 추가하였다. 여기서 0과 1은 각각 '암 아님'과 '암임'을 뜻한다.

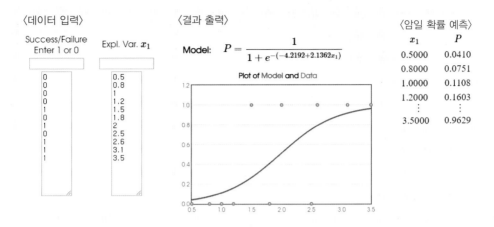

그림 12.6 stats.blue에서 로지스틱 함수 구하기

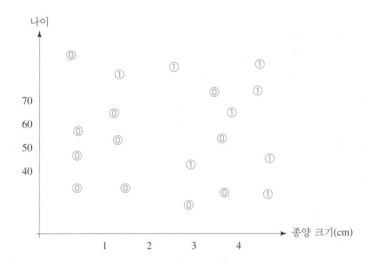

그림 12.7 독립변수로 나이 추가

독립변수가 두 개인 경우에도 로지스틱 함수로 표현된 회귀식을 구할 수 있다. 앞에서 소개한 stats.blue에서 독립변수를 추가('Add Predictor' 클릭)하면 된다. 이 장의 끝에 소프트웨어 R을 사용하여 로지스틱스 함수를 구하는 방법을 제시한다. 구획으로 나누거나 CART를 활용할 수도 있다.

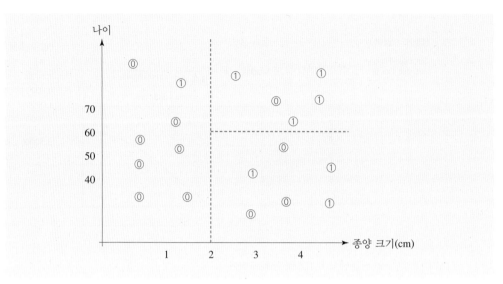

그림 12.8 구획으로 나누기: 독립변수 2개의 경우

● 예제 12.1

[그림 12.8]을 결정트리로 만들고, 나이가 50인 환자의 종양의 크기가 2.5cm이라면 암일 확률을 계산하시오.

[풀이]

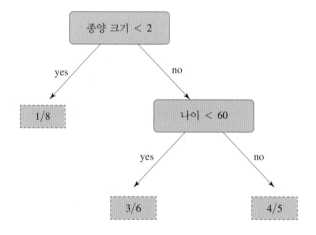

관찰점 6개 중 3가지의 경우가 암이므로 암일 확률은 50%이다.

만약 [그림 12.8]보다 좀더 세분화한다면 암 여부를 명확하게 파악할 수 있을까? 다음 그림을 보자.

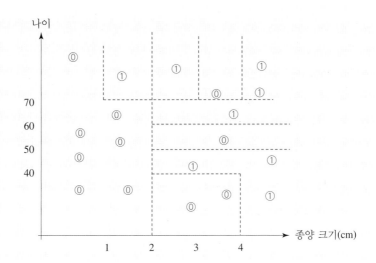

그림 12.9 구획을 세분화하기

이 그림처럼 빨간 점선을 추가하여 세분화하면, 암 여부에 대해 명확히 답할 수 있다. 예를 들어 70세 이상이고 종양 크기가 2~3 cm이면, 환자 1명 중 1명이 암이므로 암일 확률은 100%라 판정한다. 40세 미만이고 종양의 크기가 2~4 cm이면, 환자 2명 중 모두가 암이 아니므로 암일 확률이 0%라 판정한다. 암 여부를 명확히 판정할 수 있어, [그림 12.8]의 1/8, 3/6, 4/5처럼 애매하지 않아 좋아 보인다. 그러나 이렇게 세분화하는 게 마냥 좋은 것은 아니다.

[그림 12.7]은 표본 자료이고, 모집단은 [그림 12.10]이라고 가정해보자.

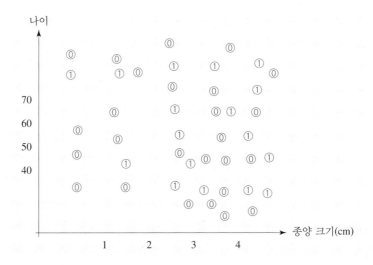

그림 12.10 모집단

이 모집단에서 다른 표본이 [그림 12.11]과 같이 추출되었다 가정해보자.

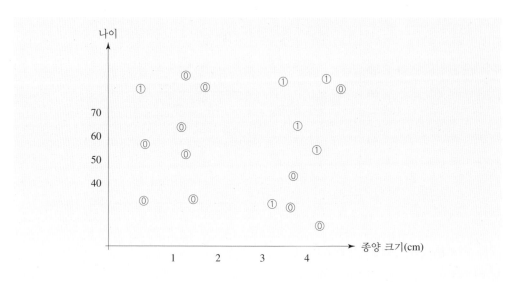

그림 12.11 다른 표본

이 표본에 [그림 12.8]과 [그림 12.9]의 구획을 적용하면 다음과 같다.

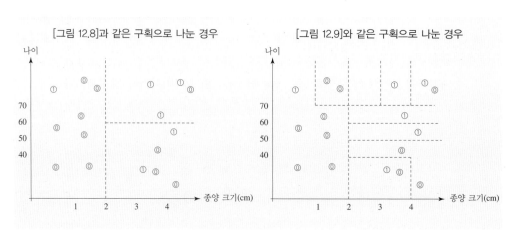

그림 12.12 앞에서의 구획을 다른 표본에 적용한 경우

원래 표본([그림 12.7])과 다른 표본([그림 12.11])을 비교해보자. [그림 12.13]에서 빨간색은 원래 표본에서의 확률이고, 파란색은 다른 표본에서의 확률이다. 구획을 세분화하지 않은 왼쪽의 경우, 암일 확률이 원래 표본에서 1/8, 4/5, 3/6으로 다른 표본의 1/8, 3/4, 2/5와 큰 차이를 보이지 않는다. 그러나 구획을 세분화한 경우(오른쪽 그림)에는 확률의 차이가 크게 나타나는 경우가 많다. 예를 들어 70세 이상이면서 종양의 크기가 1~2 cm의 경

우, 암일 확률이 원래 표본에서 100%(=1/1)인 반면 다른 표본에서 0%(=0/2)이다.

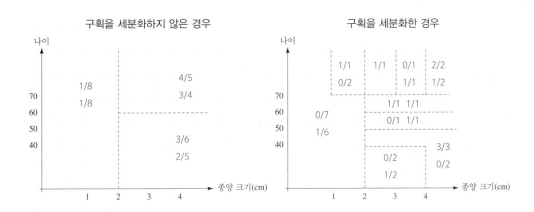

그림 12.13 확률을 비교하면

이 그림으로부터, 세분화하면 한 표본에서 암 여부에 대해 분명히 답할 수 있으나, 다른 표본에서 잘 맞지 않을 가능성이 높다는 것을 파악했다. 구획 세분화의 정도를 **복잡도**(complexity)라 부르는데, 복잡도는 [그림 12.9]가 [그림 12.8]보다 높다.

Ⅲ 복잡도, 과대적합, 과소적합

복잡도에 대한 설명은 함수로도 설명할 수 있다. 다음의 세 함수를 보자. 왼쪽은 직선형태인 $y = a_1x + b$의 함수로 두 개의 항을 포함한다. 가운데는 2차함수로 세 개의 항이, 오른쪽은 7차 함수로 여덟 개의 항을 포함한다. 항이 많거나 함수의 차수가 높으면 복잡도가 높다고 말한다. 따라서 이 그림에서 왼쪽의 복잡도가 가장 낮고 오른쪽의 복잡도가 가장 높다.

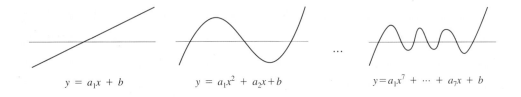

$$y = a_1x + b \qquad y = a_1x^2 + a_2x + b \qquad \cdots \qquad y = a_1x^7 + \cdots + a_7x + b$$

그림 12.14 함수의 형태에 따른 복잡도

몸무게와 키의 관계가 모집단에서 [그림 12.15]의 왼쪽과 같고, 이들의 정확한 관계는 오른쪽의 녹색 곡선과 같다고 가정하자.

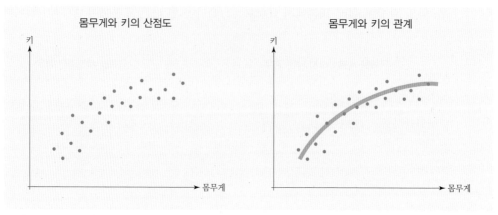

그림 12.15 몸무게와 키의 관계: 모집단

이 모집단에서 [그림 12.16]의 왼쪽과 같이 표본이 추출되었고, 도출된 관계식 1과 관계식 2를 비교하자.

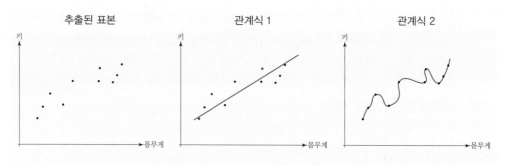

그림 12.16 몸무게와 키의 관계: 표본

관계식 1은 $y = a_1x + b$의 형태이고, 관계식 2는 $y = a_1x^7 + \cdots + a_7x + b$의 형태이다. 따라서 관계식 1의 복잡도가 낮고 관계식 2의 복잡도가 높다. 반면, 모집단의 관계식([그림 12.15]의 오른쪽)의 복잡도는 중간이다. 표본에서 추정오차를 비교하면, 관계식 1이 큰 반면, 관계식 2가 작다. 이 표본에서 관계식 2는 완벽한 모델이다. 그러나 다른 표본에서는 어떨까? 다른 표본에서 관계식 1의 추정오차는 크게 차이가 없겠으나, 관계식 2의 추정오차는 매우 클 것이다. 그러므로 복잡도가 높으면 해당 표본에서의 추정오차가 작으나 다른 표본에서의 추정오차가 클 가능성이 높다. 이처럼 복잡도가 지나치게 높은 경우를 **과대적합**(overfitting)이라 하고, 복잡도가 지나치게 낮은 경우를 **과소적합**(underfitting)이라 한다.

Ⅳ 과대적합을 해소하는 방법

기계학습에서 과대적합의 현상이 자주 나타나므로, 이를 해소하는 일이 중요한 과제이다. 이 방법 중 하나는 **교차검증**이다.

1. 교차검증

다음 그림에서 긴 네모가 훈련용 표본과 검증용 표본의 합이다.

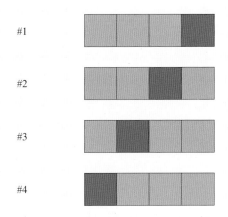

그림 12.17　교차검증 사례

　이 합을 4등분으로 나눈다. 이 중 3등분은 훈련용 표본으로, 나머지 1등분은 검증용 표본으로 정한다. 전자는 푸른색, 후자는 빨간색으로 표시되어 있다. #1의 경우, 왼쪽의 3부분이 훈련용 표본이고 맨 마지막 부분이 검증용 표본이다. #2의 경우, 3번째 부분이 검증용 표본이고 나머지가 훈련용 표본이다. #1의 훈련용 표본에서 [그림 12.16]의 관계식 2와 같은 과대적합한 모형이 잘 작동할 수 있겠지만 #2, #3, #4의 훈련용 표본에서 제대로 작동하지 않을 가능성이 높다. #1~#4의 네 경우 모두에 작동하는 모형을 구하면 과대적합을 상당히 피할 수 있다. 이런 방법을 **k-fold 교차검증**(cross validation)이라 한다. 이 사례에서 k는 4이다.

2. Lasso 회귀분석

과대적합을 해소하는 다른 방법으로 **Lasso 회귀분석**이 있다. 다음의 대괄호 안에 있는 값을 최소화하는 계수 b_0, b_1, ⋯, b_k를 구하는 기법이다.

$$\underset{b_0, \cdots, b_k}{Minimize} \left[\sum_{i=1}^{n} (y_i - \hat{y}_i)^2 + \lambda \sum_{j=1}^{k} |b_j| \right]$$

이 식은 357쪽의 최소제곱법에 $\lambda \sum_{j=1}^{k} |b_j|$이 추가되어 있다. 대괄호의 값을 최소화해야 하므로, 이 항은 벌점인 셈이다. $\lambda=0$이면 제11장의 최소제곱법과 동일하다. $\lambda>0$라면, 독립변수의 개수(k)에 의해 대괄호의 값이 바뀐다. 독립변수를 새로 추가하면 $\sum_{i=1}^{n} (y_i - \hat{y}_i)^2$가 작아지나 벌점 항인 $\lambda \sum_{j=1}^{k} |b_j|$가 커진다. 반대로 독립변수 하나를 삭감하면 $\sum_{i=1}^{n} (y_i - \hat{y}_i)^2$가 커지나 벌점 항인 $\lambda \sum_{j=1}^{k} |b_j|$가 작아진다. λ의 역할을 알아보기 위해 다음 예를 들어 보자. 편의를 위해 관찰점 수가 2이다.

y	x
5	1
8	2

이 자료는 다음 그림에서 점으로 표시되어 있다.

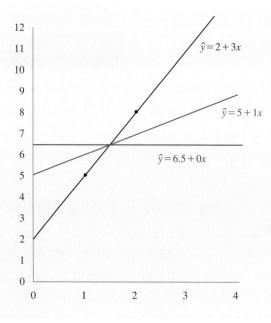

그림 12.18 λ값에 다른 회귀선

$\lambda=0$(최소제곱법)으로 회귀선을 구하면, $\hat{y}=2+3x$이며 검은색으로 표시되어 있다. $\lambda=1$로 하면 $\hat{y}=5+1x$이 도출되며, 파란색 선으로 표시되어 있다. $\lambda=2$로 하면 $\hat{y}=6.5+0x$가 도출되며, 빨간색 선으로 표시되어 있다.[1] λ가 크면 기울기계수의 값이 작아짐을 확인할 수

---

1 소프트웨어 R을 활용하는 방법은 이 장의 끝에 있다.

있다. 마침내 계수가 0이 되면 독립변수를 제거할 수 있다. 독립변수의 제거는 독립변수가 여러 개인 사례에 더 적합하나, 이런 사례를 그림으로 표현할 수 없어 생략한다. 이 그림은 Lasso 회귀분석으로 독립변수의 수를 줄이는 방법을 보여준 경우로 이해하자.

V 분석기법

1. Support Vector Machine (SVM)

다음의 왼쪽 그림은 종양 크기와 나이에 따라 암 여부를 보여준다. 여기서 1은 '암임', 0은 '암 아님'을 뜻한다.

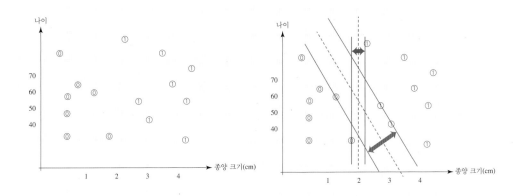

그림 12.19   SVM 사례

[그림 12.19]의 오른쪽 그림을 보자. 1과 0의 양끝단을 지나게 직선을 설정하고 경계로 삼는다. 이 그림에서 빨간색 실선으로 표시했다. 두 빨간색 선의 중간에 빨간색 점선이 있다. 이 점선을 기준으로 판정의 경계로 삼는다. 관찰점이 이보다 왼쪽에 있으면 암이 아니고 오른쪽에 있으면 암이라고 판정한다. 경계를 파란색 선으로도 설정할 수 있는데, 빨간색 선과의 차이는 그 폭에 있다. 이 폭을 margin이라 부르는데, 이를 최대한 넓도록 잡는 게 좋다. 따라서 파란색 선보다 빨간색 선이 더 좋은 방법이다.

[그림 12.19]에 관찰점 한 개를 추가한 [그림 12.20]을 보자. 이 점은 굵게 표시되어 있다. 이 경우 파란색 점선으로 구분하면 판정의 오류가 하나도 없으나, 빨간색 점선으로 구분하면 판정의 오류가 발생한다. 판정오류와 margin 중 어느 것을 더 중시할 것인가는 분석가의 판단에 달려 있다.

[그림 12.21]의 왼쪽 그림은 투약의 용량에 따른 약효 여부를 보여주고 있다. 이 그림에서 보는 바와 같이 용량이 작으면 약효가 없고 커도 약효가 없다. 적절한 용량이어야 약효

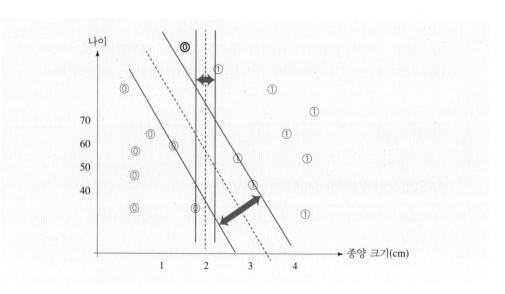

그림 12.20 SVM 사례 II

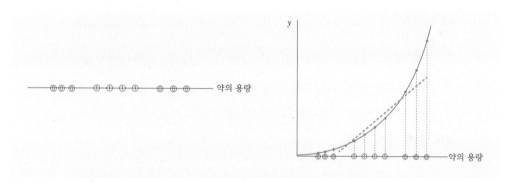

그림 12.21 SVM 사례 III

가 있다. 1과 0은 각각 '약효 있음'과 '약효 없음'이다. 이런 경우 하나의 직선으로 0과 1을 구분하는 게 불가능하다.

그러나 오른쪽 그림처럼 $y = (약의 용량)^2$의 함수를 이용하면 초록색 점선으로 구분할 수 있다.

2. K-nearest Neighbor (KNN)

KNN은 가장 가까운 K개의 자료를 이용한다. 다음의 왼쪽 그림에서 파란색 점의 암 여부를 판정해보자.

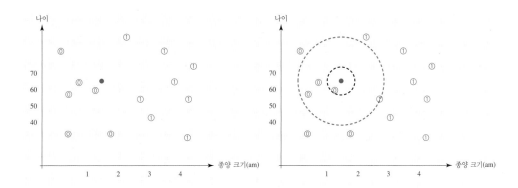

그림 12.22   KNN 사례

오른쪽 그림에서 파란색 점을 원점으로 삼고 원을 그린다. 이 원을 확대하면 더 많은 관찰점을 포함한다. 검은색 점선은 자료 하나만을 포함하므로 $K=1$이다. 이 자료의 값이 0이므로 파란색 점은 암이 아니라고 판정한다. $K=4$로 하면 원 안에 4개의 자료를 포함해야 하므로 빨간색 점선의 원이 도출된다. 이 안에 0이 세 개이고 1이 한 개이다. 이런 경우 다수결의 원칙에 따라 암이 아니라고 판정한다.

3. 투표기반 분류

하나의 기계학습 방법으로 결과가 나왔다고 하여 이를 확신하기 힘들다. 다른 방법으로 다른 결과가 나올 수 있기 때문이다. 다양한 방법으로 수행하고, 가장 빈도가 많은 결과로 판정하는 방법을 **투표기반 분류**(voting classifier)라 한다. 예를 들어 로지스틱 함수, SVM, CART에 의하면 암으로 판정되고 KNN에 의해 암이 아니라고 판정한다면, 3:1이므로 암으로 판정한다.

4. K-means Clustering

클러스터링(clustering)이란 분석 대상을 몇 개의 그룹으로 나누는 기법이다. 백화점에서 구매액, 연령, 성별 등으로 그룹을 나눠 특성을 비교하는 예를 들 수 있다. 유사한 특성을 지닌 것끼리 동일한 그룹에 배치하고, 특성이 상이한 것은 다른 그룹에 배치한다. 이 방법 중 하나가 **k-means clustering**이다. 이 개념에 대한 이해를 돕기 위해 0, 1, 3, 4, 6, 9, 10를 2개의 그룹($K=2$)으로 나누되, 거리가 가까운 것끼리 그룹을 형성하자. 우선 2개의 점을 무작위로 선택한다. 이 점이 1, 3인 경우를 보자. 이 점은 다음 그림에서 검은 동그라미로 표시했다.

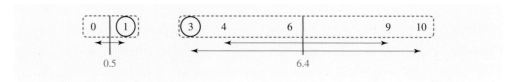

그림 12.23 2-means clustering 방법 I

1과 좀더 가까운 숫자를 1의 그룹에 포함하고 3과 좀더 가까운 숫자를 3의 그룹에 포함하면, (0, 1), (3, 4, 6, 9, 10)의 두 그룹으로 나뉜다. 두 그룹의 평균은 각각 0.5, 6.4이다. 동일 그룹 내에서 관찰점과의 편차를 구한 후, 제곱하면 각각 $(0-0.5)^2+(1-0.5)^2=0.5$, $(3-6.4)^2+(4-6.4)^2+(6-6.4)^2+(9-6.4)^2+(10-6.4)^2=37.2$이고, 합은 37.7이다. 이 합을 **편차제곱합**이라 부른다.

다시 다른 2개의 점을 무작위로 선택한다. 이 점을 0, 9라 하자. 다음 그림에서 검은 동그라미로 표시했다.

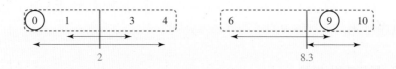

그림 12.24 2-means clustering 방법 II

1, 3, 4는 9보다 0이 더 가까우므로 0과 동일한 그룹에 포함하고, 6, 10은 9와 더 가까우므로 9와 동일한 그룹에 포함한다. (0, 1, 3, 4)와 (6, 9, 10)의 두 그룹으로 나눠지는데 평균은 각각 2와 8.3이다. 앞의 동일한 방법으로 편차제곱합을 계산하면 18.67이 나온다. 이와 같이 임의의 두 점을 여러 차례 선택한 후 그 중 편차제곱합이 가장 작게 나온 경우를 최종 결과물로 선정한다. 편이를 위해 두 차례만 선택한다면 편차제곱합은 37.7과 18.67이므로 최종적으로 (0, 1, 3, 4)와 (6, 9, 10)의 그룹으로 나눈다.

K-means Clustering은 앞에서 배운 로지스틱 함수, SVM, CART 등과 차이가 있다. 전자는 종속변수 없이 분석하는 반면, 후자는 종속변수와 함께 분석했다. 종속변수 없이 분석하는 기계학습을 **비지도학습**(unsupervised learning), 후자와 같은 기계학습을 **지도학습**(supervised learning)이라 부른다. K-means Clustering은 비지도학습의 대표적인 예이다.

5. 덴드로그램

0, 1, 3, 4, 6, 9, 10의 사례를 다시 보자. 다음 그림을 보자.

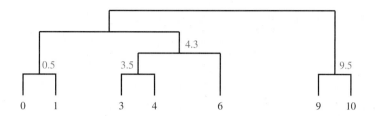

그림 12.25　덴드로그램의 사례

　　0, 1, 3, 4, 6, 9, 10에서 (0, 1), (3, 4), (9, 10)이 가장 가까우므로, 이들을 먼저 하나의 그룹으로 묶는다. 이들의 평균은 각각 0.5, 3.5, 9.5이며, 빨간색으로 표시했다. 그룹 간의 거리 측정은 평균을 사용한다. 예를 들어 (0, 1)과 (3, 4)의 거리는 3(=3.5-0.5)이고, (0, 1)과 6의 거리는 5.5(=6-0.5)이다. 평균 0.5, 3.5, 9.5와 그룹으로 묶이지 않은 6 중에서, 3.5와 6이 가장 가까우므로 이를 묶는다. 평균은 4.3이다. 파란색으로 표시했다. 0.5, 4.3, 9.5 중에서 가장 가까운 숫자는 0.5와 4.3이므로 이를 묶는다. 이와 같은 그래프를 **덴드로그램**(dendrogram)이라 한다. 이 그래프는 그룹을 시각적으로 보여주는 장점이 있다. 두 그룹으로 나눈다면 (0, 1, 3, 4, 6)과 (9, 10)이다. 세 그룹으로 나눈다면 (0, 1), (3, 4, 6), (9, 10)이다. 네 그룹으로 나눈다면 (0, 1), (3, 4), (6), (9, 10)이다.

6. 신경망

인간의 육체에 수많은 세포가 존재하는 데 이 중 약 10%가 신경세포(neuron)로 약 1,000억 개 정도이다. 이 세포는 입력된 신호를 받아 저장하다가 출력 신호를 다른 신경세포로 전달한다. 이와 유사한 구조의 기계학습 기법을 **신경망**(neural network)이라 한다. 다음 그림은 간단한 예이다.

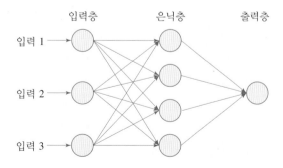

그림 12.26　신경망 구조

입력이 들어오는 층을 **입력층**(input layer), 출력이 되는 층을 **출력층**(output layer), 중간 과정에 있는 층을 **은닉층**(hidden layer)이라 부른다. 이 그림에서 입력층에 3개의 노드가 있고, 이곳에 정보가 입력되면 은닉층을 거쳐 출력층으로 이동한다. 은닉층은 이 그림에서 한 개나 여러 개일 수 있다. 은닉층의 수는 사전에 정한다. 각 층의 노드 수도 사전에 정한다. 은닉층 수가 많은 경우를 **딥러닝**(deep learning)이 한다. 신경망의 장점을 이해하기 위해 다음 그림을 보자.

$$y_A = \begin{cases} 1, & x_1 과 \ x_2 \ 중 \ 하나 \ 이상이 \ 1인 \ 경우 \\ 0, & 그 \ 외의 \ 경우 \end{cases}$$

	x_1	x_2	y_A값
①	0	0	0
②	0	1	1
③	1	0	1
④	1	1	1

$$y_B = \begin{cases} 1, & x_1 과 \ x_2 \ 모두가 \ 1인 \ 경우 \\ 0, & 그 \ 외의 \ 경우 \end{cases}$$

	x_1	x_2	y_B값
①	0	0	0
②	0	1	0
③	1	0	0
④	1	1	1

그림 12.27 논리함수의 사례

x_1와 x_2는 0 또는 1의 수를 취한다. 이 그림의 왼쪽에서 x_1과 x_2 중 하나 이상이 1이면 y_A는 1을 취하고, 모두 0이면 y_A가 0을 취한다. 오른쪽은 x_1과 x_2 모두가 1이면 y_B는 1을 취하고, 나머지의 경우에는 0을 취한다. SVM을 활용하면 다음과 같이 빨간 점선으로 경계를 나눌 수 있다.

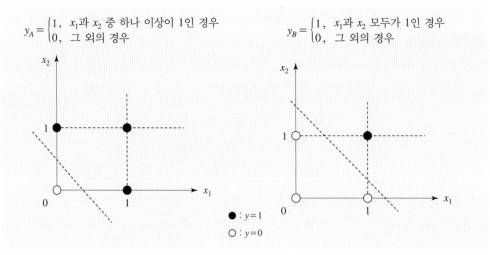

그림 12.28 논리함수를 SVM으로 처리

만약 함수가 다음과 같다면 앞의 그림처럼 하나의 빨간색 점선으로 경계를 나눌 수 있을까?

$$y = \begin{cases} 1, & x_1 \text{과 } x_2 \text{의 값이 다른 경우} \\ 0, & x_1 \text{과 } x_2 \text{의 값이 같은 경우} \end{cases}$$

y값이 다음 그림과 같으므로 0과 1을 구분할 하나의 빨간색 점선이 존재하지 않는다. 두 개의 점선이 필요하다. 즉 SVM로는 해결할 수 없다.

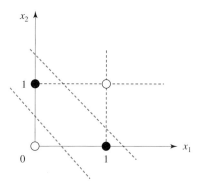

이런 경우 신경망으로 처리하면 문제를 해결할 수 있다.

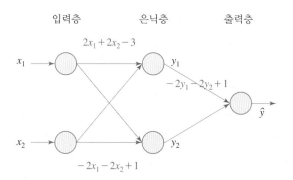

그림 12.29 논리함수를 신경망으로 처리

입력층에 x_1과 x_2의 값이 입력되면, 이 값이 은닉층으로 이동한다. 은닉층은 2개의 노드로 나눠져 있는데, $2x_1 + 2x_2 - 3$의 식으로 위 노드로 이동하고 $-2x_1 - 2x_2 + 1$의 식으로 아래 노드로 이동한다. 은닉층에서 계산된 값이 음($-$)이면 $y_1(y_2)$의 값이 0으로, 양($+$)이면 1로 출력층으로 이동한다. $-2y_1 - 2y_2 + 1$의 값이 출력층에 입력되고, 이 값이 음($-$)이면 0, 양($+$)이면 1로 출력한다. 최종 출력된 값은 $\hat{y}$로 표현한다. 단계별 계산 결과는 다음과 같다.

표 12.1 신경망을 이용한 풀이

(x_1, x_2)	$(2x_1+2x_2-3, -2x_1-2x_2+1)$	(y_1, y_2)	$-2y_1-2y_2+1$	$\hat{y}$
(0, 0)	(−3, +1)	(0, 1)	−1	0
(0, 1)	(−1, −1)	(0, 0)	+1	1
(1, 0)	(−1, −1)	(0, 0)	+1	1
(1, 1)	(1, −3)	(1, 0)	−1	0

이 표에서 본 바와 같이, 앞의 문제는 신경망을 이용하면 해결할 수 있다. 신경망의 가장 큰 특징은 은닉층의 존재이다. 제11장의 회귀분석의 경우 은닉층은 존재하지 않는다. x값을 입력하면 회귀식에 의해 y값이 도출되므로 입력층과 출력층만 있을 뿐이다.

은닉층만 추가된다고 많은 문제를 해결할 수 있는 것은 아니다. 층을 연결하는 계산식이 정확해야 한다. 여기서 $2x_1+2x_2-3$, $-2x_1-2x_2+1$, $-2y_1-2y_2+1$의 식을 어떻게 구하느냐는 문제가 남아 있다. 계수와 절편에 임의 숫자를 부여한 후 오류가 발생하면 이를 스스로 줄이도록 수정하면 되는데, 이 방법을 역전파(backward propagation) 기법이라 한다. 이 기법은 본 책의 범위를 벗어난다.

7. 모형의 성능 평가

회귀분석을 보면, 동일한 표본에서 모형 생성과 성능 평가가 이루어졌다. 그러나 기계학습에서는 동일한 표본에서 수행되지 않는다. 훈련용 표본에서 모형이 생성되고, 성능 평가는 검증용 표본이나 테스트용 표본에서 이루어진다. 회귀분석에서의 성능 평가는 표준추정오차(SEE)나 결정계수(R^2)을 사용했다. 그러나 0 또는 1로 분류하는 기계학습에서는 표준추정오차나 결정계수를 사용하기 어렵다. 대신 다음과 같은 **오차행렬**(confusion matrix)을 사용한다.

표 12.2 오차행렬

판정　＼　실제상황	positive	negative
positive	true positive (옳은 결정)	false positive (제1종 오류)
negative	false negative (제2종오류)	true negative (옳은 결정)

true positive, false negative 등에서 두 번째 단어인 positive와 negative는 판정 결과를, 첫번째 단어인 true와 false는 판정결과가 실제 상황과 일치하는지를 의미한다. 예를 들어, false negative란 판정결과는 negative인데, 잘못된(false) 판정이란 의미이다. (　)은 [표 8.1]에서 사용된 용어이다. 제1종오류와 제2종오류의 위치가 뒤바뀌어 있는데, 이는 'H_0 : Negative 이다'에 대한 검정이기 때문이다.

425 V 분석기법 ■ 425

성능을 평가하는 기준은 다음과 같다.

$$precision = \frac{true\ positive}{(true\ positive + false\ positive)}$$

$$recall = \frac{true\ positive}{(true\ positive + false\ negative)}$$

precision은 positive라고 판정된 것 중 정확하게 판정된 비율을, **recall**은 실제 positive 중 정확하게 판정된 비율을 말한다. 이 비율이 높을수록 모형의 성능이 우수하다. 이 두 비율의 평균으로 성능을 평가하기도 한다. 이를 **f1 score**라 부른다. 이때 평균은 조화평균을 사용한다.[2]

● 예제 12.2

1,000의 자료를 대상으로 모형을 평가한 결과, 다음과 같은 오차행렬을 얻었다. precision, recall을 구하고, 이들의 산술평균, 기하평균, 조화평균(f1 score)을 계산하시오.

판정 ＼ 실제상황	positive	negative
positive	1	0
negative	999	0

풀이

$$precision = \frac{1}{(1+0)} = 1,\ recall = \frac{1}{(1+999)} = \frac{1}{1000},\ 산술평균 = \frac{1 + \left(\frac{1}{1000}\right)}{2} \approx 0.5,$$

$$기하평균 = \sqrt{(1)\left(\frac{1}{1000}\right)} \approx 0.03,\ 조화평균(f1\ score) = 0.002$$

이 예제를 보면, 1,000개의 positive 중 정확하게 판정한 경우는 하나에 불과하고 나머지 999개는 틀렸다. 그럼에도 불구하고 precision은 100%로 높게 나왔다. precision와 recall의 평균은 0.5, 0.03, 0.002가 나왔다. 평가는 보수적으로 하는 게 바람직하기 때문에 제일 값이 작게 나오는 조화평균을 사용한다.

---

2 조화평균은 이 책의 범위를 벗어난다. x_1과 x_2의 조화평균은 $\frac{1}{x_1} + \frac{1}{x_2} = \frac{2}{조화평균}$의 식으로 구한다.

Ⅵ 자연어처리

한글이나 영어처럼 사회에서 쓰이는 언어를 자연어라 한다. 이를 컴퓨터로 분석하는 기술을 **자연어 처리**(natural language processing)라 부른다. 자료가 숫자로 구성되어 있지 않아 알고리즘을 적용하기 전에 사전 작업이 필요하며, 이를 **전처리**(preprocessing)라 한다. 본 책의 목적이 전처리에 있지 않으므로 이에 대해서는 간단하게 소개한다.

1. 전처리

1.1 정제

다음의 자료를 보자.

〈html〉〈body〉Many flies   fly over the rainbow!〈/body〉〈/html〉

〈html〉, 〈body〉, 〈/body〉, 〈/html〉와 같은 태그는 문장의 의미와는 관계가 없다. flies와 fly 사이의 긴 여백도 한 칸으로 바뀌어야 한다. 느낌표, 마침표, 쉼표 등의 구두점도 제거한다. 이와 같이 원 자료에서 불필요한 요소를 제거하는 과정을 **정제**(cleansing)라 한다. 이 과정을 거치면 원자료는 다음과 같이 바뀐다.

Many flies fly over the rainbow

1.2 정규화

영어에서 문장의 첫 글자인 대문자를 소문자로 변환해도 문장의 의미가 바뀌지 않으므로, 대문자를 소문자로 변환한다. 그 결과는 다음과 같다.

many flies fly over the rainbow

이 문장을 개별 단어로 나누는데, 이를 토큰화라 한다. 이 문장에서 many, flies, ⋯, rainbow는 각각 하나의 **토큰**(token)이다. 토큰화의 결과는 다음과 같다.

many   flies   fly   over   the   rainbow

앞의 문장에서 'flies'와 'fly'는 혼동하기 쉽다. '파리'와 '날다'의 두 의미를 지니기 때문이다. 품사(品詞)를 지정하면 이를 해결할 수 있다. 'flies'에 NNS(복수보통명사), 'fly'에 VBP(3인칭복수동사)라는 품사를 표시한다. 'the'는 문법적인 기능은 있으나 구체적인 행동이나 대상을 뜻하지 않는다. 즉, 문장의 의미에 영향을 주지 못한다. 이런 단어를 **불용어** (stop word)라 한다. 저자가 사용한 소프트웨어는 'over'도 불용어로 간주한다. 이런 불용어를 제거한다. 이에 따라 다음의 토큰만 남는다.

many   flies   fly   rainbow

이러한 과정을 **정규화**(normalization)라 한다. 이 토큰을 기계학습에 활용한다. 정규화는 파이썬(Python)을 활용하면 쉽다. 코딩은 [그림 12.30]과 같다.

```
[ ] import nltk   # NLTK 설치

[ ] nltk.download("book")  # 말뭉치(corpus) 다운로드

[ ] sentence = "Many flies fly over the rainbow"  # 문장 입력

[ ] sentence01 = sentence.lower()  # 대문자를 소문자로 변환

[ ] print(sentence01.lower())    # 소문자로 변환한 결과
    many flies fly over the rainbow

[ ] from nltk.tokenize import word_tokenize  # 토큰분석기 불러오기

[ ] list01 = word_tokenize(sentence01)

[ ] print(list01)  # 토큰 출력
    ['many', 'flies', 'fly', 'over', 'the', 'rainbow']

[ ] list02 = nltk.tag.pos_tag(list01)   # 형태소분석기로 품사 표시

[ ] print(list02)  # 단어별 품사 표시 결과
    [('many', 'JJ'), ('flies', 'NNS'), ('fly', 'VBP'), ('over', 'IN'), ('the', 'DT'), ('rainbow', 'NN')]

[ ] from nltk.corpus import stopwords   # 불용어분석기 불러오기

[ ] stop_words = set(stopwords.words('english'))  # 불용어 리스트 파악하기

[ ] print(stop_words)  # 불용어 사례 보기
    {'myself', 'after', 'all', 'hadn', 'themselves', 'more', "mightn't", 'which', 'them', 'won', 'ours', 'b

[ ] list03 = []              # 불용어 제거
    for w in list01:
        if w not in stop_words:
            list03.append(w)

[ ] print(list03)       #불용어 제거 결과 보기
    ['many', 'flies', 'fly', 'rainbow']
```

그림 12.30 　영어 문장의 정규화 사례

주: Google의 colab 활용

　한글의 언어 구조는 영어와 매우 다르다. 영어와 달리 한글은 조사, 어미 등을 붙여서 말을 만든다. 따라서 정규화 과정도 크게 다르다. 다음의 문장을 정규화해 보자.

우리 한글은 교착어라 전처리가 어렵다

영어의 토큰화와 달리, 행태소 단위로 토큰화를 수행한다. **형태소**란 뜻을 가진 가장 작은 단위를 말한다. 이 방법은 소프트웨어마다 큰 차이를 보이고 있는데, Okt(Open Korea Text) 를 사용한 결과는 다음과 같다.

우리 한글 은 교착어 라 전 처리 가 어렵다

영어와 마찬가지로 토큰에 품사를 지정할 수 있다. 어미, 조사와 같은 불용어는 분석가가 리스트를 작성하여, 제거한다. 파이썬을 활용하는 방법은 다음과 같다.

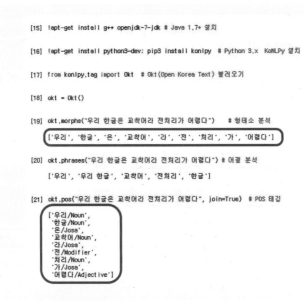

```
[15] !apt-get install g++ openjdk-7-jdk  # Java 1.7+ 설치

[16] !apt-get install python3-dev; pip3 install konlpy  # Python 3.x  KoNLPy 설치

[17] from konlpy.tag import Okt  # Okt(Open Korea Text) 불러오기

[18] okt = Okt()

[19] okt.morphs("우리 한글은 교착어라 전처리가 어렵다")  # 형태소 분석
     ['우리', '한글', '은', '교착어', '라', '전', '처리', '가', '어렵다']

[20] okt.phrases("우리 한글은 교착어라 전처리가 어렵다")  # 어절 분석
     ['우리', '우리 한글', '교착어', '전처리', '한글']

[21] okt.pos("우리 한글은 교착어라 전처리가 어렵다", join=True)  # POS 태깅
     ['우리/Noun',
      '한글/Noun',
      '은/Josa',
      '교착어/Noun',
      '라/Josa',
      '전/Modifier',
      '처리/Noun',
      '가/Josa',
      '어렵다/Adjective']
```

그림 12.31 파이썬을 활용한 한글 문장의 정규화 사례

주 : Google의 colab 활용

2. 시각적 표현

문서 안에서 중요한 단어는 반복될 가능성이 높다. 이를 시각적으로 표현하는 기법 중 하나는 워드 클라우드(word cloud)이다. 반복되는 정도에 따라 글자의 색상이나 굵기 등으로 나타낸다. 본 책의 앞부분의 일부 글을 워드 클라우드로 만든 결과는 다음과 같다.

그림 12.32　워드 클라우드

주 : http://wordcloud.kr/ 활용

거짓말, 통계 등이 빈번히 출현한 핵심 단어임을 알 수 있다.

3. 문서 단어 행렬

다음의 세 문서는 영화 후기이다.

> 문서 1: This movie is touching my heart, exciting!
> 문서 2: scary but exciting movie. Exciting!
> 문서 3: So boring movie, BORING!!!

정제와 정규화 과정을 거친 결과는 다음과 같다.

> 문서 1: movie touching heart exciting
> 문서 2: scary exciting movie exciting
> 문서 3: boring movie boring

세 문서에 등장한 토큰은 movie, touching, heart, exciting, scary, boring의 6개이다. 이 단어의 출현 빈도는 다음과 같은 행렬로 표현할 수 있다. 이를 문서 단어 행렬(document term matrix)라 한다.

표 12.3 문서 단어 행렬

	movie	touching	heart	exciting	scary	boring
문서 1	1	1	1	1	0	0
문서 2	1	0	0	2	1	0
문서 3	1	0	0	0	0	2

이 행렬을 활용하여 다양한 분석을 수행할 수 있다. 이런 분석은 단어의 종류와 빈도만을 활용하므로 단순하다는 장점이 있으나, 문장 구조를 무시한다는 단점이 있다.

3.1 문서의 유사도 분석

문서 2와 문서 3 중에서 문서 1과 더 유사한 게 어느 것인지를 파악할 수 있다. 문서 1과 2의 숫자를 열 별로 곱한 후 더하면, $(1 \times 1) + (1 \times 0) + (1 \times 1) + (1 \times 2) + (0 \times 1) + (0 \times 0) = 3$이다. 문서 1과 3의 숫자를 동일한 방법으로 계산하면, $(1 \times 1) + (1 \times 0) + (1 \times 0) + (1 \times 0) + (0 \times 0) + (0 \times 2) = 1$이다. 두 문서에 동일한 단어가 많을수록 값이 더 크게 나온다. 여기서 $3 > 1$이므로, 문서 1과 2의 유사도가 문서 1과 3보다 높다고 판정한다.

3.2 단어의 중요도 계산

앞의 세 문서는 영화 후기이다. 후기를 통해 알고 싶은 것은 영화를 재미있게 보았는가 이다. 따라서 핵심 단어는 'touching', 'exciting', 'boring' 등이다. 이런 단어는 비교적 자주 출현할 가능성이 높다. 문서에서의 단어 빈도를 계산하면 다음과 같다.

표 12.4 문서에서의 단어 빈도

	movie	touching	heart	exciting	scary	boring
문서 1	1/4	1/4	1/4	1/4	0	0
문서 2	1/4	0	0	2/4	1/4	0
문서 3	1/3	0	0	0	0	2/3

이 표에서 1/4, …, 2/3을 **단어 빈도**(term frequency)라 부른다. 따라서 핵심 단어인 'touching', 'exciting', 'boring'의 상대적 출현 빈도가 높음을 확인할 수 있다. 그런데 'movie'의 출현도 높다. 영화 후기에 대한 문서이므로 'movie'는 중요하지 않은데, 모든 문서에 출현하다는 특징이 있다. 그러므로 많은 문서에 출현하는 단어일수록 중요도가 낮다는 점을 감안할 필요가 있다. 특정 단어가 출현하는 문서의 빈도는 $\dfrac{\text{해당 단어가 출현한 문서 수}}{\text{총문서 수}}$의 공식을 이용한다. 이를 **문서 빈도**(document frequency)라 하며, 계산 결과는 다음과 같다.

표 12.5 문서 빈도

단어	문서 빈도	단어	문서 빈도
movie	3/3	exciting	2/3
touching	1/3	scary	1/3
heart	1/3	boring	1/3

단어의 중요도는 다음과 식에 의해 결정된다.

$$(\text{단어 빈도}) \cdot \log\left[\frac{1}{(\text{문서빈도})}\right]$$

이 식에 의해 계산된 단어의 중요도는 다음 표와 같다.[3] 숫자가 클수록 해당 단어가 그 문서에서의 중요도가 높다.

표 12.6 단어의 중요도

	movie	touching	heart	exciting	scary	boring
문서 1	0	0.396	0.396	0.146	–	–
문서 2	0	–	–	0.292	0.396	–
문서 3	0	–	–	–	–	1.057

이 표로부터 핵심 단어를 추출할 수 있다. 문서 1의 'touching'와 'heart', 문서 2의 'scary', 문서 3의 'boring'이 핵심 단어이다. 그러나 'movie'는 중요하지 않은 단어이다.

만약 영화 후기 검색엔진에 'exciting'을 입력하면 중요도가 0.146과 0.292이므로, 중요도가 더 높은 문서 2가 맨 앞에 제시된다. 만약 'exciting heart"를 입력하면 중요도는 0.542(=0.396+0.146), 0.292(=0292+0)이므로, 문서 1이 맨 앞에 제시된다.[4]

4. 베이즈 분석

10개의 영화 후기를 대상으로 긍정/부정 평가인지를 판별하고, 해당 문서에 단어 A와 단어 B를 포함하는지(1=포함, 0=불포함) 확인하여, 그 결과가 다음의 표에 나와 있다. 문서 3을 예로 들면, 단어 A를 포함하지 않으며 단어 B를 포함하고 있고 긍정 평가이다.

단어 A를 포함하고 단어 B를 포함하지 않는 문서가 긍정으로 판정될까? 단어 A와 단어 B의 포함 여부는 독립이라고 가정하고 풀어보자.

(1, 0)을 단어 A를 포함하고 단어 2를 포함하지 않은 사건, (1, *)을 단어 A를 포함하는

---

3 로그의 베이스를 2로 계산함

4 문서에 해당 단어가 없는 경우, 이 단어의 중요도는 0으로 간주

표 12.7 포함된 단어와 긍정/부정 평가

문서 번호	1	2	3	4	5	6	7	8	9	10
단어 A	1	1	0	1	0	1	1	1	1	0
단어 B	0	1	1	0	1	0	0	0	0	0
평가	긍정	긍정	긍정	긍정	부정	부정	부정	부정	부정	부정

사건, $(*, 0)$을 단어 B를 포함하지 않는 사건이라 하자. '긍'과 '부'를 각각 긍정적 판정과 부정적 판정이 내려지는 사건이라 하자.

단어 A와 단어 B의 포함 여부는 독립이므로 $p\left(\dfrac{(1,\,0)}{긍}\right) = p\left(\dfrac{(1,\,*)}{긍}\right) \cdot p\left(\dfrac{(*,\,0)}{긍}\right)$이다. 제3장에서 배운 베이즈정리를 활용하면 다음과 같이 계산된다.

$$P\left(\frac{긍}{(1,\,0)}\right) = \frac{p\left(\frac{(1,\,*)}{긍}\right) \cdot p\left(\frac{(*,\,0)}{긍}\right)p(긍)}{p\left(\frac{(1,\,*)}{긍}\right) \cdot p\left(\frac{(*,\,0)}{긍}\right)p(긍) + p\left(\frac{(1,\,*)}{부}\right) \cdot p\left(\frac{(*,\,0)}{부}\right)p(부)}$$

$$= \frac{(3/4)(2/4)(4/10)}{(3/4)(2/4)(4/10) + (4/6)(5/6)(6/10)} = 9/29$$

그러므로 긍정적으로 판정될 확률은 31%이며, 부정적으로 판정될 확률은 69%이다. 단어 A와 B의 출현 여부에 따라 긍정적 및 부정적 판정 확률을 계산하면 다음과 같다. 확률 0.5를 기준점으로 긍정과 부정을 가른다면, 판정 결과는 다음과 같다.

표 12.8 판정 결과

단어 A	1	1	0	0
단어 B	1	0	1	0
긍정 확률	69%	31%	60%	23%
부정 확률	31%	69%	40%	77%
판정	긍정	부정	긍정	부정

이처럼 문서로부터 주관적인 감정이나 태도를 추출하는 분석을 **감성분석**(sentiment analysis)이라 한다. 찬성/반대, 좋음/싫음을 판정할 때 사용된다.

베이즈 분석이나 앞에서 배운 문서 단어 행렬은 감성분석뿐 아니라 텍스트 분류나 토픽 모델에서도 활용된다. **텍스트 분류**(text classification)는 텍스트가 어떤 범주에 속하는지를 구분하는 작업이다. 예를 들면, 이메일이 스팸인지 아닌지를 구분하는 경우이다. **토픽 모델**(topic model)은 문서의 추상적인 '주제'를 파악하는 작업으로, 예를 들면 강아지와 고양이 중 어느 주제에 대한 것인지를 구분한다.

여담 : OTT의 취향저격

OTT(over the top)의 대표적인 회사로 넷플릭스(Netflix)가 있다. 이런 회사는 어떤 방식으로 영화를 추천해줄까? 예를 단순화하기 위해 고객은 4명(A, B, C, D)이 있고 영화는 3편(옹박, 건축학개론, 기생충)이 있다고 생각하자. 고객이 관람한 영화에 대한 평점이 다음과 같다.

	A	B	C	D
옹박	?	3	2	?
건축학개론	3	?	1	0
기생충	2	1	?	?

주: 평점은 0~3이며, 0은 아주 재미없다, 3은 아주 재미있다 이다.

이 표에서 영화를 관람하지 않아서 평점을 매기지 못한 경우에 ?로 표시했다. 기업은 고객이 좋아할 영화를 추천해야 매출을 올릴 수 있으므로 ?의 답을 구하고 싶어 한다.

언뜻 떠오르는 방법은 영화의 장르를 이용하는 방법이다. 영화 장르에 액션, 드라마, 멜로, 코미디, 공상과학 등 다양하나, 이해를 돕기 위해 드라마와 액션의 두 장르만 있다고 가정하자. 다음 표에 영화 장르에 대한 고객의 선호도와 영화에서의 장르 비중이 나와 있다.

장르에 대한 고객의 선호도

고객	드라마 선호도	액션 선호도
A	3	0
B	0	3
C	1	2
D	0	1

선호도는 0~3. 0은 싫어한다, 3은 매우 좋아한다 임.

영화에서의 장르 비중

영화	드라마 비중	액션 비중
옹박	0	3
건축학개론	3	0
기생충	2	1

영화 기생충은 드라마 요소와 액션 요소의 비중이 2:1이란 뜻임

A는 드라마를 선호하나 액션을 싫어하고, B는 그 반대다. C는 액션을 조금 더 좋아하고, D는 드라마를 싫어하고 액션만 아주 조금 좋아한다. 영화 옹박은 드라마 요소는 없고 액션 요소만 있고, 건축학개론은 그 반대이다. 기생충은 액션도 있는데 드라마 요소가 더 강하다.

다음 그림을 보자. A는 드라마와 액션의 선호도가 각각 3과 0이고, 기생충은 드라마와 액션의 비중이 각각 2와 1이므로 평점 6점($=3(2)+0(3)$)을 부여한다. 동일한 방법으로 계산된 A의 평점은 오른쪽에 있다.

(계속)

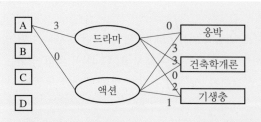

A의 평점 계산	
옹박	$3(0) + 0(3) = 0$
건축학개론	$3(3) + 0(0) = 9$
기생충	$3(2) + 0(1) = 6$

이를 행렬의 형태로 표현하면 다음 표와 같다.

선호도	A	B	C	D
드라마	3	0	1	0
액션	0	3	2	1

비중	드라마	액션
옹박	0	3
건축학개론	3	0
기생충	2	1

	A	B	C	D
옹박	0	9	6	3
건축학개론	9	0	3	0
기생충	6	3	4	1

장르 비중의 행렬과 장르에 대한 선호도 행렬을 곱하면 평점이 나온다.

$$\begin{bmatrix} 0 & 3 \\ 3 & 0 \\ 2 & 1 \end{bmatrix} \cdot \begin{bmatrix} 3 & 0 & 1 & 0 \\ 0 & 3 & 2 & 1 \end{bmatrix} = \begin{bmatrix} 0 & 9 & 6 & 3 \\ 9 & 0 & 3 & 0 \\ 6 & 3 & 4 & 1 \end{bmatrix}$$

여기서 나온 평점을 3으로 나누면 최저 0점, 최고 3점으로 되고, 다음 표와 같이 나온다.

	A	B	C	D
옹박	0	3	2	1
건축학개론	3	0	1	0
기생충	2	1	1.3	0.3

이 표로부터 ?의 답을 구할 수 있다.

넷플릭스는 고객들에게 영화 장르에 대한 선호도를 파악하기 위해 설문조사를 한다. 그러나 고객은 설문에 형식적으로 답변하거나, 귀찮아 답변을 아예 하지 않는 경우도 있으며, 자신의 선호도를 정확히 파악하지 못하는 경우도 흔하다. 이런 이유로 설문조사 결과를 신뢰하기 힘들다. 결국 ?의 답은 정확하지 않다.

(계속)

분석의 순서를 역으로 접근해보자. 고객이 영화에 매긴 평점은 비교적 정확하므로 이를 분석의 시발점으로 삼는다. 앞의 방법에서 장르에 대한 선호도와 장르의 비중은 독립변수이고, 평점은 종속변수이다. 독립변수를 이용하여 종속변수를 추론하는 게 정상적이지만, 역으로 평점인 종속변수의 값을 이용하여 독립변수를 추론해보자.

	A	B	C	D

⇑

	A	B	C	D
옹박	?	3	2	?
건축학개론	3	?	1	0
기생충	2	1	?	?

⇐

옹박		
건축학개론		
기생충		

그림에서 보듯이 빨간 화살표의 방향으로 추론한다. 독립변수는 장르에 대한 선호도나 장르의 비중일 필요는 없다. 가상의 요인이라도 상관없다. 독립변수에 임의의 수를 배정하고, 계산된 값이 평점과 다르면 평점에 가깝게 되도록 독립변수의 값을 수정해 나간다. 이 과정을 통해 최적의 값을 계산할 수 있다. 이 방법은 종속변수의 평점표가 컴퓨터에 저장될 필요가 없다. 독립변수의 값을 구했으므로 언제든지 필요에 따라 종속변수를 계산하면 되기 때문에 저장 데이터의 양을 줄일 수 있는 장점이 있다.

앞에서의 방법은 인간의 마음을 파악하고 평점을 구하는 방식이라면, 이번 방법은 자료(평점)로부터 인간의 마음을 추론하는 방식이다. 자료(평점)가 상대적으로 더 정확하기 때문에 이 방식이 더 좋을 수도 있다.

로지스틱 회귀분석 사례(R 사용)

1) 아래의 자료를 Excel에서 cancer.csv로 변환하고, 이를 R의 작업폴더에 저장한다

cancer	size	age
0	0.5	30
0	0.8	53
0	1	45
0	1.2	67
1	1.5	48
0	1.8	57
1	2	74
0	2.5	67
1	2.6	59
1	3	71
1	3.5	69

2) cancer.csv를 mydata_01에 대입한다.

```
> mydata_01 <- read.csv("cancer.csv")
```

3) 종양 크기(size)만이 독립변수인 경우

```
> result01 <- glm(cancer~size, data=mydata_01, family="binomial")
> summary(result01)
```

(유의사항: 로지스틱스 함수의 회귀식을 구하려면 "binomial"로 설정한다.)

결과는

```
Coefficients:
            Estimate
(Intercept)   -4.239
size           2.153
---
```

$$\hat{y} = \frac{1}{1 + e^{-(-4.239 + 2.153(\text{size}))}}$$

4) 종양 크기(size)와 나이(age)가 독립변수인 경우

```
> result02 <- glm(cancer~size+age, data=mydata_01, family="binomial")
> summary(result02)
```

결과는,

```
Coefficients:
            Estimate
(Intercept) -3.23497
size         2.40018
age         -0.02445
```

$$\hat{y} = \frac{1}{1 + e^{-(-3.23497 + 2.40018(\text{size}) - 0.02445(\text{age}))}}$$

5) 그림으로 확인하려면, ggplot2를 이용한다 (독립변수가 크기(size)인 경우)

```
> install.packages("ggplot2")

> library(ggplot2)

> ggplot(result01, aes(x=size, y=cancer)) + geom_point() + stat_smooth(method="glm",
  method.args=list(family="binomial"), se=FALSE)
```

결과는 다음과 같다.

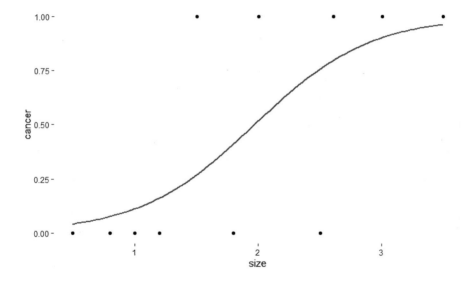

Lasso 회귀 예제(R 사용)

1) 다음의 예제를 Excel에서 lasso-example.csv로 변환하고, 이를 R의 작업폴더에 저장한다.

y	x1	x2
5	1	0
8	2	0

2) R-studio에서 glmnet을 install하고 부른다.

```
> install.packages("glmnet")

> library(glmnet)
Loaded glmnet 4.1-1
```

3) lasso-example.csv을 data_01로 지정하고, 독립변수와 종속변수를 지정, 확인한다.

```
> install.packages("glmnet")

> library(glmnet)
Loaded glmnet 4.1-1

> data_01 <- read.csv("lasso-example.csv")
> x_var <- data.matrix(data_01[, c("x1","x2")])
> y_var <- data.matrix(data_01[, "y"])

> head(data_01)
  y x1 x2
1 5  1  0
2 8  2  0
>
> x_var
     x1 x2
[1,]  1  0
[2,]  2  0
> y_var
     [,1]
[1,]    5
[2,]    8
```

4) Lasso 회귀분석 시행하기(lambda 값을 0, 1, 2로 함, alpha 값이 1이면 Lasso 회귀분석이고, alpha 값이 0이면 Ridge 회귀분석임)

```
> zerolambda <- glmnet(x = x_var, y = y_var, alpha = 1, lambda = 0)
> coef(zerolambda)
3 x 1 sparse Matrix of class "dgCMatrix"
            s0
(Intercept)  2
x1           3
x2           .
```

⇒ lambda$=0$이면, 회귀식은 $\hat{y} = 2 + 3x_1$

```
> onelambda <- glmnet(x = x_var, y = y_var, alpha = 1, lambda = 1)
> coef(onelambda)
3 x 1 sparse Matrix of class "dgCMatrix"
            s0
(Intercept)  5
x1           1
x2           .
```

⇒ lambda＝1이면, 회귀식은 $\hat{y} = 5 + 1x_1$

```
> twolambda <- glmnet(x = x_var, y = y_var, alpha = 1, lambda = 2)
> coef(twolambda)
3 x 1 sparse Matrix of class "dgCMatrix"
            s0
(Intercept) 6.5
x1          0.0
x2           .
```

⇒ lambda＝2이면, 회귀식은 $\hat{y} = 6.5 + 0x_1$

CHAPTER **13**

비모수통계학

제8장부터 제11장까지 다음의 두 가지 중 하나의 전제하에 검정을 수행하였다. 하나는 모집단의 분포에 대한 전제이다. 모집단의 확률변수가 정규분포를 따른다는 전제하에 모수인 μ와 σ^2에 대한 검정을 수행하거나, 회귀분석에서 오차항이 정규분포를 따른다는 가정하에 모수인 β_0, β_1, $\cdots$에 대한 검정을 수행하였다. 또 하나는 통계량이 모수와 통계적 관계가 있다는 전제이다. 모집단이 정규분포를 따르지 않는다 할지라도, 표본크기가 크다면 $\bar{X}$, S^2, $\hat{P}$ 등의 통계량이 모수와 통계적 관계가 형성되므로 모수에 대한 검정을 수행할 수 있다. 이들 두 전제 중 하나가 만족하는 경우의 통계학을 모수통계학(parametric statistics)이라 부른다. 반면에 두 전제 중 하나도 만족하지 않는 경우의 통계학을 비모수통계학(nonparametric statistics)이라 부른다. 모집단의 분포에 대한 전제가 없거나(distribution-free), 표본에서 계산된 값이 모수와 아무런 통계적 관계가 없는(nonparametric) 경우를 말한다. 경우에 따라서는 전자를 비특정분포통계학(distribution-free statistics), 후자를 비모수통계학(nonparametric statistics)으로 구분하기도 하나, 일반적으로 비모수통계학에 전자를 포함한다.

Ⅰ 비모수에 대한 검정

1. 부호검정

1.1 모집단이 1개인 경우의 부호검정

다음의 토의예제를 보자.

│ 토의예제

어느 상장회사 주식의 월간수익률을 조사하여 월간수익률이 +인 경우가 −인 경우보다 더 많은지를 확인하려고 한다. 이를 위해 월간수익률 6개를 조사한 결과 0.5%, 2.5%, −4.7%, 0.2%, 0.1%, 0.4%로 나타났다. 수익률이 0% 이상이면 +를 부여하고 0% 미만이면 −를 부여하여 다음과 같은 표를 얻었다.

월간수익률	0.5%	2.5%	−4.7%	0.2%	0.1%	0.4%
부호	+	+	−	+	+	+

제8장의 방법으로 가설을 설정하면 되는가?

풀이

이 문제를 제8장의 방법으로 접근한다면, 다음과 같이 가설을 설정한다.

$$\begin{cases} \text{Ho}: \mu \leq 0 \\ \text{Ha}: \mu > 0 \end{cases}$$

그러나 이 방법은 월간수익률의 모평균이 양(+)인지를 검정하는 것으로 질문의 핵심과는 다르다.

토의예제는 모평균에 대한 검정을 하는 것이 아니라, 월간수익률이 +인 경우가 −인 경우보다 더 많은지를 확인하려는 데 그 목적이 있으므로 제8장의 검정방법은 적용할 수 없다. 대신 부호(+, −) 개수를 직접 이용하는 방법을 모색할 필요가 있다. 이런 검정을 **부호검정**(sign test)이라 한다. 이 검정을 이론적으로 전개해보자. X를 월간수익률이라 하면, '$X > 0$'란 수익률이 +라는 사건이고, $P(X > 0)$이란 월간수익률이 0%를 초과할 확률이다. 이 확률을 p라 하자. 즉 $p = P(X > 0)$. $p = 0.5$란 월간수익률이 +인 비율이 50%이고, −인 비율이 50%란 의미이다. 반면에 $p > 0.5$란 월간수익률이 +인 경우가 50%를 상회한다는 뜻이다. 그러므로 "월간수익률이 +인 경우가 더 많다."라는 주장에 대한 귀무가설과 대립가설은 다음과 같이 설정할 수 있다.[1]

---

1 앞에서 $p = 0.5$란 월간수익률이 +인 비율이 50%이고, −인 비율이 50%란 의미라고 하였다. 그 뜻은 중앙값이 0이란 의미와 일치한다. 그러므로 설정된 가설은 중앙값에 대한 검정으로 해석할 수 있다.

$$\begin{cases} \text{Ho}: \text{중앙값이 0 이하이다.} \\ \text{Ha}: \text{중앙값이 0보다 크다.} \end{cases}$$

$$\begin{cases} \text{Ho} : p \le 0 \\ \text{Ha} : p > 0 \end{cases}$$

부호가 +인 경우를 '성공', 부호가 −인 경우를 '실패'라 하고 성공횟수(+의 개수)를 Q라 하자. 한 번 시행할 때 성공할 확률 p가 0.5라면(귀무가설이 사실이라면), 6번 시행에서 q번 성공(+의 부호가 q개)할 확률은 $P(Q=q) = {}_6C_q(0.5)^q(0.5)^{6-q}$의 공식에 의해 계산한다.[2] 즉 성공횟수 Q는 이항분포를 따르며, $Q \sim B(6, 0.5)$로 표기한다.

● **예제 13.1**

Q는 이항분포를 따르는데, 시행횟수가 6회이고 한 번 시행할 때 성공할 확률 p가 0.5이다. 즉 $Q \sim B(6, 0.5)$이다. 귀무가설과 대립가설이 다음과 같을 때 유의수준이 5%라면, n이 6인 표본에서 성공횟수(앞의 토의예제에서 +의 개수)가 몇 개이어야 귀무가설을 기각할 수 있는가?

$$\begin{cases} \text{Ho} : p \le 0.5 \\ \text{Ha} : p > 0.5 \end{cases}$$

풀이

귀무가설이 사실이라고 가정하여 p를 0.5라 하면,

$$P(Q=6) = {}_6C_6 \,(0.5)^6 \,(0.5)^0 = 0.0156$$
$$P(Q=5) = {}_6C_5 \,(0.5)^5 \,(0.5)^1 = 0.0938$$
$$P(Q=4) = {}_6C_4 \,(0.5)^4 \,(0.5)^2 = 0.2344$$

그러므로

$$P(Q \ge 6)[= P(Q=6)] = 1.56\%$$
$$P(Q \ge 5)[= P(Q=5) + P(Q=6)] = 10.94\%$$

이를 그림으로 표현하면 다음과 같다.

---

2 Excel에서 'BINOM.DIST(q, 6, 0.5, FALSE)'를 이용할 수도 있다(제5장 참조).

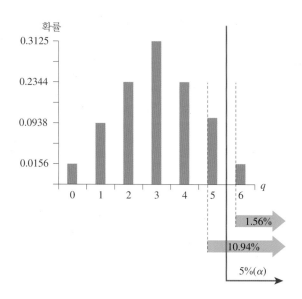

유의수준 5%란 Q가 임계치보다 클 확률이 5%라는 의미이다. Q가 6 이상일 확률이 1.56% 이므로 임계치는 6보다 작다. Q가 5 이상일 확률이 10.94%이므로 임계치는 5보다 크다. 이를 이용하면 임계치는 5와 6 사이에 존재한다. 그러므로 성공횟수(+의 개수)가 5 이하이면 귀무가설을 채택하고 6개 이상이면 귀무가설을 기각한다.

● 예제 13.2

앞의 토의예제에서 유의수준이 5%(10%)일 때 귀무가설을 기각하는가? 유의수준이 얼마 이상이면 귀무가설을 기각할 수 있는가?

풀이

성공횟수(+의 개수)가 5이다. 그러므로 유의수준 5%, 10%에서 귀무가설을 채택한다. 왜냐하면 $P(Q \geq 5)$은 10.94%로 유의수준 5%, 10%보다 크기 때문이다. 유의수준이 10.94%보다 크면 기각한다. 예를 들어 유의수준이 15%이면 기각한다.

1.2 모집단이 2개인 경우의 부호검정

이제 모집단이 2개인 경우에 대한 부호검정을 살펴보기 위해 다음의 토의예제를 보자.

▌토의예제

어느 제약사는 특정한 병원균을 지닌 환자들에게 병원균의 활동을 억제하는 신약을 개발하였다. 기존의 약과 비교하여 효과의 지속시간이 평균적으로 늘어날 것인가를 검정하려면 '제9장 두 모집단 비교에 대한 추정과 검정'에서 배운 방법을 이용하면 된다. 그러나 신약의 효과를 본 환자의 수가 늘었는가에 관심이 있다면 제9장의 방법을 사용하지 말고 부호검정 방법을 사용해야 한다. 이 방법을 이해하기 위해 환자 7인을 대상으로 실험한 다음의 결과를 이용해보자.

환자	신약의 효과시간(a)	기존 약의 효과시간(b)	$a-b$의 부호
환자 1	5.5	5	+
환자 2	1	18	−
환자 3	10	6	+
환자 4	16	15	+
환자 5	13	12	+
환자 6	9	6	+
환자 7	8	8	없음

이 표를 보고 제9장의 검정과 부호검정을 비교해보시오.

풀이

이 표를 설명해보자. 환자 1은 신약 효과가 5.5시간 지속한 데 반해, 기존 약의 효과는 5시간 지속되었다. '$a-b$의 부호'는 신약이 기존 약보다 효과시간이 길었는가를 나타내는데, 환자 1의 경우 신약 효과가 길었으므로 이 부호는 +이다. 환자 2의 경우에는 신약 효과시간이 기존 약에 비해 짧아졌으므로 $a-b$의 부호는 −이다. 환자 7의 경우, 두 약의 효과시간이 동일하여 부호는 '없음'으로 표기하였다. 신약의 평균 효과시간이 8.93시간[$=(5.5+1+10+16+13+9+8)/6$]인 데 비해, 기존 약의 평균 효과시간이 10.00시간[$=(5+18+6+15+12+6+8)/6$]이다. 그러므로 제9장의 방법을 사용하면 평균적으로 신약의 효과시간이 짧다고 판정될 가능성이 높다. 그러나 부호검정은 신약의 효과를 본 환자의 수가 늘었는가에 관심이 있으므로, +나 −의 부호 개수에 집중할 필요가 있다. 이 표에서 보면 신약의 효과를 본 환자가 5명으로 효과를 보지 못한 환자 1명보다 많으므로 신약이 더 많은 환자에게 효과적이라고 판정될 가능성이 있다.

이 토의예제를 이용하여 부호검정의 이론적 배경을 알아보자. X와 Y를 각각 신약의 효과시간과 기존 약의 효과시간이라 하고, 표본에서 추출된 관찰값을 (x_i, y_i)라 하자. 이때 x_i와 y_i는 쌍(pair)이라는 점에 유의하자. 이 토의예제에서 x_1와 y_1는 각각 5.5와 5이다.

임의의 환자에게 신약과 기존 약을 투여할 때 신약의 효과시간이 길 확률을 $P(X > Y)$로 표현할 수 있다. 이 확률을 p라 하자. 즉 $p = P(X > Y)$이다. $p = 0.5$란 신약이 더 효과적인 환자의 비율이 50%란 의미로 기존 약이나 신약의 효과를 본 사람의 수가 동일하다는 뜻이다. 반면에 $p > 0.5$란 신약의 효과가 더 긴 환자가 50%를 상회한다는 것으로 더 많은 환자에게 신약의 효과가 크다는 의미이다. '더 많은 환자에게 신약의 효과가 크다'라는 가설을 확인하려면 귀무가설과 대립가설은 다음과 같이 설정되어야 한다.

$$\begin{cases} \text{Ho} : p \le 0.5 \\ \text{Ha} : p > 0.5 \end{cases}$$

환자 7은 기존 약과 신약의 효과시간이 동일하므로, 표본에서 삭제하고 나머지 6명의 효과시간을 사용하여 검정한다. 즉 표본크기 n은 6이 된다.

● 예제 13.3

앞의 토의예제에 있는 자료를 이용하여 신약의 효과시간이 긴 환자 수가 더 많다는 대립가설에 대해 유의수준 5%에서 검정하시오. 또한 [예제 13.1]과 어떤 점이 다른지 설명하시오.

풀이

X와 Y를 각각 신약과 기존 약의 효과시간, 확률 p를 $p = P(X > Y)$, Q를 $x_i - y_i$의 부호가 + 인 개수라 하자.

① 가설의 설정: $\begin{cases} \text{Ho} : p \le 0.5 \\ \text{Ha} : p > 0.5 \end{cases}$

② 검정통계량은 + 의 개수인 Q이다.

③ 유의수준: $\alpha = 5\%$

④ 검정규칙의 결정

　[예제 13.1]에서 계산한 바와 같이 $P(Q \ge 6) = 1.56\%$, $P(Q \ge 5) = 10.94\%$이다. 유의수준이 5%이므로 검정규칙은 다음과 같다.

$$\begin{cases} Q \le 5 \text{이면 Ho 채택} \\ Q \ge 6 \text{이면 Ho 기각} \end{cases}$$

⑤ 검정통계량 계산: $Q = 5$

⑥ 가설의 채택/기각 결정: 검정통계량의 값이 5이므로 귀무가설을 채택한다. 신약이 더 많은 환자에게 효과적이라는 증거가 충분하지 않다.

[예제 13.1]은 모집단이 하나인 경우이나, [예제 13.3]은 모집단이 2개인 경우이다. 전자에서 확률 p는 $p = P(X > 0)$이나, 후자에서 확률 p는 $p = P(X > Y)$란 점이 다르다.

제5장에서 이항분포의 정규근사에 대해 공부하였다. 시행횟수가 n이라 할 때, $np \geq 10$, $n(1-p) \geq 10$이면 이항분포와 정규분포 간의 차이가 미미하므로 정규분포를 이용하여 이항분포의 값을 계산할 수 있다고 하였다. 따라서 이들 조건이 만족하면 제8장의 모비율에 대한 검정에서 나온 다음과 같은 검정통계량을 이용한다.

$$Z = \frac{\hat{P} - p_o}{\sqrt{p_o(1 - p_o)/n}} \sim N(0, 1)$$

여기서 $\hat{P}$은 표본비율, p_o은 귀무가설에서 가정한 값이다.

● 예제 13.4

100명을 대상으로 구형 상품과 신형 상품에 대한 선호도를 조사한 결과, 79명이 신형 상품을, 18명이 구형 상품을 선호하는 것으로 드러났다. 3명은 신형과 구형에 대한 선호도가 동일하다고 답했다. 신형을 선호하는 사람의 수가 50%를 상회한다는 대립가설을 유의수준 5%에서 검정하시오.

풀이

신형을 구형보다 선호할 비율을 p라 하자.

① 가설의 설정: $\begin{cases} \text{Ho} : p \leq 0.5 \\ \text{Ha} : p > 0.5 \end{cases}$

선호도가 동일하다고 답변한 3인을 제외하면 n은 97이다. 귀무가설에서의 $p = 0.5$는 $np \geq 10$, $n(1-p) \geq 10$을 만족한다. 즉 정규근사를 활용하여 검정할 수 있다.

② 검정통계량의 선정: $Z = \dfrac{\hat{P} - p_o}{\sqrt{p_o(1 - p_o)/n}}$

③ 유의수준: $\alpha = 5\%$

④ 검정규칙을 그림으로 표현하면

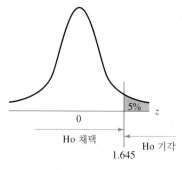

임계치 $z_{5\%} = 1.645$

⑤ 검정통계량 계산: $Q = 79$

$$z = \frac{(79/97) - 0.5}{\sqrt{0.5 \times 0.5/97}} = 6.19$$

⑥ 가설의 채택/기각 결정: 검정통계량의 값 6.19는 임계치 1.645보다 크므로 귀무가설을 기각한다. 즉 신형을 선호하는 사람 수가 과반을 넘는다는 것이 통계적 판단이다.

2. Mann-Whitney의 순위합검정

통증을 호소하는 환자에게 약 A와 B를 투여하여 통증이 사라지는 시간을 조사하고 있다. 이를 위해 2명의 환자에게 약 A를 투여하고, 3명의 환자에게 약 B를 투여하였다. 실험결과 약 A를 투여한 환자의 반응시간은 각각 1.5분과 3.0분, 약 B를 투여한 환자의 반응시간은 각각 2.3, 4.5, 7.1분으로 나타났다.

(실험 결과)
약 A: 1.5, 3.0
약 B: 2.3, 4.5, 7.1

표 13.1 순위표

반응시간(작은 순서대로)	순위(작은 순서대로)	약 A의 순위	약 B의 순위
1.5	1	1	
2.3	2		2
3.0	3	3	
4.5	4		4
7.1	5		5
순위 합		4	11
순위 평균		2	3.67

두 약의 반응시간이 다른지를 검정하려고 한다면 언뜻 떠오르는 방법은 제9장의 t 검정이다. 그러나 모집단의 반응시간이 정규분포를 따른다는 가정이 없고, 표본크기가 작아 t 검정을 수행할 수 없다.

이 실험결과에서 약의 반응시간을 짧은 순서대로 나열하면 1.5분, 2.3분, 3.0분, 4.5분, 7.1분이다. 이들 5개의 관찰값에 대해 작은 순서대로 매겨진 순위를 [표 13.1]의 '순위'에 표시하였다. 약 A의 반응시간은 1.5분과 3.0분이므로 약 A의 순위는 1과 3이다. 반면에 약 B의 반응시간은 2.3분, 4.5분, 7.1분이므로 약 B의 순위는 2, 4, 5이다. 약 A의 순위 합은 4(=1+3)이고, 약 B의 순위 합은 11(=2+4+5)이다. A와 B의 순위 평균은 각각 2(=4/2)와 3.67(=11/3)이다.

만약 A와 B의 반응시간이 순위 면에서 동일하다면 순위 평균은 3으로 같아야 한다. 순위 평균이 3인 사례 중 하나가 [표 13.2]에 나타나 있다.

표 13.2   순위 측면에서 약의 반응시간이 동일하다고 생각되는 경우

반응시간(작은 순서대로)	순위(작은 순서대로)	약 A의 순위	약 B의 순위
…	1	1	
…	2		2
…	3		3
…	4		4
…	5	5	
순위 합		6	9
순위 평균		3	3

[표 13.2]에서와 같이 약 A의 순위가 1, 5이고 약 B의 순위가 2, 3, 4라면 순위 평균은 동일하게 3이 되고, 순위 측면에서 두 약의 평균 반응시간이 동일하다. 이때 순위 합은 A의 경우 6이고, B의 경우 9이다.

[표 13.1]에서 반응시간이 차이가 있는지를 검정하려면 [표 13.2]와 비교하면 된다. 약 A의 순위 평균 2와 [표 13.2]의 순위 평균 3의 차이, 또는 약 A의 순위 합 4와 [표 13.2]의 순위 합 6의 차이가 충분히 큰지를 파악하면 된다. 이 책에서는 순위 합을 활용하여 검정을 시도한다. 물론 약 A 대신에 약 B의 순위 합이나 평균을 이용해도 된다. 검정방법을 일반화하기 위해 기호를 도입하자.

	앞의 사례에서
n_A: 표본 A의 표본수	$n_A = 2$
n_B: 표본 B의 표본수	$n_B = 3$
$N = n_A + n_B$	$N = 5(= 2 + 3)$
$R_A = A$의 순위 합	$R_A = 4$
$R_B = B$의 순위 합	$R_B = 11$

순위의 평균은 $\frac{N+1}{2}$이다. 위 사례에서 N이 5이므로 순위 평균은 3이다. A와 B의 반응 시간이 순위 면에서 일치한다면 표본에서 나타난 A와 B의 순위 평균이 $\frac{N+1}{2}$에 가까워야 한다. 이를 순위 합으로 재해석하면, A의 표본수가 n_A이므로 순위 합은 $\frac{n_A(N+1)}{2}$에 가까워야 하고 B의 순위 합은 $\frac{n_B(N+1)}{2}$에 가까워야 한다. 그러므로 R_A와 $\frac{n_A(N+1)}{2}$의 차이가 작다면 모집단에서 A의 반응시간이 B와 동일하다고 판정하고, 이 차이가 크다면 모집단에서 A와 B의 반응시간에 차이가 있다고 판정해야 한다. R_B에 대해서도 동일한 논리를 펼 수 있다. R_B와 $\frac{n_B(N+1)}{2}$의 차이가 작다면 모집단에서 B의 반응시간이 A와 동일하다고 판정하고, 이 차이가 크다면 모집단에서 두 반응시간에 차이가 있다고 판정한다. 이와 같이 순위 합을 이용하여 검정하는 방법을 **순위합검정**(rank sum test) 또는 Mann-Whitney의 순위합검정이라고 부른다. 앞의 실험결과에 대한 순위합검정은 계산이 복잡하여 생략하고, 그 대신 소프트웨어 R을 사용하여 검정해보자.

〈소프트웨어 R의 이용〉

```
> druga <- c(1.5, 3.0)
> drugb <- c(2.3, 4.5, 7.1)
> wilcox.test(druga, drugb, mu=0, alternative="two.sided", paired=F,
+ conf.int=T, conf.level=0.95, exact=F, correct=F)

        Wilcoxon rank sum test

data:  druga and drugb
W = 1, p-value = 0.2482
alternative hypothesis: true location shift is not equal to 0
95 percent confidence interval:
 -5.6  0.7
sample estimates:
difference in location
              -2.45
```

이 표에서 용어에 대한 설명

- mu = 0: 귀무가설이 "평균의 차이 = 0"이란 의미
- alternative = "two.sided": 양측검정이란 의미
- paired = F: F(False)는 쌍체비교를 하지 말라는 논리값이다. F(False)이면 Mann-Whitney의 순위합검정을 수행하고, T(True)로 대체하면 Wilcoxon의 부호화된 순위검정을 수행한다.
- correct = F: 정규분포로 근사하지 말라는 논리값

여기서 검정통계량 W는 $R_A - \dfrac{n_A(n_A + 1)}{2}$로 이 책의 검정통계량과 다르다. 이 책에서는 R_A를 검정통계량으로 사용한다. 검정결과는 동일하다.

$$\begin{cases} \text{Ho} : \text{모집단에서 } A\text{의 반응시간 순위 평균이 } B\text{와 동일하다.} \\ \text{Ha} : \text{모집단에서 } A\text{의 반응시간 순위 평균이 } B\text{와 다르다.} \end{cases}$$

라는 검정에 대해 유의수준 5%에서 귀무가설을 채택한다. 그 이유는 p-값이 0.2482로 유의수준보다 크기 때문이다.

이제 n_A와 n_B의 크기에 따라 R_A의 분포가 어떻게 바뀌는지 살펴보자. n_A가 1이고 n_B가 2인 경우를 우선 보자. 이때 A의 순위는 1, 2, 3 중 하나이므로 R_A는 1, 2, 3 중 한 수치를 취할 것이다. A와 B가 무작위로 수치를 취한다면 R_A의 표본분포(확률분포)는 [그림 13.1]과 같다.

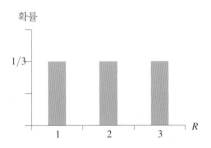

그림 13.1 $n_A = 1$, $n_B = 2$일 때 R_A의 표본분포

n_A가 1에서 2로 바뀌고 n_B가 그대로 2인 경우를 보자. A의 순위가 (1, 2), (1, 3), (1, 4), (2, 3), (2, 4), (3, 4)로 나타날 수 있어 R_A는 3, 4, 5, 6, 7 중 하나의 수치를 취하고 각각의 확률은 1/6, 1/6, 2/6, 1/6, 1/6이 된다. 이를 막대그래프로 표현하면 [그림 13.2]의 (a)와 같다. n_A가 4로 바뀌고 n_B가 2인 경우를 보면, A의 순위가 (1, 2, 3, 4), ⋯, (3, 4, 5, 6)으로 나타나므로 R_A는 10, 11, ⋯, 18 중 하나의 수치를 취하고 이들의 표본분포(확률분포)를 막대그래프로 표현하면 [그림 13.2]의 (b)와 같이 나온다.

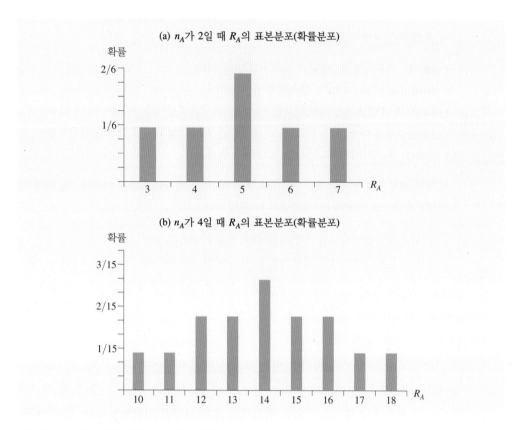

그림 13.2 n_A가 2 또는 4일 때 R_A의 표본분포

[그림 13.1]과 [그림 13.2]에서 보는 바와 같이 n_A가 커질수록 R_A는 정규분포에 유사해짐을 유추할 수 있다. 동일한 방법으로 n_B가 커질수록 R_B가 정규분포에 유사해짐을 유추할 수 있다. 그러므로 n_A와 n_B가 충분히 크다면 (각각 10 이상) 정규분포를 활용하여 근삿값을 구할 수 있다. R_A와 R_B가 각각 정규분포를 따른다면,[3]

$$R_A \sim N\left(\frac{n_A(N+1)}{2}, \ \frac{n_A n_B(N+1)}{12}\right)$$

$$R_B \sim N\left(\frac{n_B(N+1)}{2}, \ \frac{n_A n_B(N+1)}{12}\right)$$

이다. 정규근사를 위해 R_A를 표준정규확률변수 Z로 변환하면 다음과 같다.

---

3 R_A의 분산은 $\frac{n_A n_B(N+1)}{12}$ 이다. 증명은 생략한다.

$$Z = \frac{R_A - \dfrac{n_A(N+1)}{2}}{\sqrt{\dfrac{n_A n_B(N+1)}{12}}} \sim N(0, 1)$$

그러나 유의할 점이 있다. R_A는 정수만 취하기 때문에 앞의 식에 의해 계산된 Z가 이산확률변수가 된다. 그러나 Z는 표준정규분포를 따르는 확률변수로서 연속이어야 하므로 조정이 필요하다. $R_A > \dfrac{n_A(N+1)}{2}$일 때를 보자. 만약 R_A의 값이 12이라면 p-값은 $P(R_A \geq 12)$이고, 이 값과 α를 비교하여 가설의 채택 여부를 결정한다.[4] $P(R_A \geq 12)$의 값은 $P(R_A = 12) + P(R_A = 13) + \cdots$로 계산한다. 그러나 정규근사로 확률을 구하려면 $P(11.5 \leq R_A \leq 12.5) + P(12.5 \leq R_A \leq 13.5) + \cdots$로, 즉 $P(R_A \geq 11.5)$로 대체하여 계산해야 한다. 이에 대한 사항은 [예제 5.20]을 참조하시오. $R_A < \dfrac{n_A(N+1)}{2}$일 때, 예를 들어 R_A가 3이라면 p-값은 $P(R_A \leq 3)$이다. 동일한 논리로 정규근사로 확률을 구하려면 $P(R_A \leq 3.5)$로 대체하여 계산해야 한다. 그러므로 위 식은 다음과 같이 바뀐다.

$$Z = \frac{(R_A \pm 0.5) - \dfrac{n_A(N+1)}{2}}{\sqrt{\dfrac{n_A n_B(N+1)}{12}}} \sim N(0, 1)$$

이때 $R_A < \dfrac{n_A(N+1)}{2}$이면 $+0.5$를 적용하고, $R_A > \dfrac{n_A(N+1)}{2}$이면 -0.5를 적용한다.

순위합검정에 대해 몇 가지 짚고 넘어가야 할 사항이 있다.

① t 검정과 달리, 순위합검정은 모집단의 분포를 특정하지 않고 표본크기가 작아도 가능하다.

앞에서의 사례는 두 집단 A와 B의 비교이다. 이런 비교를 할 때 제9장에서 배운 바와 같이 t 검정도 할 수 있다. 그러나 t 검정을 수행하려면 두 모집단이 모두 정규분포를 따르거나 자유도가 30 이상이어야 한다. 만약 모집단이 정규분포를 따르지 않고 자유도가 30보다 작다면 t 검정을 할 수 없다. 반면, 순위합검정은 모집단의 분포나 자유도의 크기와 관계없이 항상 가능하다.

② t 검정은 모평균의 비교에 대한 검정이나, 순위합검정은 그렇지 않다.

t 검정의 가설은 다음과 같다(단측검정의 예).

$$\begin{cases} \text{Ho} : \mu_A \leq \mu_B \\ \text{Ha} : \mu_A > \mu_B \end{cases}$$

앞에서 거론된 사례를 읽어 보면 순위합검정을 반응시간이 긴지 또는 짧은지에 대한 검

---

4 단측검정인 경우이다. 만약 양측검정이라면 $P(R_A \geq 12)$은 p-값/2과 일치한다.

정으로 언급하여 마치 두 모집단의 평균에 대한 검정같이 보인다. 그러나 순위합검정은 평균에 대한 비교가 아니라, 순위 평균에 대한 검정이다.

③ 순위가 같은 경우에는 평균순위를 부여한다.

예를 들어 다음과 같은 실험결과가 나왔다 하자.

(실험결과)
약 A: 1.5, 3.0, 7.1
약 B: 2.3, 4.5, 7.1

이 결과에서 보듯이 약 A와 약 B의 반응시간에 동일하게 7.1분이 나왔다. 이럴 경우 7.1분은 5위와 6위에 해당되므로 그 평균인 5.5위를 부여한다. 그러므로 이 실험결과에 따른 순위표는 다음과 같이 작성한다.

표 13.3 동률이 있는 경우의 순위표

반응시간(작은 순서대로)	순위(작은 순서대로)	약 A의 순위	약 B의 순위
1.5	1	1	
2.3	2		2
3.0	3	3	
4.5	4		4
7.1	5.5	5.5	
7.1	5.5		5.5
순위 합		9.5	11.5
순위 평균		3.17	3.83

● 예제 13.5

통증을 호소하는 환자들에게 약 A와 약 B 중 어느 약이 진통 효과가 빠르게 나타나는지 조사하려고 한다. 이를 위해 10명의 환자에게 약 A를 투여하고, 12명의 환자에게 약 B를 투여하였다. 실험결과는 다음과 같다(단위: 분).

(실험결과)
약 A: 0.4, 0.9, 1.5, 1.9, 2.1, 2.4, 2.5, 3.0, 3.1, 3.5
약 B: 0.2, 0.9, 1.2, 1.9, 2.0, 2.3, 2.9, 3.2, 3.3, 3.7, 4.5, 7.1

두 약의 반응시간이 다르다는 대립가설에 대한 검정을 순위합검정으로 하되 정규근사를 이용하시오. $\alpha = 5\%$이다.

풀이

① 가설의 설정

$$\begin{cases} \text{Ho : 모집단에서 } A\text{와 } B\text{의 반응시간의 순위 평균이 동일하다.} \\ \text{Ha : 모집단에서 } A\text{와 } B\text{의 반응시간의 순위 평균이 다르다.} \end{cases}$$

② 검정통계량의 선정: $Z = \dfrac{(R_A \pm 0.5) - \dfrac{n_A(N+1)}{2}}{\sqrt{\dfrac{n_A n_B(N+1)}{12}}}$

여기서 $R_A < \dfrac{n_A(N+1)}{2}$이면 $+0.5$를 적용하고, $R_A > \dfrac{n_A(N+1)}{2}$이면 -0.5를 적용한다.

③ 유의수준: $\alpha = 5\%$

④ 검정규칙을 그림으로 표현하면

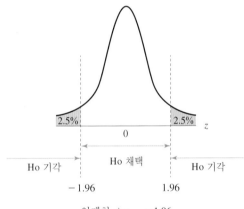

임계치 $\pm z_{2.5\%} = 1.96$

⑤ 검정통계량 계산

위 실험결과에서 0.9가 두 번 나온다. 두 약의 작은 순서대로 나열할 때 3위와 4위에 해당되므로 이의 평균인 3.5위를 부여한다. 1.9도 두 번 나오는데 순위가 7위와 8위에 해당되므로 이들의 평균인 7.5위를 부여한다.

반응시간(작은 순서대로)	순위(작은 순서대로)	약 A의 순위	약 B의 순위
0.2	1		1
0.4	2	2	
0.9	3.5	3.5	
0.9	3.5		3.5
1.2	5		5
1.5	6	6	

(계속)

반응시간(작은 순서대로)	순위(작은 순서대로)	약 A의 순위	약 B의 순위
1.9	7.5	7.5	
1.9	7.5		7.5
2.0	9		9
2.1	10	10	
2.3	11		11
2.4	12	12	
2.5	13	13	
2.9	14		14
3.0	15	15	
3.1	16	16	
3.2	17		17
3.3	18		18
3.5	19	19	
3.7	20		20
4.5	21		21
7.1	22		22
순위 합		104	149
순위 평균		10.4	12.417

$$R_A = 104, \ \frac{n_A(N+1)}{2} = 115, \ \frac{n_A n_B(N+1)}{12} = 230$$

$R_A < \dfrac{n_A(N+1)}{2}$ 이므로 R_A에 대한 Z 값은

$$z = \frac{(104.5 - 115)}{\sqrt{230}} = -0.69$$

⑥ 가설의 채택/기각 결정: 검정통계량의 값 -0.69는 임계치인 ± 1.96 사이에 위치하므로 귀무가설을 채택한다. 즉 반응시간의 순위평균이 다르다는 증거가 충분하지 않다.

〈소프트웨어 R의 이용〉

```
> a  <- c(0.4, 0.9, 1.5, 1.9, 2.1, 2.4, 2.5, 3.0, 3.1, 3.5)
> b <- c(0.2, 0.9, 1.2, 1.9, 2.0, 2.3, 2.9, 3.2, 3.3, 3.7, 4.5, 7.1)
> wilcox.test(a, b, mu=0, alternative="two.sided", paired=F,
+ conf.int=T, conf.level=0.95, exact=F, correct=T)

        Wilcoxon rank sum test with continuity correction

data:  a and b
W = 49, p-value = 0.4885
alternative hypothesis: true location shift is not equal to 0
95 percent confidence interval:
 -1.6999849  0.7000742
sample estimates:
difference in location
          -0.4000068
```

주: 정규근사이므로 correct=T로 한다. 이 책의 검정통계량은 R_A로 값은 104이나, 소프트웨어 R의 검정통계량 W는

$$R_A - \frac{n_A(n_A + 1)}{2} \text{로 값이 49이다.}$$

---

3. Wilcoxon의 부호화된 순위검정

445쪽의 토의예제에서 신약과 기존 약 중 어느 약이 더 많은 사람에게 효과시간이 긴지를 분석하였다. 신약의 효과시간이 기존 약에 비해 길면 +를, 짧으면 −를 부여하고 이들 부호의 개수를 비교하였다. 이 방법은 효과시간의 차이를 전혀 고려하지 않는다는 단점이 있다. 예를 들어 환자 1은 신약의 효과시간이 0.5시간, 환자 3은 신약의 효과시간이 4시간 더 길지만 동일하게 +로만 이용되었을 뿐 차이가 전혀 반영되어 있지 않았다. 이 경우 환자 3에게 환자 1보다 더 큰 가중치를 부여한다면 효과시간의 차이를 어느 정도 반영할 수 있다. 이처럼 차이의 크기를 부호검정에 반영한 방법을 **부호화된 순위검정**(signed rank test)이라 한다. 이 검정방법은 Wilcoxon이 제시하였다.

부호화된 순위검정을 하려면 다음의 순서를 따른다.

① 표본에서 추출된 관찰값의 차이인 $|x_i - y_i|$를 계산하고 $x_i - y_i$의 부호를 파악한다. $x_i - y_i = 0$인 관찰점은 표본에서 삭제한다.

② $|x_i - y_i|$의 크기가 작은 것부터 1, 2, …로 순위를 매긴다. $|x_i - y_i|$의 값이 동일하면 부여될 순위의 평균을 부여한다. 예를 들어, 2개의 관찰점이 4위와 5위에 해당되면 평균인 4.5를 부여한다.

③ 부호가 +인 순위에는 순위 앞에 +를 부여하고, 부호가 −인 순위에는 순위 앞에 −를 부여한다. 이를 부호화된 순위라 부른다.

④ 부호화된 순위를 합한 값이 검정통계량이다. 검정통계량값과 임계치를 비교하여 귀

무가설을 채택 또는 기각한다.

445쪽의 토의예제의 사례를 다시 이용해보자. 다음 표에서 검정 순서인 ①, ②, ③, ④의 과정이 표시되어 있다.

표 13.4 부호화된 순위검정 사례

i	신약 효과 x_i	기존 약 효과 y_i	① x_i-y_i의 부호	① x_i-y_i	① $|x_i-y_i|$	② $|x_i-y_i|$의 순위	③ 부호화된 순위
환자 1	5.5	5	+	+0.5	0.5	1	+1
환자 2	1	18	−	−17	17	6	−6
환자 3	10	6	+	+4	4	5	+5
환자 4	16	15	+	+1	1	2.5	+2.5
환자 5	13	12	+	+1	1	2.5	+2.5
환자 6	9	6	+	+3	3	4	+4
환자 7	8	8	없음	0	0	제외	제외
합계							+9 ④

환자 7의 경우 신약과 기존 약의 효과시간이 동일하므로 표본에서 삭제한다. 나머지 환자를 대상으로 $|x_i-y_i|$를 계산한 후, 작은 값부터 순위 1, 2, …, 6까지 부여하였다. 순위를 부여한 이유는 두 약의 효과 차이가 큰 경우에 높은 가중치를 주기 위해서이다. [표 13.4]에서 보는 바와 같이 환자 2는 효과시간의 차이가 가장 크므로 6이 배정되었고, 환자 1은 효과시간의 차이가 가장 작아 1이 배정되었다. 환자 4와 환자 5는 이 값이 1로 동일한데, 2위 또는 3위가 부여되어야 하므로 평균 2.5가 부여되었다(② 참조). 이 순위에 부호가 부여되어 부호화된 순위가 오른쪽 맨 끝 열에 나타나 있다(③ 참조). 이 부호화된 순위를 합하면 +9 이다(④ 참조). 만약 두 약의 효과시간이 동일하다면 부호화된 순위 합이 0에 가깝고, 효과시간이 차이가 있다면 이 합의 (절댓값) 크기가 클 것이다. 소프트웨어 R을 사용하여 검정하면 다음과 같다.

〈소프트웨어 R의 이용〉

```
> new <- c(5.5, 1, 10, 16, 13, 9, 8)
> old <- c(5, 18, 6, 15, 12, 6, 8)
> wilcox.test(new, old, alternative="two.sided", paired=T,
+ conf.int=T, conf.level=0.95, exact=F, correct=F)

        Wilcoxon signed rank test
```

```
data:   new and old
V = 15, p-value = 0.3441
alternative hypothesis: true location shift is not equal to 0
95 percent confidence interval:
 -8.250020  3.500036
sample estimates:
(pseudo)median
      1.000056
```

이 표의 용어에 대한 설명

- alternative＝"two.sided": 양측검정이란 의미
- paired＝T: T(True)는 쌍체비교를 수행하라는 논리값이다. T(True)이면 Wilcoxon의 부호화된 순위검정을 수행하고, F(False)로 대체하면 Mann-Whitney의 순위합검정을 수행한다.
- correct＝F: 정규분포로 근사하지 말라는 논리값

여기서 검정통계량 V는 부호화된 순위 중 ＋인 순위의 합으로 이 책의 검정통계량과 다르다. 이 책에서는 부호화된 순위의 총합을 사용한다. 두 방법의 검정결과는 동일하다.

$$\begin{cases} \text{Ho : 모집단에서 신약의 효과시간이 기존 약과 동일하다.} \\ \text{Ha : 모집단에서 신약의 효과시간이 기존 약과 다르다.} \end{cases}$$

라는 검정에 대해 유의수준 5%에서 귀무가설을 채택한다. 그 이유는 p-값이 0.3441로 유의수준보다 크기 때문이다.

이제 표본크기에 따라 검정통계량의 분포가 어떻게 바뀌는지 살펴보자. 우선 표본크기가 3일 때를 보자. 표본크기 n이 3일 때 $|x_i - y_i|$의 순위를 순서대로 매기면 1, 2, 3이다. 이 순서에서 $x_i - y_i$의 부호는 다음 표와 같이 (i), (ii), …, (viii)로 8가지의 경우(＝2^3)가 나타난다.

표 13.5 $n = 3$일 때 $x_i - y_i$의 부호와 검정통계량(부호화된 순위 합계)의 값

$|x_i - y_i|$의 순위	(i)	(ii)	(iii)	(iv)	(v)	(vi)	(vii)	(viii)
1	+	−	+	+	−	−	+	−
2	+	+	−	+	−	+	−	−
3	+	+	+	−	+	−	−	−
부호화된 순위 합계	+6	+4	+2	0	0	−2	−4	−6

예를 들어 $x_i - y_i$의 값이 $-3, +5, +7$이라면 $|x_i - y_i|$의 순위는 1, 2, 3이고, 부호화된 순위는 $-1, +2, +3$이므로 부호화된 순위의 합은 $+4(= -1 + 2 + 3)$이 된다. [표 13.5]에서 (ii)의 경우에 해당된다.

● 예제 13.6

다음과 같이 x와 y가 관찰되었다. 부호화된 순위 합을 구하고 [표 13.5]의 8가지 경우 중 어느 경우에 해당되는가?

i	x_i	y_i
1	5.5	5
2	1	18
3	10	6

풀이

i	x_i	y_i	$x_i - y_i$의 부호	$x_i - y_i$	$\|x_i - y_i\|$	$\|x_i - y_i\|$의 순위	부호화된 순위
1	5.5	5	+	+0.5	0.5	1	+1
2	1	18	−	−17	17	3	−3
3	10	6	+	+4	4	2	+2
합계							0

[표 13.5]의 (iv)의 경우에 해당된다.

[표 13.5]에서 계산된 부호화된 순위 합계의 표본분포(확률분포)를 그림으로 그리면 [그림 13.3]과 같다.

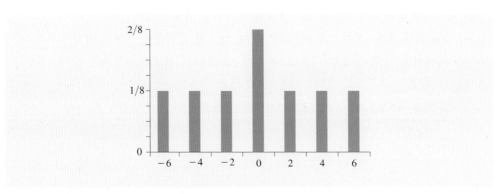

그림 13.3 $n=3$일 때 부호화된 순위 합계(검정통계량)의 표본분포

동일한 방법을 이용하면, $n=5$일 때 부호화된 순위 합계의 표본분포(확률분포)는 다음과 같이 나온다.

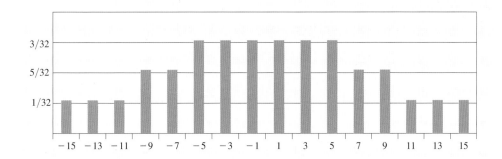

그림 13.4 $n=5$일 때 부호화된 순위 합계(검정통계량)의 표본분포

[그림 13.3]과 [그림 13.4]를 보면, 표본크기 n이 커지면 부호화된 순위 합계(검정통계량)의 표본분포가 점차 정규분포로 접근한다는 것을 짐작할 수 있다. 또한 이 분포의 평균이 0임을 알 수 있다. 이 분포의 평균과 분산은 각각 다음과 같다.

W를 부호화된 순위 합계라 할 때,

$$\begin{cases} E(W) = 0 \\ \mathrm{Var}(W)\ [= \sigma_W^2] = \dfrac{n(n+1)(2n+1)}{6} \end{cases}$$

표본크기가 충분히 크다(일반적으로 $n>10$)면 W는 정규분포에 근사하므로, 표준정규분포의 Z값을 구할 수 있다.

$$Z = \frac{W - E(W)}{\sigma_W}$$

여기서 $E(W)=0$.

W는 정수만을 취하나, Z가 취할 수 있는 수치는 연속적이므로 약간의 조정이 필요하다. 이에 대해서는 제13장의 '2. Mann-Whitney의 순위합검정'의 정규근사를 참조하시오.

$$Z = \frac{(W \pm 0.5) - E(W)}{\sigma_W} \sim N(0,\ 1)$$

여기서 $W<E(W)$이면 $+0.5$를 적용하고, $W>E(W)$이면 -0.5를 적용한다.

● 예제 13.7

Wilcoxon의 부호화된 순위검정을 하려고 한다. 표본크기가 20일 때 부호화된 순위 합계가 -14와 30 사이일 확률은 얼마인가?

풀이

표본크기 n이 10 이상이므로 부호화된 순위 합계 W의 확률은 정규근사로 풀 수 있다. $P(-14 \leq W \leq 30)$의 값은 정규분포에서 $P(-14.5 \leq W \leq 30.5)$로 대체하여 구한다.

$$P\left(\frac{-14.5 - 0}{\sqrt{20(20+1)(40+1)/6}} \leq Z \leq \frac{30.5 - 0}{\sqrt{20(20+1)(40+1)/6}}\right)$$

$$= P(-0.27 \leq Z \leq 0.57)$$

$$= 0.3221$$

● **예제 13.8**

16명의 직원을 대상으로 영어 연수를 실시하였다. 영어 연수가 TOEIC 점수에 긍정적인 효과를 발휘할 것인지 확인하기 위해 이들 16명을 대상으로 연수 전과 후의 TOEIC 점수를 조사한 결과 다음과 같이 나타났다. 영어 연수가 긍정적인 효과를 발휘한다는 주장에 대해 유의수준 5%에서 부호화된 순위검정을 하시오. 검정통계량 W가 정규분포에 근사하다고 가정하고 계산하시오.

직원 번호	TOEIC 점수 연수 후	TOEIC 점수 연수 전	직원 번호	TOEIC 점수 연수 후	TOEIC 점수 연수 전
1	84	82	9	71	74
2	34	34	10	64	68
3	70	76	11	61	53
4	35	45	12	70	70
5	65	67	13	84	75
6	91	92	14	88	81
7	90	88	15	60	65
8	88	71	16	67	56

풀이

$x = $ 연수 후 점수, $y = $ 연수 전 점수

i	x_i	y_i	$x_i - y_i$의 부호	$x_i - y_i$	$|x_i - y_i|$	$|x_i - y_i|$의 순위	부호화된 순위
1	84	82	+	2	2	3	3
2	34	34	없음				
3	70	76	−	−6	6	8	−8

(계속)

i	x_i	y_i	$x_i - y_i$의 부호	$x_i - y_i$	$\lvert x_i - y_i \rvert$	$\lvert x_i - y_i \rvert$의 순위	부호화된 순위
4	35	45	$-$	-10	10	12	-12
5	65	67	$-$	-2	2	3	-3
6	91	92	$-$	-1	1	1	-1
7	90	88	$+$	2	2	3	3
8	88	71	$+$	17	17	14	14
9	71	74	$-$	-3	3	5	-5
10	64	68	$-$	-4	4	6	-6
11	61	53	$+$	8	8	10	10
12	70	70	없음				
13	84	75	$+$	9	9	11	11
14	88	81	$+$	7	7	9	9
15	60	65	$-$	-5	5	7	-7
16	67	56	$+$	11	11	13	13
합계							21

표본 2와 12가 삭제되므로 $n = 14$이다.

① 가설의 설정

$\begin{cases} \text{Ho : 모집단에서 영어 연수로 TOEIC 점수가 향상되지 않는다.} \\ \text{Ha : 모집단에서 영어 연수로 TOEIC 점수가 향상된다.} \end{cases}$

② 검정통계량의 선정: $Z = \dfrac{(W \pm 0.5) - E(W)}{\sigma_W} \sim N(0, 1)$

　여기서 $W < E(W)$이면 $+0.5$를 적용하고, $W > E(W)$이면 -0.5를 적용한다.

③ 유의수준: $\alpha = 5\%$

④ 검정규칙을 그림으로 표현하면

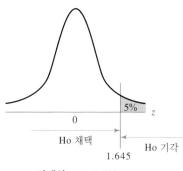

임계치 $z_{5\%} = 1.645$

⑤ 검정통계량 계산: $z = \dfrac{20.5 - 0}{\sqrt{14(14 + 1)(28 + 1)/6}} = 0.64$

⑥ 가설의 채택/기각 결정: 검정통계량의 값 0.64가 임계치 1.645 이하이므로 귀무가설을 채택한다. 모집단에서 영어 연수로 TOEIC 점수가 향상된다는 충분한 증거가 없다.

4. Spearman의 순위상관분석

취업희망자를 대상으로 회사 F, G, H, I, J에 대한 남녀의 선호 순위는 다음과 같다.

표 13.6 남성과 여성의 선호 순위 사례

회사명	남성의 선호 순위(x_i)	여성의 선호 순위(y_i)
F	1	4
G	2	3
H	3	1
I	4	2
J	5	5

이 자료에서 남녀의 선호 순위에 대한 상관관계가 있는지를 검정할 수 있다. 이런 검정을 Spearman의 **순위상관분석**(rank-order correlation analysis)이라 한다. Spearman은 이 통계기법을 개발한 학자 이름이다.

순위의 상관관계를 파악하려면 순위의 차이를 보아야 한다. X와 Y를 남성과 여성의 선호 순위라 하고 D를 순위의 차이라 하면, $D = X - Y$이다. 위 표로부터 D를 계산하면 다음과 같다.

회사명	남성의 선호 순위(x_i)	여성의 선호 순위(y_i)	순위의 차이(d_i)
F	1	4	-3
G	2	3	-1
H	3	1	$+2$
I	4	2	$+2$
J	5	5	0

이 차이가 작을수록 남녀의 선호 순위에 차이가 없고 이 차이가 클수록 선호 순위에 차이가 있을 가능성이 높다는 것을 짐작할 수 있다. 이 검정의 검정통계량은 다음과 같다.[5]

---

5 이 검정통계량의 유도방법을 찾으려면 http://en.wikipedia.org/wiki/Rank_correlation 참조

$$r_s = 1 - \frac{6\sum D_i^2}{n(n^2 - 1)}, \text{ 여기서 } n\text{은 관찰점의 개수}$$

검정통계량 r_s를 Spearman의 **순위상관계수**(rank-order correlation coefficient)라고 부른다. $-1 \le r_s \le 1$. r_s의 값과 다음 표에서 나온 임계치와 비교하여 귀무가설의 채택/기각을 결정한다.

표 13.7 순위상관분석의 임계치

	단측검정 시의 유의수준			
	0.05	0.025	0.01	0.005
n	양측검정 시의 유의수준			
	0.1	0.05	0.02	0.01
4	1.000			
5	0.900	1.000	1.000	
6	0.829	0.886	0.943	1.000
7	0.714	0.786	0.893	0.929
8	0.643	0.738	0.833	0.881
9	0.600	0.700	0.783	0.833
10	0.564	0.648	0.745	0.794
11	0.536	0.618	0.709	0.755
12	0.503	0.587	0.671	0.727
13	0.484	0.560	0.648	0.703
14	0.464	0.538	0.622	0.675
15	0.443	0.521	0.604	0.654
16	0.429	0.503	0.582	0.635
17	0.414	0.485	0.566	0.615
18	0.401	0.472	0.550	0.600
19	0.391	0.460	0.535	0.584
20	0.380	0.447	0.520	0.570
21	0.370	0.435	0.508	0.556
22	0.361	0.425	0.496	0.544
23	0.353	0.415	0.486	0.532
24	0.344	0.406	0.476	0.521
25	0.337	0.398	0.466	0.511
26	0.331	0.390	0.457	0.501
27	0.324	0.382	0.448	0.491
28	0.317	0.375	0.440	0.483
29	0.312	0.368	0.433	0.475
30	0.306	0.362	0.425	0.467

출처: Jerrold H. Zar (1972)의 표에서 발췌

● 예제 13.9

[표 13.6]에서 기업에 대한 남녀의 선호 순위에 상관관계가 있는지 유의수준 10%에서 검정하시오.

풀이

① 가설의 설정

$$\begin{cases} \text{Ho : 모집단에서 남녀의 선호 순위에 상관관계가 없다.} \\ \text{Ha : 모집단에서 남녀의 선호 순위에 상관관계가 있다.} \end{cases}$$

② 검정통계량의 선정: $r_s = 1 - \dfrac{6\Sigma D_i^2}{n(n^2 - 1)}$

③ 유의수준: $\alpha = 10\%$

④ 검정규칙의 결정

[표 13.7]에서 n이 5이므로 임계치는 ± 0.9이다.

검정통계량 r_s의 값이 $\begin{cases} -0.9 \le r_s \le 0.9\text{를 만족하면 Ho 채택} \\ r_s < -0.9 \text{ 또는 } r_s > 0.9\text{를 만족하면 Ho 기각} \end{cases}$

⑤ 검정통계량 계산

다음의 표를 이용하여 계산한다.

회사명	남성의 선호 순위(x_i)	여성의 선호 순위(y_i)	순위의 차이(d_i)	d_i^2
F	1	4	−3	9
G	2	3	−1	1
H	3	1	+2	4
I	4	2	+2	4
J	5	5	0	0
합계				18

$$r_s = 1 - \frac{6\Sigma d_i^2}{n(n^2 - 1)} = 1 - \frac{6 \cdot 18}{5(5^2 - 1)} = 0.1$$

⑥ 가설의 채택/기각 결정: 검정통계량의 값 0.1은 임계치 ± 0.9 범위 내에 있으므로 귀무가설을 채택한다. 즉 기업에 대한 남녀의 선호 순위에 상관관계가 있다는 충분한 증거가 없다.

4.1 Spearman의 순위상관계수와 Pearson의 상관계수의 관계

r_s의 식 구조를 이해하고, 기존에 배운 Pearson의 상관계수 $r = \dfrac{S_{XY}}{S_X \cdot S_Y}$와의 관계를 파악해 보자.[6] 순위로 구성된 자료와 순위로 구성되지 않은 자료로 나눠 분석한다. 다음 예제는 순위로 구성된 자료의 사례이다.

● 예제 13.10

표본에서 회사 A, B, C에 대한 남성의 선호 순위는 다음과 같이 나타났다.

회사명	남성의 선호 순위(x_i)	여성의 선호 순위(y_i)
A	1	
B	2	
C	3	

① 남녀 간 선호 순위가 동일하다면 여성의 선호 순위(y_i), d_i, d_i^2, r_s, r을 구하시오.
② 남녀 간 선호 순위가 정반대라면 여성의 선호 순위(y_i), d_i, d_i^2, r_s, r을 구하시오.

풀이

① 남녀 간 선호 순위가 동일하다면 회사 A, B, C에 대한 여성의 선호 순위는 1, 2, 3이다.

회사명	x_i	y_i	d_i	d_i^2
A	1	1	0	0
B	2	2	0	0
C	3	3	0	0

$$r_s = 1 - \frac{6\sum d_i^2}{n(n^2 - 1)} = 1$$

$$r = \frac{s_{XY}}{s_X \cdot s_Y} = \frac{1}{\sqrt{1} \cdot \sqrt{1}} = 1$$

이 경우 r_s와 r이 $+1$로 일치함을 알 수 있다.

② 남녀 간 선호 순위가 정반대라면 회사 A, B, C에 대한 여성의 선호 순위는 3, 2, 1이다.

회사명	x_i	y_i	d_i	d_i^2
A	1	3	-2	4
B	2	2	0	0
C	3	1	2	4

---

6 Pearson의 상관계수란 제4장과 제11장에서 배운 상관계수를 말한다.

$$r_s = 1 - \frac{6\sum d_i^2}{n(n^2 - 1)} = 1 - \frac{6 \cdot 8}{3(3^2 - 1)} = -1$$

$$r = \frac{s_{XY}}{s_X \cdot s_Y} = \frac{-1}{\sqrt{1} \cdot \sqrt{1}} = -1$$

이 경우 r_s와 r이 -1로 일치함을 알 수 있다.

이 예제와 같은 경우 순위상관계수의 값은 Pearson의 상관계수의 값과 일치한다. 그러나 다음 [예제 13.11]에서와 같이 동률이 있는 경우에는 두 값이 일치하지 않을 수 있다.

● 예제 13.11

다음 표는 회사 A, B, C에 대한 남녀의 선호도를 보여주고 있다. 여성의 경우 B와 C에 대한 선호 순위가 동일하여 2.5로 처리하였다. 순위상관계수 r_s와 Pearson의 상관계수 r을 구하고, 두 값이 다른지 확인하시오.

회사명	남성의 선호 순위(x_i)	여성의 선호 순위(y_i)	d_i	d_i^2
A	1	1	0	0
B	2	2.5	-0.5	0.25
C	3	2.5	$+0.5$	0.25

$$r_s = 1 - \frac{6\sum d_i^2}{n(n^2 - 1)} = 1 - \frac{6 \cdot (0.5)}{3(3^2 - 1)} = 0.875$$

$$r = \frac{s_{XY}}{s_X \cdot s_Y} = 0.867$$

동률이 있는 경우에는 r_s와 r이 다르다.

지금까지 본 바와 같이 순위로 구성된 자료는 두 계수의 차이가 없거나, 있더라도 큰 차이를 보이지 않았다. 그러나 순위로 구성되지 않은 자료에서 두 계수의 차이는 클 수 있다. 다음 [그림 13.5]를 보자. 왼쪽의 그림을 보면, X와 Y가 완전한 선형관계가 아니기 때문에 Pearson의 상관계수는 1.0이 아니다. 그러나 순위 면에서 X와 Y가 일치하기 때문에 Spearman의 순위상관계수는 1.0이다. 오른쪽 그림을 보면, 대부분의 값과 상당히 떨어져 있는 이상치(outlier) 5개가 있다. 이와 같이 이상치가 있는 경우 Spearman의 순위상관계수와 Pearson의 상관계수는 크게 차이가 난다. 그러나 가운데 그림처럼 이상치가 없는 경우에는 두 계수가 매우 유사하다.

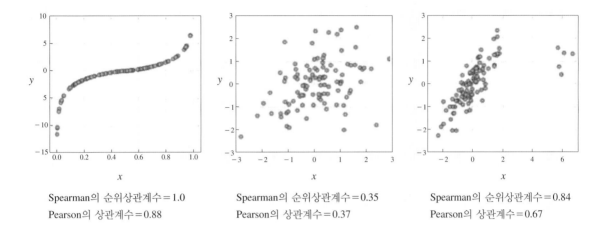

Spearman의 순위상관계수＝1.0   Spearman의 순위상관계수＝0.35   Spearman의 순위상관계수＝0.84

Pearson의 상관계수＝0.88   Pearson의 상관계수＝0.37   Pearson의 상관계수＝0.67

그림 13.5   Spearman의 순위상관계수와 Pearson의 상관계수 비교

주: wikipedia.org의 Spearman's rank correlation coefficient에서 발췌

Ⅱ 분포에 대한 검정

1. χ^2을 이용한 적합도 검정

표본자료가 주어졌을 때, 모집단의 확률분포가 특정한 형태를 띠고 있는지의 여부를 판단하는 검정방법을 **적합도 검정**(goodness of fit test)이라 한다. 예를 들어 주사위를 300회 던져 다음과 같이 관측되었다 하자.

숫자	1	2	3	4	5	6
관측도수	60	65	53	35	40	47

만약 이 주사위가 이산균등분포를 따른다면 1, 2, 3, 4, 5, 6이 나타날 확률이 각각 1/6이므로 예상되는 도수가 각각 50회씩이다. 이 예상되는 도수를 **기대도수**(expected (theoretical) frequency)라 부르고, 실제 관측된 도수인 60, 65, 53, 35, 40, 47을 **관측도수**(observed frequency)라 부른다.

　[그림 13.6]은 기대도수와 관측도수를 그림으로 보여주고 있다. 이 그림에서 빨간색 화살표의 길이는 기대도수와 관측도수의 차이를 나타낸다. 주사위를 던져 1이 나올 기대도수는 50인 반면 관측도수는 60이다. 관측된 도수가 50과 다른 이유는 ① 주사위가 이산균등분포를 따르고 있으나 우연히 50회와 다르게 발생하거나, ② 주사위가 이산균등분포를 따르지 않기 때문이다. 기대도수와 관측도수의 상대적 차이는 $\dfrac{관측도수-50}{50}$으로 표현할 수 있다. 이 차이를 모두 합하면 음(－)의 값이 양(＋)의 값을 상쇄시켜 항상 0이 된다. 이를 해결하

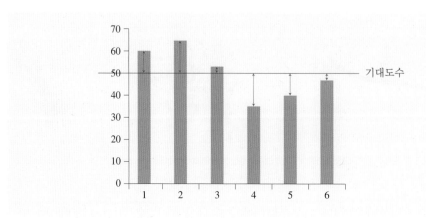

그림 13.6   관측도수와 기대도수의 비교

기 위해 제곱하여 합한다.

$$\sum_{j=1}^{6} \frac{(관측도수 - 50)^2}{50}$$

이 값이 작다면 우연적으로 발생한 차이일 가능성이 높으나, 크다면 이산균등분포를 따르지 않기 때문일 가능성이 높다.

귀무가설과 대립가설은 다음과 같이 설정된다.

$\begin{cases} \text{Ho : 모집단이 이산균등분포를 따른다.} \\ \text{Ha : 모집단이 이산균등분포를 따르지 않는다.} \end{cases}$

그런데 적합도 검정은 이산균등분포뿐 아니라 이항분포나 정규분포 등 다른 유형의 분포에도 적용할 수 있어, 일반화하면 다음과 같다.

$\begin{cases} \text{Ho : 모집단의 분포가 특정한 형태이다.} \\ \text{Ha : 모집단의 분포가 특정한 형태가 아니다.} \end{cases}$

앞에서 언급한 $\sum_{j=1}^{6} \frac{(관측도수 - 50)^2}{50}$이 검정통계량으로 사용된다. 이 검정통계량은 χ^2 분포를 따른다. 이를 일반화하면 다음과 같다.

$$V = \sum_{j=1}^{k} \frac{(O_j - E_j)^2}{E_j} \sim \chi^2_{k-m-1}$$

여기서 k는 범주 수, O_j는 범주 j의 관측도수, E_j는 범주 j의 기대도수, m은 모집단 분포의 모수 개수위 식에서 **범주(category)**란 앞의 주사위 던지기의 사례에서 1, 2, 3, 4, 5, 6을 말한다. 이 사례에서 범주의 개수 k는 6이다. m은 모수의 개수인데, 약간의 설명이 필요하다. 정규분포의 경우 모수가 μ와 σ^2이므로 $m = 2$이고, 포아송분포의 경우 모수가 λ이므로 $m = 1$이며, 이산균등분포의 경우 확률변수가 취할 수 있는 결과의 개수에 따라 분포 모양이 자동적으로 확정되므로 모수가 없어 $m = 0$이다.

앞에서 기술한 바와 같이 검정통계량의 값이 작으면 관측도수와 기대도수의 차이가 우연히 발생했을 가능성이 높으며, 이 값이 크면 우연보다는 기대도수가 틀렸기 때문일 가능성이 높다. 그러므로 검정통계량의 값이 작으면 귀무가설을 채택하고, 이 값이 크면 귀무가설을 기각하는 것이 합리적이다. 유의수준 α가 주어지면 임계치 ν_α가 정해지고, 검정통계량이 임계치보다 작을 때 귀무가설을 채택하고, 임계치보다 클 때 귀무가설을 기각한다. 그러므로 검정규칙은 다음과 같다.

$$\begin{cases} \nu \leq \nu_\alpha \text{이면 귀무가설 채택} \\ \nu > \nu_\alpha \text{이면 귀무가설 기각} \end{cases}$$

이를 그림으로 표현하면 다음과 같다.

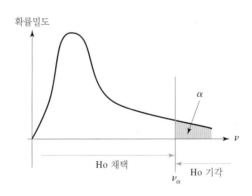

그림 13.7 적합도 검정에서의 검정규칙

주사위를 300회 던진 앞의 예를 이용하여 주사위의 숫자가 이산균등분포를 따르는지 유의수준 5%에서 검정해보자. 검정은 제8장에서 본 바와 같이 ① 가설의 설정, ② 검정통계량의 선정, ③ 유의수준의 결정, ④ 검정규칙의 결정, ⑤ 검정통계량 계산, ⑥ 가설의 채택/기각 결정의 순서를 따른다.

① 가설의 설정

$$\begin{cases} \text{Ho : 모집단이 이산균등분포를 따른다.} \\ \text{Ha : 모집단이 이산균등분포를 따르지 않는다.} \end{cases}$$

② 검정통계량의 선정

$$V = \sum_{j=1}^{k} \frac{(O_j - E_j)^2}{E_j} \sim \chi^2_{k-m-1}$$

③ 유의수준: $\alpha = 5\%$

④ 검정규칙을 그림으로 표현하면

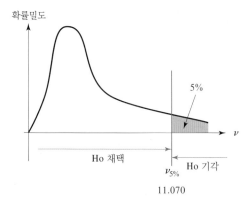

$$df = k - m - 1 = 6 - 0 - 1 = 5, \text{ 임계치 } \nu_{5\%} = 11.070$$

⑤ 검정통계량 계산

검정통계량의 값 ν은 다음 표에 따라 13.36이다.

숫자	1	2	3	4	5	6	
관측도수(O_j)	60	65	53	35	40	47	
기대도수(E_j)	50	50	50	50	50	50	
$O_j - E_j$	10	15	3	-15	-10	-3	
$\dfrac{(O_j - E_j)^2}{E_j}$	$\dfrac{100}{50}$	$\dfrac{225}{50}$	$\dfrac{9}{50}$	$\dfrac{225}{50}$	$\dfrac{100}{50}$	$\dfrac{9}{50}$	합계: 13.36

⑥ 가설의 채택/기각 결정

검정통계량의 값 ν은 13.36으로 임계치인 $\nu_{5\%}$ 값 11.070보다 크므로 귀무가설을 기각한다. 결국 주사위를 300회 던져 나타난 실험결과로 판단해 볼 때 이 주사위가 균일(fair)하다고 볼 수 없다. 즉 이산균등분포를 따르지 않는다는 것이 통계적 판단이다.

2. χ^2을 이용한 독립성 검정

어느 자동차제조회사는 자동차 색깔에 대한 선호비율이 남녀 간 차이가 있는지 알려고 한다. 색깔에 대한 선호비율이 남녀 성별에 따라 차이가 없다면 이를 '색깔에 대한 선호비율이 성별에 독립'이라고 말한다. '차이가 없다'가 왜 '독립'인지는 다음 예제에서 다룬다. 이와 같이 선호비율이 성별에 따라 독립인가를 검정하는 것을 **독립성 검정**(test of independence)이라 부른다.

[표 13.8]은 남성 100명과 여성 200명을 대상으로 선호하는 색깔을 조사한 표이다. 이런 표를 **분할표**(contingency table)라 한다. 이 표에서 '20'은 20명의 남성이 흰색을 선호한다는 뜻이다.

표 13.8 선호 색깔에 대한 성별 분할표

색깔	흰색	빨간색	청색	검은색	계
남성	20	4	30	46	100
여성	70	82	38	10	200
계	90	86	68	56	300

이 분할표를 보고 다음의 예제를 풀어 보자.

● 예제 13.12

조사 대상자 중 남성이 100명이고 여성이 200명이므로 남녀 간 비율이 1 : 2이다. 만약 남녀 간 차이가 없다면 흰색을 선택한 90명 중 몇 명이 남성이고 몇 명이 여성이면 합당한가? 제3장의 독립과 어떤 관계가 있는가?

풀이

동일한 색에 대해 1 : 2의 비율로 선호하는 것이 합당하므로, 이 90명 중 남성은 30명이고 여성은 60명이어야 한다. 동일한 논리로 빨간색을 선호하는 86명도 1 : 2의 비율로 분배되어야 한다. 남녀 간 차이가 없을 때의 인원수를 표로 표현하면 다음과 같다.

차량 색깔 선호가 성별에 독립인 경우의 기대도수

색깔	흰색	빨간색	청색	검은색	계
남성	30	28.67	22.67	18.67	100
여성	60	57.33	45.33	37.33	200
계	90	86	68	56	300

특정 색을 선호하는 비율이 남성이나 여성 모두 동일하면 선호비율이 성별에 독립이다. 예를 들어 흰색을 선호하는 비율은 남성과 여성 모두 30%이면 다음의 관계가 성립한다.

$$P(흰색\ 선호\mid 남성)=P(흰색\ 선호\mid 여성)=P(흰색\ 선호)=30\%$$

독립에 대한 정의와 일치한다(제3장의 90쪽을 참조).

앞의 자료를 이용하여 관찰된 도수(분할표의 도수)와 기대도수의 차이를 표로 나타내면 다음과 같다.

표 13.9 관찰도수와 기대도수의 차이

색깔	흰색	빨간색	청색	검은색
남성	-10	-24.67	7.33	27.33
여성	10	24.67	-7.33	-27.33

이 표에서 보는 바와 같이 ±10, ±24.67, ±7.33, ±27.33만큼의 차이가 있다. 이 차이가 상대적으로 크다면 선호하는 자동차 색깔이 성별에 독립이지 않고, 차이가 작다면 자동차 색깔이 성별에 독립이라고 판정한다. 그런데 이 차이를 더하면 음($-$)이 양($+$)을 상쇄시킨다. 이 문제를 해결하기 위해 제곱하여 더한 후, 기대도수와 대비한 상대적 크기를 구한다. 검정통계량을 명확히 표현하면 다음과 같으며, 이 값은 χ^2 분포를 따른다.

$$V = \sum_i \sum_j \frac{(O_{ij}-E_{ij})^2}{E_{ij}} \sim \chi^2_{(p-1)(q-1)}$$

여기서 O_{ij}: 분할표에서 행 i와 열 j의 관찰도수

E_{ij}: 독립인 경우 행 i와 열 j의 기대도수

p와 q는 각각 행과 열의 개수

● 예제 13.13

[표 13.8]에서 자동차 색깔에 대한 선호비율이 성별에 독립이지 않다는 대립가설을 유의수준 5%에서 검정하시오.

풀이

① 가설의 설정

$\begin{cases} \text{Ho : 모집단에서 자동차 색깔에 대한 선호비율이 성별에 독립이다.} \\ \text{Ha : 모집단에서 자동차 색깔에 대한 선호비율이 성별에 독립이지 않다.} \end{cases}$

② 검정통계량의 선정: $V = \sum_i \sum_j \frac{(O_{ij} - E_{ij})^2}{E_{ij}} \sim \chi^2_{(p-1)(q-1)}$

③ 유의수준: $\alpha = 5\%$

④ 검정규칙을 그림으로 표현하면

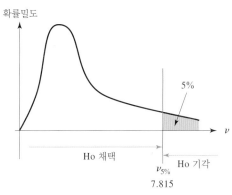

$p = 2$, $q = 4$이므로 $df = (p-1)(q-1) = 3$

⑤ 검정통계량 계산: $v = \frac{(20-30)^2}{30} + \frac{(4-28.67)^2}{28.67} + \cdots + \frac{(10-37.33)^2}{37.33} = 100.415$

⑥ 가설의 채택/기각 결정

검정통계량의 값 100.415는 임계치 7.815보다 크므로 귀무가설을 기각한다. 자동차 색깔이 성별에 대해 독립이지 않다는 것이 통계적 판단이다.

연습문제 문제에 대한 답은 http://blog.naver.com/kryoo에 있습니다.

복습 문제

13.1 모수통계학과 비모수통계학의 차이점은 무엇인가?

13.2 특정 주식의 36개월 동안의 월간수익률을 조사하였다. 이를 근거로 모집단에서 월간수익률이 양(+)인 경우가 음(−)인 경우보다 더 많은지 검정하려고 한다. 만약 다음과 같이 가설을 설정하고 검정하면 무엇이 잘못된 것일까?

$$\begin{cases} \text{Ho : 모집단 수익률의 평균} \leq 0 \\ \text{Ha : 모집단 수익률의 평균} > 0 \end{cases}$$

13.3 모집단이 1개인 부호검정에서, '$X > 0$'란 부호가 +라는 사건이라 하자. $P(X>0)$의 의미와 $P(X>0) = 0.5$의 의미를 설명하시오.

13.4 부호검정에서 모집단이 2개인 경우 부호를 어떻게 결정하는가?

13.5 순위합검정과 부호화된 순위검정의 차이는 무엇인가?

13.6 환자에게 약 A와 B를 투여하여 반응시간을 조사하였다. 약 A는 2명의 환자에게, 약 B는 1명의 환자에게 투여하였다. 순위 측면에서 반응시간이 동일하다면 약 A와 B의 순위 합과 순위 평균은 얼마이어야 하는가?

13.7 순위합검정은 t 검정에 비해 어떤 장점이 있는가?

13.8 다음과 같이 x와 y가 관찰되었다. 순위 합, 부호화된 순위 합을 구하시오.

i	x_i	y_i
1	4	5
2	9	1
3	3	6

13.9 순위상관분석을 하기 위해 3개 회사에 대한 남녀의 선호를 조사한 결과 다음과 같이 나왔다. 순위의 차이를 계산하고, 남녀의 선호 순위에 상관관계가 있는 것으로 보이는가? 통계적 검정 없이 말로 설명해보시오.

회사명	남성의 선호도(x_i)	여성의 선호도(y_i)
A	1	3
B	2	2
C	3	1

13.10 표본 자료를 이용하여 모집단이 특정한 확률분포를 따르는지를 검정하려고 한다. 이런 검정을 무엇이라 부르는가? 이때의 검정통계량은 어떻게 구하는가?

13.11 성인 200명과 미성년자 100명을 대상으로 흡연에 대한 인식을 조사하였다. 조사 결과 전체 300명 중에서 흡연이 '나쁘다', '보통이다', '좋다'에 대한 답변이 각각 150명, 90명, 60명이다. 성인과 미성년자 간에 인식 차이가 없다면 각각 몇 명씩 답변해야 합당한가? 다음 표에서 빈칸을 채우시오.

	나쁘다	보통이다	좋다	계
성인	( )	( )	( )	200
미성년자	( )	( )	( )	100
계	150	90	60	300

응용 문제

13.12 라거 맥주는 순한 맛인 반면, 필스너는 호프를 많이 넣어 진하고 쓴맛을 내고 있다. 필스너를 라거보다 더 많은 소비자가 선호한다는 주장을 확인하기 위해 20명을 대상으로 시음한 결과, 14명이 필스너를 선호한다고 하였다. 부호검정을 통해 유의수준 5%에서 이 주장을 검정하시오.

13.13 다음은 10명을 대상으로 구형 상품과 신형 상품에 대한 선호 순위를 조사하였다. 선호 순위는 최하 1점부터 최고 9점 사이의 점수로 표현하게 했는데 그 결과는 다음과 같다.

학생	선호점수		학생	선호점수	
	구형	신형		구형	신형
학생 1	7	8	학생 6	9	6
학생 2	4	6	학생 7	4	4
학생 3	5	3	학생 8	7	4
학생 4	5	2	학생 9	3	2
학생 5	3	1	학생 10	6	3

모집단에서 신형을 선호하는 학생 수가 구형을 선호하는 학생 수와 다르다는 대립가설을 유의수준 10%에서 검정하시오(학생 7의 경우 선호 순위가 동일하므로 이 학생의 선호 순위를 표본에서 제외하고 나머지 9명을 대상으로 검정하면 됨).

13.14 시험유형에 따라 학생들의 점수가 차이가 날지 모른다는 심증에 따라, 19명의 학생에게 시험유형 A와 B를 응시하게 한 결과가 다음 표와 같다. 유의수준은 5%이다.

학생	시험유형 A	시험유형 B	학생	시험유형 A	시험유형 B
1	95	92	11	56	55
2	85	83	12	29	28
3	78	76	13	74	69
4	69	66	14	76	71
5	98	85	15	78	74
6	53	68	16	36	68
7	45	56	17	80	75
8	38	37	18	48	79
9	67	77	19	42	35
10	74	70			

① 시험유형 A와 B의 모집단 평균점수가 다르다는 주장에 대해 t 검정을 하시오. 두 모집단의 점수가 정규분포를 따른다고 가정하고, 두 모집단의 분산이 다르다고 가정하시오.

② 모집단에서 시험유형 A에서 점수가 높게 나오는 학생 수와 B에서 점수가 높게 나오는 학생 수가 다르다는 주장에 대해 부호검정을 하시오.

③ 시험유형 A와 B의 모집단 평균점수가 다르다는 주장에 대해 Wilcoxon의 부호화된 순위검정을 하되 정규근사를 이용하시오.

④ 검정결과가 동일한가?

13.15 앞 문제의 일부 자료를 발췌하여 비모수검정을 하려고 한다.

학생	시험유형 A	시험유형 B
1	95	92
2	85	83
3	78	76
4	69	66
5	98	85
6	53	68
7	45	56
8	38	37

① 부호검정을 할 때 필요한 부호표를 작성하시오.

② Wilcoxon의 부호화된 순위검정을 수행할 때 필요한 부호화된 순위표를 작성하시오.

13.16 시험유형에 따라 학생들의 점수가 차이가 날지 모른다는 심증에 따라 19명의 학생에게 시험유형 A로 응시하게 하고, 다른 19명의 학생에게 시험유형 B로 응시하게 하였다. 그 결과가 다음과 같다.

시험유형 A의 점수	95	85	78	69	98	53	45	38	67	74
	56	29	74	76	78	36	80	48	42	
시험유형 B의 점수	92	83	76	66	85	68	56	37	77	70
	55	28	69	71	74	68	75	79	35	

① 시험유형 A와 B의 모집단 순위평균이 다르다는 주장에 대해 Mann-Whitney의 순위합검정을 하되 정규근사를 이용하시오. 유의수준은 5%로 하시오.

② 다음 표는 위 자료 중 일부이다. 이 표의 점수만을 대상으로 Mann-Whitney의 순위합검정을 할 때 필요한 순위표를 작성하시오.

시험유형 A의 점수	95	85	78	69	98	53	45	38
시험유형 B의 점수	92	83	76	66	85	68	56	37

13.17 학생 10명을 대상으로 통계학 점수와 영어 점수를 조사하였다. 높은 점수부터 순위를 1, 2, …, 10으로 부여한 다음, 통계학 점수의 순위와 영어 점수 순위 간에 상관관계가 양(+)인지 유의수준 5%에서 검정하시오. 임계치는 0.564이다.

학생	통계학 점수	영어 점수
1	45	65
2	57	70
3	23	55
4	90	89
5	85	95
6	76	75
7	70	80
8	66	70
9	82	56
10	95	88

13.18 커피 체인점 A와 B의 품목별 일일 판매량이 다음 표와 같다. A와 B 중 어느 체인점의 품목별 판매량이 이산균등분포를 따를 가능성이 더 높은가를 공식적인 검정 절차를 거치지 않고 파악해보시오.

품목	체인점 A	체인점 B
아메리카노	110	130
카페라떼	80	100
카푸치노	70	90
카페모카	70	90
프라푸치노	70	90
합계	400	500

13.19 정부는 흡연 행태가 소득수준에 따라 다른지를 파악하려고 한다. 이를 위해 소득을 저소득계층, 중간소득계층, 고소득계층으로 나누고 각각 100명, 200명, 100명을 대상으로 흡연 여부를 조사한 결과(분할표)가 다음과 같다.

소득수준	완전 비흡연	과거 흡연	현재 흡연	계
저소득	20	50	30	100
중간소득	60	90	50	200
고소득	22	43	35	100
계	102	183	115	400

흡연 행태가 소득수준에 독립이지 않다는 대립가설을 유의수준 5%에서 검정하시오.

13.20 (고난이) 부품공장에서 생산된 제품 100개를 대상으로 흠집난 제품의 개수를 조사한 결과 다음과 같이 나왔다.

흠집 개수	0	1	2	3	4	5	6
제품 수	13	26	29	19	8	3	2

이 자료가 포아송분포를 따르는 모집단에서 추출되었는지의 여부를 유의수준 5%에서 검정하시오.

기대도수가 작은 경우, $\dfrac{(\text{관측도수} - \text{기대도수})^2}{\text{기대도수}}$ 의 값이 지나치게 과장될 우려가 있다. 이런 우려를 불식시키려면 각 범주의 기대도수(E_j)가 어느 정도 커야 한다. 각 범주의 기대도수가 일반적으로 5개 이상이 되어야 한다고 말하고 있다. 5개 미만인 경우에는 인접한 범주를 통합하시오.

표준정규분포표

이 표는 0부터 z까지의 면적(확률)을 보여준다.

z	0.00	0.01	0.02	0.03	0.04	0.05	0.06	0.07	0.08	0.09
0.0	0.0000	0.0040	0.0080	0.0120	0.0160	0.0199	0.0239	0.0279	0.0319	0.0359
0.1	0.0398	0.0438	0.0478	0.0517	0.0557	0.0596	0.0636	0.0675	0.0714	0.0753
0.2	0.0793	0.0832	0.0871	0.0910	0.0948	0.0987	0.1026	0.1064	0.1103	0.1141
0.3	0.1179	0.1217	0.1255	0.1293	0.1331	0.1368	0.1406	0.1443	0.1480	0.1517
0.4	0.1554	0.1591	0.1628	0.1664	0.1700	0.1736	0.1772	0.1808	0.1844	0.1879
0.5	0.1915	0.1950	0.1985	0.2019	0.2054	0.2088	0.2123	0.2157	0.2190	0.2224
0.6	0.2257	0.2291	0.2324	0.2357	0.2389	0.2422	0.2454	0.2486	0.2517	0.2549
0.7	0.2580	0.2611	0.2642	0.2673	0.2704	0.2734	0.2764	0.2794	0.2823	0.2852
0.8	0.2881	0.2910	0.2939	0.2967	0.2995	0.3023	0.3051	0.3078	0.3106	0.3133
0.9	0.3159	0.3186	0.3212	0.3238	0.3264	0.3289	0.3315	0.3340	0.3365	0.3389
1.0	0.3413	0.3438	0.3461	0.3485	0.3508	0.3531	0.3554	0.3577	0.3599	0.3621
1.1	0.3643	0.3665	0.3686	0.3708	0.3729	0.3749	0.3770	0.3790	0.3810	0.3830
1.2	0.3849	0.3869	0.3888	0.3907	0.3925	0.3944	0.3962	0.3980	0.3997	0.4015
1.3	0.4032	0.4049	0.4066	0.4082	0.4099	0.4115	0.4131	0.4147	0.4162	0.4177
1.4	0.4192	0.4207	0.4222	0.4236	0.4251	0.4265	0.4279	0.4292	0.4306	0.4319
1.5	0.4332	0.4345	0.4357	0.4370	0.4382	0.4394	0.4406	0.4418	0.4429	0.4441
1.6	0.4452	0.4463	0.4474	0.4484	0.4495	0.4505	0.4515	0.4525	0.4535	0.4545
1.7	0.4554	0.4564	0.4573	0.4582	0.4591	0.4599	0.4608	0.4616	0.4625	0.4633
1.8	0.4641	0.4649	0.4656	0.4664	0.4671	0.4678	0.4686	0.4693	0.4699	0.4706
1.9	0.4713	0.4719	0.4726	0.4732	0.4738	0.4744	0.4750	0.4756	0.4761	0.4767
2.0	0.4772	0.4778	0.4783	0.4788	0.4793	0.4798	0.4803	0.4808	0.4812	0.4817
2.1	0.4821	0.4826	0.4830	0.4834	0.4838	0.4842	0.4846	0.4850	0.4854	0.4857
2.2	0.4861	0.4864	0.4868	0.4871	0.4875	0.4878	0.4881	0.4884	0.4887	0.4890
2.3	0.4893	0.4896	0.4898	0.4901	0.4904	0.4906	0.4909	0.4911	0.4913	0.4916
2.4	0.4918	0.4920	0.4922	0.4925	0.4927	0.4929	0.4931	0.4932	0.4934	0.4936
2.5	0.4938	0.4940	0.4941	0.4943	0.4945	0.4946	0.4948	0.4949	0.4951	0.4952
2.6	0.4953	0.4955	0.4956	0.4957	0.4959	0.4960	0.4961	0.4962	0.4963	0.4964
2.7	0.4965	0.4966	0.4967	0.4968	0.4969	0.4970	0.4971	0.4972	0.4973	0.4974
2.8	0.4974	0.4975	0.4976	0.4977	0.4977	0.4978	0.4979	0.4979	0.4980	0.4981
2.9	0.4981	0.4982	0.4982	0.4983	0.4984	0.4984	0.4985	0.4985	0.4986	0.4986
3.0	0.4987	0.4987	0.4987	0.4988	0.4988	0.4989	0.4989	0.4989	0.4990	0.4990
3.1	0.4990	0.4991	0.4991	0.4991	0.4992	0.4992	0.4992	0.4992	0.4993	0.4993
3.2	0.4993	0.4993	0.4994	0.4994	0.4994	0.4994	0.4994	0.4995	0.4995	0.4995
3.3	0.4995	0.4995	0.4995	0.4996	0.4996	0.4996	0.4996	0.4996	0.4996	0.4997

주: Excel에서 NORM.S.DIST(z, TRUE)−0.5를 이용하여 계산함

t 분포표

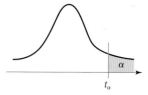

이 표는 오른쪽 꼬리의 면적을 α로 하는 t값(t_α)을 보여준다.

자유도	오른쪽 꼬리의 면적(α)					
	0.2	0.1	0.05	0.025	0.01	0.005
1	1.376	3.078	6.314	12.706	31.821	63.657
2	1.061	1.886	2.920	4.303	6.965	9.925
3	0.978	1.638	2.353	3.182	4.541	5.841
4	0.941	1.533	2.132	2.776	3.747	4.604
5	0.920	1.476	2.015	2.571	3.365	4.032
6	0.906	1.440	1.943	2.447	3.143	3.707
7	0.896	1.415	1.895	2.365	2.998	3.499
8	0.889	1.397	1.860	2.306	2.896	3.355
9	0.883	1.383	1.833	2.262	2.821	3.250
10	0.879	1.372	1.812	2.228	2.764	3.169
11	0.876	1.363	1.796	2.201	2.718	3.106
12	0.873	1.356	1.782	2.179	2.681	3.055
13	0.870	1.350	1.771	2.160	2.650	3.012
14	0.868	1.345	1.761	2.145	2.624	2.977
15	0.866	1.341	1.753	2.131	2.602	2.947
16	0.865	1.337	1.746	2.120	2.583	2.921
17	0.863	1.333	1.740	2.110	2.567	2.898
18	0.862	1.330	1.734	2.101	2.552	2.878
19	0.861	1.328	1.729	2.093	2.539	2.861
20	0.860	1.325	1.725	2.086	2.528	2.845
21	0.859	1.323	1.721	2.080	2.518	2.831
22	0.858	1.321	1.717	2.074	2.508	2.819
23	0.858	1.319	1.714	2.069	2.500	2.807
24	0.857	1.318	1.711	2.064	2.492	2.797
25	0.856	1.316	1.708	2.060	2.485	2.787
26	0.856	1.315	1.706	2.056	2.479	2.779
27	0.855	1.314	1.703	2.052	2.473	2.771
28	0.855	1.313	1.701	2.048	2.467	2.763
29	0.854	1.311	1.699	2.045	2.462	2.756
30	0.854	1.310	1.697	2.042	2.457	2.750
60	0.848	1.296	1.671	2.000	2.390	2.660
120	0.845	1.289	1.658	1.980	2.358	2.617
∞	0.842	1.282	1.645	1.960	2.326	2.576

주: Excel에서 −T.INV(probability,degrees of freedom)를 이용하여 계산함

χ^2 분포표

이 표는 오른쪽 꼬리의 면적을 α일 때의 임계치를 보여준다.

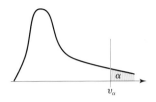

자유도	0.995	0.990	0.975	0.950	0.900	0.100	0.050	0.025	0.010	0.005
					오른쪽 꼬리의 면적(α)					
1	0.00004	0.00016	0.00098	0.00393	0.01579	2.70554	3.84146	5.02389	6.63490	7.87944
2	0.010	0.020	0.051	0.103	0.211	4.605	5.991	7.378	9.210	10.597
3	0.072	0.115	0.216	0.352	0.584	6.251	7.815	9.348	11.345	12.838
4	0.207	0.297	0.484	0.711	1.064	7.779	9.488	11.143	13.277	14.860
5	0.412	0.554	0.831	1.145	1.610	9.236	11.070	12.833	15.086	16.750
6	0.676	0.872	1.237	1.635	2.204	10.645	12.592	14.449	16.812	18.548
7	0.989	1.239	1.690	2.167	2.833	12.017	14.067	16.013	18.475	20.278
8	1.344	1.646	2.180	2.733	3.490	13.362	15.507	17.535	20.090	21.955
9	1.735	2.088	2.700	3.325	4.168	14.684	16.919	19.023	21.666	23.589
10	2.156	2.558	3.247	3.940	4.865	15.987	18.307	20.483	23.209	25.188
11	2.603	3.053	3.816	4.575	5.578	17.275	19.675	21.920	24.725	26.757
12	3.074	3.571	4.404	5.226	6.304	18.549	21.026	23.337	26.217	28.300
13	3.565	4.107	5.009	5.892	7.042	19.812	22.362	24.736	27.688	29.819
14	4.075	4.660	5.629	6.571	7.790	21.064	23.685	26.119	29.141	31.319
15	4.601	5.229	6.262	7.261	8.547	22.307	24.996	27.488	30.578	32.801
16	5.142	5.812	6.908	7.962	9.312	23.542	26.296	28.845	32.000	34.267
17	5.697	6.408	7.564	8.672	10.085	24.769	27.587	30.191	33.409	35.718
18	6.265	7.015	8.231	9.390	10.865	25.989	28.869	31.526	34.805	37.156
19	6.844	7.633	8.907	10.117	11.651	27.204	30.144	32.852	36.191	38.582
20	7.434	8.260	9.591	10.851	12.443	28.412	31.410	34.170	37.566	39.997
21	8.034	8.897	10.283	11.591	13.240	29.615	32.671	35.479	38.932	41.401
22	8.643	9.542	10.982	12.338	14.041	30.813	33.924	36.781	40.289	42.796
23	9.260	10.196	11.689	13.091	14.848	32.007	35.172	38.076	41.638	44.181
24	9.886	10.856	12.401	13.848	15.659	33.196	36.415	39.364	42.980	45.559
25	10.520	11.524	13.120	14.611	16.473	34.382	37.652	40.646	44.314	46.928
26	11.160	12.198	13.844	15.379	17.292	35.563	38.885	41.923	45.642	48.290
27	11.808	12.879	14.573	16.151	18.114	36.741	40.113	43.195	46.963	49.645
28	12.461	13.565	15.308	16.928	18.939	37.916	41.337	44.461	48.278	50.993
29	13.121	14.256	16.047	17.708	19.768	39.087	42.557	45.722	49.588	52.336
30	13.787	14.953	16.791	18.493	20.599	40.256	43.773	46.979	50.892	53.672
40	20.707	22.164	24.433	26.509	29.051	51.805	55.758	59.342	63.691	66.766
50	27.991	29.707	32.357	34.764	37.689	63.167	67.505	71.420	76.154	79.490
70	43.275	45.442	48.758	51.739	55.329	85.527	90.531	95.023	100.425	104.215
120	83.852	86.923	91.573	95.705	100.624	140.233	146.567	152.211	158.950	163.648

주: Excel에서 CHISQ.INV.RT(probability,degrees of freedom)를 이용하여 계산함

F 분포표(α=1%)

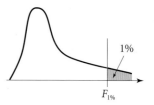

이 표는 오른쪽 꼬리의 면적이 1%일 때의 임계치를 보여준다.

분자의 자유도(df1)

분모의 자유도 (df2)	1	2	3	4	5	6	7	8	9	10	11	12	13	14
1	4052.181	4999.500	5403.352	5624.583	5763.650	5858.986	5928.356	5981.070	6022.473	6055.847	6083.317	6106.321	6125.865	6142.674
2	98.503	99.000	99.166	99.249	99.299	99.333	99.356	99.374	99.388	99.399	99.408	99.416	99.422	99.428
3	34.116	30.817	29.457	28.710	28.237	27.911	27.672	27.489	27.345	27.229	27.133	27.052	26.983	26.924
4	21.198	18.000	16.694	15.977	15.522	15.207	14.976	14.799	14.659	14.546	14.452	14.374	14.307	14.249
5	16.258	13.274	12.060	11.392	10.967	10.672	10.456	10.289	10.158	10.051	9.963	9.888	9.825	9.770
6	13.745	10.925	9.780	9.148	8.746	8.466	8.260	8.102	7.976	7.874	7.790	7.718	7.657	7.605
7	12.246	9.547	8.451	7.847	7.460	7.191	6.993	6.840	6.719	6.620	6.538	6.469	6.410	6.359
8	11.259	8.649	7.591	7.006	6.632	6.371	6.178	6.029	5.911	5.814	5.734	5.667	5.609	5.559
9	10.561	8.022	6.992	6.422	6.057	5.802	5.613	5.467	5.351	5.257	5.178	5.111	5.055	5.005
10	10.044	7.559	6.552	5.994	5.636	5.386	5.200	5.057	4.942	4.849	4.772	4.706	4.650	4.601
11	9.646	7.206	6.217	5.668	5.316	5.069	4.886	4.744	4.632	4.539	4.462	4.397	4.342	4.293
12	9.330	6.927	5.953	5.412	5.064	4.821	4.640	4.499	4.388	4.296	4.220	4.155	4.100	4.052
13	9.074	6.701	5.739	5.205	4.862	4.620	4.441	4.302	4.191	4.100	4.025	3.960	3.905	3.857
14	8.862	6.515	5.564	5.035	4.695	4.456	4.278	4.140	4.030	3.939	3.864	3.800	3.745	3.698
15	8.683	6.359	5.417	4.893	4.556	4.318	4.142	4.004	3.895	3.805	3.730	3.666	3.612	3.564
16	8.531	6.226	5.292	4.773	4.437	4.202	4.026	3.890	3.780	3.691	3.616	3.553	3.498	3.451
17	8.400	6.112	5.185	4.669	4.336	4.102	3.927	3.791	3.682	3.593	3.519	3.455	3.401	3.353
18	8.285	6.013	5.092	4.579	4.248	4.015	3.841	3.705	3.597	3.508	3.434	3.371	3.316	3.269
19	8.185	5.926	5.010	4.500	4.171	3.939	3.765	3.631	3.523	3.434	3.360	3.297	3.242	3.195
20	8.096	5.849	4.938	4.431	4.103	3.871	3.699	3.564	3.457	3.368	3.294	3.231	3.177	3.130
21	8.017	5.780	4.874	4.369	4.042	3.812	3.640	3.506	3.398	3.310	3.236	3.173	3.119	3.072
22	7.945	5.719	4.817	4.313	3.988	3.758	3.587	3.453	3.346	3.258	3.184	3.121	3.067	3.019
23	7.881	5.664	4.765	4.264	3.939	3.710	3.539	3.406	3.299	3.211	3.137	3.074	3.020	2.973
24	7.823	5.614	4.718	4.218	3.895	3.667	3.496	3.363	3.256	3.168	3.094	3.032	2.977	2.930
25	7.770	5.568	4.675	4.177	3.855	3.627	3.457	3.324	3.217	3.129	3.056	2.993	2.939	2.892
26	7.721	5.526	4.637	4.140	3.818	3.591	3.421	3.288	3.182	3.094	3.021	2.958	2.904	2.857
27	7.677	5.488	4.601	4.106	3.785	3.558	3.388	3.256	3.149	3.062	2.988	2.926	2.871	2.824
28	7.636	5.453	4.568	4.074	3.754	3.528	3.358	3.226	3.120	3.032	2.959	2.896	2.842	2.795
29	7.598	5.420	4.538	4.045	3.725	3.499	3.330	3.198	3.092	3.005	2.931	2.868	2.814	2.767
30	7.562	5.390	4.510	4.018	3.699	3.473	3.304	3.173	3.067	2.979	2.906	2.843	2.789	2.742
40	7.314	5.179	4.313	3.828	3.514	3.291	3.124	2.993	2.888	2.801	2.727	2.665	2.611	2.563
60	7.077	4.977	4.126	3.649	3.339	3.119	2.953	2.823	2.718	2.632	2.559	2.496	2.442	2.394
120	6.851	4.787	3.949	3.480	3.174	2.956	2.792	2.663	2.559	2.472	2.399	2.336	2.282	2.234

주 : Excel에서 F.INV.RT(probability,df1,df2)의 함수를 이용하여 계산함

F 분포표(α=2.5%)

이 표는 오른쪽 꼬리의 면적이 2.5%일 때의 임계치를 보여준다.

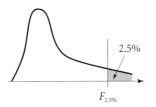

분자의 자유도(df1)

분모의 자유도 (df2)	1	2	3	4	5	6	7	8	9	10	11	12	13	14
1	647.789	799.500	864.163	889.583	921.848	937.111	948.217	956.656	963.285	968.627	973.025	976.708	979.837	982.528
2	38.506	39.000	39.165	39.248	39.298	39.331	39.355	39.373	39.387	39.398	39.407	39.415	39.421	39.427
3	17.443	16.044	15.439	15.101	14.885	14.735	14.624	14.540	14.473	14.419	14.374	14.337	14.304	14.277
4	12.218	10.649	9.979	9.605	9.364	9.197	9.074	8.980	8.905	8.844	8.794	8.751	8.715	8.684
5	10.007	8.434	7.764	7.388	7.146	6.978	6.853	6.757	6.681	6.619	6.568	6.525	6.488	6.456
6	8.813	7.260	6.599	6.227	5.988	5.820	5.695	5.600	5.523	5.461	5.410	5.366	5.329	5.297
7	8.073	6.542	5.890	5.523	5.285	5.119	4.995	4.899	4.823	4.761	4.709	4.666	4.628	4.596
8	7.571	6.059	5.416	5.053	4.817	4.652	4.529	4.433	4.357	4.295	4.243	4.200	4.162	4.130
9	7.209	5.715	5.078	4.718	4.484	4.320	4.197	4.102	4.026	3.964	3.912	3.868	3.831	3.798
10	6.937	5.456	4.826	4.468	4.236	4.072	3.950	3.855	3.779	3.717	3.665	3.621	3.583	3.550
11	6.724	5.256	4.630	4.275	4.044	3.881	3.759	3.664	3.588	3.526	3.474	3.430	3.392	3.359
12	6.554	5.096	4.474	4.121	3.891	3.728	3.607	3.512	3.436	3.374	3.321	3.277	3.239	3.206
13	6.414	4.965	4.347	3.996	3.767	3.604	3.483	3.388	3.312	3.250	3.197	3.153	3.115	3.082
14	6.298	4.857	4.242	3.892	3.663	3.501	3.380	3.285	3.209	3.147	3.095	3.050	3.012	2.979
15	6.200	4.765	4.153	3.804	3.576	3.415	3.293	3.199	3.123	3.060	3.008	2.963	2.925	2.891
16	6.115	4.687	4.077	3.729	3.502	3.341	3.219	3.125	3.049	2.986	2.934	2.889	2.851	2.817
17	6.042	4.619	4.011	3.665	3.438	3.277	3.156	3.061	2.985	2.922	2.870	2.825	2.786	2.753
18	5.978	4.560	3.954	3.608	3.382	3.221	3.100	3.005	2.929	2.866	2.814	2.769	2.730	2.696
19	5.922	4.508	3.903	3.559	3.333	3.172	3.051	2.956	2.880	2.817	2.765	2.720	2.681	2.647
20	5.871	4.461	3.859	3.515	3.289	3.128	3.007	2.913	2.837	2.774	2.721	2.676	2.637	2.603
21	5.827	4.420	3.819	3.475	3.250	3.090	2.969	2.874	2.798	2.735	2.682	2.637	2.598	2.564
22	5.786	4.383	3.783	3.440	3.215	3.055	2.934	2.839	2.763	2.700	2.647	2.602	2.563	2.528
23	5.750	4.349	3.750	3.408	3.183	3.023	2.902	2.808	2.731	2.668	2.615	2.570	2.531	2.497
24	5.717	4.319	3.721	3.379	3.155	2.995	2.874	2.779	2.703	2.640	2.586	2.541	2.502	2.468
25	5.686	4.291	3.694	3.353	3.129	2.969	2.848	2.753	2.677	2.613	2.560	2.515	2.476	2.441
26	5.659	4.265	3.670	3.329	3.105	2.945	2.824	2.729	2.653	2.590	2.536	2.491	2.451	2.417
27	5.633	4.242	3.647	3.307	3.083	2.923	2.802	2.707	2.631	2.568	2.514	2.469	2.429	2.395
28	5.610	4.221	3.626	3.286	3.063	2.903	2.782	2.687	2.611	2.547	2.494	2.448	2.409	2.374
29	5.588	4.201	3.607	3.267	3.044	2.884	2.763	2.669	2.592	2.529	2.475	2.430	2.390	2.355
30	5.568	4.182	3.589	3.250	3.026	2.867	2.746	2.651	2.575	2.511	2.458	2.412	2.372	2.338
40	5.424	4.051	3.463	3.126	2.904	2.744	2.624	2.529	2.452	2.388	2.334	2.288	2.248	2.213
60	5.286	3.925	3.343	3.008	2.786	2.627	2.507	2.412	2.334	2.270	2.216	2.169	2.129	2.093
120	5.152	3.805	3.227	2.894	2.674	2.515	2.395	2.299	2.222	2.157	2.102	2.055	2.014	1.977

주 : Excel에서 F.INV.RT(probability,df1,df2)의 함수를 이용하여 계산함

F 분포표(α=5%)

이 표는 오른쪽 꼬리의 면적이 5%일 때의 임계치를 보여준다.

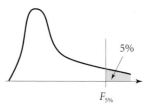

분자의 자유도(df1)

분모의 자유도 (df2)	1	2	3	4	5	6	7	8	9	10	11	12	13	14
1	161.448	199.500	215.707	224.583	230.162	233.986	236.768	238.883	240.543	241.882	242.983	243.906	244.690	245.364
2	18.513	19.000	19.164	19.247	19.296	19.330	19.353	19.371	19.385	19.396	19.405	19.413	19.419	19.424
3	10.128	9.552	9.277	9.117	9.013	8.941	8.887	8.845	8.812	8.786	8.763	8.745	8.729	8.715
4	7.709	6.944	6.591	6.388	6.256	6.163	6.094	6.041	5.999	5.964	5.936	5.912	5.891	5.873
5	6.608	5.786	5.409	5.192	5.050	4.950	4.876	4.818	4.772	4.735	4.704	4.678	4.655	4.636
6	5.987	5.143	4.757	4.534	4.387	4.284	4.207	4.147	4.099	4.060	4.027	4.000	3.976	3.956
7	5.591	4.737	4.347	4.120	3.972	3.866	3.787	3.726	3.677	3.637	3.603	3.575	3.550	3.529
8	5.318	4.459	4.066	3.838	3.687	3.581	3.500	3.438	3.388	3.347	3.313	3.284	3.259	3.237
9	5.117	4.256	3.863	3.633	3.482	3.374	3.293	3.230	3.179	3.137	3.102	3.073	3.048	3.025
10	4.965	4.103	3.708	3.478	3.326	3.217	3.135	3.072	3.020	2.978	2.943	2.913	2.887	2.865
11	4.844	3.982	3.587	3.357	3.204	3.095	3.012	2.948	2.896	2.854	2.818	2.788	2.761	2.739
12	4.747	3.885	3.490	3.259	3.106	2.996	2.913	2.849	2.796	2.753	2.717	2.687	2.660	2.637
13	4.667	3.806	3.411	3.179	3.025	2.915	2.832	2.767	2.714	2.671	2.635	2.604	2.577	2.554
14	4.600	3.739	3.344	3.112	2.958	2.848	2.764	2.699	2.646	2.602	2.565	2.534	2.507	2.484
15	4.543	3.682	3.287	3.056	2.901	2.790	2.707	2.641	2.588	2.544	2.507	2.475	2.448	2.424
16	4.494	3.634	3.239	3.007	2.852	2.741	2.657	2.591	2.538	2.494	2.456	2.425	2.397	2.373
17	4.451	3.592	3.197	2.965	2.810	2.699	2.614	2.548	2.494	2.450	2.413	2.381	2.353	2.329
18	4.414	3.555	3.160	2.928	2.773	2.661	2.577	2.510	2.456	2.412	2.374	2.342	2.314	2.290
19	4.381	3.522	3.127	2.895	2.740	2.628	2.544	2.477	2.423	2.378	2.340	2.308	2.280	2.256
20	4.351	3.493	3.098	2.866	2.711	2.599	2.514	2.447	2.393	2.348	2.310	2.278	2.250	2.225
21	4.325	3.467	3.072	2.840	2.685	2.573	2.488	2.420	2.366	2.321	2.283	2.250	2.222	2.197
22	4.301	3.443	3.049	2.817	2.661	2.549	2.464	2.397	2.342	2.297	2.259	2.226	2.198	2.173
23	4.279	3.422	3.028	2.796	2.640	2.528	2.442	2.375	2.320	2.275	2.236	2.204	2.175	2.150
24	4.260	3.403	3.009	2.776	2.621	2.508	2.423	2.355	2.300	2.255	2.216	2.183	2.155	2.130
25	4.242	3.385	2.991	2.759	2.603	2.490	2.405	2.337	2.282	2.236	2.198	2.165	2.136	2.111
26	4.225	3.369	2.975	2.743	2.587	2.474	2.388	2.321	2.265	2.220	2.181	2.148	2.119	2.094
27	4.210	3.354	2.960	2.728	2.572	2.459	2.373	2.305	2.250	2.204	2.166	2.132	2.103	2.078
28	4.196	3.340	2.947	2.714	2.558	2.445	2.359	2.291	2.236	2.190	2.151	2.118	2.089	2.064
29	4.183	3.328	2.934	2.701	2.545	2.432	2.346	2.278	2.223	2.177	2.138	2.104	2.075	2.050
30	4.171	3.316	2.922	2.690	2.534	2.421	2.334	2.266	2.211	2.165	2.126	2.092	2.063	2.037
40	4.085	3.232	2.839	2.606	2.449	2.336	2.249	2.180	2.124	2.077	2.038	2.003	1.974	1.948
60	4.001	3.150	2.758	2.525	2.368	2.254	2.167	2.097	2.040	1.993	1.952	1.917	1.887	1.860
120	3.920	3.072	2.680	2.447	2.290	2.175	2.087	2.016	1.959	1.910	1.869	1.834	1.803	1.775

주 : Excel에서 F.INV.RT(probability,df1,df2)의 함수를 이용하여 계산함

찾아보기

Index

저자소개

유극렬

연세대학교 응용통계학과에서 학사학위를 받고, 노스웨스턴대학 켈로그 경영대학원(Northwestern University, Kellogg Graduate School of Management)에서 경영학박사를 취득했다.

행정고시 합격 후 행정사무관, 금융연구원에서 부연구위원을 역임했고, 현재 동덕여자대학교 경영학과 교수로 재직 중이다.

연구 관심사는 확률이론, 게임이론, 재무이론이며, *Economics Letters*, *Journal of Korean Statistical Society* 등에 다수의 논문을 발표했다.

박주헌

연세대학교 경제학과에서 학사학위를 받고, 위스콘신대학교(University of Wisconsin at Madison)에서 경제학박사를 취득했다.

에너지연구원 원장을 역임했고, 현재 동덕여자대학교 경제학과 교수로 재직 중이다.

산업통상자원부 에너지위원회 위원, 기획재정부 중장기전략위원회 위원, 한국석유공사 이사회 의장, 한국자원경제학회 회장을 역임 또는 재직 중이다.

연구 관심사는 계량경제학, 에너지경제학, 마케팅이며, *Marketing Science*, *Applied Economics*, *International Journal of Research in Marketing* 등에 다수의 논문을 발표했고, 저서로는 『환경경제학』(경문사) 등이 있다.

5판

통계학
이해와 응용

5판 발행 2022년 2월 28일 | **5판 2쇄 발행** 2023년 3월 10일

지은이 유극렬 · 박주헌
펴낸이 류원식
펴낸곳 교문사

편집팀장 김경수 | **책임진행** 심승화 | **디자인** 신나리 | **본문편집** 홍익m&b

주소 10881, 경기도 파주시 문발로 116
대표전화 031-955-6111 | **팩스** 031-955-0955
홈페이지 www.gyomoon.com | **이메일** genie@gyomoon.com
등록번호 1968.10.28. 제406-2006-000035호

ISBN 978-89-363-2306-6 (93320)
정가 29,000원